Sozialwissenschaftliche Forschungen

Herausgegeben von der

Sozialwissenschaftlichen Arbeitsgemeinschaft

Abteilung I — Heft 9

Berlin und Leipzig 1928

Walter de Gruyter & Co.

vormals G. J. Göschen'sche Verlagshandlung — J. Guttentag, Verlagsbuchhandlung
Georg Reimer — Karl J. Trübner — Veit & Comp.

Die mathematische Schule in der Nationalökonomie

Band I

1. Teil: Die italienische Schule (bis 1914)

von

Dr. Otto Kühne
Privatdozent an der Universität Greifswald

Das Falsche ist stets viel bequemer als die Wahrheit. Letztere will ernst erforscht und rücksichtslos angeschaut und angewendet sein.
Goethe: Gespräche.

Berlin und Leipzig 1928

Walter de Gruyter & Co.

vormals G. J. Göschen'sche Verlagshandlung — J. Guttentag, Verlagsbuchhandlung
Georg Reimer — Karl J. Trübner — Veit & Comp.

Angenommen auf Antrag von Professor Dr. **Biermann**
durch den Abteilungsvorsteher Professor Dr. **Diehl**

Motto:
Verharren wir aber in dem Bestreben: das Falsche, Ungehörige, Unzulängliche, was sich in uns und andern entwickeln oder einschleichen könnte, durch Klarheit und Redlichkeit auf das möglichste zu beseitigen.
Goethe: Sprüche in Prosa.

Vorrede.

Von dem großen französischen Philosophen und Romantiker Anatole France berichtet der bekannte mathematische Physiker Vito Volterra [1]) folgende Anekdote:

„Vor einigen Jahren besuchte ich in einer großen Stadt Europas die Gallerien eines naturkundlichen Museums gemeinschaftlich mit einem der Konservatoren, der mir mit der größten Gefälligkeit die animalischen Fossilien beschrieb. Er unterwies mich sehr gut bis zur Pliozänformation der Erdbildung hin; sobald wir uns aber vor den ersten Spuren des Menschen befanden, wandte er sein Gesicht fort und antwortete auf meine Fragen damit, das gehöre nicht zu seinem Gebiete (vetrina).

Ich fühlte meine Indiskretion: niemals sollst du einen Wissenschaftler nach den Geheimnissen des Weltalls fragen, die nicht in seinem Gebiete liegen.“

Wenn Anatole France seinen Entschluß ernst gemeint haben sollte — was aber offenbar nicht der Sinn dieser Anekdote ist —, so wird er ihn höchstens damit haben begründen können, daß sich ein Wissenschaftler nur um die Dinge zu kümmern habe, die in seinen unmittelbaren berufsmäßigen Forschungsbereich fallen. Eine so engherzige Auffassung der wissenschaftlichen Betätigung wird man aber nur bedingt gutheißen können, nämlich nur dann, wenn es sich um Personen handelt, denen nach Lage und Umständen ein kompetentes Urteil über die außerhalb des konventionellen Rahmens ihrer wissenschaftlichen Berufstätigkeit auftauchenden Fragen nicht zustehen kann. Dies gilt allerdings κατ'ἐξοχήν für diejenigen, die sich nicht ex professo mit der Mathematik befassen; denn — um ein treffendes Bild des hervorragenden italienischen Lyrikers Giosuè Carducci zu gebrauchen — die Mathematik „non è fanciulla da poco

[1]) Giornale degli Economisti (im folgenden abgekürzt: G. d. E.), Serie II, 23, 1901, S. 436 ff.

rame"[2]), sie offenbart, wie einmal der bekannte Senator Negri ebenso schön gesagt hat, ihre Natur „nicht wie Phryne vor ihren Richtern, sondern sie enthüllt ihre Reize nur denen, die sie auf Grund ihrer langen, sicheren und erprobten Erfahrung kennen" [2]).

Im übrigen aber entspricht es einmal nur der heuristischen Anlage der menschlichen Natur, auch das in den Bereich seiner Betrachtung zu ziehen, was nicht seiner unmittelbaren Interessenssphäre angehört, „lebhaft ist eben der Wunsch, auch in der „vetrina" der anderen zu pflügen, um den Wert der eigenen besser kennen zu lernen [1]," wobei schon oft genug, wie Volterra richtig bemerkt, eine gemeinsame Entdeckung von Vertretern verschiedener Disziplinen jene Zurückhaltung hat überwinden helfen, die besagter „Konservator" des Anatole France diesem gegenüber an den Tag legte.

Auf der andern Seite sind es ganz natürliche Anknüpfungspunkte, die die Fäden zwischen den zu analysierenden Erscheinungskomplexen benachbarter Wissensgebiete hinüber und herüber spielen lassen. Der vielseitige Charakter der bunten Wirklichkeit, deren Erforschung allein sich alle Zweige des menschlichen Wissens als letztes und höchstes Ziel gesteckt haben, bedingt schon an sich ein In- und Übereinandergreifen der fraglichen Zusammenhänge und läßt eine scharfe Abgrenzung der auf sie bezüglichen Einzeldisziplinen gar nicht zu. Jede Wissenschaft hat eben ihre Hilfsdisziplinen, die sie in den Dienst ihrer eigentlichen Forschungsaufgaben stellt und deren sie, wenn sie nicht mindestens unvollkommen bleiben will, schlechterdings nicht entraten kann. Eine gegenseitige Isolierung der einzelnen Fachwissenschaften würde dazu nur ihrem natürlichen Entwicklungsprozeß widersprechen, der ihre schließliche Herausbildung aus der ihr vordem übergeordneten allgemeineren Disziplin zu einer Sonderdisziplin erst allmählich bewirkt hat, abgesehen davon, daß sie dem Fortschritt der gesamten Wissenschaft, dem doch letzten Endes jede Fachwissenschaft zu dienen hat, völlig unzuträglich wäre. Die Glieder können aber ohne den Körper, aus dem sie hervorgewachsen sind, nicht bestehen, wie der Körper nicht ohne seine Glieder denkbar ist. Jede Disziplin ist in erster Linie nur als die Hilfsdisziplin ihrer Mutterwissenschaft und somit mehr oder weniger auch ihrer integrierenden Tochterwissenschaften zu betrachten, von denen sie befruchtet wird und die sie wieder zu befruchten hat.

In diesem Sinne ist auch die Stellung der Mathematik im Bereiche der gesamten Wissenschaften aufzufassen. Sie

---

[2]) G. d. E. Serie III, 45, 1912, 2, S. 76.

Hilfe statischer Überlegungen zum Ziel gesetzt hat. Da dasselbe aber bisher recht wenig beachtenswerte Resultate gezeitigt hat und noch vollkommen in einem Läuterungsprozeß begriffen zu sein scheint, haben wir es vorgezogen, um nichts Unvollkommenes zu bieten, die Darstellung nicht über diesen Zeitpunkt hinaus auszudehnen, bevor wir nicht als Ergebnis der abwartenden Haltung, die wir vorläufig einzunehmen gezwungen sind, zur Veröffentlichung des schon in Bearbeitung genommenen 2. Teiles dieses Bandes zu schreiten vermögen.

Alles das, was in dem besagten Methodenstreik der 80er Jahre „in linea abstratta e generale" gesagt worden ist, läßt sich mit Amoroso kurz dahin zusammenfassen, daß „alle Methoden ausgezeichnet sind, wenn sie nur zur Entdeckung der Wahrheit führen[4])."

Möge diese Erkenntnis auch bezüglich der Anwendung der bisher leider gänzlich vernachlässigten mathematischen Methode auf die Darstellung und Lösung quantitativer Probleme in der deutschen Volkswirtschaftslehre mit Hilfe dieses bescheidenen Versuches allmählich Eingang finden und zu ihrer weiteren gründlichen Ausbildung zu diesem Zwecke beitragen. Dann ist auch der einzige Wunsch, von dem sich der Verfasser bei der Herausgabe seines Werkes, dessen Veröffentlichung sich durch das Dazwischentreten einer zweijährigen Auslandsreise leider verzögert hat, hat leiten lassen, für ihn vollkommen als erfüllt anzusehen.

Für jede etwaige Anregung sowie förderliche Kritik, die mir, besonders von seiten der italienischen Nationalökonomen, zugehen sollte, werde ich selbstverständlich jederzeit empfänglich und dankbar sein.

Zum Schlusse sei es mir noch eine angenehme Pflicht, meinem hochverehrten Lehrer, Herrn Professor Dr. Biermann-Greifswald, für die mir bei der Fertigstellung dieser Arbeit erteilten wertvollen Ratschläge sowie Herrn Professor Dr. Radon-Erlangen für die teilweise Durchsicht der Arbeit auf ihre mathematische Struktur hin an dieser Stelle nochmals meinen verbindlichsten Dank zu sagen.

Stralsund, abgeschlossen im März 1924.

Otto Kühne.

4) G. d. E. Serie III, 45. 1912, II, S. 216.

Synthese beider sich gegenüberstehender Richtungen scheint E. Barone in seinen Arbeiten hinwirken zu wollen. Wenn der graphischen Schule wohl auch nach Ricci's Urteil das Verdienst nicht abzusprechen ist, nach „Einfachheit und Anschaulichkeit" der Darstellung gestrebt zu haben, während die analytische bisweilen sogar „sehr abstrakt und schwierig" erscheint, so glauben wir doch der letzteren, eben weil sie die „einzig strenge" ist, für eine hinreichend objektive wissenschaftliche Erörterung und Entscheidung der oben gestellten Frage der Leistungsfähigkeit der mathematischen Methode überhaupt, unbedingt den Vorzug geben zu müssen. Indes halten wir an sich auch die graphische Methode für die praktische Behandlung konkreter Fälle vorzüglich geeignet, ja, beim Überwiegen didaktischer Rücksichten wird sie überhaupt als die einzig gegebene zu betrachten sein, falls sie nur immer gehörig analytisch fundiert ist und nicht bloß einen illustrativen Charakter trägt. Diese grundlegende Bedingung ist uns auch bei der Sichtung des auf seiten der graphischen Schule zu berücksichtigenden Materials ausschlaggebend gewesen.

Das vorliegende Werk sucht nun in großen Umrissen die markantesten Tendenzen kritisch aufzuzeichnen, denen die Entwicklung der mathematischen Schule in Italien gefolgt ist. Es will somit keine Fundgrube literarhistorischer Details bieten, sondern bemüht sich lediglich, einen für die gerechte Beurteilung der gestellten Frage hinreichenden Ein- und Überblick von den hervorstechendsten Ingredienzien zu gewinnen, die für die Fortbildung der mathematischen Nationalökonomie richtunggebend geworden sind. Nachdem wir uns zunächst mit den wichtigsten Grundlagen und Prinzipien der reinen politischen Ökonomie auseinandergesetzt haben, behandeln wir die allgemeinen Theorien der wirtschaftlichen Statik und Dynamik, um dann zu speziellen Anwendungen dieser und weiterer Theorien auf die Behandlung konkreter Einzelfragen der mathematischen Volkswirtschaftslehre zu schreiten. Um dabei unsere sowie des Lesers kritische Stellungnahme zu den hier behandelten Problemen, besonders durch die andernfalls unvermeidliche Einführung neuer mathematischer Symbole, nicht unnötig zu erschweren, haben wir es für zweckmäßig befunden, uns möglichst eng an die mathematische Darstellung des einzelnen Verfassers anzulehnen.

Die mathematische Nationalökonomie ist in Italien von etwa 1914 ab in ein neues Entwicklungsstadium getreten, das sich die Behandlung dynamischer Fragen ohne

unentbehrliche Hilfsdisziplin erweist, aus ihrem engeren Rahmen auszuschließen, da sie es nur mit Methoden zur zahlenmäßigen Beschreibung und Erklärung wirtschaftlicher Phänomene zu tun hat.

Es lassen sich in der gesamten mathematischen Wirtschaftslehre mit U. Ricci zwei Schulen mit besonderem charakteristischen Einschlag unterscheiden. An der Spitze der einen (französisch-italienischen), die wir die algebraische oder analytische nennen können, stehen Léon Walras und Vilfredo Pareto. Sie betrachtet die ökonomische Welt als ein System von Kräften, die nach dem wirtschaftlichen Gleichgewicht streben. Ihr zufolge sind „alle wirtschaftlichen Variabeln" untereinander verbunden und abhängig, und wenn eine ihre Größe ändert, so wechseln sie auch, wenngleich im Grade mehr oder weniger merklich, die andern. Daher ergibt sich die Notwendigkeit, ein System von Gleichungen aufzustellen, um die Abhängigkeitsbeziehungen von Ursache und Wirkung auszudrücken und sich zu versichern, daß die Variabeln in der gewünschten Zahl vorhanden sind, also weder eine mehr noch eine weniger, als die Zahl der Gleichungen beträgt. Diese Weise, die reine politische Ökonomie zu betrachten, ist die einzig strenge[3])." Das Haupt der andern Schule, die wir als die geometrische oder graphische bezeichnen können, wird von Alfred Marshal gebildet und zählt ein Heer englischer und amerikanischer Anhänger. Sie betrachtet Angebots- und Nachfragekurven, wobei sie unterstellt, daß sich das Verhältnis von Angebot und Nachfrage nach bestimmten graphisch darstellbaren Gesetzen regelt. „Jeder Preisschwankung einer Ware entspricht nach den Ansichten dieser Schule eine Variation in der nachgefragten oder angebotenen Menge dieser Ware selbst und der Gleichgewichtspreis ist derjenige, der Angebot und Nachfrage ins Gleichgewicht bringt. Auch hier spricht man also vom Gleichgewicht, aber es handelt sich um so viele getrennte und selbständige Gleichgewichtslagen, wie es unmittelbare Verbrauchsgüter und Produktionsmittel gibt, nicht um ein einziges und gleichzeitiges Gleichgewicht, das alle Preise sowie alle nachgefragten und angebotenen Mengen umfaßt. Diese zweite Art, die reine politische Ökonomie zu betrachten, ist gewiß nicht streng . . . .[3])" Das Verfahren der graphischen Schule läuft oft sogar nur auf ein bloßes mehr oder weniger glückendes Probieren mit gegebenen Größen hinaus, nach deren beliebig vorgenommener Modifikation sich die Größe der zu erforschenden Unbekannten zu richten hat. Auf eine

[3]) G. d. E. Serie II, 33, 1906, II. S. 223.

des Charakters und Wertes der dabei angewandten mathematischen Operationen an sich maßgebend zu sein scheint, sondern in erster Linie als Nationalökonom, dem es nur auf die Feststellung ankommen kann, ob und inwieweit solche Operationen überhaupt für die Entdeckung neuer oder Begründung alter ökonomischer Wahrheiten geeignet und zweckdienlich sind bzw. wie sie hierfür vorteilhaft zu gestalten sind.

Unsere ursprüngliche Absicht war es nun, unter diesem allgemeinen Gesichtspunkte die politische Ökonomie der wichtigsten Länder der Erde zusammenfassend zu betrachten. Die Entwicklung, die die mathematische Schule in ihnen genommen hat, ist jedoch so verschiedenartig und ungleichmäßig, daß sich ein Gesamtüberblick und Gesamturteil über sie nur schwer wird ermöglichen lassen. Zum mindesten hätten unter einer solchen summarischen Behandlung des Gegenstandes die Klarheit, Gebundenheit und Übersichtlichkeit der Darstellung, die überdies nicht frei von lästigen Wiederholungen wäre, sehr zu leiden. Da dies jedoch Requisite sind, auf die wir mit Rücksicht auf die Eigentümlichkeit des Stoffes und im Interesse einer weitestgehenden Allgemeinverständlichkeit seiner Bearbeitung nicht ohne weiteres verzichten zu können glaubten, haben wir uns entschlossen, uns vorläufig auf die Behandlung der italienischen Schule zu beschränken. Der Umstand, daß die ersten Keime einer mathematischen Behandlung wirtschaftlicher Zustände und Vorgänge in der nationalökonomischen Literatur überhaupt wie gleichzeitig die höchsten Blüten, die ihre Ausbildung jemals erfahren hat, gerade diesem Lande vorbehalten geblieben sind, dürfte die getroffene Wahl hinreichend rechtfertigen. Doch hoffen wir, in nicht allzu ferner Zeit auch eine Darstellung der Entwicklung der mathematischen Schule in den übrigen Ländern (Frankreich, England und Amerika) bringen zu können, um schließlich in einem besonderen abschließenden Bande unsere eigene *prinzipielle* Stellungnahme zu der gesamten mathematischen Schule überhaupt an Hand selbständiger positiver Entwicklungen zusammenzufassen.

Jede Anwendung der Mathematik auf die Volkswirtschaftslehre kann sich immer nur mit den *Größen- und Maßverhältnissen* der wirtschaftlichen Erscheinungen befassen, m. a. W. sie kann sich immer nur auf die später noch genauer zu definierende *reine* politische Ökonomie beziehen. Auch die mathematische Wirtschaftsstatistik ist, wenn sie sich auch, wie noch zu zeigen sein wird, als eine für die weitere Ausgestaltung der „nuova scienza“

lands, auch in dem vom Historismus heraufgeführten Methodenstreit der 80er Jahre und seinen Nachklängen, leider recht wenig Beachtung gefunden. Ja, es hat sich sogar eine gewisse (bisweilen böswillige) Abneigung gegen dieses auch für die Erkenntnis wirtschaftlicher Zusammenhänge durchaus nützliche, zum Teil, wie wir noch sehen werden, sogar unentbehrliche Hilfsmittel der nationalökonomischen Forschung geltend gemacht, wie auf der andern Seite eine weitgehende Überspannung in der Erwartung ihrer Dienste zu verzeichnen ist. Das kalte Mißtrauen der einen wie die feurige Begeisterung der andern für die „neuen Anwendungen" führen wir mit Volterra in erster Linie darauf zurück, daß die einen von der Mathematik zu wenig, die andern aber zu viel erwarten. „Weder mit überschwenglichen Hoffnungen oder oft gefährlichen Illusionen des Geistes noch mit Gleichgültigkeit sollte daher jeder neue Versuch aufgenommen werden, Tatsachen irgend welcher Art der Rechnung zu unterwerfen [1]."

Wenn, so meint Volterra richtig, auf der einen Seite gesagt werde, daß die „neuen Lehren nicht mehr bringen als man ihnen gibt, und daß die Analyse den Postulaten, die das Substrat jeder mathematischen Entwicklung bilden, nichts Wesentliches hinzufügt [1]," so sei doch auf der andern Seite wohlbekannt, daß die Mathematik den „Königsweg" darstellt, um zu allgemeinen Gesetzmäßigkeiten (sc. quantitativer Verhältnisse) zu gelangen und den sichersten Führer, um neue Hypothesen zu schaffen, d. h., um jene Postulate selbst zu begründen und zu vervollkommnen, die die Grundlage jeder einzelnen Untersuchung bilden; denn sie bilde das ausgesuchteste Mittel, um sie zu erproben und aus dem Felde der Abstraktion in das der Wirklichkeit zu führen. Und in der Tat, nichts lasse besser als eine Rechnung einen exakten Vergleich der weitreichendsten Folgerungen mit den Daten der Beobachtung und Erfahrung zu.

Vornehmlich die unklare Vorstellung von dem Nutzen der mathematischen Methode, die unter der überwiegenden Mehrzahl der deutschen Volkswirte heute noch anzutreffen ist, hat uns die Feder für die Bearbeitung dieser ziemlich kompakten Materie in die Hand drücken helfen. Wir haben uns zur Aufgabe gestellt, einmal objektiv die mathematische Analyse im Bereiche der Wirtschaftswissenschaften auf ihre Leistungsfähigkeit und Unentbehrlichkeit für die Darstellung und Erklärung wirtschaftlicher Phänomene hin zu prüfen, jedoch nicht vorwiegend vom Standpunkte des Mathematikers, der aus einer solchen Untersuchung nur die Schlüsse ziehen würde, deren Berücksichtigung ihm im Hinblick auf die zu analysierenden Erscheinungen für die Beurteilung

ist von allen ihren Nutznießern als ein wunderbares und kostbares Instrument geschätzt worden, das eine Schöpfung Jahrhunderte hindurch gehäufter Anstrengungen der scharfsinnigsten Köpfe und erhabensten Geister bedeutet, die die Welt jemals gesehen hat. „Sie hat, sozusagen, den Schlüssel, der den Zugang zu vielen dunklen Geheimnissen des Universums zu eröffnen vermag, und ein Mittel, in wenigen Symbolen eine Synthese zu begründen, die weitläufige und heterogene Resultate verschiedener Wissenschaften gänzlich umfaßt und in sich birgt [1]).“

Wie mannigfaltig und wechselseitig sind gerade die Beziehungen, die die Mathematik mit den Natur- und Sozialwissenschaften, insbesondere mit der Nationalökonomie unterhält. Während der (Berufs-)Mathematiker, wie Volterra von der schon zitierten Stelle richtig hervorhebt, sein ganzes Leben und die Kräfte seines Geistes darauf einstellt, seine Methoden zu verfeinern und zu vervollkommnen und sie für jede noch so delikate Untersuchung und eine immer weitere Umfassung der Tatsachen anpassungsfähig und geeignet zu machen, wird er beständig von einer wachsenden Welle Wissensdurstiger gedrängt, die die Mathematik bloß als Stütze benötigen . . . „Es ist aber nur wenigen höchst spekulativen Geistern gegeben, in der Sphäre der Zahlen und der abstrakten Wesen der Geometrie und Logik zu wandeln und dabei gleichgültig und verschlossen allem dem gegenüber zu bleiben, was um ihn herum lebt und webt und sich gestaltet, und, wie Jacobi sagt, nur dem einen Ziel entgegenzuarbeiten: dem Ruhm des menschlichen Gedankens; vielmehr sind die meisten von dem natürlichen Wunsche beseelt, ihren Geist auch auf das außerhalb des Kreises der reinen mathematischen Analyse liegende zu lenken, sich von der Leistungsfähigkeit der verschiedenen Hilfsmittel, über die er verfügt, zu überzeugen und sie miteinander zu vergleichen und unter dem Gesichtspunkte ihrer Anwendungen zu klassifizieren, oder die eigene Tätigkeit darauf zu richten, die nützlichsten (Hilfsmittel) weiter auszugestalten, die schwächsten zu stärken und mächtigere zu schaffen [1]).“

Während somit der reine Mathematiker auf die Tatsachen letzten Endes nur als Mittel zum Zweck der Vervollkommnung seines analytischen Apparates appliziert, bedient sich umgekehrt der Nationalökonom der Mathematik lediglich als eines geeigneten Auskunftsmittels zur Erforschung dieser (ökonomischen) Tatsachen, die ihm das Endziel bedeutet.

Die mathematische Analyse als Untersuchungsmethode hat bisher in der nationalökonomischen Wissenschaft Deutsch-

Inhaltsverzeichnis.

D. Die wirtschaftliche Dynamik.

Dritter Abschnitt.

Spezielle Anwendungen der Mathematik, insbesondere der Theorie der wirtschaftlichen Statik und Dynamik.

E. Distributionstheorien.

F. Produktionstheorien.

G. Steuertheorien.

H. Rückblick und Schluß.

A. Einleitung.

Über das Wesen mathematischer Erkenntnisweise.

Jede Theorie kann immer nur ein ideales, nicht das betreffende wirkliche Phänomen behandeln; denn keine vermag die vielgestaltige Wirklichkeit restlos in sich zu erfassen, sie ist vielmehr stets mehr oder weniger auf Abstraktionen angewiesen. Um daher die zu erstrebende weitgehendste Übereinstimmung ihrer Aussagen mit der Wirklichkeit beurteilen zu können, werden wir genötigt, stets in enger Berührung mit der letzteren zu bleiben; wir sind somit von der Erfahrung vollkommen abhängig. Dies gibt uns jedoch keinen Grund, die theoretische Erkenntnis etwa als etwas Nebensächliches oder gar Entbehrliches zu betrachten. Im Gegenteil, Aufgabe jeder Theorie ist es gerade, unsere Erfahrungseindrücke zu klären und zu bereichern und ohne wenigstens ein nach gemachter Erfahrung sich einstellendes Bewußtsein von der Geltung einer auf den betreffenden Erfahrungsinhalt bezüglichen Theorie ist Erfahrung selbst überhaupt nicht denkbar. Hieraus geht ohne weiteres die Wichtigkeit jeder theoretischen Schulung hervor.

Zur Aufstellung und Ausbildung einer Theorie bedarf es einer Methode, die das Instrument für die (theoretische) Behandlung der Phänomene der Wirklichkeit liefert. Der Streit über den Wert einer Methode muß für eine Erfahrungswissenschaft solange belanglos bleiben, wie man nicht die mit ihrer Anwendung gemachten Erfahrungen selbst berücksichtigt. Natürlich ergibt sich die Zweckmäßigkeit einer Methode schon aus der Eigenart und Natur der betreffenden Disziplin und ihrer Erkenntnisziele. Doch läßt erst die Erfahrung ein entscheidendes Urteil über den Grad der Fehlerhaftigkeit der an die Verwendung der Methode geknüpften Deduktionen zu. Lediglich dieser Grad, nicht eine Abweichung der theoretischen Ergebnisse gegenüber der Wirklichkeit an sich, ist für die Beurteilung der für jede Erfahrungswissenschaft in erster Linie in Frage kommenden praktischen Brauchbarkeit einer Methode ausschlaggebend. Er ergibt sich vor allem durch die Feststellung der Unvollkommenheit der durch ihre Anwendung bedingten Voraussetzungen gegenüber denjenigen, an die das Auftreten der fraglichen Beobachtungserscheinungen de facto geknüpft ist. Eine solche Feststellung wird naturgemäß um so schwerer fallen, je weniger von dem tatsächlichen Verhalten dieser Erscheinungen selbst und der Beschaffenheit der dasselbe regelnden Faktoren — worüber gleichfalls immer nur konkrete Hypothesen aufzustellen sein werden, die solange und nur solange gelten, wie sie nicht durch ein neues Glied allgemeineren Inhalts der bisherigen Erfahrungskette widerlegt werden — bekannt ist.

Liegt es somit auf der Hand, d a ß jede Methode einer empirischen Wissenschaft, also auch der Nationalökonomie, auf die Berücksichtigung der Erfahrungsdaten angewiesen ist, so fragt es sich nun, wie sie sich diesen gegenüber zu verhalten hat.

Was diesen Punkt angeht, so meint Léon Walras [5]), man müsse alles, auch das scheinbar Selbstverständliche und durch die Erfahrung bereits Bestätigte in der Nationalökonomie zu b e w e i s e n versuchen, ausgenommen die Axiome — die Grenze wird hier schwer zu ziehen sein —; demgemäß sieht er schon den Tag kommen, wo alle Wissenschaften in einer Metaphysik aufgegangen sein werden. Pareto [6]) dagegen glaubt sich damit begnügen zu müssen, die Erfahrungstatsachen als solche bloß hinzunehmen, um so einem Hinübergleiten in metaphysische Spekulationen von vornherein zu entgehen.

Beide Ansichten sind offenbar vom Standpunkte der praktischen Vernunft als durchaus unbegründete Extreme zu verwerfen. Denn einmal ist es ratsam, nicht der Zukunft vorzugreifen; zu einer metaphysischen Spekulation wird nur in äußerst seltenen Fällen, die mit den bisherigen Beobachtungstatsachen nicht ohne weiteres in Einklang zu bringen sind, Anlaß vorliegen, während i m a l l g e m e i n e n die in hypothesi wohl unbegrenzt fortsetzbare Kette der Deduktionen in einer Erfahrungswissenschaft nur soweit auszudehnen sein wird, als dies für eine hinreichend e r f a h r u n g s m ä ß i g e Begründung der fraglichen Phänomene notwendig erscheint. Auf der anderen Seite dagegen ist in den meisten Fällen eine Prüfung der Erfahrungsdaten unerläßlich, schon um etwaige Beobachtungsfehler ermitteln zu können. Auch werden sich allein aus heuristischen Gründen Praktiker wie Theoretiker veranlaßt sehen, sich von den wahren Gründen zu überzeugen, auf die das Auftreten einer

---

[5]) cf. De l'échange de plusieurs marchandises entre elles. — Mémoire de la société des ingénieurs civiles. Janvier 1891. —

[6]) G. d. E. Considerazioni sui principii fondamentali dell' Economia Politica Pura. 1892. S. 389 ff.

Erscheinung zurückzuführen ist, um sie mit ihren bisherigen Erfahrungen zu vereinbaren und gegebenenfalls für die Zukunft zu verwerten. Wie oft treten nicht bei solchen Nachforschungen neue Gesichtspunkte zutage, die neue Wahrheiten fördern und damit dem Fortschritt der Wissenschaft neue Dienste leisten! Eine strenge Durchführung des Paretoschen Grundsatzes hieße somit, jede wissenschaftliche Forschungsarbeit überhaupt unterbinden! Daß Pareto ihn vertritt, muß um so mehr verwundern, als er doch gelegentlich [7]) selbst richtig als das Ziel jeder Wissenschaft bezeichnet, vom Besonderen zum Allgemeinen aufzusteigen und aus dem Allgemeinen das Besondere zu erklären. Ein solches Aufsteigen würde aber gerade die von ihm befürchtete Gefahr einer metaphysischen Spekulation in sich schließen, falls es nicht unter steter Fühlungnahme mit der Wirklichkeit vor sich geht.

Man wird somit nur einen die extremen Anschauungen von Walras und Pareto vermittelnden Standpunkt einnehmen können.

Die von uns zu behandelnde reine politische Ökonomie hat es nun, wie bereits erwähnt, vorwiegend mit der Darstellung und Erklärung der Größenverhältnisse der wichtigsten wirtschaftlichen Phänomene zu tun. Für diesen Zweck wird naturgemäß die Anwendung der der Wissenschaft der Quantitäten, der Mathematik, eigentümlichen Methoden vor allen anderen zu bevorzugen sein. Es ist eine in der Geschichte der exakten Naturwissenschaften charakteristische Erscheinung, daß die Resultate grundlegender mathematischer Untersuchungen ihrer strengen wissenschaftlichen Begründung und praktischen Verifizierung oft lange Zeit vorausgeeilt sind (z. B. in der Mechanik) [8]). Dies gilt auch von der reinen politischen Ökonomie, wo sie fast ausschließlich noch einer gehörigen statistischen Überprüfung bedürfen. Bevor wir uns jedoch mit den fraglichen mathematischen Anwendungen selbst befassen, wird es nicht unangebracht sein, einige erläuternde Worte über das Wesen der mathematischen Erkenntnis überhaupt vorauszuschicken.

Es stehen sich bekanntlich zwei Arten von Begriffsdefinitionen gegenüber, die topische oder klassifizierende und die genetische Definition [9]). Jene bestimmt den Begriff durch Angabe seines Ortes im System der Begriffe. Die notwendige und hinreichende Bedingung für eine solche Definition ist dabei die Angabe das genus proximum und

[7]) G. d. E. 1892. S. 396.
[8]) cf Enzyklopädie der mathem. Wissensch. IV, 1. S. 8.
[9]) cf. A. Riehl, Logik und Erkenntnistheorie, Leipzig 1921. S. 10.

der differentia specifica, wozu die Kenntnis des vollständigen Systems der Begriffe (vom genus proximum bis zu den „eidetischen Singularitäten" hin im Sinne Husserls) unerläßlich ist.

Die genetische Definition dagegen entwickelt den Begriff aus seinen Elementen. In beiden Fällen definieren wir natürlich immer nur unser Wissen von den betreffenden Gegenständen, nicht aber die Gegenstände selbst.

Den beiden Hauptarten der Definition entsprechen zwei Arten von Begriffen: die Klassenbegriffe und die Gesetzes- oder Funktionsbegriffe. Diese entstehen durch analysierende, jene durch generalisierende Abstraktion. Infolge der Verwendung der Klassenbegriffe in der topischen, der Funktionsbegriffe in der genetischen Definition kann man mit Riehl von einem „statischen Gebrauch statischer Begriffe" und einem „dynamischen Gebrauch dynamischer Begriffe" sprechen. „Es ist die Aufgabe der fortschreitenden Wissenschaft, Klassenbegriffe auf Gesetzesbegriffe zurückzuführen, alle Begriffe als Funktionen zu gebrauchen [10]." Wegen des vorwiegend dynamischen Charakters der zu analysierenden Erscheinungen werden wir in der Volkswirtschaftslehre in erster Linie mit dem Funktionsbegriff zu operieren haben.

In der höheren Analysis nimmt derselbe eine entscheidende Stellung ein. Die übliche Fassung: „y heißt eine (eindeutige) Funktion von x innerhalb eines bestimmten Intervalles, wenn zu jedem Werte von x innerhalb des Intervalles ein bestimmter Wert von y gehört" geht bekanntlich auf Dirichlet zurück. W. Wundt [11]) zufolge kann man den allgemeinen Begriff der Funktion, aus dem der Differentialbegriff als eine innerlich notwendige Weiterbildung hervorgeht, als diejenige Umgestaltung betrachten, welche der Begriff der logischen Abhängigkeit in der Anwendung auf den Größenbegriff erfahren muß."

Auf die verschiedenen Arten von Funktionen (algebraischen, transzendenten usw.) können wir hier nicht näher eingehen. Jedenfalls beherrscht das mathematische Gesetz der Funktion „alle Größenbeziehungen, weil seine Anwendung vollkommen in unserer Wahl steht. Es gibt keinerlei Art von Abhängigkeit, welche sich nicht dem Funktionsbegriff unterordnen läßt und in dieser Form der mathematischen Behandlung zugänglich ist [12])."

[10]) ibidem S. 76.
[11]) Logik II, W. Wundt S. 201.
[12]) ibidem S. 206. — cf. auch F. Klein, Anwendungen der Differential- und Integralrechnung auf Geometrie... Leipzig 1907.

Die wichtigste Rolle in der reinen Mathematik sowohl wie in ihren Anwendungen spielt zweifellos die Arithmetik. Es kann hier nicht unsere Aufgabe sein, eine axiomatische Grundlegung der Arithmetik zu geben, vielmehr müssen wir uns auf eine kurze Betrachtung der Eigenart ihrer Denkakte und Denkprozesse beschränken.

Die Arithmetik besitzt in den Ziffern, Zahlensymbolen, Operationszeichen und den bestimmten Komplexionen aus diesen drei Zeichenarten ein eigenes sprachliches Darstellungsmittel. Mit dem Vorstellen, Lesen, Schreiben usw. solcher Zeichen oder Zeichenverbindungen verbindet sich sofort eine Reihe assoziativ damit verknüpfter Erlebnisse, die die Zeichen zum „Ausdruck von etwas" machen.

Unter diesen Erlebnissen scheiden wir mit E. Husserl [13]) die bedeutungverleihenden Akte oder Bedeutungsintentionen von den bedeutungerfüllenden Akten, beide bilden im „Bewußtsein eine innig verschmolzene Einheit von eigentümlichem Charakter". Aufgabe des Zeichens ist es, in uns den bedeutungverleihenden Akt zu erregen und auf das, was in ihm intendiert wird und vielleicht durch erfüllende Anschauung gegeben ist, hinzuweisen. Stellt sich der bedeutungverleihende Akt beim Erscheinen des Zeichens nicht ein, so fehlt das Verständnis. „Man könnte das Zeichen als den Ausstrahlungspunkt für die betreffenden anschaulichen Vorstellungen betrachten. Mußten aber diese letzteren jedesmal über die Schwelle des Bewußtseins gehoben werden, um das Verständnis der Zeichen zu ermitteln, so würden wir niemals zu jener abgekürzten, verdichteten und darum der Wahrnehmung und Phantasie so überlegenen Art des Vorstellens befähigt sein, die wir, im Unterschiede von Anschauen, Denken nennen [14])."

Die Bedeutungsintentionen werden dadurch geklärt, belebt und bekräftigt, daß zu ihnen die bedeutungerfüllenden Akte hinzutreten. Diese, der Intention die „Fülle" gebenden Akte stellen das, was die Intention zwar meint, „aber in mehr oder minder ungeeigneter und unangemessener Weise vorstellig macht, direkt vor uns hin, oder wenigstens relativ direkter als die Intention selbst [15])". Der Akt der mathematischen Erkenntnis umfaßt also gleichzeitig die signitive Intention und die intuitive Erfüllung.

Mit den spezifischen „thetischen" Grundakten (wie der Synthesis, Anordnung, Zusammenfassung, Trennung, operativen Verknüpfung usw.) haben wir uns hier nicht weiter zu

---

[13]) Logische Untersuchungen, Bd. II. Halle 1913. S. 37.
[14]) A. Riehl, Beiträge zur Logik, Leipzig 1912, S. 2 u. 3.
[15]) E. Husserl, Logische Untersuchungen a. a. O. II, 2. S. 65.

befassen. Unter ihnen sind für uns besonders wichtig die Akte der Formalisierung, in denen arithmetische Fundamentalrelationen und operative Zusammenhänge auf „logische Leerformen" übertragen werden. Aus sämtlichen Grundakten setzt sich dann das sogenannte „funktionale Denken" zusammen.

Die für die Arithmetik angegebene Unterscheidung zwischen bedeutungverleihenden und bedeutungerfüllenden Akten läßt sich in entsprechender Weise auch auf die Geometrie anwenden. Für unsere Betrachtungen wird fast ausschließlich die analytische Geometrie in Frage kommen, die im Gegensatz zur synthetischen die Beziehungen der räumlichen Gebilde unter weitgehender Verwendung aller Hilfsmittel der Analysis zu formulieren sucht. Jeder Zahl ist ein bestimmter Punkt einer Geraden, jedem geordneten Zahlenpaare ein Punkt einer Ebene, jedem Tripel geordneter Zahlen ein bestimmter Punkt des Raumes umkehrbar eindeutig zugeordnet. Die Bewegung, das Grundprinzip der analytischen Geometrie, führt einen Punkt in den andern über; der Punkt beschreibt eine Kurve, die Kurve eine Fläche und die Fläche einen Raum.

Sucht man unter Zugrundelegung einer gegebenen geometrischen Figur (graphische Methode!) irgendeine konkrete Frage zu behandeln, so durchläuft man mit Castelnuovo [16]) folgende drei Stadien: „Im ersten Stadium setzt man für die materiellen Punkte, Linien, Flächen der betrachteten Figur bestimmte abstrakte Symbole, auf die man in präziser Form (unter dem Namen von Postulaten) die angenäherten Beziehungen, welche in der Wirklichkeit bestehen, anwendet. Im zweiten Stadium operiert man auf Grund dieser Symbole mittels logischer Schlußweisen, um aus den Postulaten neue, mehr verborgene Sätze zu gewinnen. Im dritten Stadium übersetzt man die abstrakten Sätze in reale praktische Resultate (sc. Akt der Formalisierung!) und prüft, mit welchem Annäherungsgrade die theoretische Vorausberechnung verifiziert erscheint." Diese drei typischen Stadien wird man ebenso gut in den arithmetischen Prozeduren und zwar sowohl der reinen wie der angewandten Mathematik verfolgen können, wie denn überhaupt unsere bisherigen Betrachtungen über das Wesen mathemathischer Erkenntnisweise auf die angewandte Mathematik leicht zu übertragen sind mit der Maßgabe, daß die fraglichen mathematischen Vorstellungen, Akte, Operationen usw. dabei stets auf die zu analysierenden Erscheinungen der Wirklichkeit in geeigneter Weise zu beziehen sind.

---

[16]) Rivista di scienza 1, 1907. S. 334.

Gehen wir mit Kant [17]) von zwei verschiedenen Urteilsarten aus, Sätzen über Begriffe und Aussagen über Dinge, so sind jene schlechthin als „Wesensaussagen", diese als „Tatsachenurteile" gekennzeichnet. Wesensaussagen sprechen ein Verhältnis zwischen zwei oder mehreren Begriffen als allgemeingültig und notwendig aus und zwar lediglich auf Grund der „Unterordnung eines Begriffsverhältnisses unter die gesetzlichen Formen des Denkens und Anschauens [18])", sie sind also vom Wahrnehmungsbestand (in logischer Hinsicht) völlig unabhängig. Reine Wesensaussagen sind nur die mathematischen Urteile. Galt es doch von jeher als der eigentümliche Vorzug der Mathematik, „daß sie es nicht mit der Existenz der Dinge, sondern nur mit ihrer Vorstellung, daß sie es nicht mit dem Dasein der Objekte, sondern nur mit der Beschaffenheit der Ideen zu tun hat [19])". Sie allein enthält im strengen Sinne des Wortes „apriorische" Erkenntnisse [20]). Jede Erfahrungs- oder Tatsachenwissenschaft, so auch die Nationalökonomie, hat es dagegen mit Tatsachenurteilen zu tun, die sich als Realbehauptungen auf reale, als Wirklichkeitssätze auf bewußtseinswirkliche Tatsachen beziehen, je nachdem ihr Aussagegehalt Gegenstände der äußeren oder inneren Wahrnehmung betrifft. Keine Tatsachenwissenschaft kann „voll entwickelt und unabhängig sein, sei es von formaler oder materialer eidetischer Wissenschaft"; denn die „Zufälligkeit der Tatsächlichkeit ist korrelativ bezogen auf eine Notwendigkeit oder Wesensallgemeinheit [21])". Erst durch die Beziehung der Welt der Wahrnehmungen auf die Welt der Bedeutungen entsteht das Erkennen im engeren Sinne (daher die Notwendigkeit der Theorie gegenüber der Praxis, cf. S. 1).

Die Schwierigkeiten einer korrekten Anwendung der Mathematik auf die Beschreibung und Erklärung irgendwelcher Zustände oder Vorgänge der Wirklichkeit besteht nun in erster Linie darin, die für das Auftreten und die Auswirkung der betreffenden Erscheinungen wesentlichen Merkmale aufzufinden und bei dem Ansatze und der Entwicklung der mathematischen Formulierungen gebührend zu berücksichtigen, m. a. W. sie entsteht beim Eintritt in

[17]) Vorrede der „Metaphysischen Anfangsgründe der Naturwissenschaft. 1786. — 1. Fußnote. —

[18]) A. Riehl, Beiträge zur Logik. S. 18.

[19]) E. Cassirer, Das Erkenntnisproblem in der Philosophie und Wissenschaft. 2. Aufl., 2. Band. S. 340.

[20]) cf. Kant, Kritik der reinen Vernunft. 1781. S. 126.

[21]) E. Husserl, Ideen zu einer reinen Phänomenologie und phänomenologischen Philosophie. Halle 1913. S. 17, cf. auch J. Geyser, Neue und alte Wege der Philosophie, München 1916. S. 21 ff.

das erste Castelnuovo'sche Stadium (cf. S. 6), der unter einwandfreier Entfaltung der bedeutungverleihenden und -erfüllenden Akte zu erfolgen hat. Doch ist die Äußerung dieser Akte ebensosehr für die richtige Auslegung der erhaltenen mathematischen Ergebnisse im dritten Castelnuovo'schen Stadium ausschlaggebend, während es im zweiten Stadium vornehmlich auf eine korrekte Durchführung der Rechnung selbst ankommt.

Zur Vermeidung falscher oder einseitiger Aktentfaltungen wird somit bei sämtlichen Anwendungen der Mathematik vor allem eine möglichst häufige Kontrolle der Rechnung an der Beobachtung unerläßlich sein. Je größer die Kette der mathematischen Deduktionen ist, um so größer ist auch die Wahrscheinlichkeit dabei unterlaufener Irrtümer. Der der reinen Mathematik nachzurühmende Vorzug einer Unabhängigkeit von der Erfahrung kann für die angewandte Mathematik geradezu zu einem Nachteil umschlagen. „Wenn wir nämlich gewöhnlich argumentieren und allmählich von einem Satz zum andern schreiten, so können wir diesen (an der Erfahrung) prüfen und, wenn er uns mit den Gedanken, die wir für wahr halten, zu widersprechen scheint, so machen wir halt und entscheiden uns darüber, ob diese zu ändern sind oder jener Satz umzustoßen ist [22]).“ Der Gebrauch der mathematischen Methode dagegen wird eine solche Kontrolle bisweilen sehr erschweren, da der Inhalt der Zwischenoperationen häufig unserer Wahrnehmung entgeht, die sich oft nur auf die äußersten Glieder der Kette beschränkt. Trotzdem wird sie natürlich nicht, wie Pareto meint, ausgeschlossen sein [23]). Handelt es sich allgemein um behauptete Gesetzmäßigkeiten irgendwelcher Art, so wird der notwendige Existenz- und Eindeutigkeitsbeweis sich rein mathematisch verhältnismäßig leicht erbringen lassen, für alle Anwendungen bedarf er jedoch strenggenommen stets der energischen Verifikation. Eine restlose Übereinstimmung der theoretischen Resultate mit den Erfahrungsdaten wird dabei naturgemäß niemals zu erzielen sein, einmal, weil jede Theorie an sich stets unvollkommen ist und bleiben wird, und auf der anderen Seite, weil diese Daten der Beobachtung selbst nur im Rahmen gewisser Fehlergrenzen zugänglich oder nur unter einer geeigneten Mittelwertbildung verwendbar sind.

---

[22]) G. d. E. 1892, S. 399.

[23]) Natürlich kann auch eine erfahrungsmäßige Bestätigung von Zwischen- oder sogar Endresultaten — selbst im Rahmen der natürlichen Fehlergrenzen — auf bloßem Zufall beruhen; sie allein gewährleistet die unbedingte Richtigkeit der Rechung somit nicht.

Jeder empirische Gebrauch der Mathematik hat sich eben mit Annäherungen zu begnügen. Da diese bei Anwendungen von Approximationsmethoden (durch wiederholte Bezugnahme auf die Wirklichkeit) besonders leicht beständigen Korrekturen unterworfen werden können, so werden diese Methoden gegenüber den exakten sogar meist zu bevorzugen sein.

Die charakteristische Feststellung, die Barone in der Geschichte der ökonomischen Verteilungslehren gemacht hat, daß „alle nämlich mehr oder weniger gründlich von irgendwelchen petitiones principii gefärbt sind [24])“, findet sich in der Geschichte der Reinen Politischen Ökonomie κατ' ἐξοχήν bestätigt, wie sie wohl überhaupt mehr oder weniger für jede Wissenschaft zutreffen wird. Die Existenz solcher unbewiesenen oder unbegründeten (bewußt oder unbewußt unterstellten) Voraussetzungen ist meist leicht nachzuweisen, weniger allgemein ist aber das „principio elementare di logica quantitativa“ bekannt, auf das dieselben zurückzuführen sind. Dieses beruht nämlich, wie Barone richtig bemerkt, auf der Erkenntnis, „daß es, wenn es sich darum handelt, ein Phänomen quantitativ zu studieren, zur Vermeidung einer petitio principii notwendig ist, zwischen den variabeln Größen, die in dem Phänomen figurieren, ebensoviel voneinander unabhängige logische Beziehungen aufzufinden (cf. Akt der [logischen] Formalisierung!) wie die Zahl dieser variabeln Größen beträgt. Wenn wir sagen „voneinander unabhängige“ logische Beziehungen, so wollen wir damit ausdrücken, daß keine der Beziehungen in den übrigen implicite enthalten sein darf in der Weise, daß man sie aus ihnen imWege einfacher Deduktion folgern könnte [25])“. Durch Nichtberücksichtigung dieser Forderung entstehen dann, worin wir Barone wiederum beipflichten können, verhängnisvolle Irrtümer, indem die betreffenden Theorien häufig auf eine geringere Zahl von unabhängigen Beziehungen gegründet sind, als die Zahl der Variabeln, die in der zu behandelnden Frage vorkommen, ausmacht, oder indem einige Doktrinen, welche sogar in vollkommenem Gegensatz zueinander zu stehen scheinen, sich in Wirklichkeit gar nicht ausschließen, sondern bei geeigneter Verbesserung und Auslegung harmonisch ergänzen. „Daher geschieht es oft, daß eine von ihnen gerade jene logischen Beziehungen betrachtet, welche der andern fehlen, so daß erst alle beide, wenn sie zusammengenommen und entsprechend verstanden

---

[24]) G. d. E. Serie II, 12. 1896, S. 107 ff.
[25]) ibidem S. 111.

werden, gerade die Zahl unabhängiger logischer Beziehungen ergeben, die nötig ist, um das Phänomen (eindeutig) zu bestimmen [26]“. In der beständigen Anwendung dieses Prinzips liegt die sogenannte mathematische Methode begründet. Barone beurteilt sie kurz folgendermaßen: „Viele glauben irrtümlich, daß die mathematische Methode im wesentlichen im Gebrauch von Symbolen bestehe. Die Symbole sind aber nur ein Beiwerk, sie sind nur der Gebrauch einer weit präziseren und viel kürzeren Sprache als der gewöhnlichen. . . . das, was den mathematischen Geist in einer quantitativen Forschung vor allem charakterisiert — unabhängig von der Anwendung von Symbolen, die bei ein wenig gutem Willen vermieden werden können (?) — ist aber folgendes: Der beständige Grundsatz, niemals die gegenseitige Abhängigkeit unter den vielerlei variabeln Größen, die in eine Frage eingehen, aus den Augen zu verlieren und niemals ihr Studium eher für erschöpft zu halten, als bis soviele unabhängige logische Beziehungen hergestellt sind, wie es selbst variable Größen gibt [27].“

Den ersten Teil dieses nur summarischen Urteils wird man natürlich nicht für jeden Anwendungsfall der mathematischen Methode bedingungslos unterschreiben können; von dessen besonderer Lage hängt offenbar die Notwendigkeit oder Zweckmäßigkeit der Benutzung mathematischer Symbole in erster Linie ab.

Als ein typischer Vertreter der Reinen Politischen Ökonomie in Italien, der dem Gebrauche von Symbolen sichtlich aus dem Wege zu gehen sucht, kann Maffeo Pantaleoni (cf. seine Principii d'economia pura, Firenze 1890) gelten. Von der Berücksichtigung solcher Darstellungen mußten wir natürlich im Rahmen dieser Arbeit (cf. Vorrede) absehen.

Handelt es sich, wie in den meisten Fällen, um die Bestimmung mathematischer Größen oder Größenverhältnisse, so wird eine solche durch Beschränkung auf die Herstellung der zwischen diesen Größen bestehenden generellen logischen Beziehungen nicht erreicht werden können, eine Heranziehung des entsprechenden analytischen Apparates vielmehr unumgänglich sein. Doch selbst ein Verzicht auf eine analytisch strenge Formulierung der Denkoperationen, an die die Statuierung der fraglichen logischen Beziehungen geknüpft ist, wird stets mit Gefahren verbunden sein, und schon bei einer etwas verwickelteren Lage der Dinge zum mindesten als eine unnütze Erschwerung der Aufgabe, ins-

---

[26]) ibidem S. 112.
[27]) ibidem.

besondere des Beweisganges, empfunden werden müssen. Dies gilt vornehmlich dann, wenn ohne eine solche Formulierung das scharfe Erfassen und der korrekte sprachliche Ausdruck der gesuchten logischen Relationen, besonders das Erkennen ihrer etwaigen Abhängigkeit, das Ermessen von Art und Umfang einer solchen Abhängigkeit, die Unterscheidung der eigentlichen Variabeln von den Hilfsvariabeln und Parametern usw. mit erheblichen, wenn nicht gar unüberwindlichen Schwierigkeiten verbunden ist. Die Wurzel des von Barone wohl erkannten Grundübels jedes auf quantitativen Forschungen gegründeten Doktrinarismus, das Aufkommen der petitiones principii, wird in der Hauptsache gerade auf die Vernachlässigung einer exakten analytischen Formulierung der in Rede stehenden logischen Zusammenhänge zurückzuführen sein.

Ob überhaupt eine Übersetzung aller in einer quantitativen Untersuchung vorkommenden analytischen Ausdrücke in die gewöhnliche Sprache unbedingt zweckmäßig ist, muß — abgesehen davon, daß sie nach Barones eigenem Urteil stets zu einer Weitschweifigkeit und Ungenauigkeit der Darstellung führt — billigerweise bezweifelt werden, da das dabei meist verfolgte Ziel einer Erleichterung ihres Verständnisses durchaus nicht immer erreicht wird.

Läßt sich somit diese Frage nicht im Prinzip entscheiden, so muß doch Barone im übrigen beigepflichtet werden: „Wieviel Zeit würde man ersparen, wenn die Nationalökonomen doch endlich einmal von ihrem Mißtrauen und ihrer Abneigung gegen den Gebrauch der der Wissenschaft der Quantitäten eigentümlichen Sprache ablassen wollten [28])!"

Nur im Hinblick auf die durch eine solche passive Resistenz veranlaßte bekehrungsfreudige Gesinnung wird man es daher verstehen können, wenn Barone fortfährt: „Solange das nicht geschieht, solange die Nationalökonomen nicht den großen Nutzen begriffen haben, der auch ein wenig mathematische Bildung hat, werden wir uns darein schicken müssen, mit Bedacht (sc. auch auf Kosten der Langatmigkeit bisweilen nicht verschmähter Übersetzungen der analytischen Ausdrücke in die gewöhnliche Sprache) vorwärts zu schreiten, wenngleich wir doch immer gute und schnelle Lokomotiven zu unserer Verfügung haben [29])."

---

[28]) ibidem.
[29]) ibidem.

Erster Abschnitt.

B. Wesen und Prinzipien der Reinen Politischen Ökonomie.

§ 1.

Kurze geschichtliche Einleitung.

Die ersten Anregungen, die die Volkswirtschaftslehre zu einer mathematischen Behandlung wirtschaftlicher Phänomene überhaupt empfangen hat, lassen sich auf das Überhandnehmen der radikalen naturphilosophisch-metaphysischen Anschauungen eines Campanella, Copernicus, Kepler usw. im Ausgange des Renaissancealters und der hierdurch ausgelösten extremen rationalistischen Ideen eines Spinoza, Leibniz, Tschirnhaus usw. gegen Ende des 17. Jahrhunderts zurückführen. In seinem „Traktat über die Läuterung des Verstandes [30])“ versucht Spinoza zu zeigen, „wie die ‚wahre Idee‘, die, einmal gewonnen, sich selbst erleuchtet, zu erlangen, und wie von ihr aus im l ü c k e n l o s e n d e d u k t i v e n F o r t g a n g jede andere Erkenntnis abzuleiten ist [31])“. Die Erforschung der logisch-mathematischen Gesetze des Alls, ihrer „ratio“, galt als das höchste zu erstrebende Erkenntnisideal, demgegenüber die Ergründung ihrer „causa“ als durchaus etwas Nebensächliches zurückzutreten hatte. Man legte es fast ausschließlich darauf an, irgendwelche Zusammenhänge aufzudecken, die nicht aus der empirischen Vergleichung des Einzelnen, sondern aus objektiv notwendigen und unumstößlichen R e l a t i o n e n zwischen den Ideen selber stammen und war sich darüber klar, daß die Induktion an und für sich kein Wissen, „ja nicht einmal eine bloße moralische Gewißheit hervorbringt, ohne die Stütze anderer Sätze, die nicht auf der Induktion, sondern auf allgemeinen Vernunftgründen beruhen. Denn beruhten auch diese Stützen auf der Induktion, so würde sie ihrerseits wieder neuer Stützen bedürfen, und so gäbe es bis ins Unendliche keine moralische Gewißheit [32])“.

---

[30]) Tractatus de intellectus emendatione, deutsche Ausgabe Philos. Biblioth. Band 95, Leipzig 1907.

[31]) E. Cassirer, Das Erkenntnisproblem, 2. Teil, S. 85.

[32]) Vorrede zu Leibniz-Ausgabe des Nizolins in C. J. Gerhard, Die philosophischen Schriften von G. W. Leibniz, Berlin 1875—90, Bd. IV, S. 160.

Das erste und sicherste Analogon für die allgemeine Konzeption der „Scientia generalis" sieht Leibniz in der Wissenschaft der Zahlen vor sich. In ihrem Wesen und ihrem Verhältnis erblickt er das einzige Beispiel, „in dem die Forderung der adäquaten Erkenntnis ihre nahezu vollkommene Erfüllung findet. Jeder noch so komplexe Begriff, den wir in der Rechnung zulassen, muß in der Tat in lückenlosem Fortgang aus der Definition der Einheit und Vielheit gewonnen, jede Relation, die wir betrachten, muß aus dem einzigen Grundverhältnis der Folge in der ursprünglichen Reihe der ganzen Zahlen ableitbar sein". Und wie hier die Zahl als das formale Vorbild alles Wissens erscheint, so läßt sich andererseits kein Inhalt denken, der ihrem Gesetze widerstrebte.

„Ein altes Wort besagt, Gott habe alles nach Gewicht, Maß und Zahl geschaffen. Manches aber kann nicht gewogen werden, nämlich all das, dem keine Kraft oder Potenz zukommt, manches auch weist keine Teile auf und entzieht sich somit der Messung. Dagegen gibt es nichts, das der Zahl nicht unterworfen wäre. Die Zahl ist daher gewissermaßen eine metaphysische Grundgestalt und die Arithmetik eine Statik des Universums, in der sich die Kräfte der Dinge enthüllen[33])".

Dementsprechend ordnet Leibniz jedem Begriffe eine „charakteristische Zahl" zu, die sich aus den Zahlen der einzelnen inhaltlichen Merkmale, die in ihn eingehen, zusammensetzt. „Die Bedingung des wahren Urteils läßt sich dann dahin aussprechen, daß Subjekt und Prädikat in irgend einer ihrer Grundbestimmungen übereinstimmen, also einen gemeinsamen Faktor haben müssen"[34]). Und wie hier der Begriff als ein Komplex aus seinen sämtlichen inhaltlichen Bestimmungen gedacht wird, so überträgt sich nunmehr diese Betrachtungsweise auf die Gesamtheit des Seins überhaupt. „Da alles, was ist oder gedacht werden kann, sich aus realen oder wenigstens gedanklichen Teilen zusammensetzt, so muß, was immer sich spezifisch unterscheidet, sich entweder darin unterscheiden, daß es andere Teile besitzt, oder daß es dieselben Teile in anderer Anordnung enthält"[35]). Die Kunst der Kombinatorik, die sich die Aufgabe stellt, die Anzahl der möglichen Verknüpfungen gegebener Elemente zu bestimmen, enthält hiernach das

---

[33]) C. J. Gerhard, Die philos. Schriften von G. W. Leibniz, a. a. O., Bd. VII, S. 184.

[34]) De Arte combinatoria (1666). Usus Probl. I und II, Gerhard, Bd. IV, S. 44.

[35]) ibidem.

fertige Schema für alle Fragen, die die Wirklichkeit uns stellen kann. „Alles geht innerlich aus der Lehre der Kombinatorik hervor, die fast von selber den Geist, wenn er sich ihr überläßt, durch die unendliche Allheit der Probleme hindurchgeleitet und die Harmonie der Welt, den innersten Bau der Dinge, und die ganze Reihe der Formen in sich faßt . . ."[36]).

Den ersten [36a]) nachweislichen Niederschlag [37]) haben derartige den Zahlbegriff verherrlichende Ideen auf dem Gebiete der mathematischen Volkswirtschaftslehre in der kleinen 1711 erschienenen Schrift [38]) des italienischen Mathematikers und Hydraulikers Giovanni Ceva [39]) (geb. 1647 oder 1648, gest. 1734) gefunden. In ihr versucht Ceva, vorwiegend von den merkantilistisch-physiokratischen Anschauungen seiner Zeit geleitet, die Grundzüge einer Quantitäts-, insbesondere Zirkulationstheorie des Geldes zu entwickeln. Er unterscheidet dabei einen inneren, d. h. rein stofflichen und einen äußeren, d. h. den Tauschwert des Geldes und sucht unter Berücksichtigung dessen zu gewissen Wertrelationen, besonders über das für die Erhaltung einer Währungsstabilität maßgebliche Mengenverhältnis zwischen den im Umlauf befindlichen Gold- und Silbermünzen sowie zu brauchbaren Formeln für die Berechnung der Güte dieser Münzen und sonstiger Legierungen zu gelangen. Dabei geht er allerdings z. T. von recht einseitigen Voraussetzungen aus, die ihm erst den fundamentalsten Anhaltspunkt für derartige — im übrigen durchaus primitive — Berechnungen zu liefern vermögen, indem er beispielsweise die Kaufkraft des Geldes grundsätzlich in demselben Verhältnis zurückgehen läßt, wie sich seine im Umlauf befindliche Menge erhöht oder die

---

[36]) E. Cassirer, Erkenntnisproblem, S. 143.

[36a]) Einer der ersten, der die Bedeutung der Statistik für ein systematisches zahlenmäßiges Erfassen der wirtschaftlichen Erscheinungen erkannte und an Hand eigener zielbewußter analytischer Untersuchungen aufzuhellen versuchte, ist Sir William Petty in seinen Schriften „Taxes and Contributions" 1662, „Political Arithmetic" 1682, „Political Anatomy of Ireland" 1691 gewesen. Im übrigen sind überhaupt die Vertreter der „Politischen Arithmetik" — Davenant, Graunt, Gregory King u. a. — dieser Richtung zuzurechnen.

[37]) Eine der ersten Veröffentlichungen, die den Italiern von den neuen Walrasschen Ideen Kenntnis gaben, war „La dottrina matematica di economia politica di Walras, esposta dei prof. Errera Alberto, Zambelli, Del Pezzo. Erscheinungsort und -jahr nicht angegeben.

[38]) De re nummaria, quoad fieri potuit geometrice tractata, ad illustrissimos dominos et excellentissimos, Praesidem Quaestoremque huius arciducalis Caesarei Magistratus, Mantuae". 1711.

[39]) cf. den Artikel von M. Pantaleoni im Dictionary of Political Economy, herausgeg. von R. H. Inglis Palgrave. London 1894, wo Ceva bezeichnet wird als „the first clearsighted and decided mathematical economist" (S. 252).

Bevölkerung verringert usw. et vice versa [40]). Von irgendwelchen grundlegenden analytischen Ansätzen, auf denen seine Wertrelationen etwa beruhen könnten, ist beim besten Willen nichts zu spüren. Wir glauben uns daher ein Eingehen auf die sonst durchaus einseitig metallistisch orientierten Ansichten des Verfassers versagen zu müssen (cf. Vorrede), geben sie uns doch nicht die geringsten Anhaltspunkte für eine Beurteilung der Leistungsfähigkeit der mathematischen Methode in bezug auf die Behandlung geldtheoretischer Probleme.

Die Existenz dieser italienischen Schrift hat für uns lediglich ein gewisses historisches Interesse, insofern als sie den ersten Ausgangspunkt für eine systematische Behandlung volkswirtschaftlicher Fragen überhaupt bildet. Ob sie aber, sei es unmittelbar oder mittelbar, auf die Entwicklung der mathematischen Schule anregend eingewirkt hat, dürfte sich nur schwer feststellen lassen, zumal sie von den meisten späteren Autoren kaum eines Wortes gewürdigt wird.

In Italien selbst ist sie in den überströmenden Fluten der empiristischen Reformgedanken, die als Reaktion gegen die dort zunächst nur auf wenig fruchtbaren Boden gefallenen radikalen rationalistischen Ideen bald hereinbrachen, vorläufig gänzlich untergegangen. Die Bedeutung des von der Naturwissenschaft ausgeprägten Erfahrungsbegriffes steht plötzlich im Brennpunkte aller wissenschaftlichen Erörterungen. Die neuere Naturwissenschaft unternimmt jetzt den Versuch, sich rein auf sich selbst zu stellen und die Hilfe aller philosophischen „Hypothesen" zu entbehren. Die „reine" Erfahrung im Gegensatz zu aller Theorie wird das allgemeine Losungswort. Eine neue Generation von Naturforschern wie Huyghens, Boyle und Newton sucht gegenüber einem Kepler und Galilei den bisherigen persönlichen Zusammenhang von Philosophie und exakter Wissenschaft zu lockern. Alles ist auf eine schärfere und feinere Herausbildung der experimentellen Methoden und deren Freihaltung von jeder spekulativen Einwirkung gerichtet. Die Methode der induktiven Forschung erfährt jetzt erst ihre eigentliche Begründung durch ihren hervorragenden Meister Newton, der damit in einen scharfen Gegensatz zu Leibniz tritt. Das neue Wissensideal schien einen ungeahnten Fortschritt zu nehmen, während man den bloßen „Begriffsweg" zu ewiger Unfruchtbarkeit verdammt sah. Ein Kursus der Philosophie war der neuen Schule „eine Narrheit in Folio und sein Studium nur ein anstrengender Müßiggang. Die

---

[40]) cf. a. a. O. S. 4 u. 5.

Dinge werden hier in Begriffsatome zerbröckelt und ihre Substanz in einen Äther der Einbildung verflüchtigt. Der Verstand, der in dieser Luft zu leben vermag, ist ein Chamäleon, eine bloß aufgeblasene Hülse" [41]). Im Gegensatz hierzu wurde es als die erste und vornehmste Aufgabe der Forschung betrachtet, sorgsam zu untersuchen und genau zu berichten, wie sich die Dinge de facto verhalten. Ihr Geschäft besteht nicht im Disputieren, sondern im Handeln..." [42]). Auf die Stellung der Frage nach den metaphysischen Gründen (ratio!) der Phänomene wurde endgültig verzichtet. „Die Eigenschaften", sagt Newton, „von denen wir sprechen, sind offenbar, nur die Ursachen sind es, die man dunkel nennen kann" [43]). Hierdurch werden die Hauptfragen der philosophischen Prinzipienlehre wie in einem Brennpunkt vereinigt. „Wie verhalten sich Prinzip und Tatsache, Gesetze und Dinge, Phänomen und Ursache? Und die Antwort, die erteilt wird, ist vor allem in einem Punkte wichtig: in der entschiedenen und bewußten Trennung, die jetzt zwischen den Prinzipien und den Ursachen eintritt. Worauf alle Wissenschaft abzielt, das ist die Feststellung allgemeinster und oberster Gesetze, durch die die Erscheinungen einer bestimmten Regel und Ordnung unterworfen werden, und durch die wir daher erst zu wahrhaften Erkenntnisobjekten gelangen. Der Seinsgrund dieser bleibt uns verschlossen, ja die Frage nach ihm fällt bereits aus den Grenzen des Wissens heraus. Ein derartiger Seinsgrund mag immerhin existieren: für die empirische Wissenschaft aber und ihren Wahrheitswert ist er ohne Belang [44])." An Stelle der Definition, wie sie bisher der Logiker beibrachte, glaubte man mit einer bloßen Beschreibung der Erscheinungen auskommen zu können, aber gerade dadurch erst ihrer wahren „causa" auf die Spur zu kommen.

Solche extremen Anschauungen fanden in Boscovichs „Theoria philosophiae naturalis", wenn auch zum Teil in gemäßigterer Form, lebhaften Widerhall und verhinderten somit ein weiteres Übergreifen des im Aufstreben begriffenen Rationalismus in Italien. Hier stand bis zu den 80er Jahren die überwiegende Mehrzahl der nationalökonomischen Gelehrten auf durchaus historischem Boden. Besonders Achille Loria war es zuletzt, der gegenüber der vom Auslande her

[41]) E. Cassirer, Erkenntnisproblem a. a. O. 2. Teil. S. 399.
[42]) ibidem.
[43]) Optice: lat. reddidit Samuel Clark, Lausanne und Genf 1740. Lib. III. Quaest. 31. S. 326.
[44]) E. Cassirer, Erkenntnisproblem a. a. O. 2. Teil. S. 404.

gerade im Anzug befindlichen deduktiven Schule (vor allem Karl Mengers) die induktiv-historische Auffassung vom Wirtschaftsleben — die er allerdings nicht mit derjenigen der deutschen „historischen Schule" indentifiziert sehen will — als die allein wahrhaft wissenschaftliche Forschungsmethode mit Nachdruck vertrat [44a]). Inzwischen hatte aber der Rationalismus in den meisten anderen europäischen Ländern, insbesondere in England und Frankreich, bereits festen Fuß gefaßt und dort in Smith, Ricardo, Mill, G. B. Say, Ferrara, Thünen [44b]), Herrmann, Rau usw. die sogenannte klassische Schule in der Nationalökonomie ins Leben gerufen, die in Gossen [44b]) (Entwicklung der Gesetze des menschlichen Verkehrs usw., 1855 [neu 1889]) den Schöpfer der mathematisch begründeten Grenznutzentheorie fand, fast die ganze erste Hälfte des 19. Jahrhunderts beherrschte und erst verhältnismäßig spät in Deutschland in der historischen Schule (Ad. Müller, List, Roscher, Hildebrand, Knies, Schmoller usw.) ihre natürliche Gegnerin fand, ein Entwicklungsprozeß, der sich zu dem bekannten Methodenstreit der 80er Jahre zuspitzte und in ihm zugleich seinen vorläufigen Abschluß erhielt.

Die gekennzeichneten diametral einander gegenüberstehenden Forschungsrichtungen der deduktiven und induktiven Methode sind somit in der deutschen Volkswirtschaftslehre erst etwa ein Jahrhundert später in den offenen Kampf miteinander getreten als in der Philosophie [44c]).

In Frankreich hatte aber dieser Gegensatz gar nicht erst eine so vertiefte Begründung erfahren. Unter den maßgebenden Einflüssen der rationalistischen Ideen eines Baptiste Say (Traité d'économie politique, 1802) konnten

---

[44a]) cf. z. B. seine „Teoria del valore negli economisti Italiani" (Archivio giuridico). Bologna 1882. S. 65 ff., oder noch entschiedener seine methodologische Auffassung vertreten in seinem Aufsatz „La Storia nella Scienza economica".

[44b]) Über die deutschen Vertreter der mathematischen Methode in der Nationalökonomie cf. meinen kürzlich in den Jahrb. f. Nat. u. Stat. 1925, III. Folge, 68. Band erschienenen Artikel „Über die mathematische Methode in der deutschen Theoretischen Nationalökonomie".

[44c]) Obwohl die Entscheidung dieses Kampfes in der Philosophie selbst (cf. Wundts „Einleitung in die Geisteswissenschaften", 1883; Windelbands „Geschichte und Naturwissenschaft", 1894; Rickerts „Grenzen der naturwissenschaftlichen Begriffsbildung", 1902 u. a.) bekanntlich erst von den voraufgegangenen fundamentalen methodologischen Untersuchungen auf nationalökonomischer Seite (insbesondere eines C. Menger: Untersuchungen über die Methode der Sozialwissenschaften usw. 1883) den richtunggebenden Einfluß empfangen hat.

sich auch die Anfänge einer mathematischen Behandlung der Preisprobleme in den „Recherches sur les principes mathématiques de la théorie des richesses (1838)" eines Cournot hier zunächst ungestört entwickeln. In ihm haben wir den geistigen Vater der mathematischen Schule zu erblicken. Sein Werk wurde aufgenommen und fortgeführt in erster Linie von Léon Walras, der es in seinen „Éléments d'économie politique pure" (1874—77) schließlich durch die Entdeckung der fundamentalen Gleichungen des „allgemeinen wirtschaftlichen Gleichgewichtes" krönte.

Obwohl in Frankreich der Historismus bis auf den heutigen Tag noch nicht die reaktionäre Wirkung hervorgebracht hat wie in den übrigen Ländern der klassischen Schule, „die große Mehrzahl der französischen Volkswirtschaftler vielmehr der liberalen Schule treu geblieben ist [45])", ist dieses eigentliche Geburtsland der mathematischen Volkswirtschaftslehre im großen und ganzen jedoch den „neuen Lehren" bis vor einiger Zeit noch „hartnäckig verschlossen geblieben [46])". „Nicht nur ist der Doyen dieser Schule, Walras, gezwungen gewesen, Frankreich zu verlassen, um im Auslande (sc. der Schweiz) ein günstigeres Feld für seine Lehrtätigkeit zu suchen, sondern man hätte bis vor kurzem noch kein Lehrbuch und keine Vorlesung finden können, wo diese Doktrinen dargelegt oder auch nur kritisiert worden wären [47])." Für diese merkwürdige Erscheinung weiß auch heute noch kaum einer der französischen Schriftsteller eine triftige Begründung zu liefern, „hätte man sich doch wohlwollender gegenüber einer Schule zeigen sollen, die doch schließlich neoklassisch ist und nie etwas anderes wollte als die Lehre der Meister b e s s e r darstellen [48])". Und so müssen denn Gide und Rist in ihrem bekannten dogmengeschichtlichen Werke bei der Behandlung dieses heiklen Kapitels beschämend gestehen: „Die Gleichgültigkeit und sogar Feindschaft, mit der lange Zeit hindurch die mathematische Schule bei uns in Frankreich behandelt wurde, macht uns wenig Ehre [48a])." Es können also — diese endgültige Feststellung zu machen, wird einer späteren objektiven Untersuchung der französischen Geschichtsschreibung vorbehalten

[45]) Ch. Gide und Ch. Rist, Geschichte der volkswirtschaftlichen Lehrmeinungen, herausgegeben von Franz Oppenheimer. Fischer, Jena 1913. S. 611.
[46]) ibidem.
[47]) ibidem.
[48]) ibidem.
[48a]) Geschichte der volkswirtschaftlichen Lehrmeinungen a. a. O S. 734.

bleiben müssen, auf deren Tafeln sie als Dokument der „Freiheit“ wissenschaftlicher Forschungsweise einen unauslöschlichen Schandfleck hinterlassen wird — offenbar nur persönliche, nicht sachliche Faktoren hierbei im Spiele gewesen sein.

So konnten denn von der Schweiz aus die neuen Walras'schen Theorien der im Entstehen begriffenen mathematischen Schule der Volkswirtschaftslehre vorläufig in keinem Lande einen für ihre weitere Ausbildung geeigneteren Boden vorfinden als in Italien, wo der rationalistische, besonders der in deduktiv-exakten Formen sich bewegende Ideenkreis, dem vornehmlich erst durch Luigi Cossas [48b]) weittragenden Einfluß Eingang in die damalige Wirtschaftswissenschaft verschafft wurde [48c]), überhaupt noch zu keiner nennenswerten Entfaltung gekommen war [49]). Auch die mathematische Methode hatte hier unter den bisherigen Nationalökonomen des Landes zwar noch keine intensive Pflege erfahren, immerhin lagen bereits seit Ceva einige schüchterne Anwendungsversuche derselben, z. B. seitens Cesare Beccaria [49a]), G. Silio [49b]), G. B. Venturi (?) [49c]), Giannaria Ortes, L. M. Valeriani [49d]), Francesco Fuoco [49e]),

---

[48b]) cf. z. B. seine — wenn auch beschränkte — Befürwortung, der mathematischen Methode in seiner „Introduzione allo studio del l'economia politica“, Milano 1892, S. 104 ff., desgleichen auch schon Gerolamo Boccardo, der in seinem umfassenden Werke „L'économia polit. moderna e la sociologia, raccolta delle prefazioni dettate per la Biblioteca, dell' Economista“, Torina 1883, die Anwendung quantitativer Methoden in der Nationalökonomie, vornehmlich auch der mathematischen Analyse, zwar für ziemlich schwierig, jedoch für durchaus zulässig, weil für möglich und nützlich hält (cf. S. 43, besonders das Vorwort zum 2. Bande „Dell' Applicazione dei metodi quantitativi alle scienze economiche, statistique e sociali“).

[48c]) cf. Hermann v. Schullern-Schrattenhofen, Die theoretische Nationalökonomie Italiens in neuster Zeit. Leipzig 1891. S. 3 ff., passim.

[49]) cf. Anmerk. 37.

[49a]) Tentativo analitico sui contrabandi. Estratto dal Caffé, vol. I, Brescia 1764; wiederveröffentlicht in den „Scrittori classici italiani di economia politica“, del Custodi, XII, Milano 1804, S. 235—41.

[49b]) Saggio sull' influenza dell' analisi nelle scienze politiche ed economiche. Nuova raccolta d'opusculi d'autori siciliani vol. V, Palermo 1792.

[49c]) Anonyme Veröffentlichung in dem „Nuovo Giornale dei Letterati d'Italia“, Modena 1773, die von A. Montanari (cf. La teoria matematica del Valore e uno scrittore emiliano del secolo scorso, Reggio Emilia, 1891) ans Licht gezogen wurde.

[49d]) cf. Nuovo prospetto delle scienze economiche, Bologna 1816 und 1817 und über den Verfasser: A. Graziani, Le idee economiche degli scrittori emiliani e romagnoli sino al 1848, Modena 1893, S. 143—50.

[49e]) Saggi economici (IV. Teil: Applicazione dell' algebra all' economia politica). Pisa 1827.

G. B. Antonelli [49f]), Giov. Rossi [49g]) u. a. vor, die, soweit sie nicht Wert- oder Preisfragen behandelten, sich zumeist auf wirtschaftspolitischem Gebiete (besonders des Außenhandels) bewegten und z. T. von A. Montanari sowie von F. Virgilii [49h]) und C. Garibaldi [49h]) u. a. einer hinreichenden Würdigung bereits unterzogen worden sind.

Ihren ersten bedeutenderen und zugleich wohl auch erfolgreichsten Förderer hat die mathematische Schule in Italien aber erst in Vilfredo Pareto gefunden. In seinen grundlegend gewordenen „Considerazioni sui principii fondamentali dell' Economia Pura [50])" sucht derselbe das gesamte Wissen der mathematisch orientierten Nationalökonomie seiner Zeit zusammenzufassen und auf ihm sein eigenes großartiges Lehrgebäude zu errichten. An diesem Punkte hat nun unsere Darstellung im engeren Sinne des Themas einzusetzen.

§ 2.

Aufgabe und Methode der Reinen Politischen Ökonomie.

Eine einigermaßen strenge Definition des Begriffes „Reine (Exakte) Politische Ökonomie" findet sich leider bei keinem der italienischen Vertreter dieser Disziplin [50a]). Vielmehr begnügen sich alle mit einer mehr oder weniger genauen Umschreibung ihres Aufgabenkreises. Am besten kennzeichnet diesen noch Pareto, wenn er sagt: „sie befaßt sich mit (sc. wirtschaftlichen) Erscheinungen, deren Größen- und Maßverhältnisse von hervorragender Bedeutung sind, d. h. mit Variationen gewisser Quantitäten [51])." Zunächst kann hieraus wenigstens entnommen werden, daß es

---

[49f]) Der in seiner Abhandlung „Sulla teoria matematica dell' economia politica, Pisa 1886, geradezu eine „mathematische Theorie der polit. Ökonomie" sucht (S. 4).

[49g]) La matematica applicata alla teoria della ricchezza sociale, Reggio Emilia 1889; die Grundobjekte der ökonomischen Wissenschaft sind ihm zufolge durchaus mathematischer Natur (cf. Bd. I, 1. S. IX bis XVI, insbesondere auch seine mit mathematischen Hilfsmitteln geführte anregende Kritik der Reproduktionskostentheorie Ferraras, S. 3—55).

[49h]) cf. die „Introduzione alla economia matematica" dieser Verfasser, Milano 1899, S. 1—69.

[50]) cf. Anm. 6.

[50a]) Übrigens auch nicht bei Schumpeter, cf. dessen „Wesen und Hauptinhalt der theoretischen Nationalökonomie", Leipzig 1908, sowie seinen Artikel „Über die mathematische Methode in der theoretischen Nationalökonomie" in der Zeitschr. f. Volksw., Sozialpol. u. Verw., Bd. 15, 1916.

[51]) Enzyklopädie der mathematischen Wissenschaften I G 2, S. 1097.

die Reine oder Exakte Politische Ökonomie nur mit Größenbeziehungen zu tun hat, die zwischen ökonomischen Tatsachen, also objektiven Erscheinungsmerkmalen des wirtschaftlichen Geschehens bestehend gedacht werden. Sie abstrahiert somit von vornherein von allen (im engeren Sinne) subjektiven Betrachtungen, z. B. über den Nutzen, die ethischen und rechtlichen Fragen usw., die an diese Tatsachen geknüpft sind (daher Reine oder Exakte Politische Ökonomie). Da jede Tatsache sich aber als Wirkung einer vorhergehenden ergibt, muß man die Allgemeine Reine (Exakte) Politische Ökonomie im strengen Sinne des ihr gesteckten Erkenntniszieles als denjenigen Teil der Allgemeinen Volkswirtschaftslehre definieren, der die Größen- und Maßbeziehungen (ratio!) darzustellen und zu erforschen sucht, die zwischen den abstrakten Erscheinungswirkungen der wissenschaftlichen Tatsachen bestehen. Da jede Wirkung die Ursache einer folgenden und jede Ursache die Wirkung einer vorhergehenden ist, so ist mit der Feststellung dieser Beziehungen auch das funktionale Verhältnis von Ursache (causa!) und Wirkung, wenigstens in abstracto, bestimmt.

Ist eine solche Feststellung aber lediglich auf Grund einer fiktiven Annahme des Vorhandenseins irgendwelcher „Gesetzmäßigkeiten“, „typischer Relationen“ (Conrad Schmidt) oder „prävalenter Motivreihen“ (Sombart) unter den zu analysierenden Erscheinungen oder — womit sich Pareto begnügen zu können glaubt (cf. S. 2) — unter bloßer „Hinnahme“ der Erfahrungsdaten als gegebener Konstanten erfolgt, so ist sie rein hypothetischer Natur; ein derartiges Verfahren würde sich von dem seitens einer Disziplin der reinen Mathematik geübten nur wenig unterscheiden. Die Volkswirtschaftslehre ist aber, wie wir sahen, keine Wesens-, sondern eine Tatsachen- oder Erfahrungswissenschaft, sie hat eben nicht bloß angenommene Zusammenhänge aufzudecken und klar zu legen, sondern diese auch empirisch zu begründen. Auf der anderen Seite aber ginge man wieder zu weit und würde die Sachlage vollkommen verkennen, wenn man mit Pareto das apodiktische Urteil fällen wollte: „Die Zeiten der Ontologie sind vorüber und alle Wissenschaften studieren jetzt die konkreten Eigentümlichkeiten der Dinge, ohne sich zu sehr Gedanken darüber zu machen, ihr Wesen kennen zu lernen. Man muß den Gedanken aufgeben(?), der sich bei Plato findet, daß, um eine Sache richtig zu erörtern, man vorher ihre wahre Natur zu erforschen suchen müsse[52])." Das Gegenteil ist der Fall, lediglich der wahren (d. h. allgemeingültigsten) Natur (causa der ratio!) der Dinge, die zwar niemals absolut (Kantsches „Ding an sich"!), sondern immer nur relativ begriffen werden wird, immer mehr auf die Spur zu kommen, dient die Beschäftigung mit der konkreten Beschaffenheit der Dinge, wie Pareto an anderer Stelle bereits zugegeben hat[53]). Aus diesem Grunde wird man auch, wie wir bereits betonten, die Erfahrungsdaten nicht bloß als solche hinnehmen dürfen, sondern sie auf ihre Ursache und Wirkung hin zu prüfen haben, unter deren Einflusse der fragliche Erscheinungskomplex steht. Es werden m. a. W. die quantitativen Erscheinungswirkungen, mit denen sich die Reine Polit. Ökonomie befaßt, nach der Seite der qualitativen Umstände hin zu werten sein, an die ihr Auftreten geknüpft ist. Nach dem Ergebnis einer solchen Wertung wird sich die Annahme der fraglichen „typischen Relationen" usw., also auch deren mathematische Formulierung zu richten haben, die zwar nie ganz von Abstraktionen frei, jedoch erst dann auch empirisch (d. h. nicht bloß auf die „ratio" dieser Relationen, sondern auch auf deren „causa" hin) hinreichend begründet sein wird.

Zu einer solchen grundsätzlichen Auffassung ihrer Aufgaben, die nur so auch praktisch brauchbare Lösungen derselben zuläßt, ist es in der Reinen Politischen Ökonomie Italiens leider erst in ganz vereinzelten Fällen, zu ihrer entsprechenden Behandlung überhaupt noch nicht gekommen. Man hat sich in ihr, wie Roberto A. Murray richtig erkennt, „bisher fast ausschließlich auf das Studium der Modalitäten der wirtschaftlichen Erscheinungen beschränkt, d. h. darauf, **wie** (ratio!) sie sich in ihren mannigfaltigen Abhängigkeitsbeziehungen, Korrelationen und Formen offenbaren, während man das Studium der Gründe oder Ursachen, d. h. ihres **warum** (causa!) mit Vorbedacht vernachlässigt hat[54])".

Man kann Murray und Benini[55]) nur beipflichten, wenn sie sich erst von künftigen gründlichen konkreten Untersuchungen der „economia statistico-induttiva" „eine erfahrungsmäßige Bestätigung der uns von der Reinen synthetischen Ökonomik gelehrten Wahrheiten und daher die natürliche Vervollständigung ihrer Methode selbst" ver-

[52]) G. d. E. 1892, S. 397.
[53]) cf. Anmerk. 7.
[54]) G. d. E. Serie III, 43. 1911 II. S. 550.
[55]) cf. G. d. E. November 1907, S. 1053 ff. und Januar 1908.

sprechen zu dürfen glauben. Erst diese statistischen Unterlagen werden „eine experimentelle, allerdings auch nicht vollkommene, doch immerhin äußerst wichtige Prüfung der Genauigkeit der Prinzipien und Theorien der synthetischen Ökonomik ermöglichen, aber nicht genug, sie werden außerdem dazu dienen, wichtige empirische Gesetze zu liefern, die zum Führer im praktischen Leben geeignet sind, und unter denen die zukünftige Theorie der Reinen dynamischen Ökonomik ihre Elemente wird suchen müssen. Die statistisch-induktive Ökonomik wird so schließlich einen großen Teil der angewandten Volkswirtschaftslehre (economia applicata) ausmachen [55a]), wenn man mit dieser unbestimmten Bezeichnung das mehr im konkreten betriebene Studium der wirtschaftlichen Erscheinungen versteht, insofern als dies den Verzicht auf ihre synthetisch einheitliche Betrachtungsweise erfordert".

Soweit solche statistischen Untersuchungen konkreter Einzelfragen unabhängig von jeder Berührung mit den Theorien der Allgemeinen Reinen Polit. Ökonomie erfolgen, wird aber die „economia statistico-induttiva" stets nur eine „Statistik" bleiben. Auch speziell die mathematische Statistik ist somit von der mathematischen Ökonomie prinzipiell abzutrennen, obwohl beide natürlich letzten Endes aufeinander angewiesen sind (cf. Meerwarths „Nationalökonomie und Statistik", Berlin 1925); jene verwendet aber die Mathematik erst nachträglich zur formelhaften Verallgemeinerung ihrer induktiv gewonnenen konkreten Ergebnisse, während diese und zwar vornehmlich die Spezielle exakte Nationalökonomie umgekehrt die von vornherein (durch deduktive Überlegungen) aufgestellten allgemeinen Formeln mit Hilfe der Statistik nachträglich in concreto zu verifizieren sucht. (Beispiel aus der mathematischen Statistik: Paretos Einkommensgesetz $N = \frac{A}{X^a}$ [56]) (cf. sein Manuel d'économie politique", Paris 1909, sowie Meerwarth, Nationalökonomie und Statistik, S. 487 ff.) Dem speziellen Verhältnis von mathematischer Statistik und mathematischer Nationalökonomie entspricht allgemein dasjenige von praktischer (empirischer) und theoretischer (allgemeiner) Nationalökonomie. Die Formeln der mathematischen Nationalökonomie sollen daher mehr oder weniger allgemeingültig sein, was für die der „empirischen" Nationalökonomie in der Regel

---

[55a]) Ein ähnliches fundamentum divisionis findet sich bei Dom. Co. Berardi, G. d. E. Serie III, 47. 1913 II, S. 228.

[56]) cf. auch Anmerk. 294.

nicht zutrifft, wie Pareto gelegentlich richtig bemerkt: „Empirische Gesetze, wie diejenigen, mit denen wir es hier zu tun haben, sind von geringerem oder gar keinem Wert außerhalb der Grenzen, für welche ihr Zutreffen experimentell festgestellt worden ist [56a]). Nimmt die Statistik dagegen auf die Theorien der Allgemeinen Exakten Nationalökonomie ausdrücklich Bezug [56b]) und sucht sie diese von Fall zu Fall zu begründen, so daß dadurch eine gegenseitige Befruchtung von Statistik und Allgemeiner Reiner Polit. Ökonomie erzielt wird, so wollen wir die so empirisch verifizierten nationalökonomischen Theorien — der in Deutschland geläufigen Einteilung der Staatswissenschaften entsprechend — einem besonderen Aufgabenkreis der gesamten Reinen Polit. Ökonomie zuweisen, den wir mit „Spezieller Reiner (Exakter) Polit. Ökonomie" bezeichnen können [56c]). Diese stellt somit eine Synthese der Allgemeinen Reinen Polit. Ökonomie und der auf deren Theorien bezüglichen konkreten (besonders statistischen) Erfahrungsdaten vor; sie ist, wie wir schon andeuteten, vorderhand überhaupt noch nicht einer systematischen Behandlung unterzogen worden, doch wird von ihrer Ausbildung in erster Linie die der Allgemeinen Reinen Polit. Ökonomie abhängen. Beide Teile der Reinen Polit. Ökonomie werden sich dann — wie in Deutschland die Allgemeine und Spezielle Volkswirtschaftslehre — gegenseitig zu ergänzen und zu vervollkommnen haben. —

Die Frage nach der Wahl einer spezifischen mathematischen Methode ist nach den voraufgegangenen Erörterungen nur von sekundärer Bedeutung, sie hat sich offenbar ganz nach der Eigenart der zu behandelnden Probleme zu richten. Pareto unterscheidet [57]) in seinen „Principii fondamentali" drei quantitative Methoden:

1. Die sogenannte allgemeine, die sich unter tunlichster Vermeidung jeder mathematischen Symbolik auf allgemeine Betrachtungen der fraglichen Größenverhält-

---

[56a]) Manuale di economia politica, Milano 1906, S. 372.

[56b]) Soweit statistisches Material überhaupt zur Gewinnung irgendwelcher volkswirtschaftlicher Theorien — nicht also zur Legitimierung bloß solcher der Reinen Ökonomik (in dem obigen Sinne [cf. S. 21]) verwendet worden ist, wären hier außer Benini überhaupt die sogenannten „politischen Arithmetiker" und die „mathematischen Statistiker" wie Perozzo, Gini, Mortara u. a. zu nennen, die somit aus unserer Betrachtung auszuscheiden haben.

[56c]) Von Pareto wohl gelegentlich (cf. z. B. Encyclopédie des sciences mathématiques I 26, S. 639) kurzweg als „économie appliquée" erwähnt.

[57]) G. d. E. 1892, S. 392.

nisse beschränkt (cf. Pantaleonis Principii d'economia pura). Wir haben sie bereits als meist wenig vorteilhaft gekennzeichnet (cf. S. 10 und 11) und ihr im Rahmen unseres Themas weiter keine Beachtung zu schenken.

So bleiben für unsere Anwendungen nur noch:

2. die analytische und

3. die geometrische Methode übrig. Die letztere wird (cf. Vorrede) von uns jedoch nur insoweit Berücksichtigung finden können, als sie auf hinreichend begründeten analytischen Voraussetzungen beruht.

Auf jeden Fall wird, soweit eine zweckdienliche Verarbeitung statistischen Erfahrungsmaterials möglich erscheint, keine reine deduktive Methode Platz greifen können, diese vielmehr an den betreffenden Beobachtungserscheinungen gehörig zu orientieren sein; die so (empirisch) vervollkommnete deduktive Methode können wir mit J. St. Mill [58]) als „konkrete - deduktive" Methode charakterisieren; sie wird nach den obigen Ausführungen (cf. S. 8) für die mathematische Volkswirtschaftslehre par excellence in Betracht kommen.

In einer besonders häufigen Gestalt werden wir ihr in der sogenannten Approximationsmethode (approssimazioni successive) begegnen; mit ihrer Anwendung glaubt Barone mit Recht die „via maestra" gefunden zu haben, die zur Entdeckung der Wahrheit führt.

Sie ist auf die „Erfahrung und Beobachtung im wesentlichen gegründet, doch nicht auf die Erfahrung und empirische Beobachtung (d. h. auf das rein induktive Verfahren), die vergeblich danach trachten, mit einem Satze zur Entdeckung der Wahrheit zu gelangen, sondern auf die Erfahrung und methodische (d. h. unter hinreichender Verwendung der deduktiven Methode gemachte) Beobachtungen, die sich der Wahrheit mit sukzessiven Schritten nähern... La verità non si lascia prendere d'assalto..." [59]).

Nachdem wir so zu Aufgabe und Methode der Reinen Polit. Ökonomie — wir wollen darunter im folgenden stets die Allgemeine Reine Polit. Ökonomie verstehen, falls nichts anderes ausdrücklich bestimmt wird —, soweit sie in Italien bisher zur Entwicklung gekommen ist, in den Hauptzügen Stellung genommen haben, wollen wir uns nun der Betrachtung ihrer Grundlagen, Prinzipien, Voraussetzungen usw. zuwenden. Wir werden uns dabei vornehmlich auf die „Principii fundamentali" Paretos zu beziehen haben.

---

[58]) cf. Logic, Lib. VI, cap. IX. Mill hat diese Methode jedoch damals noch nicht gebührend einzuschätzen gewußt.

[59]) G. d. E. Serie II, 12, 1896, S. 108.

§ 3.

Die allgemeine Voraussetzungen der Preisbildung und des Tauschverkehrs (nach Pareto).

Unter allen Erscheinungen, mit denen sich die Reine Polit. Ökonomie zu beschäftigen hat, ist die der Preisbildung und des Tauschverkehrs — schon weil sie in hervorragendem Maße der quantitativen Betrachtung zugänglich ist — die bedeutendste; sie begründet im engeren Sinne recht eigentlich das „soziale Phänomen". Alle Probleme, die wir im folgenden noch zu behandeln haben werden, gruppieren sich um ihren Mittelpunkt.

Aufgabe jeder Preistheorie ist es, die Preise auf Grund eines oder möglichst weniger Prinzipien zu erklären. Dem rein empirischen Verfahren würde es entsprechen, aus statistischen Preisnachweisen ein Preisentwicklungs„gesetz" herauslesen zu wollen, während die abstrakte geometrische Methode sich meist überhaupt nicht um die Tatsachen der Preisbewegung kümmert, sondern von gewissen Axiomen ausgeht, auf deren Grundlage sie im Wege fortgesetzter Deduktionen die Preisvorgänge zu erfassen sucht. Dieses letztere Verfahren läßt einen Einblick in die Wirklichkeit der Verhältnisse offenbar noch weniger zu als das erstere. Die „konkrete-deduktive" Methode dagegen „nimmt bestimmte Hypothesen an, um zu prüfen, ob sie wahr sind oder nicht. Mit diesem Endziel deduziert sie die Wertgesetze, die sie später mit den Tatsachen vergleicht und, je nachdem sie mit ihnen übereinstimmen oder nicht, die zugrunde gelegten Hypothesen annimmt, ändert oder gänzlich verwirft"[60]). Eine vollkommene Theorie der Gußeisenpreise wäre beispielsweise die, „welche bei Bekanntsein aller Kaufumstände mit alleiniger Ausnahme der Gußeisenpreise uns gestatten würde, jene Preise so zu berechnen, daß sich das Diagramm (sc. der beobachteten Durchschnittspreisbewegung) daraus genau reproduzieren läßt" [61]), so daß also die Theorie als bloße Rechenregel für die Preisbestimmung erschiene, ein wohl erstrebenswertes Ziel, das aber in praxi nie zu erreichen sein wird. Hat man überhaupt keine theoretischen Anhaltspunkte für die Erklärung eines Preisvorganges, so bleibt natürlich nichts übrig, als auf das verfügbare Beobachtungsmaterial selbst zurückzugreifen. In jedem Falle wird nur eine mittlere Preisbewegung verfolgt werden können.

[60]) G. d. E., 1892, S. 406.

[61]) ibidem S. 407.

Wir suchen nun im folgenden zunächst die wichtigsten Voraussetzungen der allgemeinen Preisbildung und des Tauschverkehrs vom Standpunkte der Reinen Polit. Ökonomie aus festzustellen.

a) Die hedonistische Theorie.

Die mathematische Schule geht in ihren Betrachtungen von einem abstrakten Menschen, einem „homo oeconomicus", aus, der vollkommen als „Hedonist" gedacht ist, und studiert die Polit. Ökonomie von dieser Seite aus. „Die menschlichen Handlungen sind außerordentlich mannigfaltig und bilden das Objekt verschiedener Wissenschaften. Es lassen sich aber gewisse Klassen von Charakteren A, B, C, ... isolieren und Menschen betrachten, die sich ausschließlich mit den Handlungen der Klasse A befassen oder aber mit denen der Klasse B usf. der „homo oeconomicus" befaßt sich ausschließlich mit den rationellen Handlungen, die den Zweck haben, ökonomische Güter zu erwerben. Man kann sich mit demselben Rechte einen homo eroticus usf. konstruieren; im realen Menschen steckt dann ein homo oeconomicus, ein homo religiosus usf." [61a])

Diese Methode ist offenbar vollkommen einwandfrei zu nennen, sofern man sich nur bei Beurteilung der realen Verhältnisse ihrer Abstraktionen bewußt bleibt. „Man muß daher sehr scharf darauf achtgeben, welches die expliziten und impliziten Postulate der Beweisführung der neuen Polit. Ökonomie sind, um zu erkennen, inwieweit und wann ihre Gesetze in der Wirklichkeit Geltung haben." [62])

Edgeworth hat in seinen „Mathematical Psychics" [63]) die hedonistische Theorie des homo oeconomicus allgemein und mit mathematischer Strenge auseinandergesetzt. Er betrachtet dort den Menschen als „eine Maschine zum Genießen" (macchina pel piacere). Der „calcolo del piacere" zerfällt dann in die ökonomische Rechnung (calcolo economico), die das Gleichgewicht eines Systems hedonistischer Kräfte zu erforschen sucht, von denen jede nach dem größten Wohlergehen jedes einzelnen Individuums strebt, und in die Nützlichkeitsrechnung (calcolo utilitario), die das Gleichgewicht eines gewissermaßen als Ausgleich gegenüber dem vorigen wirkenden Systems von Kräften zu be-

---

[61a]) Enzyklopädie der mathematischen Wissenschaft a. a. O. I G 2, S. 1900.

[62]) G. d. E., 1892, S. 409.

[63]) Erschienen 1881.

stimmen sucht, in dem alle nach dem größten Gesamtnutzen aller streben.

Pareto hat sich diese Auffassung vollkommen zu eigen gemacht, nur daß er insbesondere unter „piacere" das verstanden wissen will, was „im allgemeinen" oder „im Durchschnitt" den Menschen genußbringend zu sein scheint, und seine „homines oeconomici" auch einen gewissen Grad „Umsicht" und „Billigkeitsgefühl" besitzen sollen [64]).

b) Gesamt- und Grenznutzen.

Die wichtigste Grundlage der Reinen Politischen Ökonomie, insbesondere für die Erklärung der Tauschvorgänge, hat fast bis auf die jüngste Zeit die Grenznutzentheorie gebildet. Wir müssen dieselbe hier als bekannt voraussetzen und stellen im folgenden zunächst, und zwar im Rahmen der bisherigen Darstellungen der mathematischen Nationalökonomie der wichtigsten Länder überhaupt, die Auffassung Paretos von dem grundlegenden Verhältnis von Gesamt- und Grenznutzen unter dem Gesichtspunkte der hedonistischen Theorie fest.

Zu diesem Zwecke betrachten wir ein hedonistisches Individuum im Besitze von zwei wirtschaftlichen Gütern A und B, von denen es A unmittelbar genießen oder es in B verwandeln kann (oder umgekehrt). Eine solche Transformation wird beispielsweise durch den Tausch vollzogen werden können, der für uns im folgenden ausschließlich als Transformationsbasis in Frage kommt. Den Gesamtnutzen, den das Individuum durch den Besitz von A und B empfindet, drückt dann Edgeworth durch eine Funktion $z = U(x,y)$ der besessenen Mengen x und y aus, während Jevons, Walras, Marshal u. a. ihn als die Summe zweier Funktionen dieser Mengen darstellen, also $z = U(x) + P(y)$ setzen. Der Edgeworth'sche Ausdruck ist offenbar der allgemeinere.

Nun wird aber das Individuum von dem Gesamtnutzen (utilità totale) meist nur eine unvollkommene Vorstellung haben und haben können (Pareto bezeichnet ihn im „calcolo economico" später als „Ophelimität"), während es den Grenznutzen (grado finale di utilità oder rareté (Walras) bzw. marginal utility [Edgeworth]) eher zu beurteilen in der Lage sein wird, wenn wir darunter denjenigen Nutzen verstehen, der sich auf die Einheit einer unendlich kleinen Menge eines Gutes bezieht, die der bereits besessenen Menge hinzugefügt worden (bzw. gedacht worden) ist. (Der

---

[64]) cf. G. d. E. 1892, S. 410 ff.

Grenznutzen wird von Pareto später „Elementarophelimität“ genannt.)

Unterstellen wir nun die unbegrenzte Teilbarkeit eines Gutes, soweit eine solche überhaupt praktisch in Frage kommt, so ergibt sich für den Fall der Transformation von A in B folgendes Schema von drei verschiedenen Autorengruppen [65]):

Wirtschaftliche Güter	A	B
Besessene Mengen (nach Edgeworth)	$a + x$	y
„ „ (nach Jevons)	$a - x$	y
„ „ (nach Walras)	$q - p$	d

Die Größe x bzw. p stellt dabei offenbar das Opfer vor, das das Individuum bei der Transformation bringen muß; es ist also dem Wesen nach, wie bei Jevons und Walras, negativ, so daß bei diesen Autoren nach dem Tausche der Nützen der verbleibenden Mengen a—x bzw. q—p dem der ausgetauschten Mengen y bzw. d gegenübergestellt wird, während Edgeworth dann die ausgetauschten Mengen x und y selbst (auf die Anfangsmenge a bezogen) zueinander in funktionelle Beziehungen setzt.

Wir haben dann ferner:

Gesamtnutzen (Ophelimität) (nach Edgeworth): $U = F(x, y)$

„ „ (nach Walras):

$$\int_0^{q-p} \varphi_a(q)\,dq + \int_0^{d} \varphi_b(q)\,dq$$

Grenznutzen [66]) (Elementarophelimität) (nach Edgeworth):

$$\frac{\delta U}{\delta x} = Q \text{ bzw. } \frac{\delta U}{\delta y} = R$$

Grenznutzen (Elementarophelimität) (nach Jevons):

$$\psi(a-x) \text{ bzw. } \varphi(y)$$

Grenznutzen (Elementarophelimität) (Walras):

$$\varphi_a(q-p) \text{ bzw. } \varphi_b(d)$$

Erste Variation des Gesamtnutzens:

Edgeworth:

$$\frac{\delta U}{\delta x}dx + \frac{\delta U}{\delta y}dy$$

Jevons:

$$\varphi(y)dy - \psi(a-x)dx$$

Walras:

$$\varphi_b(d)dd - \varphi_a(q-p)dp$$

---

[65]) G. d. E., 1892, S. 412 ff.

[66]) pro unendliche kleine Mengeneinheit!

Die erste Variation des Gesamtnutzens stellt sich offenbar nur als eine besondere Meßart des Grenznutzens der Mengen dx und dy bzw. dd und dp dar [67]).

Pareto drückt mit Edgeworth den Gesamtnutzen mehrerer Waren in ihren Mengen, nicht in Geld aus, wie aus seiner Definition des Grenznutzens hervorgeht: „Der Grenznutzen einer Ware ist die partielle Ableitung jener Warenm e n g e, des Gesamtnutzens [68]).“

Da uns für sehr kleine Mengen im allgemeinen die Beurteilung ihres Nutzens entgeht, so ist es unbedenklich und aus praktischen Gründen (insbesondere, um ein Unendlichwerden [z. B. im Falle $\varphi_a(q) = \frac{a}{q}$] zu verhüten) sogar ratsam, das obige Walras'sche Integral nicht von Null, sondern von einer beliebig kleinen positiven unteren Grenze aus zu erstrecken.

Die Mengen y und x sind natürlich meist als voneinander abhängig zu betrachten. Wenn Pareto eine solche Abhängigkeit in dem von Marshal und Edgeworth betrachteten Fall, daß die nacheinander zum Austausch gelangenden Teilmengen der Güter verschiedene Preise haben, leugnen zu müssen glaubt, so wird dem im allgemeinen nicht beizupflichten sein; denn jede „vernünftige“ Tauschregelung setzt sie als selbstverständlich, wenn auch im Grade mehr oder weniger fühlbar, voraus.

Das Grundprinzip der hedonistischen Rechnung, das dem sogenannten „wirtschaftlichen Prinzip“ vollkommen entspricht, läßt sich nun auf zweierlei Weise ausdrücken [69]):

Jeder Mensch nimmt eine Transformation der in seinem Besitze befindlichen Güter:

1. so lange vor, bis sie ihm den g r ö ß t e n G e s a m t - n u t z e n eingebracht hat, oder
2. so lange, wie mit einer solchen Transformation noch ein unendlich kleiner p o s i t i v e r G r e n z n u t z e n verbunden ist.

In praxi werden wir offenbar der zweiten Formulierung den Vorzug geben müssen, da, wie wir bereits betonten, das Bewußtsein von einem (absoluten) G e s a m t nutzen im allgemeinen weniger deutlich ausgeprägt ist als das von seinen relativen Schwankungen, d. h. dasjenige vom G r e n z - nutzen. Im übrigen werden natürlich die beiden Kriterien

[67]) Wenn die Qualität der Austauschmengen sich verringert, so ist natürlich nicht, wie Pareto (G. d. E., 1892, S. 413) meint, d y, sondern $\varphi(y)$ negativ zu nehmen.

[68]) G. d. E., 1892, S. 413.

[69]) ibidem S. 414.

nicht immer in Strenge der Wirklichkeit entsprechen, da ein unendlich kleiner Grenznutzenzuwachs meistens kaum noch ein Eingehen auf einen Tausch lohnend erscheinen lassen wird, doch sind sie für eine einwandfreie Analyse des Tauschverkehrs die einzig exakten.

In die Sprache der Mathematik übersetzt, fordern sie, daß U und das erwähnte Walras'sche Integral je ein Maximum oder — was dasselbe bedeutet — die obigen analytischen Grenznutzen- und (Gesamtnutzen-) Variationsausdrücke je gleich Null werden sollen.

Zwischen den zitierten Formeln und denen der analytischen Mechanik besteht eine vollkommene Analogie: Verstehen wir unter Q die Kraft, die auf einen materiellen Punkt längs der x-Achse, unter R diejenige, welche längs der y-Achse wirkt, und sind δx und δy die sogenannten virtuellen Verschiebungen (d. h. solche, die den Bedingungen der Beweglichkeit des Punktes genügen), so ergibt sich als Bedingung für den Eintritt des Gleichgewichtszustandes die L a g r a n g e'sche Differentialgleichung:

$$Q\delta x + R\delta y = 0.$$

Sie stellt aber gleichzeitig, wie wir sehen, die Bedingung dafür vor, daß einer der Tauschpartner sein Optimum an Ophelimität erlangt hat, also nicht mehr gewillt ist, weitere Transformationen mit der Ware vorzunehmen.

Im übrigen unterstellen wir im folgenden eine durch staatliche Schranken so wenig wie möglich eingeengte Verkehrswirtschaft mit einem freien Spiel der Konkurrenzkräfte. Die fraglichen Tauschmotive können natürlich verschiedenster Natur sein, für uns kommen jedoch in der Reinen Politischen Ökonomie ausschließlich die ökonomischen in Frage, während z. B. die ethischen auszuscheiden haben.

Pareto glaubt neben dem Nutzenmotiv noch andere w i r t s c h a f t l i c h e Einzelmotive unterscheiden zu müssen; dies wird jedoch nicht möglich sein, wenn wir nur s e l b s t ä n d i g e ökonomische Grundmotive ins Auge fassen, da dann sämtliche Einzelmotive aus dem überragenden, allein unabhängigen Nützlichkeitsmotiv (wirtschaftl. Prinzip!) als Grundprinzip — wenigstens in der hypostasierten ungebundenen kapitalistischen Wirtschaftsordnung — deduziert werden können und müssen.

Dieses Nutzenmotiv erhält im allgemeinen seine Anregung:

1. durch Betrachtungen, die über die zukünftige Gestaltung der Marktlage angestellt werden;

2. durch den Eindruck, den die Sorge um ein zukünftiges Bedürfnis auf uns macht.

Da diese beiden Faktoren bei den verschiedenen Völkern verschieden stark auf die Regelung des Tauschverkehrs einwirken, so werden unter ihnen auch die Tauschgesetze entsprechende Charakterunterschiede aufweisen.

Die Anwendung des nackten hedonistischen Prinzips hat natürlich, wie nochmals ausdrücklich hervorgehoben werden muß, in praxi ihre Grenzen; es darf dort keineswegs als einziger Maßstab zugrunde gelegt werden; denn wir haben es hier mit einem beständigen Kampf zwischen den egoistischen und altruistischen Trieben des Menschen zu tun.

c) Die Grenznutzentheorie als Grundlage der Theorie vom wirtschaftlichen Gleichgewicht.

Wir haben nun noch die Rolle der Grenznutzentheorie in der Reinen Politischen Ökonomie insoweit besonders zu kennzeichnen, als sie eine lange Zeit hindurch die einzige Grundlage für die Theorie vom wirtschaftlichen Gleichgewicht gebildet hat.

Wir stellen zu diesem Zwecke an die Spitze unserer Betrachtungen das Fundamentaltheorem der Transformation einer beliebigen Anzahl von Gütern *eines* Individuums.

I. Das Fundamentaltheorem der Transformation einer beliebigen Anzahl von Gütern eines Individuums.

Wenn wir mit Edgeworth unterstellen, daß die für ein Individuum maßgebenden Motive bei der Transformation eines wirtschaftlichen Gutes in ein anderes lediglich von den in seinem Besitz befindlichen Mengen abhängen, so setzt also, wie wir sahen, das Individuum die Transformationen so lange fort, als es noch irgendeinen Nutzen aus der Transformation der letzten Teilmengen zu ziehen vermag, d. h. so lange, bis der von ihm empfundene Gesamtnutzen sein Maximum erreicht hat. Dieser Satz gilt offenbar allgemein für eine beliebige Anzahl von Gütern. Da Gegenstand der Transformation im weiteren Sinne stets der Wert, also auch Preis einer Ware ist, der gewöhnlich in dem speziellen Tauschgut Geld gemessen wird, so haben wir die folgenden beiden Hypothesen zu unterscheiden:

1. Die Preise aller transformierten Güter bleiben während der Transformationen konstant (Jevons und Walras).
2. Die Preise ihrer nacheinander transformierten Teilmengen sind variabel (Edgeworth und Marshal).

Für beide Modalitäten gilt die folgende Überlegung [70]: Ein Individuum besitze n wirtschaftl. Güter

	A,	B,	C, …
von denen es verfügt über die Mengen …	r_a,	r_b,	$r_c, \ldots$
das Gut A diene als gemeinsamer Wertmesser [70a]) ihrer pro Mengen e i n h e i t berechneten Preise [71]) …………	1,	p_b,	$p_c, \ldots$
U sei der aus dem Gebrauche dieser Mengen gezogene Gesamtnutzen; ihr Grenznutzen wird dann nach Edgeworth durch die Funktionen …………	$\frac{\delta U}{\delta r_a}$,	$\frac{\delta U}{\delta r_b}$,	$\frac{\delta U}{\delta r_c}, \ldots$
dargestellt, die je von s ä m t l i c h e n Variabeln r abhängen können, während er sich nach Walras und Jevons stellt auf …………	$\varphi_a(r_a)$,	$\varphi_b(r_b)$,	$\varphi_c(r_c), \ldots$

wo jedes φ nur von e i n e r Variabeln r abhängig gedacht ist.

Damit nun das Individuum, das die obigen Mengen besitzt, k e i n e Transformationen mehr mit ihnen vornimmt oder — wie man sich im Hinblick auf die (S. 31) aufgezeigte Analogie dieser Betrachtungen mit denen der analytischen Mechanik nach dem Vorbilde Walras' auch auszudrücken pflegt — damit diese Mengen dem sogenannten statischen Gleichgewichtszustande (der also ein Ophelimitätsoptimum bedingt) entsprechen, muß dem vorstehenden Theorem zufolge der Nutzen irgendeiner unendlich kleinen Transformationsmenge Null sein. Würde somit das Individuum über den Zeitpunkt des Eintritts dieses Gleichgewichtszustandes hinaus eine weitere Transformation der unendlich kleinen Mengen δr_a und δr_b eingehen, so wäre, da auf dem Markte stets gleiche Werte umgesetzt (wenigstens gedacht) werden,

$$\delta r_a = - p_b \delta r_b$$ [72]

und somit

$$p_b = - \frac{\delta r_a}{\delta r_b} \qquad (1)$$

[70]) cf. G. d. E. 1892, S. 486.

[70a]) cf. jedoch Anm. 103a.

[71]) Die Preise werden sich im folgenden, ohne daß dies jedesmal besonders erwähnt wird, stets auf die Mengen e i n h e i t beziehen.

[72]) Da eine von den beiden Waren als Tauschmittel hingegeben wird, so muß diese für das Individuum offenbar negativen Wert haben.

Da der Nutzen einer derartigen Transformation aber Null sein soll, so hat man:

$$\frac{\delta U}{\delta r_a} \delta r_a + \frac{\delta U}{\delta r_b} \delta r_b = 0 \qquad (2)$$

$$\text{d. h.} \quad \frac{\delta U}{\delta r_a} = \frac{1}{p_b} \frac{\delta U}{\delta r_b}$$

Entsprechend werden sich auch die übrigen Gleichungen des Systems:

$$\frac{\delta U}{\delta r_a} = \frac{1}{p_b} \frac{\delta U}{\delta r_b} = \frac{1}{p_c} \frac{\delta U}{\delta r_c} = \dots \text{ ergeben.} \qquad (3)$$

Bei Jevons und Walras ist nun aber, wie wir sahen, der Grenznutzen von A lediglich eine Funktion φ von r_a, der von B eine Funktion von r_b allein usf., so daß dann für (3) das System:

$$\varphi_a (r_a) = \frac{1}{p_b} \varphi_b (r_b) = \frac{1}{p_c} \varphi_c (r_c) = \dots \qquad (4)$$

zu setzen ist. Dasselbe stellt die berühmte Walras'sche Entdeckung dar, die uns somit eine notwendige Bedingung für den Eintritt des allgemeinen Gleichgewichtszustandes geliefert hat und bis heute für die Behandlung fast sämtlicher Probleme der Reinen Politischen Ökonomie unentbehrlich geworden ist. Da sie die allgemeine Voraussetzung für das Vorhandensein eines Tausch*verkehrs* überhaupt enthält [73]), so können wir die Gleichungen (4) mit Pareto [74]) treffend als *die Gleichungen des Gleichgewichtsgesetzes von Angebot und Nachfrage bezeichnen*.

Im übrigen bringen die Formeln (3) und (4) nur das von Gossen und Jevons gelegentlich gegebene Grenznutzentheorem zum Ausdruck: „In jedem Augenblick, in dem die verfügbaren Mittel ausgehen, haben die Bedürfnisse, welche mit ihnen befriedigt worden sind, alle den gleichen Intensitätsgrad, und diejenigen sind die stärkeren, die das Individuum in dem gegebenen Augenblick wiederempfindet [75]).“

---

[73]) Nur wo Gleichgewicht herrscht, d. h. erst vom Zeitpunkte seiner Herstellung ab, herrscht Umsatz. Es ist nicht zu vergessen, daß die erwähnten unendlich kleinen Tauschtransformationen, die bis zum Eintritt des Gleichgewichtszustandes vorgenommen werden, nur auf einer gedanklichen Hilfskonstruktion beruhen, also hypothetischer Natur sind. Wir werden dieser Konstruktion im folgenden noch öfters bedürfen.

[74]) G. d. E. 1892, Serie II, 5, S. 120.

[75]) Pantaleoni, Principii d'economia pura, S. 59.

Pareto [76]) sucht den Inhalt dieses Theorems durch folgendes Schema zu veranschaulichen:

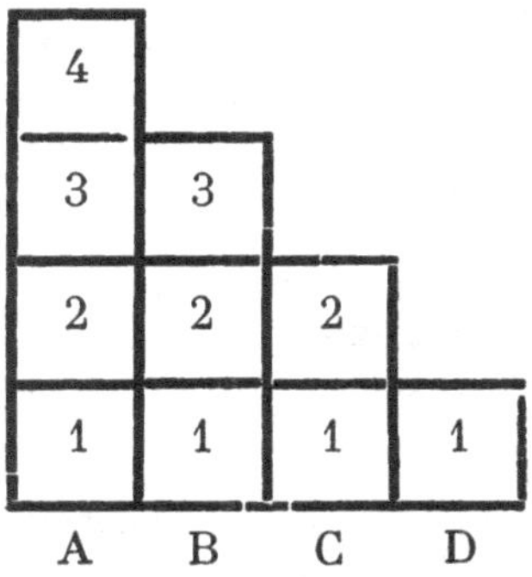

Fig. 1.

In ihm stellen die Quadrate der vertikalen Kolonne A die untereinander gleichen Teilmengen der Ware A vor, die je für den g l e i c h e n Preis, z. B. für 1 Lira, ausgetauscht werden sollen. Das Entsprechende gilt für die Kolonnen der Waren B, C und D. Die in die quadratischen Fächer gesetzten Zahlen sollen den Grad der Nützlichkeit angeben, die für das Individuum mit dem Erwerb der betreffenden Teilmenge verbunden ist. Pareto stellt nun folgende Überlegung an:

Verfügt dieses Individuum nur über 1 Lira, so wird es offenbar nur die Menge 4 (A) kaufen können; besitzt es 3 Lire, so wird es die Mengen 3 (A) und 3 (B) hinzu erwerben können usf., hat es aber 9 Lire, so wird es, wenn wir die Teilbarkeit der Mengen der mit 1 bezeichneten Quadrate voraussetzen, von diesen nur je $^3/_4$ ihres Inhaltes zu erwerben vermögen, da es nur noch 3 Lire übrig behält, nachdem es mit den anderen 6 seine d r i n g l i c h e r e n Bedürfnisse befriedigt hat. Der Grenznutzen ist somit in allen drei Fällen für jede der erstandenen Waren der g l e i c h e.

Diese Argumentation geht jedoch von ganz bestimmten stillschweigenden Voraussetzungen aus. Wenn sich nämlich der mit dem Erwerb jeder Zuwachsmenge für das Individuum verbundene Nutzen unbedingt verringern soll, so ist das nur möglich, wenn:

1. ein Anfangs-Zustand zugrunde gelegt wird, in dem die Bedürfnisse des Individuums durch den Besitz bestimmter Mengen bereits bis zu einem gewissen Grade befriedigt sind.

Diese Bedingung dürfte allerdings keine wesentliche Einschränkung der Gültigkeit der obigen Schlüsse bedeuten, da man von einem kultivierten Menschen mit Recht wird annehmen dürfen, daß er seine Bedürfnisse nicht erst dann zu befriedigen sucht, wenn ihm bereits jeder V o r r a t an hierzu dienlichen Gütern ausgegangen ist.

Um einen solchen Vorrat aber anlegen zu können, wird man die weitere Voraussetzung machen müssen, daß sich

[76]) cf. G. d. E. 1892, S. 488 ff.

2. das Individuum zum mindesten aller seiner in nächster Zukunft liegenden Bedürfnisse voll bewußt ist [77]).

Dies dürfte allerdings für eine größere Anzahl von Waren im allgemeinen erst bei einem gewissen Grade rationeller Wirtschaftsführung und auch dann nur in unvollkommenem Maße der Fall sein, da ein noch so weitsichtiger Bedarfsdeckungsplan sich immer nur auf einen mehr oder weniger beschränkten Umfang des fraglichen Güterkreises wird beziehen können.

3. Endlich unterstellt der Paretosche Beweisgang [78]), daß das Individuum, soweit es dazu finanziell in der Lage ist, niemals ein Bedürfnis ganz oder auch nur teilweise unbefriedigt läßt.

Die Gültigkeit der Gleichung (3) und (4) ist offenbar an das Vorhandensein dieser drei Voraussetzungen ebenfalls gebunden. So selbstverständlich dieselben im Rahmen der unterstellten kapitalistischen Verkehrswirtschaft auch erscheinen mögen, so zweckmäßig schien uns jedoch hier ihre besondere Formulierung zu sein, da Pareto sie später an maßgebender Stelle vollkommen übersehen hat.

II. Der Grenznutzen der mittelbaren Güter.

Wenn wir bisher von wirtschaftlichen Gütern gesprochen haben, so haben wir darunter implicite solche verstanden, die unmittelbar für den Verbrauch bestimmt sind (Konsumtivgüter). Es fragt sich nun, wie sich der Grenznutzen der nicht unmittelbar gebrauchsfähigen (der sog. mittelbaren) Güter dem der ersten gegenüber verhält. Von dem Grenznutzen eines mittelbaren Gutes sagt Pareto treffend aus: „Ein solches Gut besitzt keinen eigenen Grenznutzen, sondern sein Nützlichkeitsgrad ist gleich dem (sc. an ihrem Preise gemessenen) gewöhnlichen Nützlichkeitsgrade derjenigen Güter, die man mit ihm erhält [79]).“ Diese Tatsache bedarf

---

[77]) Ist dem Individuum das Bedürfnis nach der Ware D beispielsweise noch gar nicht zum Bewußtsein gekommen, so wird es bei einem Aufwande von 9 Lire von den letzten Teilmengen der mit 1 bezeichneten Quadrate nicht sämtliche vier, sondern nur die auf die Waren A, B und C bezüglichen für den Kauf in Betracht ziehen. Damit ist aber zugleich eine Erhöhung des Grenznutzens von $^3/_4$ auf 1 verknüpft. Die Verschiedenheit der sich so ergebenden Grenznutzwerte hängt somit in erster Linie von der Fähigkeit des einzelnen ab, den Umfang seines Bedarfs rechtzeitig zu überschauen. — Pareto hat die Bedingung 2 erst später gelegentlich (G. d. E., 1892, S. 501) berücksichtigt.

[78]) Was auch von Pareto selbst erkannt wird (cf. G. d. E., 1892, S. 488).

[79]) G. d. E. 1892, S. 490.

offenbar keines besonderen Beweises; denn sie liegt schon in der Definition des mittelbaren Gutes begründet, das eben keinen unmittelbaren Nutzen besitzt und läßt sich aus den Gleichungen (3) oder (4) ohne weiteres ablesen, wenn man darin unter A ein mittelbares Gut versteht.

Als wichtigstes Theorem beweist dann Pareto in diesem Zusammenhange das folgende: „Der Grenznutzen der unmittelbaren Güter ist (sc. bei deren Tausch), von vereinzelt dastehenden Fällen abgesehen, variabel mit den Preisen der Waren, die man verbraucht und mit den sonstigen Marktbedingungen [80])... Man darf daher jenen Grenznutzen niemals in der Theorie (sc. wenigstens streng genommen nicht) als Konstante behandeln [81]).“

Dieser Satz ergibt sich — unter Umgehung der umständlichen Beweisführung Paretos — ohne weiteres wieder aus der Betrachtung der Gleichung (3) oder (4). Stellen in diesen nämlich B, C, ... unmittelbare Güter vor, so werden, wenn die Preise p_b, p_c,... gewissen Schwankungen unterworfen werden, letztere zur Wiederherstellung des gestörten Gleichgewichtszustandes im allgemeinen auch eine entsprechende Modifikation der übrigen Größen, d. h. der fraglichen Grenznutzenwerte bedingen müssen.

Eines der wichtigsten mittelbaren Güter ist das als Tauschmittel betrachtete Geld. Da wir wissen, daß sein Grenznutzen von dem Gebrauchswert der mit seiner Hilfe erlangten Waren abhängt [81a]), so wird eine (z. B. durch eine Preiserhöhung hervorgerufene) Veränderung des Gebrauchswertes eines verhältnismäßig wenig begehrten Artikels (z. B. Luxusartikels) auch den Grenznutzen des Geldes nur wenig beeinflussen können. Das Gegenteil wird natürlich meist zu beobachten sein, wenn es sich um ein lebensnotwendiges Gut (Subsistenzmittel) handelt, das mit dem Gelde erstanden wird.

Pareto glaubt später [82]) die als Maßstab seines Wertes bisweilen gebrauchte Bezeichnung „Kaufkraft“ des Geldes rügen zu müssen, da man sie nur mit Bezug auf eine bestimmte Ware anwenden könne und dann darunter die durch ihren Preis dividierte Mengeneinheit verstehe. Diese Definition versage jedoch, sobald man nach der allge-

---

[80]) Deren Variabilität sich aber offenbar ebenfalls nur in entsprechenden Preisverschiebungen letzten Endes ausdrücken kann.

[81]) ibidem.

[81a]) Das Geld als Tauschmittel für den Erwerb nichtgeldlicher Güter hat also keinen eigenen Grenznutzen, dagegen wohl das Geld als solches, d. h. als Kapital.

[82]) G. d. E. 1893, Serie II, 6, S. 27 ff.

m e i n e n Kaufkraft des Geldes frage; denn dann sei man gezwungen, auf den Begriff des Nutzens, sei es auch nur in mehr oder weniger deutlicher Umschreibung, zurückzugreifen. Deshalb sei es — und dem können wir nur beipflichten — zweckmäßiger, von vornherein den Grenznutzen zum Wertmaßstab des Geldes zu machen. Andererseits geht aber Pareto zu weit, wenn er den Ausdruck „Kaufkraft des Geldes" auf eine „illusione" zurückführen zu müssen glaubt, die der Beurteilung des spezifischen Falles zugrunde liege, in dem sämtliche Warenpreise gleichzeitig in d e m s e l b e n Verhältnis steigen oder fallen[83]). Wenn Pareto meint, man sei leicht versucht, eine derartige Erscheinung eher einer Veränderung irgendwelcher Eigentümlichkeiten des Geldes als s ä m t l i c h e r Waren zuzuschreiben und pflege sich dann auszudrücken „die Kaufkraft des Geldes hat sich verändert", so muß ein solcher entstehungsgeschichtlicher Erklärungsversuch auf den ersten Blick zum mindesten sehr gekünstelt erscheinen. Es bedarf offenbar gar nicht erst einer so umständlichen Konstruktion, um sich Klarheit über die Herkunft dieses üblichen „terminus technicus" zu verschaffen; denn er ergibt sich ohne weiteres aus der natürlichen Funktion des Geldes, g l e i c h z e i t i g allgemeines Tausch- und Zahlungsmittel sowie allgemeiner Wertmesser zu sein.

III. Der Grenznutzen des Geldes und der Wohlstand eines Volkes.

Ein bestimmtes Abhängigkeitsverhältnis kann meist zwischen dem Grenznutzen des Geldes, insbesondere Goldes, und dem Wohlstand eines Volkes festgestellt werden. Die Preise auf dem internationalen Markt hängen nämlich in erster Linie von dem Verbrauche jedes Volkes und damit auch

---

[83]) Pareto forscht bei dieser Gelegenheit nach den möglichen U r s a c h e n , auf die eine solche allgemeine Preissteigerung bzw. -senkung zurückzuführen ist und bedient sich zu diesem Zwecke nach dem Vorbilde Cournots (Recherches sur les principes mathématiques de la théorie des richesses, 1838) der Wahrscheinlichkeitsrechnung. Er behandelt jedoch das Problem, von dem sich überhaupt nur von Fall zu Fall, also unter Zugrundelegung der jeweiligen Beobachtungstatsachen bestimmte Lösungen werden geben lassen, vollkommen ungenügend, da er einerseits von völlig einseitigen numerischen Wahrscheinlichkeitswerten ausgeht und andererseits vor allem die zwischen den fraglichen Ursachen der Preiserscheinungen bestehenden Abhängigkeiten gänzlich übersieht und damit einer der Hauptschwierigkeiten der Anwendungen der Wahrscheinlichkeitsrechnung auf wirkliche Vorgänge zum Opfer fällt. Der Rahmen dieser Abhandlung läßt es jedoch leider nicht zu, auf die Argumentation Paretos, insbesondere auf seine an Cournot geübte Kritik, näher einzugehen.

jedes einzelnen ab. „Aber man begreift leicht, daß, wenn ein Individuum ein Brot mehr ißt als gewöhnlich, dies nicht zu einer Erhöhung des Getreidepreises führen kann. Ähnlich wird auch eine, sogar beträchtliche Differenz in dem Verbrauche eines e i n z i g e n Volkes den Getreidepreis auf dem Weltmarkt nicht sehr verändern können [84]).“ Wenn wir daher die Weltmarktpreise näherungsweise für konstant ansehen, so werden wir im Hinblick auf die Gleichung (3) oder (4) zu der Aussage Paretos berechtigt sein, daß ein Volk „um so wohlhabender ist, je geringer der Grenznutzen seines Goldes ist [85])“; denn aus diesen Gleichungen folgt sofort, daß, je geringer die Grenznutzenwerte des Goldes sind — bei unveränderlichen Preisen — auch diejenigen der übrigen Waren um so niedriger ausfallen müssen, d. h. „das Volk hat dann gleichsam einen Überfluß an jedem wirtschaftlichen Gut“.

Auf einem verhältnismäßig engbegrenzten Markte dagegen, wo schon ziemlich unbedeutende Änderungen in der Nachfrage heftige Preisschwankungen hervorzurufen vermögen, wird diese Schlußweise unerlaubt sein; denn ein geringerer Grenznutzen des Goldes kann hier eine Folge erheblicher Preissteigerungen sein, wie ebenfalls aus den besagten Gleichungen sofort ersichtlich ist.

IV. Der Grenznutzen der mittelbaren Güter verschiedener Ordnungen.

Pareto teilt nach Menger die wirtschaftlichen Güter in verschiedene Ordnungen ein, je nachdem das Kausalverhältnis zwischen diesen Gütern und der mit ihrem Besitze verbundenen Bedürfnisbefriedigung ein unmittelbares ist (Konsumtivgüter [1. Ordnung]) oder nicht (mittelbare Güter höherer Ordnung). In diesem Sinne heißt ein Gut, das erst durch Tauschvermittlung eines anderen bzw. zwei, drei usw. anderer u n mittelbar gebrauchsfähig wird, ein Gut 2., 3., 4. usw. Ordnung.

Von den zur Kategorie höherer Ordnung gehörigen Gütern bemerkt Pareto richtig: „Ihr Grenznutzen kann gemäß dem Theorem, das wir bewiesen haben, nur gleich den Grenznutzwerten der Güter 1. Ordnung sein, in die sie sich transformieren lassen [86]).“ Das Beispiel, welches Pareto im Anschluß hieran gibt, erscheint jedoch für die Bekräftigung dieser seiner Aussage recht wenig geeignet.

---

[84] G. d. E. 1892, S. 498.
[85] ibidem.
[86] ibidem S. 509.

Pareto stellt nämlich folgende Aufgabe: „Es sei der Nutzen des in England eingeführten Schwarzbleches zu erforschen. Jene Bleche sollten von einem Schiffskonstrukteur gekauft werden. Das Schiff soll in den Besitz eines Reedereibesitzers übergehen. Ein Kaufmann soll dann das Schiff mieten und mit Baumwolle beladen. Jene Baumwolle soll in Manchester gesponnen und ihre Fäden nach Italien geschafft werden, und man möge daraus ein Gewebe herstellen, welches — um uns kurz zu fassen — schließlich in der Hand des Konsumenten enden wird. Der Grenznutzen jener Schwarzbleche ist dann nichts weiter als der Grenznutzen dieses Gewebes und anderer ähnlicher u n mittelbarer Gebrauchsgegenstände, die mittels des Schiffes fortgeschafft worden sind [87]).“

Zunächst bleibt hiernach unklar, w e r eigentlich den fraglichen Grenznutzen des Schwarzblechs und des Gewebes als gleich empfinden soll. Dies kann offenbar nicht ein und dieselbe Person sein; denn der Schwarzblech-Importeur braucht beispielsweise überhaupt nichts von einem Gewebe zu wissen, das aus der Baumwolle hergestellt ist, die auf dem aus seinem Bleche konstruierten, ihm womöglich aber ganz unbekannten Schiffe befördert worden ist, wie umgekehrt der italienische Gewebekonsument normaliter nichts von einem Nutzen an Schwarzblechen verspüren wird, die seiner Zeit ohne sein Wissen in England eingeführt worden sind. Es bleibt somit nur die Annahme übrig — die sich im Zusammenhange der betreffenden Darstellung Paretos auch allein rechtfertigen läßt —, daß Pareto die Grenznutzempfindungen der fraglichen Handelspersonen des Beispiels einander gleichsetzt.

Aber auch eine solche kühne Version muß prima facie bedenklich erscheinen; sie beruht offensichtlich auf einem verhängnisvollen Irrtum. Pareto hat nämlich ganz vergessen, daß das angebliche Theorem, auf das er sie im Hinblick auf die Struktur der Gleichung (3) oder (4) stützt (cf. S. 36 u. 37) sich lediglich auf ein und d a s s e l b e Individuum bezieht, während in dem angeführten Beispiel von v e r s c h i e d e n e n Personen die Rede ist, die für die Grenzwertbildung in Frage kommen. Pareto begeht somit — ins Analytische übersetzt — den Fehler einer unberechtigten Generalisierung, indem er die für jedes Wirtschaftssubjekt grundsätzlich verschiedenen Gleichungen (3) oder (4) ohne weiteres identifiziert. Dieser grobe Verstoß ist um so unverzeihlicher, als

---

[87]) ibidem.

Pareto erst kurz vorher [88]) prinzipiell die individuelle Verschiedenheit der Grenznutzfunktionen φ, die er durch die Einführung eines die Bedürfniseinstellung des betreffenden Wirtschaftssubjektes kennzeichnenden Parameters in diese Funktionen zum Ausdruck zu bringen sucht, selbst betont hat.

Hätte Pareto bedacht, daß die Gleichung (3) oder (4), wie gezeigt (cf. S. 36 oben), nur dann überhaupt einen Sinn haben, wenn das fragliche Individuum sich seines zukünftigen Bedürfniskreises wenigstens bis zu einem gewissen Umfange bewußt ist, so hätte er sich wahrscheinlich gehütet, diese notwendige Bedingung mutatis mutandis auch auf die Gesamtheit der Personen seines Beispiels zu übertragen und demgemäß folgerichtig zu unterstellen, daß der englische Schwarzblechimporteur über die Bedürfnisse des ihm fernstehenden italienischen Textilfabrikanten oder Gewebekonsumenten unterrichtet ist und umgekehrt. Jedenfalls bedarf es keines besonderen Hinweises, daß ein derartiger etwaiger Ausgleich der an sich vollkommen differenzierten Grenznutzempfindungen der verschiedenen Kontrahenten, für dessen Zustandekommen Pareto die freie Konkurrenz verantwortlich machen zu müssen glaubt [89]) — eine Erklärung, die aber völlig deplaziert erscheint, da es sich hier gar nicht, wenigstens im Prinzip nicht, um einen von den Tauschpartnern bewußt vorgenommenen Ausgleich ihrer Nutzkomputationen handelt —, lediglich auf ein bloßes Spiel des Zufalls zurückgeführt werden kann.

Der gekennzeichnete Irrtum Paretos beruht somit auf falschen Voraussetzungen über die Gültigkeit der erhaltenen analytischen Ergebnisse und stellt insoweit nur einen der typischen Fehlschlüsse der Vertreter der mathematischen Nationalökonomie überhaupt dar, denen wir noch öfters begegnen werden.

V. Der Charakter der Grenznutzenfunktionen.

Wir haben uns bis jetzt mit den fundamentalen Eigentümlichkeiten der Grenznutzenfunktionen φ selbst noch nicht befaßt. Ihr Charakter wird in erster Linie von dem sogenannten Gossenschen Grenznutzen*gesetz* bestimmt werden, das bekanntlich aussagt, daß der Grenznutzen eines Gutes mit zunehmenden Gebrauchsmengen dieses Gutes, zumal wenn er von diesen allein abhängen soll, unausgesetzt abnimmt. Dieses Gesetz entspricht offenbar vollkommen dem

---

[88]) ibidem S. 508.
[89]) ibidem S. 510.

physiologischen Gesetz [90]) der Abnahme der Intensität der Empfindungen bei anhaltender Reizursache; es gibt von ihm natürlich mannigfache Ausnahmen [91]); so wird es beispielsweise nicht auf Geizige, Habgierige, Monopolisten usw. Anwendung finden können, die auf eine außergewöhnliche Vorratshäufung bedacht sind. Die Monopolgüter fallen jedoch nicht aus dem Rahmen dieses Gesetzes, weil sie, wie Pareto meint, „nicht Güter 1. Ordnung" sind — es wird offenbar auch Monopolgüter 1. Ordnung geben (z. B. wo Herstellungs- und Absatzmonopol in einer Hand vereinigt sind), — sondern weil bei ihnen die Voraussetzung der Freiheit von Angebot und Nachfrage, unter der allein das fragliche Grenznutzengesetz gilt, fortfällt.

Um sich über den Verlauf der Grenznutzfunktionen näheren Aufschluß zu verschaffen, knüpft Pareto an das sog. Daniel Bernoullische Theorem [92]) der moralischen Erwartung an [93]). Bernoulli stellt dem physischen Wert einer Geldsumme die mit ihr verbundenen Vorteile, also den durch sie gewährten Nutzen, oder anders gesagt, ihren moralischen Wert gegenüber und macht dabei die Hypothese:

Der aus einem beliebig kleinen Vermögenszuwachs entspringende Vorteil oder sein moralischer Wert ist dem Zuwachs selber direkt, dem vorhandenen Vermögen aber

---

[90]) cf. F. J. Edgeworth, Mathematical Psychics, p. 62; J. Delboeuf, Étude psycho-physique, Bruxelles, Mém. cour. 23 (1873), p. 5, 6; abgedruckt in Éléments de psychophysique gén et spéc., Paris 1883, p. 109 ff. und Th. Fechner, Über ein psychologisches Grundgesetz und dessen Beziehung zur Schätzung der Sterngrößen, Leipzig. Abhandl. 4 (1859), p. 457—532 und Nachtrag dazu: Leipzig. Berichte 11 (1859), p. 58.

[91]) So behandelt U. Ricci (G. d. E., Serie II, 29, 1904, S. 112 ff.) unter Zugrundelegung der von Walras, Pareto, Marshal und Barone angewandten Methoden auch Grenznutzen- und Nachfragekurven, in denen der Grenznutzen bzw. die Nachfrage mit wachsenden Bedarfsmengen bzw. steigenden Preisen ebenfalls zunimmt.

[92]) cf. Specimen Theoriae Novae de Mensura Sortis. Comm. Act. Petrop. V, 1738, deutsch mit Noten von A. Pringsheim und einer Einleitung von L. Ficke, Leipzig 1896; cf. dazu die heute im allgemeinen als unberechtigt erkannte Polemik von J. Bertrand (Calcul des probabilités, Paris 1889) und die Stellungnahme von P. S. de Laplace (Théorie analytique des probabilités, Paris 1820) und S. D. Poisson (Recherches sur la probabilité des jugements, Paris 1837) zu dem Bernoullischen Theorem.

[93]) Auf die etwas weitschweifigen Ausführungen Paretos, soweit sie sich auf die Verteidigung der Walrasschen Grenznutzenbetrachtungen (cf. dessen Éléments d'économie politique pure, 1874—77) und der Bernoullischen These gegenüber Bertrands abweichender Stellungnahme beziehen (cf. Bertrands Artikel im Bulletin des sciences mathématiques, 1883, I, S. 302—303), gehen wir hier nicht ein.

umgekehrt proportional. In diesem Sinne ergibt sich, wenn wir das augenblickliche Vermögen einer Person mit x, den Vermögenszuwachs mit dx bezeichnen, für den moralischen Wert der Vermögensänderung:

$$dy = H \frac{dx}{x}, \text{ wo} \tag{5}$$

H eine von den sonstigen Verhältnissen der Person abhängige Konstante bedeutet, deren Wert wir im folgenden als bekannt voraussetzen wollen. Unter dem Bernoullischen „avantage morale" können wir hier mit Pareto [94]) ohne weiteres den Nutzen im ökonomischen Sinne verstehen, da wir ja voraussetzungsgemäß von allen nichtwirtschaftlichen Momenten zu abstrahieren haben.

Im übrigen macht das Bernoullische Theorem die Berücksichtigung des jeweiligen Vermögensbesitzes oder Vorrates zu seiner Grundlage und entspricht damit nur einer wichtigen Forderung, der wir auch in unseren späteren Untersuchungen noch gebührend Rechnung zu tragen haben werden. Andererseits kann aber die spezifische Form (5) nicht als allgemeingültiger Ausdruck für die Bewertung des Vermögenszuwachses anerkannt werden; denn „es ist unmöglich zu beweisen, daß, wenn der Nutzen einer Lire für den, der nur 100 Lire hat, eins ist, er genau $\frac{1}{2}$ betragen wird, wenn der betreffende 200 Lire hat. Warum macht er nicht $\frac{1}{3}$, $\frac{1}{4}$ oder irgend einen anderen Bruch aus?"[95])

Wir unterstellten fürs folgende stets, daß der Grenznutzen eines Gutes lediglich von den Bedarfsmengen dieses Gutes abhängt, es sei denn, daß ausdrücklich etwas anderes bestimmt wird.

Nehmen wir dann im Sinne Paretos und Marshals [96]) eine zweckdienliche Modifikation an dem Bernoullischen Theorem vor, indem wir den „moralischen" Wert einer Geldsumme nicht von dem Vermögen, sondern von den Einnahmen q_a der Ware A abhängig sein lassen, über die das Individuum zu einer bestimmten Zeit zwecks Befriedigung seiner Bedürfnisse verfügen kann, so geht unter Verwendung der in Gleichung (4) zugrunde gelegten Bezeichnungsweise die Gleichung (5) über in:

$$\varphi_a(q_a)dq_a = H \frac{dq_a}{q_a} \text{ d. h.} \tag{6}$$

---

[94]) G. d. E. 1893, Serie II, 6, S. 6.

[95]) ibidem S. 7.

[96]) cf. Principles of Economics, Vol. I, London (1. Aufl.) 1890, S. 753 ff.

Das Bernouillische Theorem wird zu einer besonderen Ausdrucksform des erwähnten Grenznutzengestzes.

Lassen wir dann wieder das Gut A als allgemeinen Wertmesser und die Einnahmen q_a zur Beschaffung der Bedarfsmengen der sonstigen Waren B, C,... dienen, so ergibt sich:

$$q_a = r_b p_b + r_c p_c + \ldots \qquad (7)$$

Die fragliche Grenznutzenkurve des Geldes im Sinne Bernouillis hat dann auf Grund der Gleichung (6) die folgende Gestalt einer gleichseitigen Hyperbel (PQ):

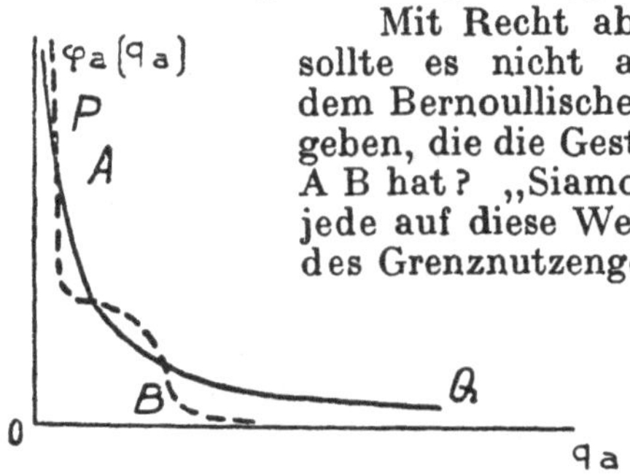

Figur 2.

Mit Recht aber fragt Pareto: Warum sollte es nicht auch — unabhängig von dem Bernoullischen Theorem — eine solche geben, die die Gestalt der gestrichelten Linie A B hat? „Siamo al buio di ciò [97])"; denn jede auf diese Weise unter Zugrundelegung des Grenznutzengesetzes gezeichnete Grenznutzenkurve muß so lange mehr oder weniger willkürlich bleiben, als nicht die Erfahrung festre Anhaltspunkte für ihren Verlauf geliefert hat. Trotzdem hält es Pareto für zweckmäßig, nach einem bestimmten Kurventypus zu forschen, der sich besser als die Bernouillische Hyperbel „den Untersuchungen der Wirtschaftswissenschaft anpaßt".

Zu diesem Zwecke sucht er gesondert nach Grenznutzenkurventypen, die für unmittelbare und nach solchen, die für mittelbare Verbrauchsgüter (z. B. Geld) gelten. Die Kategorie der ersten teilt er wieder nach dem Grade der Dringlichkeit ihres Bedarfes in drei Gruppen ein: 1. in solche, die sich auf die elementarsten Lebensunterhaltsmittel, 2. auf die entbehrlicheren und 3. auf die bloß Luxuszwecken dienenden Güter beziehen.

„Das Bedürfnis (sc. der Befriedigung) des Durstes ist für den Menschen sogar intensiver als das (der Befriedigung) des Hungers, aber es genügt bereits eine kleine Menge Wasser um es zu befriedigen, und jedes Mehrquantum an Wasser, vorausgesetzt, daß es ausschließlich zu Trinkzwecken verwandt wird, hat einen Nutzen, der gleich Null ist, dasselbe gilt vom Brote. Der Mensch braucht davon täglich ein gewisses Quantum. Hat er weniger als das, so läßt jede weitere Vermin-

[97]) G. d. E. 1893, Serie II, 6, S. 13.

derung, wofern er, wie wir annehmen wollen, in anderen Nahrungsmitteln keinen Ersatz findet, Hunger verspüren und verursacht ihm äußerst heftige Beschwerden. Dagegen hat er nur wenig oder gar kein Bedürfnis nach der Vermehrung der Menge, die ausreicht, um seinen Hunger zu stillen. Daraus folgt, daß sich auf der Grenznutzenkurve für Wasser, Brot und andere ähnliche Waren vom e r s t e n Dringlichkeitsgrade ein gewisser Punkt Q, nicht allzuweit vom Koordinatenanfangspunkt und ziemlich nahe der Abszissenachse befinden muß, derart, daß links von ihm die Kurve rasch ansteigt, dagegen rechts [98]) davon schnell nahezu in die Abszissenachse übergeht. Über den Verlauf der Kurve zwischen P und Q (cf. Fig. 3) können wir jedoch, von der Eigentümlichkeit abgesehen, daß mit zunehmenden Abszissen die Ordinaten stets abnehmen werden, nichts Bestimmtes aussagen. Für die Waren, deren Verbrauch mehr dem „Genusse", als dem notwendigen Bedürfnis dient, wird die Grenznutzenkurve mehr zur Abszissenachse flach geneigt sein und eine Gestalt wie die der Kurve ST aufweisen"[99]). Eine weitere Abflachung zur Abszissenachse hin wird schließlich der Charakter der sich auf die Luxusgüter beziehenden Grenznutzenkurve UV bedingen.

Alle drei so gekennzeichneten Kurventypen glaubt Pareto in der einzigen Exponentialgleichung

$$y = ae^{-\alpha x^2}$$

in der e die Basis der natürlichen Logarithmen und α und a gegebene Konstanten vorstellen, g l e i c h z e i t i g zum Ausdruck bringen zu können, wenn nur d e r Teil der auf Grund dieser Gleichung gezeichneten Kurve Berücksichtigung findet, der rechts von ihrem zur Abszisse $oo_1 = \frac{1}{2\sqrt{\alpha}}$ (cf. Fig. 4) gehörigen Wendepunkt liegt.

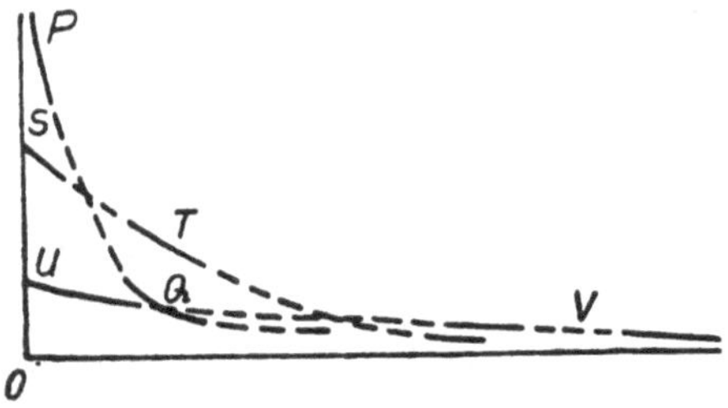

Figur 3.

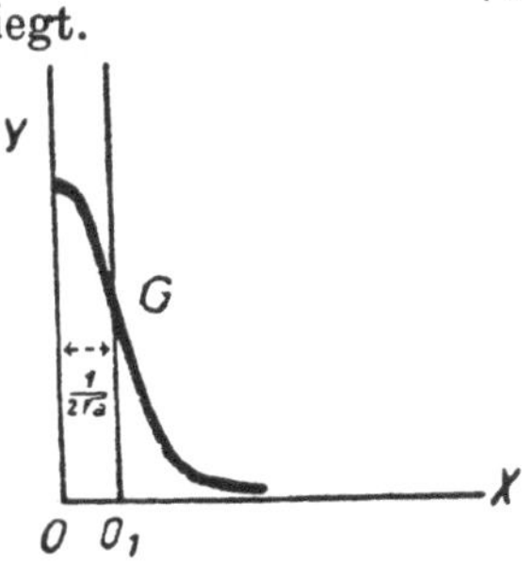

Figur 4.

[98]) Das im Original sich findende „a sinistra" ist offenbar auf einen Druckfehler zurückzuführen. [99]) ibidem S. 14.

Unter Einführung der gewohnten Bezeichnungsweise nimmt die obige Kurvengleichung, wenn wir die auf den neuen Koordinatenanfangspunkt bezüglichen Abszissen mit r be zeichnen, die Gestalt an:

$$(\alpha)\quad \varphi(r) = ae^{-\alpha x^2}\,, \qquad (\beta)\quad x = r + \sqrt{\frac{1}{2\alpha}} \qquad (8)$$

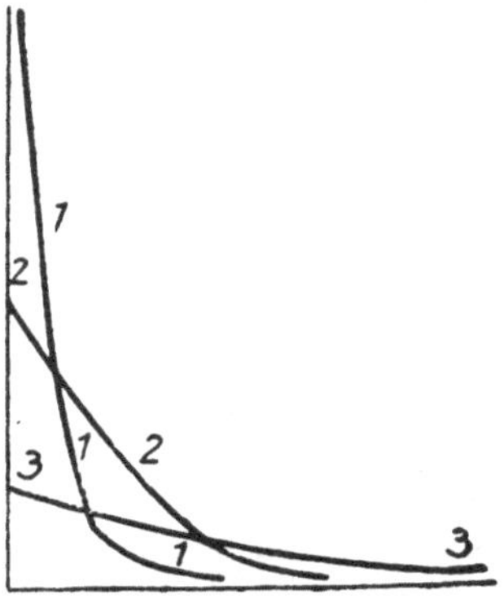

Figur 5.

In nebenstehender Figur 5 haben wir dann je einen Vertreter der unterschiedenen drei Kurvengattungen auf Grund der Gleichung (8α) gezeichnet, indem wir den in dieser vorkommenden Konstanten jedesmal entsprechende Werte gaben. Dabei sind jedoch — was Pareto zu erwähnen vergißt — die diesen Kurven zugrunde liegenden Maßstäbe gegebenenfalls verschieden zu wählen.

Setzen wir mit Pareto in (8α):

$$a = He^{-ku}\,, \quad \alpha = N^2e^{-2nu} \qquad (9)$$

bezeichnen allgemein mit $p = Pe^{\omega u}$ den Preis, wobei H, k, N^2, n, P und ω gegebene Konstanten bedeuten, und lassen

den verschiedenen Werten des Parameters:	o,	Δ_u,	$2\Delta_u, \ldots$
die Waren	B,	C,	D, …
deren Preise (p)	p_b,	p_c,	$p_d, \ldots$
sowie deren Mengen (r)	r_b,	r_c,	$r_d, \ldots$
und deren Mengen (x)	x_b,	x_c,	$x_d, \ldots$
und schließlich die Werte der Konstanten (α)	α_b,	α_c,	$\alpha_d, \ldots$

entsprechen, so geht die Gleichung (7) offenbar über in:

$$\left.\begin{aligned} q_a &= p_b\left(x_b - \sqrt{\frac{1}{2\alpha_b}}\right) + p_c\left(x_c - \sqrt{\frac{1}{2\alpha_c}}\right) + \ldots \\ &= \sum_{u=0}^{u=\sigma} p\left(x - \sqrt{\frac{1}{2\alpha}}\right) = \Sigma X \quad, \text{ wobei} \end{aligned}\right\} \qquad (10)$$

$X = p\left(x - \sqrt{\frac{1}{2\alpha}}\right)$ zu nehmen und die Summe soweit zu erstrecken ist, wie u nur positive Werte von r liefert. Dies möge für das Interwall $u = O = u_0$ bis einschließlich $u = u_\vartheta$ der Fall sein. Dann wird die Gleichung (8_α) unter Berücksichtigung der Gleichung (9) und der bekannten Euler-Maclaurin'schen Summenformel

$$\Sigma X = \frac{1}{\Delta_u} \int_u^{u_\alpha} X du + \frac{1}{2}(X_\vartheta - X_0) + \frac{\Delta_u}{12}(X'_\vartheta - X'_0) + \dots$$

wenn $k + \omega = n$ wird, mit großer Annäherung die Gestalt der Bernoulli'schen Hyperbel wiedergeben. Diese ist damit von Pareto als Spezialfall der umfassenden Gleichung (8a) gekennzeichnet.

Doch müssen alle derartigen Hypothesen über die mögliche Gestalt der Grenznutzenkurven solange bloße Kombinationen bleiben, als sie nicht an Hand statistischen Erfahrungsmaterials praktisch zu überprüfen sind. Wir werden somit hier der konkreten deduktiven Methode unbedingt den Vorzug vor dem reinen deduktiven Verfahren zu geben haben.

VI. Das Diskontinuitätsproblem der Bedürfnisse.

Die noch zu entscheidende Frage der Kontinuität der verwendeten Grenznutzenfunktionen φ ergibt sich aus unseren bisherigen Betrachtungen von selbst. Im Rahmen der S. 36 formulierten Voraussetzungen 2 und 3 für die Gültigkeit der Gl. (3) und (4) kann es für uns nur kontinuierliche Funktionen φ geben. Deren Stetigkeit wird sich jedoch im allgemeinen auch dann unbedenklich unterstellen lassen, wenn die Vorstellung des Individuums von dem Umfange der zu befriedigenden Bedürfnisse weniger bestimmt ist; denn dann wird dasselbe auch den Übergang zu den verschiedenen Intensitätsstufen des mit dem Erwerb jedes Gutes verknüpften Grenznutzens um so weniger deutlich empfinden[100]) und daher auch um so weniger Grund haben, die Befriedigung seiner Bedürfnisse vorzeitig abzubrechen. Geschieht das trotzdem, so wird es gewöhnlich nur dem Zufall zugeschrieben werden können, ein mechanischer Ausgleich dieser Irregularitäten somit durchaus gerechtfertigt sein, wenn es sich nur darum handelt, ein übersichtliches Gesamtbild von der Tendenz der Bedürfnisentwicklung zu gewinnen.

Pareto widmet dem Problem der Diskontinuität der Bedürfnisse eines Volkes in seiner Gesamtheit eine

---

[100]) Es ist dabei überhaupt zu berücksichtigen, daß die auf der Grenzwertbildung des Gossenschen Gesetzes fußende Analyse der Nützlichkeitsempfindungen des Befriedigung suchenden Individuums, wenigstens in der Strenge des Gesetzes, bloß eine von dessen Bewußtsein im allgemeinen unabhängige genetische Zweckmäßigkeitskonstruktion ist, und zwar unbeschadet der Gültigkeit der Voraussetzung 2 auf S. 36 und der im Prinzip bereits festgestellten größeren Empfänglichkeit des Nutzkomputanten gegenüber Grenznutz- als gegenüber Gesamtnutzempfindungen.

besondere Betrachtung, in der er zu zeigen versucht, daß, wenn die Zahl der von jedem Individuum nacheinander erworbenen Gütermengen, also die Zahl der auf sie gerichteten Bedürfnisse hinreichend groß ist, letztere unbedenklich als kontinuierlich angesehen werden dürfen. Von den beiden dieserhalb von Pareto angestrengten Beweisen [101]) verdient nur der eine, wenn auch bloß auf die Anschauung gegründete, ein besonderes Interesse, da sich aus ihm eine nützliche Anwendung auf die Produktionstheorie ergibt.

Tragen wir in einem ebenen rechtwinkligen Koordinatensystem auf der X-Achse die Mengen r_a, $r_a + \triangle r_a, \ldots$ r_b, $r_b + \triangle r_b \ldots$ und auf der Y-Achse die entsprechenden Werte der Grenznutzenausdrücke $\varphi_a(r_a)$, $\varphi_a(r_a + \triangle r_a)$, $\ldots$ $\varphi_b(r_b)$, $\varphi_b(r_b + \triangle r_b), \ldots$ auf [102]), so wird unter Zugrundelegung des Gossenschen Gesetzes für jedes Individuum der Gesellschaft eine (von uns später (cf. S. 79) als Gesamtgrenznutzenkurve bezeichnete) gezackte Linie etwa folgender Gestalt hervorgehen:

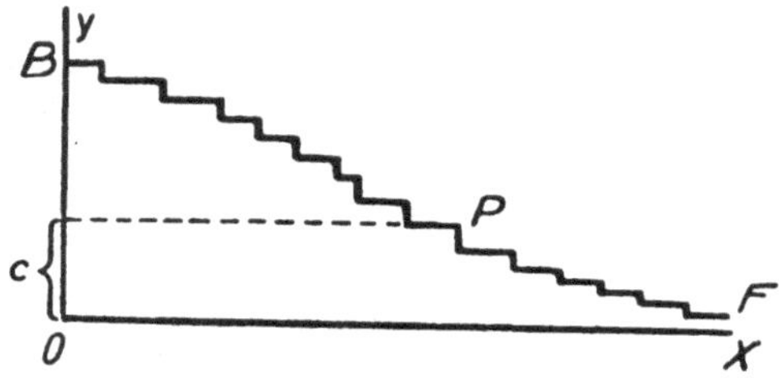

Figur 6.

Setzen wir den Grenznutzen des Geldes (A) für eine beliebige Menge $r_a + m\triangle r_a$ [$m = \text{const.}$]: $\varphi_a = c$, so wird eine Befriedigung der Bedürfnisse offenbar solange stattfinden, als $c \geqq \varphi_s$ ist ($s = b, c, \ldots$). Demgemäß bleiben in obiger Figur von allen Bedürfnissen BF die Bedürfnisse PF noch zu befriedigen. Die genannte Bedingung ist erst dann nicht mehr erfüllt, wenn $c = 0$ ist, was auf Grund von Gl. (4) unter Berücksichtigung der Schreibweise in Gl. (3) bedeuten würde, daß der Gesamtnutzen (U), den das Individuum aus dem Erwerb sämtlicher für seinen Bedarf in Frage kommenden Waren gezogen hat, sein Minimum oder Maximum erreicht hat. In einer solchen Lage dürfte sich aber jeder einzelne aus der

[101]) G. d. E. 1892, S. 503 ff.

[102]) Wir gehen dabei von dem S. 35 unter Voraussetzung 1. gekennzeichneten Anfangszustand aus.

Gesamtheit der die Nachfrage bildenden Individuen innerhalb eines hinreichend begrenzten Zeitintervalles niemals oder höchstens während einer verhältnismäßig kurzen Dauer befinden. Demnach braucht auch eine sich auf sämtliche Produktionsgebiete erstreckende etwaige Überproduktion und daraus entspringende Krise in praxi niemals in Erwägung gezogen zu werden. Die Annahme einer Stetigkeit der Bedürfnisse eines Volkes wird sich somit im allgemeinen durchaus rechtfertigen lassen.

Zweiter Abschnitt.

Allgemeine Theorien der wirtschaftlichen Statik und Dynamik.

Die wirtschaftliche Statik (nach Pareto).

I. Unter Zugrundelegung des Grenznutzenbegriffes (Ophelimitätsmaximums).

Wir haben bis jetzt die wichtigsten Grundlagen und Voraussetzungen — sie waren fast ausschließlich grenznutzentheoretischer Natur — gekennzeichnet, auf denen die Reine Politische Ökonomie Italiens vor etwa 30 Jahren beruhte und zum großen Teil auch noch heute beruht. Insbesondere — anfangs fast ausschließlich — ist es Pareto, der wahrhafte Begründer der italienischen Schule, gewesen, der sie zum Ausbau seiner eigenen Lehren zweckmäßig verwertet hat. Diesen sucht er in erster Linie durch eine weitere Befestigung der von Walras überkommenen Theorie des wirtschaftlichen (statischen) Gleichgewichtes, d. h. des Gesetzes vom Gleichgewicht von *Angebot und Nachfrage*, zu erreichen. Wir haben uns daher mit diesem Gesetze und den im Zusammenhange mit ihm auftauchenden allgemeinen Problemen der wirtschaftlichen Statik überhaupt im folgenden noch näher zu befassen und zwar zunächst insoweit, als dabei wieder der *Grenznutzen*begriff den Ausgangspunkt aller Betrachtungen bildet.

§ 1.

Die Bestimmung des Gleichgewichts von Angebot und Nachfrage.

„Die Nachfrage nach einer Ware zu einem bestimmten Preise und ebenso ihr Angebot hängen vom Grenznutzen dieser Ware ab“ [103]). Dabei wird das Angebot als *negative* Nachfrage betrachtet. Etwaige Angebots- oder Nachfragekurven werden sich damit unter Berücksichtigung von Gl. (4) aus den schon behandelten Grenznutzenkurven ohne weiteres

[103]) G. d. E., Serie II, 5, 1892, S. 119.

ergeben müssen. Da wir diese unter dem Gesichtspunkte des Bedürfnisses bereits gekennzeichnet haben, so bleiben nur noch die Angebotskurven sui generis besonders zu charakterisieren. Doch davon später. Zunächst ist die Frage der Bestimmung des Gleichgewichtes von Angebot und Nachfrage und des Gesetzes seiner Schwankungen zu erörtern.

Zu diesem Zwecke gehen wir nicht, wie es der Gepflogenheit der meisten Schriftsteller entspricht, von dem Fall bloß zweier im Austausch befindlichen Güter aus, sondern wir berücksichtigen von vornherein sämtliche überhaupt marktgängigen Bedarfsartikel.

Nehmen wir dann wieder die Ware A zum allgemeinen umittelbaren (!) Wertmesser,[103a] so möge das betreffende nachfragende bzw. anbietende Individuum für die Menge r_a von A zum Preise $p_a = 1$ die Mengen r_b von B zum Preise p_b, die Mengen r_c von C zum Preise p_c, u. s. f. auf dem Markte zu erhalten suchen.

Dann ist entsprechend Gl. (7):

$$r_a = -(p_b r_c + p_b r_c + \ldots) \quad \text{oder}$$
$$r_a + p_b r_b + p_c r_c + \ldots = 0 \tag{11}$$

Damit nun wirtschaftliches Gleichgewicht (von Angebot und Nachfrage) vorhanden sei, muß offenbar gleichzeitig die Gl. (4):

$$\varphi_a(r_a) = \frac{1}{p_b}\varphi_b(r_b) = \frac{1}{p_c}\varphi_c(r_c) = \ldots \tag{4}$$

erfüllt sein. Die Existenz der so erhaltenen Gl. (4) und (11) ist natürlich an das Vorhandensein der S. 35 u. 36 formulierten Voraussetzungen 1 bis 3 gebunden.

Sind nun die Preise p_a, p_b, ... und die Grenznutzenfunktionen φ_a, φ_b, ... aus der Beobachtung gegeben — in Wirklichkeit werden jedoch die φ, wie Pareto später selbst zugibt, meist unbekannt sein — so lassen sich die n Unbekannten r_a, r_b, ... aus den obigen n Gleichungen (4) und (11) eindeutig ermitteln. Damit ist das gesuchte Gleichgewicht von Angebot und Nachfrage bereits als bestimmt anzusehen.

Ebenso leicht ergibt sich auch die Bestimmung der von dem Individuum anzulegenden bzw. zu fordernden Preise p, falls die zugehörigen Bedarfsmengen r und die auf sie bezüglichen Grenznutzenfunktionen φ bekannt sind. Dabei ist

[103a]) Als solcher wird also stets nur ein unmittelbares Gebrauchsgut, niemals z. B. das Geld angenommen werden dürfen, wenn dasselbe selbst Gegenstand des Tausches mit anderen Gütern ist, die keinen geldlichen Charakter haben, da es in dieser Funktion keinen eigenen Grenznutzen besitzt. (cf. Anmerk. 81a).

jedoch, wie im folgenden stets, vorausgesetzt, daß der Nachfragende bzw. Anbietende keinen oder wenigstens keinen merklichen Einfluß auf die Gestaltung der Marktpreise besitzt (sonst wäre eine Abhängigkeit zwischen den φ und p die Folge) oder m. a. W., daß — was Pareto gelegentlich [104]) besonders zu betonen vergißt — die Grenznutzenfunktionen φ in der Gestalt gegeben sind, wie sie sich bei vorheriger Kenntnis der gesuchten Preise p ergeben würden, eine Forderung, der die kaufmännische Kalkulation, besonders in bewegten Geschäftszeiten, in praxi stets gerecht zu werden versucht.

Der Fall hingegen, in dem die r und p bekannt und die φ gesucht sind, wird später noch besonders zu behandeln sein.

Im übrigen beziehen sich die bisherigen wie überhaupt alle Paretoschen Formulierungen natürlich immer nur auf die eine Seite der beiden Marktparteien (der Nachfrage oder des Angebots), niemals auf beide zu gleicher Zeit.

2. Das Gesetz der Variation von Angebot bzw. Nachfrage.

Wir wollen jetzt das sog. Gesetz der Variation von Angebot bzw. Nachfrage festzustellen versuchen [105]).

Setzen wir zu diesem Zweck mit Pareto in den Gleichungen (11) und (4) für den Preis der Ware A allgemein p_a, so gehen diese über in

$$p_a r_a + p_b r_b + p_c r_c + \ldots = 0 \qquad (12)$$

$$\text{bzw. } m = \frac{1}{p_a} \varphi_a(r_a) = \frac{1}{p_b} \varphi_b(r_b) = \ldots \qquad (13)$$

Die Größe $\frac{\delta r_a}{\delta p_a}$ gibt dann offenbar die Variation der Nachfrage (oder des Angebotes) hinsichtlich der Ware A an, wenn ihr Preis p_a schwankt, während die Preise p_b, $p_c, \ldots$ unveränderlich bleiben. Dagegen stellen $\frac{\delta r_a}{\delta p_b}, \frac{\delta r_a}{\delta p_c}, \ldots$ die Schwankungen von r_a vor, die von denen der Preise der übrigen Waren B, C,... und nur von diesen abhängen. Entsprechend ergeben sich die Variationsausdrücke der Nachfrage bzw. des Angebots der Waren B, C,...

Differenzieren wir die Gleichung (13) nach p_a, so erhalten wir:

---

104) G. d. E., Serie II, 6, 1893, S. 34.
105) cf. G. d. E. 1892, Serie II, 5, S. 121.

$$\left.\begin{aligned}
\frac{\delta r_a}{\delta p_a} &= p_a \frac{\delta m}{\delta p_a} \frac{1}{\varphi_a'} + \frac{1}{p_a} \frac{\varphi_a}{\varphi_a'} \\
\frac{\delta r_b}{\delta p_a} &= p_b \frac{\delta m}{\delta p_a} \frac{1}{\varphi_b'} \\
\frac{\delta r_c}{\delta p_a} &= p_c \frac{\delta m}{\delta p_a} \frac{1}{\varphi_c'} \\
&\ldots\ldots\ldots\ldots\ldots\ldots \\
&\ldots\ldots\ldots\ldots\ldots\ldots
\end{aligned}\right\} \quad (14)$$

Multiplizieren wir die erste dieser Gleichungen mit p_a, die zweite mit p_b, die dritte mit p_c usf. und setzen:

$$S_a = p_a \frac{\delta r_a}{\delta p_a} + p_b \frac{\delta r_b}{\delta p_a} + p_c \frac{\delta r_c}{\delta p_a} + \ldots$$

$$T = \frac{p_a^2}{\varphi_a'} + \frac{p_b^2}{\varphi_b'} + \frac{p_c^2}{\varphi_c'} + \ldots, \quad \text{so} \qquad (14_a)$$

wird sich ergeben: $S_a = T \dfrac{\delta m}{\delta p_a} + \dfrac{\varphi_a}{\varphi_a'}$

Die partielle Differentiation der Gleichung (12) nach p_a dagegen liefert:

$$S_a + r_a = 0$$

setzen wir diesen Wert von S_a in die vorige Gleichung ein, so kommt:

$$\frac{\delta m}{\delta p_a} = - \frac{r_a + \dfrac{\varphi_a}{\varphi_a'}}{T} \qquad (15)$$

Kombinieren wir diese Gleichung, deren linke Seite offenbar die Variation des Nutzens der Ware A (ev.[105a]) des Geldes) in bezug auf deren Preis angibt, mit der Gleichung (14), so erhalten wir $\frac{\delta r_a}{\delta p_a}, \frac{\delta r_b}{\delta p_b}, \ldots$, also die gesuchten Variationsausdrücke für die Ware A. Die entsprechenden Ausdrücke für die übrigen Waren B, C,... gehen durch Differentiation der Gleichungen (12) und (13) nach $p_b, p_c, \ldots$ hervor.

Nehmen wir dem Gossenschen Gesetz zufolge wieder an, daß der Grenznutzen eines Gutes mit wachsenden Bedarfsmengen dieses Gutes unausgesetzt und stetig abnimmt[106]), so sind $\varphi_a', \varphi_b', \ldots$ und somit auch T negativ.

105a) Nämlich, wenn wir unter A einen nur mittelbaren allgemeinen Wertmesser verstehen (cf. Anmerk. 103a).

106) ibidem S. 123.

Wird nun die Ware A angeboten, so ist gleichfalls r_a, also auch $\frac{\delta m}{\delta p_a}$, negativ zu nehmen. Aus (14) folgt dann aber, daß $\frac{\delta r_b}{\delta p_a}, \frac{\delta r_c}{\delta p_a}, \ldots$ positiv sind, während sich über das Vorzeichen von $\frac{\delta r_a}{\delta p_a}$ nichts Bestimmtes aussagen läßt. Ist letzteres positiv [107]), so geht r_a zurück. Wir können somit mit Pareto das Theorem aussprechen: „Wenn der Preis einer angebotenen Ware wächst, während die Preise der übrigen Waren fest bleiben, so werden die Mengen der dafür erstandenen Waren zunehmen, die der angebotenen Ware aber abnehmen [108]).“

Ist dagegen A Gegenstand der Nachfrage, so ist r_a positiv und das Vorzeichen von $\frac{\delta m}{\delta p_a}$ bleibt in dubio; damit ist auch dasjenige von $\frac{\delta r_b}{\delta p_a}, \frac{\delta r_c}{\delta p_a}, \ldots$ unbestimmt, doch hat man

für
$$\frac{\delta r_a}{\delta p_a} = \frac{-p_a r_a + \frac{\varphi_a}{p_a}\left(\frac{p_b^2}{\varphi'_b} + \frac{p_c^2}{\varphi'_c} + \cdots\right)}{T\,\varphi'_a} \tag{16}$$

Diese Ableitung ist also negativ, so daß die Menge der nachgefragten Waren abnimmt, wenn sich ihr Preis erhöht. —

Wir haben bisher immer nur zur gleichen Zeit den Preis *einer* Ware schwanken lassen, wobei wir die übrigen konstant ließen; befreien wir uns jetzt von dieser letzteren Voraussetzung, so erhalten wir als Variation von r_a und m:

$$dr_a = \frac{\delta r_a}{\delta p_a} dp_a + \frac{\delta r_a}{\delta p_b} dp_b + \ldots \tag{17}$$

$$dm = \frac{\delta m}{\delta p_a} dp_a + \frac{\delta m}{\delta p_b} dp_b + \ldots \tag{18}$$

Nun schreibt man der Struktur der partiellen Ableitung (15) von m nach p_a:

$$\frac{\delta m}{\delta p_a} = -\frac{r_a + \frac{\varphi_a}{\varphi'_a}}{T} \quad \text{entsprechend}$$

107) Was auf Grund der ersten Gl. (14) der Fall ist, wenn $\left|\frac{\delta m}{\delta p_a}\right| > \left|\frac{m}{p_a}\right|$ d. h. wenn der Nutzen des allgemeinen Tauschmittels (eventuell des Geldes) im Verhältnis zu dessen Preis stärker zu- oder abnimmt.

108) ibidem S. 124.

die Ableitungen $$\frac{\delta m}{\delta p_b} = - \frac{r_b + \frac{\varphi_b}{\varphi_b'}}{T}$$

....

....

von m nach $p_b, p_c, \ldots$ ohne weiteres hin. Substituieren wir diese Ausdrücke in Gleichung (18) und setzen gleichzeitig

$$d\sigma = p_a\, dr_a + p_b\, dr_b + \ldots$$

$$d\tau = \frac{\varphi_a}{\varphi_a'}\, dp_a + \frac{\varphi_b}{\varphi_b'}\, dp_b + \ldots$$

so haben wir:

$$dm = - \frac{d\sigma + d\tau}{T} \qquad (19)$$

Kombinieren wir nun die Gleichung (14) und die analogen, die sich für die partiellen Ableitungen nach $p_b, p_c, \ldots$ ergeben, mit Gleichung (17) und den entsprechenden für dr_b, $dr_c, \ldots$ so finden wir:

$$dr_a = \frac{p_a}{\varphi_a'}\, dm + \frac{1}{p_a} \frac{\varphi_a}{\varphi_a'}\, dp_a$$

$$dr_b = \frac{p_b}{\varphi'_b}\, dm + \frac{1}{p_b} \frac{\varphi_b}{\varphi_b'}\, dp_b$$

....

....

Diese Gleichungen erhalten wir auch unmittelbar durch totale Differentiation der Gleichung (4). Unter Berücksichtigung von (19) ergeben sich dann aus ihnen die gesuchten totalen Variationen von $r_a, r_b, \ldots$

Damit ist das sogen. Gesetz der Variation von Angebot bzw. Nachfrage in seiner allgemeinsten Form — natürlich immer unter der einschränkenden Paretoschen Voraussetzung [108a]), daß der Grenznutzen eines Gutes bloß von den Mengen dieses Gutes abhängt — ermittelt worden.

§ 3.

Die Gestalt der Angebots- und Nachfragekurven.

Nach diesen Vorbereitungen sind wir in der Lage, uns der bereits angeschnittenen Frage der möglichen Gestalt der Angebotskurven näher zuzuwenden, auf deren Betrachtung

108a) cf. unabhängig von dieser die verallgemeinerte Darstellung des Gesetzes von Angebot und Nachfrage sowie deren Schwankungen durch Pareto in der Encyclopédie des sciences mathématiques I 26, S. 628 ff.

wir uns beschränken können, da die Nachfragekurven im negativen Sinne (des zugrunde gelegten Koordinatensystems) als Angebotskurven aufzufassen sind.

Pareto beschäftigt sich [109]) selbst eingehend mit dem Problem der Bestimmung einer allgemeinen Angebotskurve, sind doch ihm zufolge „le leggi le piu generali della domanda e dell' offerta... i soli fenomeni, che ha da considerare l'Economia Politica". Den Anlaß hierzu gibt ihm insbesondere die von Walras [110]) hypostasierte generelle Gestalt der Angebotskurven, wie sie für das Gut B etwa in untenstehender Abb. 6 zum Ausdruck kommt. Um die Möglichkeit einer solchen Kurvenform leicht nachprüfen zu können, setzen wir fürs folgende der Einfachheit halber $p_a = 1$ und

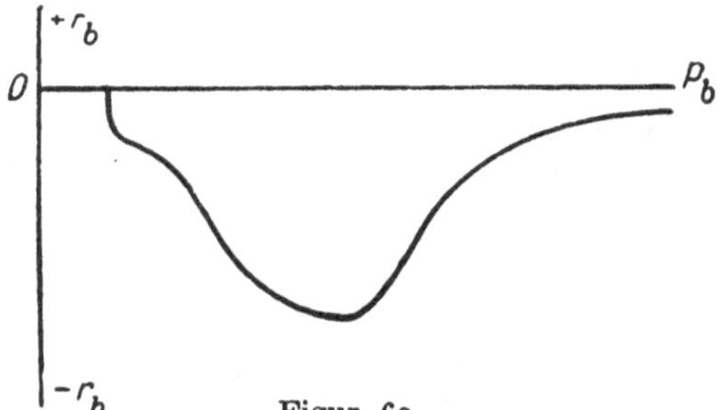

Figur 6a.

$$p_b\, r_b + X = O, \text{ wo} \qquad (20)$$
$$X = r_a + p_c\, r_c + p_d\, r_d + \dots$$

nehmen die zu den φ inversen Funktionen ψ mit Pareto in der Form

$$\psi_a = r_a = a_0 + a_1\, \varphi_a + a_2\, \varphi_a^2 + \dots$$
$$\psi_c = r_c = c_0 + c_1\, \varphi_c + c_2\, \varphi_c^2 + \dots$$
$$\psi_d = r_d = d_0 + d_1\, \varphi_d + d_2\, \varphi_d^2 + \dots$$
$$\dots\dots\dots\dots\dots\dots\dots\dots$$
$$\dots\dots\dots\dots\dots\dots\dots\dots$$

an, die unter Berücksichtigung von (4) übergeht in:

$$\left.\begin{array}{l} \psi_a = r_a = a_0 + a_1\, \varphi_a + a_2\, \varphi_a^2 + \dots \\ \psi_c = r_c = c_0 + c_1\, p\varphi^c{}_a + c_2\, p_c^2\, \varphi_a^2 + \dots \\ \psi_d = r_d = d_0 + d_1\, p_d\, \varphi_a + d_2\, p_d^2\, \varphi_a^2 + \dots \\ \dots\dots\dots\dots\dots\dots\dots\dots \\ \dots\dots\dots\dots\dots\dots\dots\dots \end{array}\right\} \quad (21)$$

[109]) G. d. E. 1893, Serie II, 7, S. 307 ff.

[110]) cf. The geometrical theory of the determination of prices by Léon Walras — American Academy of political and social science, Philadelphia 1891.

Verstehen wir dann unter A (z. B. als erstrebtes [nicht aber in Geld gemessenes!] Arbeitseinkommen), C, D, ... nachgefragte Waren, während in der Bezeichnung B sämtliche auf dem Markte angebotenen Waren einbegriffen sein mögen, so muß das Gleichungssystem (21) offenbar eine gemeinsame Wurzel φ_a (als Maximum) besitzen, für die die linken Seiten der Gleichungen zu Null werden. Es kann nur eine solche Wurzel geben, da auf Grund des für die Struktur der Grundgleichungen (21) maßgebenden allgemeinen (Gossenschen) Grenznutzengesetzes, demzufolge auch die ersten Ableitungen der φ_a, φ_c, φ_d, ... nicht positiv sein können, jede Grenznutzenkurve die Koordinatenachsen je in höchstens einem Punkte treffen kann.

Unterstellen wir dann wieder, daß die zu einem bestimmten Preise begonnenen Tauschtransformationen auch zu diesem unveränderten Preise bis zum Abschluß des Tauschvorganges durchgeführt werden, so wird die Gleichung (20):

$$r_a + p_b r_b + p_c r_c + \ldots = 0$$

zu Recht bestehen, die wir auch in der Form

$$p_b r_b + h_0 + h_1 \varphi_a + h_2 \varphi_a^2 + \ldots = 0 \qquad (22)$$

schreiben können, wenn

$$\begin{aligned} h_0 &= a_0 + c_0 p_c + d_0 p_d + \ldots \\ h_1 &= a_1 + c_1 p_c^2 + d_1 p_d^2 + \ldots \\ h_2 &= a_2 + c_2 p_c^3 + d_2 p_d^3 + \ldots \end{aligned}$$

gesetzt wird. Soll nun die Angebotskurve dem Walrasschen Typus entsprechend ein Maximum von $(-r_b)$ aufweisen, so muß auf Grund der Beziehung

$$\frac{\delta r_b}{\delta p_b} = - \frac{- r_b p_b + \frac{\varphi_b}{p_b}\left(T - \frac{p_b^2}{\varphi_b'}\right)}{T \varphi_b'} \qquad (23)$$

die sich der Gleichung (16) entsprechend im Hinblick auf (14 a) ohne weiteres ergibt, — wir sehen dabei von dem Fall ab, in dem φ_b' unendlich wird —

$$- r_b p_b + \varphi_a \left(T - \frac{p_b^2}{\varphi_b'}\right) = 0$$

sein. Nun erhalten wir aber durch Differentiation der Gleichung (21) nach ihrer linken Seite

$$T - \frac{p_b^2}{\varphi_b'} = h_1 + 2 h_2 \varphi_a + 3 h_3 \varphi_a^2 + \ldots \quad ,$$

so daß

$$-r_b\, p_b + h_1\, \varphi_a + 2\, h_2\, \varphi_a^2 + 3\, h_3\, \varphi_a^3 + \ldots = O$$

kommt. Addieren wir diese Gleichung zu Gleichung (22), so folgt

$$h_0 + 2\, h_1\, \varphi_a + 3\, h_2\, \varphi_a^2 + \ldots = O \qquad (24)$$

als Bestimmungsgleichung für diejenigen Werte φ_a, für die $(-r_b)$ ein Maximum (oder Minimum) wird; ihre linke Seite ist jedoch nichts weiter als die erste Ableitung von

$$-r_b\, p_b\, \varphi_a = \varphi_a\, X = (r_a + p_c\, r_c + p_d\, r_d + \ldots)\, \varphi_a$$
$$= h_0\, \varphi_a + h_1\, \varphi_a^2 + h_2\, \varphi_a^3 + \ldots \qquad (25)$$

$(-r_b)$ erreicht somit ein Maximum (oder Minimum), wenn die Funktion $\varphi_a X$ zu einem solchen wird.

Berücksichtigen wir dann mit Pareto in den Gleichungen (21) und (25) nur die Glieder bis zur zweiten Potenz von φ_a, so wird, wenn wir beachten, daß diese beiden Gleichungen für φ_a gleichzeitig erfüllt sein sollen, die Funktion $\varphi_a X$ von φ_a offenbar nur zwei Nullstellen oder, anders ausgedrückt, die Gleichung $\varphi_a X = O$ nur zwei Wurzeln aufweisen können. Die eine wird gebildet für den Wert $\varphi_a = O$, der je $r_a, r_c, r_d, \ldots$, somit auch X, zu einem Maximum macht, während die andere dem Werte (Maximum) von φ_a entspricht, der die linken Seiten der Gleichung (21) und damit X zu Null werden läßt. Infolgedessen muß es zwischen diesen beiden Nullstellen mindestens eine Stelle geben, an der die Funktion $\varphi_a X$, also auch $(-r_b)$ ein Maximum besitzt.

An diesen Nullstellen erhalten wir auf Grund der Beziehung (cf. Gleichung 20)

$$\varphi_b = r_b = \frac{-X\, \varphi_a}{\varphi_b}$$

zwei Nullwerte für r_b. Der eine, der der Bedingung $\varphi_a' \neq O$ (Maximum) genügt, bringt mit Rücksicht auf

$$p_b = \frac{\varphi_b}{\varphi_a}$$

offenbar zum Ausdruck, daß der Verkäufer seine Waren nicht unter einem gewissen Preise loszuschlagen gewillt ist, während der andere, der mit $\varphi_a = O$ zusammenfällt, dem Zeitpunkt entspricht, in dem die geforderten Preise derart ins Ungemessene zu steigen beginnen, daß der Absatz der Waren auf ein Minimum zurückgeht. Der obige Walrassche Verlauf der Angebotskurve kann somit als durchaus im Bereiche der Möglichkeit liegend betrachtet werden.

In beiden Fällen $r_b = O$ wird jedoch ausdrücklich vorausgesetzt, daß nicht auch gleichzeitig $\varphi_b = O$ ist. Dies würde für φ_a = Maximum zu bedeuten haben, daß der Verkäufer seine Waren in beliebiger Menge zum Preise $p_b = O$, also unentgeltlich, dem größten Bedürfnis seiner Abnehmer entsprechend, fortgibt, was jedoch vom ökonomischen Standpunkte aus nur Sinn haben kann, wenn er dies zur Speisung seines eigenen Wirtschaftsbetriebes tut. Wir würden es hier also gar nicht mit eigentlichen Tauschvorgängen zu tun haben.

Das Zusammentreffen der Werte $\varphi_a = \varphi_b = O$ hingegen wäre so auszulegen, daß in diesem Falle jede beliebigeMenge, die der Verkäufer zu einem willkürlichen Preise absetzt, sowohl ihm wie seinen Kunden zum denkbar höchsten Nutzen gereicht.

Keine von diesen beiden Eventualitäten — die zuletzt gekennzeichnete dürfte der Wirklichkeit am wenigsten nahe kommen — vermag uns jedoch irgendwelche Anhaltspunkte für charakteristische Merkmale des Verlaufes einer allgemeinen Angebotskurve zu geben.

Im übrigen ist das von uns eingeschlagene Verfahren natürlich nur als eine spezifische Näherungslösung des umfassenderen Problems zu bewerten, zumal es die Glieder der Gleichung (25) von höherer als der zweiten Potenz gänzlich vernachlässigt hat. Seine Brauchbarkeit ist an die Unterstellung ganz bestimmter Voraussetzungen gebunden, die zum Teil eine wesentliche Beeinträchtigung der wirklichen Verhältnisse bedeuten. So haben wir u. a. etwaige, bezüglich Umfang und Art der Bedürfnisse eintretende Schwankungen bisher unberücksichtigt gelassen, was auch Pareto erkennt, indem er sagt: „Non è lecito, mentre muntano i prezzi, supporre, che il numero delle merci comprate rimange costante [111]).“

Auf der anderen Seite ist es gar nicht möglich, auf dem geschilderten Wege überhaupt eine bestimmte Vorstellung von dem typischen Verlaufe der Angebotskurven zu gewinnen, o h n e dabei von konkreten, ihrer Zweckmäßigkeit nach jeweilig näher zu b e g r ü n d e n d e n (!) Annahmen über den Charakter der Funktionen φ in Gleichung (21) und über die Ordnungen der Größen X, φ_a und φ_b in Gleichung (26) auszugehen, in denen dieselben Null bzw. unendlich werden. Soviel solcher Annahmen vertretbar sind, so vielerlei Lösungen des Problems gibt es auch. Legen wir nur wieder die vorhin betrachteten beiden Nullstellen der Funktion φ_a X zugrunde, so werden wir, auch ohne daß wir in den Gleichungen (21) und (25) mehr als bloß die bis zur zweiten Potenz von φ_a fortschreitenden Glieder in Rücksicht zu ziehen

[111]) G. d. E. 1893, Serie II, 7, S. 320.

brauchen, bereits zu dem Schlusse kommen müssen, daß es zwischen diesen Nullstellen noch unzählig viele andere Stellen geben kann, an denen die genannte Funktion, somit auch $(-r_b)$ ein Maximum (oder Minimum) besitzt. Die Walrassche Kurvenform ist somit keineswegs die einzig mögliche.

Diese letztere Tatsache entgeht zwar auch Pareto nicht, doch sind seine weiteren über die Gestalt der Funktionen φ gemachten Annahmen ohne jede Fühlung, geschweige denn Begründung mit der Wirklichkeit erfolgt. Pareto deutet überhaupt nur den einen Fall, in dem ein Arbeiter „nicht unter einem gewissen Preise (nämlich demjenigen, der in Fig. 8 dem Punkte B der Parabel entspricht) weder einen Tag noch eine Minute seiner Arbeit verkauft [112])". Er fragt aber erst gar nicht, ob die von ihm der Angebotskurve zugrunde gelegte Form einer Parabel überhaupt eine Bestätigung in der Wirklichkeit, sei es auch nur in gewissen Abschnitten ihres Verlaufes, zu gewärtigen hat.

Ferner unterstellt Pareto ohne weiteres, daß unter Potenzen von φ_a der Gleichung (21) auch negative vorhanden seien, derart, daß den rechten Seiten dieser Gleichungen Ausdrücke der Form

$$\frac{\alpha_1}{\varphi_a} + \frac{\alpha_2}{\varphi^{a2}} + \ldots, \quad \frac{\gamma_1}{p_c \varphi_a} + \frac{\gamma_2}{p_c^2 \varphi_a^2} + \ldots, \quad \frac{\delta_1}{p_d \varphi_a} + \frac{\delta_2}{p_d^2 \varphi_a^2} + \ldots$$

und demgemäß der linken Seite der Gleichung (22) solche der Form

$$\frac{K_1}{\varphi_a} + \frac{K_2}{\varphi_a^2} + \ldots$$

hinzuzufügen seien, wo

$$K_1 = \alpha_1 + \gamma_1 + \delta_1 + \ldots, \quad K_2 = \alpha_2 + \frac{\gamma_2}{p_c} + \frac{\delta_2}{p_d} + \ldots,$$

$$K_3 = \alpha_3 + \frac{\gamma_3}{p_c} + \frac{\delta_3}{p_d^2} + \ldots$$

gesetzt ist, so daß die linke Seite der Gleichung (24) um die algebraische Summe:

$$-\frac{K_2}{\varphi_a^2} - 2\frac{K_3}{\varphi^{a3}} - 3\frac{K_4}{\varphi_a^4} - \ldots$$

zu erweitern sei.

---

112) ibidem S. 319.

Indem er dann weiter ohne nähere Motivierung gewisse Eventualitäten von Größenbeziehungen von vornherein ausschließt, gelangt er zu dem summarischen Ergebnis: „la curva dell' offerta è sempre crescente[113]" und gibt dazu etwa nebenstehende Kurvenformen an.

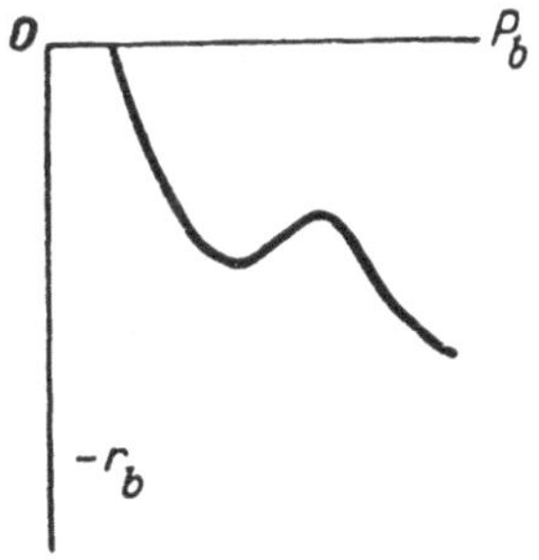

Fig. 7

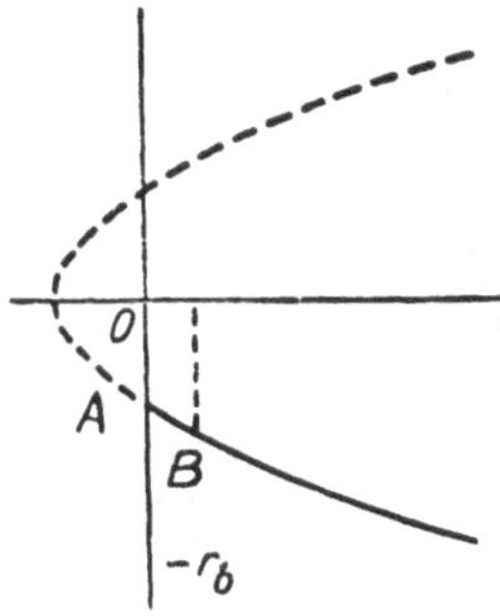

Fig. 8

Ein derartiges mehr oder weniger willkürliches Untersuchungsverfahren dürfte jedoch kaum Anspruch auf wissenschaftliche Gediegenheit erheben können.

Wenn ihre wachsende Tendenz in der Mehrzahl der vorkommenden Fälle wohl auch als typisch für das Verhalten der Angebotskurven angesprochen werden kann[114]), so wird doch daran, daß es Angebotskurven mit der Tendenz nach abnehmenden Mengen bei steigenden Preisen gibt, ebensowenig zu zweifeln sein, wie — worauf U. Ricci[115]) besonders aufmerksam gemacht hat — auf Nachfragekurven anzutreffen sein werden, deren Nachfrage mit wachsenden Preisen von vornherein ebenfalls zunimmt.

Die Existenz solcher Kurven wird jedoch in jedem Falle nur solange zu rechtfertigen sein, als die bisherige grundsätzliche Annahme empirisch hinreichend begründet erscheint, daß der Grenznutzen eines (unmittelbaren) Gutes, sei es auch nur annäherungsweise, lediglich

[113]) ibidem S. 316.

[114]) Boninsegni sucht ihren Verlauf in seinen „Tentativi di ricerca sulle funzioni di domanda e di offerta . . ." (G. d. E. 1904, Serie II, 29, S. 210 ff.) unter bestimmten Voraussetzungen des allgemeinen Nachfrage- und Angebotsgesetzes (ab- bzw. zunehmende Mengen bei wachsenden Preisen) auf Grund Paretoscher, Walrasscher und Marshalscher Überlegungen zu erweisen für den besonderen Fall, daß die Grenznutzenfunktionen linear sind und die Preise während sämtlicher sukzessiver Einzeltransformationen konstant bleiben.

[115]) cf. Anmerk. 91.

von den Mengen dieses Gutes abhängig gedacht werden kann[115a]).

In summa kommen wir auch hier wieder zu demselben Ergebnis wie gelegentlich der Behandlung der Grenznutzenkurven: Was nützen alle bisherigen Hypothesen und Kombinationen über mögliche Kurvenformen dem Fortschritt der Wissenschaft, wenn man sich nicht tatsächlich davon überzeugt, ob sie überhaupt mit der Wirklichkeit verträglich sind! Alle in Beantwortung dieser Frage vorgefaßten Meinungen, sowohl diejenigen, die sie ohne weiteres bejahen zu müssen glauben, wie diejenigen, die mit Pareto den entgegengesetzten Standpunkt einnehmen: „Die wirklichen Angebotskurven dürfen (!) nicht eine einzige unter den Kurvenformen annehmen, die wir bisher behandelt haben, sondern sie müssen aus verschiedenen Teilen solcher Kurven zusammengesetzt sein[116])" — eine offenbar nichtssagende Vermutung, die das Problem vorsichtig zu umgehen, nicht zu lösen versucht — sind in gleicher Weise zu verwerfen. Vielmehr erfordert auch hier eine korrekte, wahrhaft wissenschaftliche Behandlung der Frage, alle vorläufig angestellten Kombinationen über den Verlauf der Kurven auf ihre Realisierungsmöglichkeit hin empirisch zu überprüfen[117]), ehe auf sie bestimmte Urteile über das tatsächliche Verhalten dieser Kurven gegründet werden können. Dies wird aber nur an Hand statistischen Beobachtungsmaterials in einwandfreier Weise möglich sein.

§ 4.

Die Bestimmung des Grenznutzens, wenn das Gesetz der Variation von Angebot bzw. Nachfrage bekannt ist.

Wir haben in unseren bisherigen Untersuchungen die Grenznutzenfunktionen (Elementarophelimitäten) φ stets als gegeben vorausgesetzt; doch wie wir bereits andeuteten, werden sie in Wirklichkeit meist unbekannt sein. Pareto weiß selbst offenbar keinen Maßstab anzugeben, auf Grund dessen sich der Grenznutzen oder sogar der Nutzen (Ophelimität) U eines Gutes unmittelbar messen und zahlen-

---

115a) cf. Barones Untersuchungen S. 139 ff.

116) G. d. E. 1893, Serie II, 7, S. 320.

117) Pareto sagt selbst wohl gelegentlich richtig: „Es würde ein Irrtum und zwar ein sehr schwerer sein zu glauben, daß die Theorien der ‚economia pura', ohne weiteres auf die Wirklichkeit zu übertragen sind" (ibid. S. 302), doch hält er es meist, wie hier, gar nicht für nötig, ihre Theorien mit der Wirklichkeit überhaupt in Einklang zu bringen, was sich aber offenbar aus jener Erkenntnis heraus durchaus nicht rechtfertigen läßt.

mäßig darstellen ließe; trotzdem hält er nur „in dem einen oder anderen Falle eine unmittelabre Messung für unmöglich“ und sieht dann in „jener mittelbaren“ (sc. Berechnung) die gegebene „Hilfe“ [118]).

Pareto hat dieses fundamentale Problem der u n mittelbaren Messung des Nutzens niemals zu lösen vermocht, sondern es erst spät durch eine noch zu besprechende wichtige Entdeckung gegenstandslos gemacht.

Wir werden jedenfalls in der überwiegenden Mehrzahl der Fälle auf den mittelbaren Weg der Berechnung von φ bzw. U angewiesen sein.

Um nun zunächst nur die Elementarophelimitäten φ bestimmen zu können [119]) — auf die Berechnung von U wird in einem anderen Zusammenhange (cf. S. 73 ff.) einzugehen sein —, lassen wir außer den r und p die Variationsgesetzmäßigkeiten des Angebots bzw. der Nachfrage (d. h. die Schwankungen der r und p) bekannt sein. Wir haben dann somit das zu dem im § 2 (S. 52 ff.) vorhin behandelten inverse Problem zu lösen.

Fassen wir auf Grund von Gleichung (11) die Menge r_a des im folgenden wieder stets als allgemeinen und u n - mittelbaren Wertmesser dienenden Gutes A als abhängige und $r_b, r_c, \ldots$ als unabhängige Variable auf und machen wieder zur Bedingung, daß der Grenznutzen eines (u n - mittelbaren) Gutes nur von d e s s e n Gebrauchsmengen abhängen soll, so wird sich diese Bedingung für φ_b im Hinblick auf die Gleichung (4) durch die n—2 Gleichungen

$$\frac{\delta p_b \varphi_a}{\delta r_c} = 0, \ \frac{\delta p_b \varphi_a}{\delta r_d} = 0, \ldots$$

ausdrücken. Ebenso ergeben sich für $\varphi_c, \varphi_d \ldots$ entsprechende Gleichungen, so daß wir mit diesen zusammen über (n—1) (n—2) Gleichungen verfügen. Der Beobachtung entnehmen wir voraussetzungsgemäß die Ausdrücke

$$\frac{\delta p_b}{\delta r_b}, \ \frac{\delta p_c}{\delta r_c}, \ldots \tag{27}$$

und erhalten so n—1 weitere Gleichungen, die mit den vorigen zusammen $(n-1)^2$ Gleichungen ausmachen. Die Zahl der

---

[118]) G. d. E. 1892, Serie II, 5, S. 136. Der Einwand der Schwierigkeit des Messens des Grenznutzens ist u. a. besonders von Painlaivé in seinem Vorwort, das er zu der „Theorie de l'économie politique“ von W. Stanley Jevons (übersetzt ins Französische durch H. E. Barrault und Maurice Alfassa, Paris 1909) geschrieben hat, erhoben worden. Über einen neueren Versuch zur exakten Messung des Grenznutzens cf. Herzfelders Wertänderungslehre, Berlin 1926.

[119]) cf. für das folgende, ibidem S. 126 ff.

Unbekannten φ_a, φ_b, ... beträgt aber n, so daß wir diesen gegenüber

$$N = n^2 - 3n + 1 \tag{28}$$

Gleichungen als Rest behalten.

Handelt es sich nun bloß um den Austausch zweier Waren (n=2), so fehlt uns eine Gleichung zur (bis auf willkürliche Konstante) eindeutigen Bestimmung der φ. Da diese sich hier nur auf das Verhalten des als bekannt vorausgesetzten Variationsgesetzes (27) von Angebot bzw. Nachfrage beziehen kann, so wird das letztere ohne ihre Berücksichtigung mehr oder weniger willkürlich, bleiben müssen.

In den Fällen n = 3, 4, ... sind dagegen eine, fünf, ... Gleichungen, wie (28) zeigt, überzählig d. h. zur eindeutigen Festlegung der Unbekannten sind nicht alle Variationen (27) mit der gestellten Bedingung der einseitigen Abhängigkeit der Funktionen φ_s (s = b, c, ...) ohne weiteres verträglich, sondern sie unterliegen noch gewissen von uns zu ermittelnden Beschränkungen.

Nun dürfen wir nicht vergessen, daß wir bisher nur „fenomeni staccati" betrachtet haben, indem wir, was offenbar — auch im Rahmen der Voraussetzung 1 auf S. 35 — zulässig ist, stillschweigend unterstellt haben, daß Angebot wie Nachfrage in dem gegebenen Augenblicke ihres Erscheinens auf dem Markte lediglich durch das in diesem Augenblick erst unmittelbar empfundene Bedürfnis hervorgerufen und durch dessen Befriedigung allein verschwunden sind m. a. W., wir haben bisher immer nur die Transformationswerte selbst einander gegenübergestellt und von dem Vorrat abstrahiert, über den das betreffende Individuum in jenem isolierten Zeitpunkte verfügt hat. Unabhängig von einem solchen Termin verlangt jedoch die genannte Voraussetzung 1 eine gebührende Berücksichtigung dieses Faktors, den wir bereits als Vermögen bei Daniel Bernoulli (cf. S. 42 ff.) feststellen konnten. Derselbe wird sich stets in den n Gütern A, B, ... ausdrücken lassen und ist positiv zu nehmen, wenn es sich, wie im allgemeinen, um einen wirklichen Überschuß (Ersparnis) handelt, dagegen negativ, wenn er einen Verlust vorstellt.

Dann ist also die Gleichung (11) durch

$$r_a + p_b r_b + p_c r_c + \ldots = s \tag{29}$$

zu ersetzen, wo s die Differenz der vor und nach dem Tausche vorhandenen Vorratsmengen angibt, und die Zahl der unabhängigen Veränderlichen nimmt so um eine zu. Als solche können wir jetzt demnach sämtliche n Größen r_a,

r_b, ... betrachten, so daß nun auch φ_a bloß von r_a abhängig zu denken ist. Gleichzeitig wächst damit die Zahl der durch die partiellen Ableitungen gegebenen Gleichungen von $(n-1)^2$ auf $(n-1)n$ und die Gleichung (28) geht über in:

$$N = n^2 - 2n \tag{30}$$

Für $n = 2$ lassen sich somit jetzt die Unbekannten (immer bis auf willkürliche Konstante) eindeutig bestimmen: durch Differentiation der ersten Gleichung (4) nach r_a bzw. r_b ergibt sich

$$\left.\begin{aligned} \varphi_a' &= -\frac{1}{p_b^2}\frac{\delta p_c}{\delta r_a}\varphi_b \\ \text{bzw. } \frac{1}{p_b}\varphi_b' - \frac{1}{p_b^2}\frac{\delta p_b}{\delta r_b}\varphi_b &= 0 \end{aligned}\right\} \tag{31}$$

Nach Substitution der aus der Beobachtung gewonnenen Werte $\frac{\delta p_b}{\delta r_a}$ und $\frac{\delta p_b}{\delta r_b}$ in vorstehende Gleichungen liefert deren Integration sofort die Werte der Unbekannten φ_a und φ_b. Die dabei auftretenden zwei willkürlichen Konstanten lassen sich vermöge der Beziehung $\varphi_a = \frac{1}{p_b}\varphi_b$ auf eine zurückführen.

Im Falle $n = 3$ beträgt Gleichung (30) zufolge die Zahl der fehlenden Bedingungsgleichungen drei; für $n = 4$ machen diese schon 4 aus u. s. f. Um sie im folgenden allgemein für jedes n zu ermitteln, gehen wir mit Pareto zunächst wieder von dem zuerst behandelten einfacherern Fall aus, in dem eine Vorratshaltung noch unberücksichtigt geblieben ist und r_a die Rolle einer abhängigen Variabeln der unabhängigen Variabeln r_b, r_c, ... gespielt hat.

Bezeichnen wir dann mit log den Neperschen Logarithmus, so erfolgt aus (4):

$$\frac{\delta \log p_h}{\delta r_k} = \frac{\delta \log p_{h'}}{\delta r_k} \tag{32}$$

wo h, h', k drei untereinander verschiedene Indizes b, c, ... sind.

Außerdem hat man:

$$\frac{\dfrac{\delta \log p_h}{\delta r_k}}{\dfrac{\delta \log p_{h'}}{\delta r_{k'}}} = \frac{\dfrac{\delta \log \varphi_a}{\delta r_k}}{\dfrac{\delta \log \varphi_a}{\delta r_{k'}}} = \frac{\dfrac{\delta r_a}{\delta r_k}}{\dfrac{\delta r_a}{\delta r_{k'}}} \tag{33}$$

wo k′ einen der Indizes b, c, ... bedeutet, der auch gleich dem Index k sein kann. Die Gleichungen (32) sind dann offenbar in den Gleichungen (33) einbegriffen. Die Gesamtzahl der letzteren beträgt $(n-1)(n-2)-1=n^2-3n+1$, d. h. sie stimmt mit der Zahl (28) der vorhin vermißten Bedingungsgleichungen überein, die damit gefunden sind. Das gestellte Problem der Bestimmung der Elementarophelimitäten φ läßt somit auch ohne Berücksichtigung einer Vorratshäufung (s) eine eindeutige Lösung zu.

Die Modalität einer Vorratswirtschaft im engeren Sinne bedingt dagegen, wie wir sahen, die Auffassung sämtlicher $r_a, r_b, \ldots$ als unabhängige Variable, so daß an Stelle der Gleichungen (32) und (33) die n—2 Gleichungen

$$\frac{\delta \log p_b}{\delta} = \frac{\delta \log p_c}{\delta r_a} = \ldots \text{ und die}$$

(n—1) (n—2) Gleichungen

$$\frac{\delta \log p_b}{\delta r_c} = 0, \quad \frac{\delta \log p_b}{\delta r_d} = 0, \ldots$$

$$\frac{\delta \log p_c}{\delta r_b} = 0, \quad \frac{\delta \log p_c}{\delta r_d} = 0, \ldots$$

zusammen also n^2-2n Bedingungsgleichungen hervorgehen, deren Berücksichtigung auf Grund von (30) für die eindeutige Bestimmung der φ ausreicht.

Eine gewisse, auch von Pareto keineswegs verkannte Schwierigkeit wird die zahlenmäßige Feststellung der der Beobachtung entnommenen Variationen von Angebot bzw. Nachfrage verursachen, besonders im Hinblick auf die Unvollkommenheit und Unzuverlässigkeit der zur Zeit noch in den ersten Anfängen steckenden Konsumtionsstatistiken. Man wird in den meisten Fällen wohl kaum ohne das Hilfsmittel der mechanischen Interpolation auskommen. Hier eröffnet sich jedenfalls dem Statistiker sowohl wie dem mathematischen Volkswirt noch ein reiches, bis jetzt überhaupt noch nicht in Bearbeitung genommenes Betätigungsfeld. Der didaktische und heuristische Wert solcher auf die jeweilige Verschiebung des Angebots und der Nachfrage gegründeter konkreter dynamischer Untersuchungen für die kasuelle wie prinzipielle Erkenntnis gewisser Preis-, Lohn- und Verbrauchsentwicklungen und damit der Produktions- und Distributionsgestaltung im Interesse von Privat- und Volkswirtschaft braucht wohl nicht noch besonders hervorgehoben zu werden.

Im übrigen fragt Pareto hier richtig: „Wie würden diejenigen diese Probleme behandeln wollen, die, obwohl sie der Zweckmäßigkeit der Betrachtung des Grenznutzens zustimmen, nicht nur die Verwendung von (mathematischen) Formeln, sondern überhaupt jede mathematische Beweisführung verwerfen?“[120]), die dagegen, die keine Anhänger der Grenznutzentheorie sind, „scheuen, um die Wahrheit zu sagen, überhaupt die Mühe, diese Probleme, sei es mit oder ohne Mathematik, zu behandeln[121]).“

§ 5.

Der „mittlere“ Grenznutzen mehrerer Individuen.

Wir haben bisher immer nur ein einziges Individuum zum Träger der fraglichen Tauschhandlungen gemacht. Nun gehört aber jedes Wirtschaftssubjekt einer Gesellschaft und in dieser wiederum einer bestimmten sozialen Klasse oder Berufsschicht an, dessen Gewohnheiten und Sitten sich auch seine Bedürfnisäußerungen mehr oder weniger anpassen werden. Wie ein Individuum somit meist nicht isoliert, sondern in Verbindung mit anderen Individuen auf dem Markt als Käufer auftritt, so steht es dort auch einer Mehrzahl von Käufern gegenüber und umgekehrt. Trotzdem wird es natürlich im Rahmen der ihm nahestehenden Interessengruppen und diese wieder im Rahmen des gesellschaftlichen Ganzen in erster Linie auf die eigenen Vorteile bedacht sein. Zwecks Zustandekommens eines Warenumsatzes ist daher ein Ausgleich dieser verschiedenen Interessenrichtungen der einzelnen und der Gesamtheit unvermeidlich.

Um die Entstehung und Äußerung eines solchen Ausgleichs verfolgen zu können, wird es daher, zumal im heutigen Zeitalter der Koalitions- und Tarifpolitik nur zweckmäßig sein, wenn wir nunmehr mit Pareto eine Personengemeinschaft (Gesellschaft, Interessenverband oder dgl.) zum Ausgangspunkt unserer weiteren Betrachtung machen. „L'Economia politica non può essere che una scienza di medie, nè può avere di mira il prevedere e lo spiegare semplici atti di singoli individui[122]).“ Damit brechen wir mit der üblichen Behandlung[123]) des Tauschproblems, die sich

[120]) ibidem S. 133. [121]) ibidem. [122]) ibidem S. 145.

[123]) Diese wird natürlich nicht unbedingt zu verwerfen sein, da die Einstellung der Individuen zu den betreffenden Tauschvorgängen jederzeit so aufgefaßt werden kann, als ob sie unter dem Zeichen ihrer Zugehörigkeit zu einem Interessenverbande erfolgt wäre. Nur bleibt dabei die wichtige Frage nach der Art des Einflusses der Gemeinschaft auf eine bestimmte Einstellung der Individuen et vice versa ungelöst.

auf die Gegenüberstellung z w e i e r Individuen beschränkt. Doch wollen wir im folgenden zunächst von den Tauschvorgängen absehen, die sich lediglich im Inneren dieser Gemeinschaft (also unter deren Mitgliedern selbst) abspielen und uns nur denjenigen Transaktionen zuwenden, die zwischen dieser Gemeinschaft als solcher und den übrigen Außenstehenden vor sich gehen. Die Nachfrage bzw. das Angebot der Gesellschaft wird dann offenbar durch die Summe der Einzelnachfragen (bzw. -angebote) ihrer Mitglieder bestimmt.

Als „mittleren" Grenznutzen (Elementarophelimität) einer Ware für die Gesellschaft bzw. für ein Individuum definiert Pareto „denjenigen Grenznutzen, der für ein (sc. der betreffenden Gesellschaft angehöriges) Individuum d i e Nachfrage oder d a s Angebot zur Folge haben würde, welches man für die Gesellschaft beobachtet"[124]. Dieser mittlere Grenznutzen eines Gutes soll, so machen wir fürs folgende zur Bedingung, wie jeder Grenznutzen nur von den Bedarfsmengen d i e s e s Gutes abhängen. Ferner lassen wir vorläufig jede Vorratsbildung außer Betracht und kennzeichnen die sich auf die einzelnen Mitglieder der Gesellschaft — ihre Gesamtzahl betrage ϑ — beziehenden Größen r, p und φ durch diesen angehängte Indizes 1, 2, 3..., derart, daß die von den betreffenden Individuen nachgefragten bzw. angebotenen Mengen der

Waren	A, B, C, ...
deren Preise wieder	1, p_b, p_c, ...
betragen, durch	r_{1a}, r_{1b}, r_{1c}, ...
	r_{2a}, r_{2b}, r_{2c}, ...
Die zugehörigen Elementar-	....
ophelimitäten dieser Mengen	....
durch	φ_{1a}, φ_{1b}, φ_{1c}, ...
	φ_{2a}, φ_{2b}, φ_{2c}, ...
die von dem Gesamtverbande	....
dagegen als solchem nach-	....
gefragten bzw. angebotenen Mengen durch..	r_a, r_b, r_c, ...
und die auf deren Gebrauch bezügl.	
m i t t l e r e n Elementarophelimitäten durch..	φ_a, φ_b, φ_c, ...

ausgedrückt werden.

Sind dann sämtliche Grentznutzenfunktionen φ einschl. der mittleren (φ_a, φ_b, ...) und die Preise p gegeben, so gilt es, die Austauschmengen r zu bestimmen.

---

[124]) ibidem S. 144.

Wir haben dann zunächst die n Gleichungen:

$$\left.\begin{array}{l} r_a = r_{1a} + r_{2a} + \dots \\ r_b = r_{1b} + r_{2b} + \dots \\ \dots\dots\dots\dots \\ \dots\dots\dots\dots \end{array}\right\} \quad (34)$$

Auf Grund von (4) ergeben sich weitere (n—1) (ϑ—1) Gleichungen, die besagen, daß die Warenpreise für alle Individuen dieselben sind:

$$\left.\begin{array}{l} \frac{\varphi_{1b}(r_{1b})}{\varphi_{1a}(r_{1a})} = \frac{\varphi_{2b}(r_{2b})}{\varphi_{2a}(r_{2a})} = \frac{\varphi_{3b}(r_{3b})}{\varphi_{3a}(r_{3a})} = \dots \\ \frac{\varphi_{1c}(r_{1c})}{\varphi_{1a}(r_{1a})} = \frac{\varphi_{2c}(r_{2c})}{\varphi_{2a}(r_{2a})} = \frac{\varphi_{3c}(r_{3c})}{\varphi_{3a}(r_{3a})} = \dots \\ \dots\dots\dots\dots\dots\dots \\ \dots\dots\dots\dots\dots\dots \end{array}\right\} \quad (35)$$

Entsprechend der Gleichung (11) lassen sich die ϑ Gleichungen aufstellen:

$$\left.\begin{array}{l} r_{1a} + p_b r_{1b} + p_c r_{1c} + \dots = 0 \\ r_{2a} + p_b r_{2b} + p_c r_{2c} + \dots = 0 \\ \dots\dots\dots\dots\dots \\ \dots\dots\dots\dots\dots \end{array}\right\} \quad (36)$$

so daß wir insgesamt über n+(n—1) (ϑ—1) + ϑ Gleichungen verfügen, diese können wir, wenn wir eine davon auslassen, zur eindeutigen Bestimmung der Unbekannten r_{1a}, $r_{2a}, \dots$ r_{1b}, $r_{2b}, \dots$, r_a, $r_b, \dots$ verwenden. Setzen wir ihre so gefundenen Werte dann in die Gleichungen

$$p_b = \frac{\varphi_{1b}(r_{1b})}{\varphi_{1a}(r_{1a})}, \quad p_c = \frac{\varphi_{1c}(r_{1c})}{\varphi_{1a}(r_{1a})}, \dots \quad \text{ein,} \qquad (37)$$

so erscheinen zwar die p_b, $p_c, \dots$ als Funktionen von r_a, $r_b, \dots$, doch haben sie nicht notwendig die ausbedungene Form:

$$p_b = \frac{\varphi_b(r_b)}{\varphi_a(r_a)}, \quad p_c = \frac{\varphi_c(r_c)}{\varphi_a(r_a)}, \dots \qquad (38)$$

Außerdem wird eine Gleichung (die von uns ausgelassene) nicht immer zu befriedigen sein.

Um diesen Übelständen abzuhelfen, unterstellen wir nunmehr eine (im e n g e r e n Sinne) auf Vorratshaltung eingestellte Wirtschaft. Dann werden die Gleichung (24) überzuleiten sein in

$$\left.\begin{array}{l} r_{1a} + p_b r_{1b} + p_c r_{1c} + \ldots = s_1 \\ r_{2a} + p_b r_{2b} + p_c r_{2c} + \ldots = s_2 \\ \ldots\ldots\ldots\ldots\ldots\ldots\ldots\ldots \\ \ldots\ldots\ldots\ldots\ldots\ldots\ldots\ldots \end{array}\right\} \quad (39)$$

, wobei

$$s_1 + s_2 + \ldots. + s_\vartheta = s \quad (40)$$

(cf. Gl. 29) ist, und die s als bekannt vorausgesetzt werden, so daß $r_{1a}, r_{1b}, \ldots$ als unabhängige Veränderliche gelten können. Nehmen wir ferner $r_{2a}, r_{3a}, r_{4a}, \ldots$ je als Funktionen von r_{1a}, und $r_{2b}, r_{3b}, r_{4b}, \ldots$ je als Funktionen von r_{1b} u. s. f. an, so geht aus (34) hervor, daß r_{1a} eine Funktion von r_a, r_{1b} eine solche von r_b, u. s. f. wird. Die Substitution dieser Werte $r_{1a}, r_{1b}, \ldots$ in die Gleichung (37) wird jetzt also dieser die gewünschte Gestalt (38) verleihen.

Die unterstellte Abhängigkeit der Größen $r_{2a}, r_{3a}, \ldots$ von r_{1a}, die der $r_{2b}, r_{3b}, \ldots$ von r_{1b} u. s. f. bringen wir dadurch zum Ausdruck, daß wir an Stelle der Gleichung (35) die n (ϑ—1) Gleichungen:

$$\left.\begin{array}{l} \varphi_{2a}(r_{2a}) = H_2\,\varphi_{1a}(r_{1a}),\ \varphi_{3a}(r_{3a}) = H_3\,\varphi_{1a}(r_{1a}), \ldots \\ \varphi_{2b}(r_{2b}) = H_2\,\varphi_{1b}(r_{1b}),\ \varphi_{3b}(r_{3b}) = H_3\,\varphi_{1b}(r_{1b}), \ldots \\ \varphi_{2c}(r_{2c}) = H_2\,\varphi_{1c}(r_{1c}),\ \varphi_{3c}(r_{3c}) = H_3\,\varphi_{1c}(r_{1c}), \ldots \\ \ldots\ldots\ldots\ldots\ldots\ldots\ldots\ldots\ldots\ldots \\ \ldots\ldots\ldots\ldots\ldots\ldots\ldots\ldots\ldots\ldots \end{array}\right\} \quad (41)$$

setzen, wo $H_2, H_3, \ldots$ ϑ—1 noch zu bestimmende Konstante bedeuten.

Wir haben somit in (34), (38), (39) und (41) zusammen $n + (n-1) + \vartheta + n(\vartheta - 1) = n(\vartheta + 1) + \vartheta - 1$ voneinander unabhängige Gleichungen [125]) mit ebensoviel Unbekannten, die sich damit eindeutig bestimmen lassen.

Die Entwicklung unserer analytischen Ansätze hat uns also zu der wichtigen Feststellung [126]) geführt, daß die von uns oben (cf. S. 68 Mitte) bezüglich der beschränkten Abhängigkeit des „mittleren" Grenznutzens der Gesellschaft aufgestellte Bedingung nur erfüllt werden kann, wenn sie in bezug auf die Einzelgrenznutzfunktionen der dieser Gesellschaft angehörigen Individuen unerfüllt bleibt, d. h. wenn der bei dem Verbrauche eines Gutes von jedem Individuum empfundene Grenznutzen zu dem der übrigen Individuen der Gesellschaft in einem ganz bestimmten (!) Verhältnis steht. Es darf dann also nicht jedes Individuum bei der Ausübung

[125]) Die Gleichung (29) kann nicht als solche gerechnet werden, da sie aus (34) und (39) unter Berücksichtigung von (40) hervorgeht.

[126]) Der geübtere Mathematiker wird dieselbe prima facie bei Gegenüberstellung der Gl. (34), (37) und (38) gemacht haben.

seiner Nachfrage (bzw. seines Angebots) lediglich auf seine eigenen Vorteile bedacht sein, sondern muß dabei auf die Wahrung der Interessen jedes Verbandsgenossen und damit überhaupt auf das Wohl der Gesamtheit gebührende Rücksicht nehmen, an das auch das seinige geknüpft ist.

Umgekehrt ergibt sich die, wenn auch selbstverständliche, so doch wichtige Nutzanwendung: Will ein Interessenverband (Kartell, Trust, Gewerkschaft [cf. Pareto[127]] usw.) sich eine möglichst unabhängige und einflußreiche Machtstellung im Wirtschaftskampfe sichern, so hat er darauf zu sehen, daß seine Mitglieder bei der Geltendmachung ihrer Preis- oder Lohnforderungen sich den mit ihnen diesbezüglich vereinbarten Satzungen unterwerfen (also sich nicht beispielsweise gegenseitig unterbieten).

Während wir also zu Beginn unserer Untersuchungen der Stellung der einzelnen Mitglieder der Gesellschaft zueinander keine besondere Beachtung schenken zu brauchen glaubten, sind wir in ihrem weiteren Verlaufe gerade dazu gezwungen worden. Eine solche Erkenntnis hat sich uns aber vornehmlich erst durch Anwendung der mathematischen Methode aufgedrängt, die sich somit auch, wo es sich um die Darstellung quantitativer Tauschverhältnisse handelt, wieder glänzend bewährt hat.

Im übrigen bedeutet natürlich an sich die Ausdehnung der Betrachtung der Tauschhandlungen eines Individuums, auf die sich im allgemeinen Walras noch beschränkt, auf die der Individuen einer Gesellschaft in Gemeinschaft mit der damit verbundenen Einführung des Paretoschen „mittleren“ Grenznutzenbegriffes einen nicht zu leugnenden Fortschritt in der Entwicklung der Reinen Politischen Ökonomie.

Pareto begeht jedoch bei Auslegung der Größen H_2, $H_3, \ldots$ in Gleichung (41) einen groben methodischen Fehler, indem er diese als „willkürliche“ Konstante anspricht[128]); denn eine solche Auffassung würde offenbar zur Folge haben, daß auf Grund von (41) beispielsweise für das Gut A die r_{2a}, $r_{3a}, \ldots$ je willkürliche Funktionen von r_{1a} werden und damit r_{1a} selbst zu einer willkürlichen Funktion von r_a machen, so daß den Gleichungen (37) und (38) zufolge schließlich auch in dem „mittleren“ Grenznutzen φ_a eine willkürliche Funktion von r_a zu erblicken wäre. Das entsprechende würde natürlich für φ_b, φ_c, ... zu gelten haben. Die Zahl der Unbekannten würde sich sonach auf die $n(\vartheta+1)$ Größen r_a, r_b, ... r_{1a}, r_{1b}, ... r_{2b}, r_{2b}, ... beschränken und zu ihrer Bestimmung an

[127]) ibidem S. 148.
[128]) ibidem S. 147.

Stelle des Gleichungssystems (39) die Gleichung (29) heranzuziehen sein. Da sich dann aber auf Grund von (38) auch für $r_a, r_b, \ldots$ willkürliche Werte ergeben würden, so wäre der von uns sowohl wie von Pareto verfolgte Zweck unserer Untersuchungen aus eindeutig gegebenen Preisen p und Grenznutzfunktionen φ ebenfalls eindeutig bestimmte Werte der zugehörigen Bedarfsmengen r zu erhalten, offenbar als gänzlich verfehlt anzusehen. Ja, dann würden die von uns sowohl wie von Pareto gezogenen fundamentalen Schlußfolgerungen (cf. S. **70 und 71**), auf die das wichtigste praktische Ergebnis unserer Betrachtungen gegründet wurde, überhaupt hinfällig, weil unmöglich sein.

Es kann somit gar keinem Zweifel unterliegen, daß die von Pareto vertretene oder vielmehr nicht vertretene Auffassung der H-Größen als „willkürliche“ Konstante in diesem Zusammenhange als unzulässig zu verwerfen ist.

Die Behandlung des Falles, in dem aus den Preisen p und den Bedarfsmengen r die zugehörigen Grenznutzwerte φ der Verbandsmitglieder sowie des Verbandes selbst zu ermitteln sind, geht unter Zugrundelegung des für ein Individuum eingeschlagenen Verfahrens (cf. S. 63 ff.) ohne Schwierigkeiten vonstatten.

Pareto schenkt später [129]) auch der Bestimmung der Preise $p_a, p_b, \ldots$ aus den gegebenen Größen $r_a, r_b, \ldots$ und $\varphi_{1a}, \varphi_{2a}, \ldots \varphi_{1b}, \varphi_{2b}, \ldots$ kurz seine Aufmerksamkeit. Verstehen wir unter A, B, C, ... wieder sämtliche unmittelbare Gebrauchsgüter, die also je einen eigenen Grenznutzen haben, so ergeben sich die $(n-1)\,\vartheta$ Gleichungen:

$$\left.\begin{array}{l} \frac{1}{p_a}\varphi_{1a}(r_{1a}) = \frac{1}{p_b}\varphi_{1b}(r_{1b}) = \frac{1}{p_c}\varphi_{1c}(r_{1c}) = \ldots \\ \frac{1}{p_a}\varphi_{2a}(r_{2a}) = \frac{1}{p_b}\varphi_{2b}(r_{2b}) = \frac{1}{p_c}\varphi_{2c}(r_{2c}) = \ldots \\ \ldots\ldots\ldots\ldots\ldots\ldots\ldots\ldots\ldots\ldots \\ \ldots\ldots\ldots\ldots\ldots\ldots\ldots\ldots\ldots\ldots \end{array}\right\} \qquad (42)$$

die man mit Pareto als Ausdruck für die Bedingungen des Gleichgewichts der Konsumtion bzw. Produktion bezeichnen kann[130]), je nachdem die in ihnen vorkommenden Größen sich auf die Nachfrage oder das Angebot beziehen. Sie bilden mit den Gleichungen (34) und 36 bzw. (39) [die $s_1, s_2, \ldots$ wieder als bekannt vorausgesetzt] zusammen $(n-1)\,\vartheta + n + \vartheta = n\vartheta + n$ Gleichungen. Eliminieren wir aus ihnen die $n\vartheta$ Größen r_{1a},

---

[129]) G. d. E. Serie II, 6 1893. S. 34 ff.
[130]) ibidem S. 36.

r_{2a}, ... r_{1b}, r_{2b}, ..., so bleiben n Gleichungen übrig, die für die Ermittlung der n Unbekannten p_a, p_b, ... ausreichen.

Nimmt der Preis p_a, wie üblich, den spezifischen Wert 1 an, so ist noch eine Bedingungsgleichung erforderlich. Auf die weiteren Spezialfälle, die dadurch entstehen, daß z. B. A die Bedeutung des Geldes annimmt — was zur Folge hat, daß die ersten ϑ Gleichungen in (42) fortfallen[131]) — oder daß die als regelmäßig wiederkehrende Einnahmen oder Ausgaben betrachteten Mengen r_{1a}, r_{2a}, ... r_{1b}, r_{2b}, ... als gegebene oder voneinander abhängige Größen unterstellt werden, glauben wir hier nicht weiter eingehen zu müssen, zumal sie kein besonderes theoretisches Interesse bieten.

§ 6.

Die Bestimmung des Gesamtnutzens einer Gesellschaft.

Wir wollen jetzt mit Pareto[132]) den Gesamtnutzen festzustellen versuchen, den die von uns unterstellte g e s c h l o s s e n e Gesellschaft — unter dieser können wir im weiteren Sinne jedes soziales Gebilde z. B. einen Staat verstehen — aus den von ihr im ganzen nachgefragten bzw. angebotenen Mengen r_a, r_b, ... bei gegebenen Preisen p und „mittleren" Grenznutzfunktionen φ_a, φ_b, ... zu ziehen imstande ist. Dabei soll wieder (cf. S. 52 oben) der Einfluß, den die Nachfrage bzw. das Angebot der Gesellschaft auf die Preisbildung des Marktes hat, so unbedeutend sein, daß er unbedenklich vernachlässigt werden kann, m. a. W. wir lassen die Größen p und r im folgenden u n abhängig voneinander sein.

Ist dann wieder der Grenznutzen eines Gutes lediglich eine Funktion der Bedarfsmengen d i e s e s Gutes, so wird der fragliche Gesamtnutzen der Gesellschaft offenbar dargestellt durch

$$U_s = \int_a^{r_a} \varphi_b(x_1)\,dx_1 + \int_b^{r_b} \varphi_b(x_2)\,dx_2 + \dots,$$

wo die a, b, ... als gegebene Anfangswerte der r_a, r_b, ... und die Größen x_1 bzw. x_2 ... zur Bezeichnung von r_a bzw. r_b ... als Variable gewählt sind.

Spielen sich dann die fraglichen Tauschvorgänge in der Zeiteinheit Δt ab, und wiederholen sie sich mehrere Male, so wird der Nutzen (V) der Gesellschaft, der sich auf einen Zeitraum $t_1 - t_0$ der Zeit t erstreckt — t_0 und t_1 als bekannt vor-

---

131) cf. Anmerk. 81 a.

132) G. d. E. 1892, Serie II, 5 S. 151 ff.

ausgesetzt — mit hinreichender Genauigkeit[133]) ausgedrückt werden können durch:

$$V = \frac{1}{\Delta t} \int_{t_0}^{t_1} U_s dt \qquad (43)$$

Da sich die r-Werte nach den voraufgegangenen Erörterungen sofort ermitteln lassen, ist auch V damit eindeutig bestimmt.

Die während der angegebenen Beobachtungszeit auftretenden Schwankungen im Verbrauche der Gesellschaft mögen den von ihr aufgespeicherten Gütervorrat in seiner Gesamtheit stets zu Null ausgleichen. Dann fragt es sich, welche Beziehungen zwischen den nacheinander ausgetauschten Mengen bestehen müssen, damit (wieder bei gegebenen p und φ) der Gesamtnutzen der Gesellschaft ein Maximum wird.

Wir haben dann offenbar:

$$\Sigma\,(r_a + p_b r_b + \ldots) = O \quad \text{oder}$$

$$\int_{t_0}^{t_1} (r_a + p_b r_b + \ldots)\, dt = O \qquad (44)$$

$\int_{t_0}^{t_1} U_s dt$ wird aber, den Elementen der Variationsrechnung zufolge, ein Maximum, wenn

$$\int_{t_0}^{t_1} [U + \lambda\,(r_a + p_b\, r_b + \ldots)]\, dt,$$

wo λ eine willkürliche Konstante bedeutet, ein Maximum wird. Wir haben zu diesem Zwecke die erste Variation des Integrals Null zu setzen und erhalten somit, wenn wir r_b, r_c, ... als abhängige Variable der unabhängigen Variabeln r_a auffassen,

$$\frac{\delta U_s}{\delta r_a} + \frac{\delta U_s}{\delta r_b}\,\frac{\delta r_b}{\delta r_a} + \ldots + \lambda\left(1 + p_b\,\frac{\delta r_b}{\delta r_a} + \ldots\right) = O$$

---

133) Da der Marktverkehr nicht während jedes unendlich kleinen Zeitteilchens ununterbrochen anhalten wird, so ist unter V streng genommen eine diskontinuierliche Funktion zu verstehen.

Da nun (cf. Gl. [3] und [4]):

$$\frac{\delta U_s}{\delta r_a} = \varphi_a(r_a),\ \frac{\delta U_s}{\delta r_b} = \varphi_b(r_b),\ \ldots \tag{45}$$

ist und die partielle Differentiation[134]) von (38)

$$\frac{\delta r_b}{\delta r_a} = p_b \frac{\varphi_a'}{\varphi_b'},\ \frac{\delta r_c}{\delta r_a} = p_c \frac{\varphi_a'}{\varphi_c'}, \ldots$$

ergibt, so kommt:

$$(\varphi_a + \lambda)\left(1 + p_b^2 \frac{\varphi_a'}{\varphi_b'} + p_b^2 \frac{\varphi'_a}{\varphi_c'} + \ldots\right) = O \tag{46}$$

Haben nun die Ableitungen φ'_a, φ'_b, ... sämtlich je dasselbe Vorzeichen, so kann offenbar nur

$$\varphi_a + \lambda = O \tag{47}$$

die reellen Wurzeln der Gleichung (46) liefern, weisen sie dagegen verschiedene Vorzeichen auf, so kommt auch der zweite Faktor von (46) für eine reelle Lösung in Frage:

Der Fall (47) tritt bekanntlich ein, wenn das Gossensche Gesetz für das Verhalten der Grenznutzfunktionen maßgebend ist. Da dieses Gesetz nach Pareto[135]) das „principio fondamentale della nuova scienza" darstellt, so wollen auch wir es zur alleinigen Grundlage unserer weiteren Betrachtung machen.

Gleichung (47) zufolge wird dann der Gesamtnutzen der Gesellschaft ein Maximum, wenn der Grenznutzen der als allgemeinen Wertmesser benutzten Ware A konstant wird. Dieses Resultat folgt für $\lambda = O$ bereits aus den Gleichungen (45), die sich aus unseren einleitenden Betrachtungen (cf. S. 28 ff.) ohne weiteres ergeben haben; aus (45) bzw. (47) geht unter Hinzuziehung von (38) ferner hervor, daß dann gleichzeitig φ_b, φ_c, ... konstant werden müssen.

Setzen wir:

$$-\lambda = \beta$$

so haben wir also die Gleichungen

$$\varphi_a = \beta,\ \varphi_b = p_b\beta,\ \varphi_c = p_c\beta, \ldots, \text{ die}$$
$$r_a = \psi_a(\beta),\ r_b = \psi_b(p_b\beta),\ r_c = \psi_c(p_c\beta), \ldots \tag{48}$$

liefern, wo die ψ bekannte, weil die zu den φ inversen Funktionen vorstellen. Die Gleichung (44) geht dann über in die Gleichung

---

134) Wobei voraussetzungsgemäß: $\frac{\delta p_b}{\delta r_a} = \frac{\delta p_c}{\delta r_a} = \ldots = O$ zu nehmen ist.

135) ibidem S. 154.

$$\int_{t_0}^{t_1} [\varphi_a(\beta) + p_b \varphi_b(p_b\beta) + \ldots] \, dt = O;$$

bestimmen wir aus ihr den Wert der Konstanten β, so sind auch die Mengen r_a, r_b, ... aus (48) ermittelbar, während die gesuchte Größe des Gesamtnutzens selbst ohne weiteres aus Gleichung (43) hervorgeht.

Diese Überlegungen lassen sich auf die Bestimmung des Gesamtnutzens eines einzelnen Individuums natürlich mutatis mutandis leicht übertragen. —

Hiermit sind die wichtigsten Tauschprobleme allgemeinster Natur im Zusammenhange der Theorie des Gesamt- wie überhaupt des Grenznutzens als gelöst zu betrachten, wofern man sich damit begnügt, letzteren näherungsweise als (im Prinzip durch das Gossensche Gesetz bestimmte) Funktion von nur e i n e r unabhängigen Veränderlichen (nämlich nur der Menge des Gutes, auf das er sich u n mittelbar bezieht) gelten zu lassen.

Pareto[136]) knüpft an die praktische Verwendbarkeit der geschilderten, wie wir aber gleich sehen werden, noch unvollkommenen Theorie des Gesamtnutzens in Verbindung mit der industriellen (sc. Marxistischen) Krisentheorie, besonders in bezug auf die Gewerkschaften und Arbeiterorganisationen, hohe Erwartungen und meint, sie würden dermaleinst für diese eine ähnliche Bedeutung erlangen wie die Sterblichkeitstheorie für die Versicherungsgesellschaften.

Wir ziehen es jedoch — von der angedeuteten Ergänzungsbedürftigkeit der Gesamtnutzentheorie selbst abgesehen — im Hinblick auf den schon des öfteren von uns betonten empirischen Charakter, dem alle Theorien der Wirtschaftswissenschaften unterworfen sind, vor, erst einmal die E r f a h r u n g sprechen zu lassen und können im übrigen Pareto nur beipflichten, wenn er es im Interesse der Vermeidung einer Zeitvergeudung für zweckmäßig hält, die „teoria pura" überhaupt unter Zugrundelegung der Grenznutzentheorie nicht eher weiter auszubauen, als bis die p r a k t i s c h e n (statistischen) Untersuchungen uns näheren Aufschluß über Charakter und Gestalt der Grenznutzenfunktionen φ gebracht haben. „Non altrimenti si procede in tutte le scienze sperimentali, e la teoria e l'osservazione debbono prestarsi un vicendevole aiuto[137])."

---

[136]) ibidem S. 156.
[137]) ibidem, S. 157.

Wie sich aber noch zeigen wird, entfallen die bisherigen Grenznutzenbetrachtungen später überhaupt ihrer grundlegenden d. h. unmittelbaren Bedeutung, die sie als wesentliche Merkmale fast sämtlicher Theorien der Reinen Politischen Ökonomie lange Zeit hindurch aufzuweisen hatten.

II. Unter dem Einflusse des Indifferenzbegriffes (Freiheit der Güterauswahl).

§ 1.

Der Grenz- und Gesamtnutzen in Abhängigkeit von der Reihenfolge der zu befriedigenden Bedürfnisse. — Das Bedürfnisdringlichkeitsgesetz bzw. die Bedürfnisauswahl. Der Jndifferenzbegriff.

Wie wir bereits sahen (cf. S. 33), wird von Edgeworth und anderen der Grenznutzen φ eines Gutes für ein Individuum als partielle Abteilung $\frac{\delta U}{\delta r}$ ein und derselben Funktion U, nämlich des mit dem Gebrauche aller für den Bedarf dieses Individuums in Frage kommenden Güter verbundenen Gesamtnutzens dargestellt. Pareto bemerkt hierzu richtig: „In diesem Falle ist der Gesamtnutzen des Verbrauchs einer bestimmten Zahl von Waren unabhängig (sc. gedacht) von der Ordnung, in der sie verbraucht werden. Das würde man aber nicht zugeben können, wenn man den Nutzen des Verbrauches unmittelbar betrachten wollte. In der Tat ist es sinnfällig, daß der Genuß, den uns eine Mahlzeit verschafft, nicht derselbe ist, wenn man in der Reihenfolge ißt, in der wir es gewohnt sind, wie wenn man umgekehrt mit dem Kaffee beginnen und der Suppe aufhören würde[138]).“

Einen Ausweg aus den Schwierigkeiten, die durch Nichtberücksichtigung der Verbrauchsreihenfolge entstehen, glaubt Pareto darin zu sehen, daß man den wirtschaftlichen Nutzen eines Gutes nicht mit dem eines ununterbrochenen[139]) Verbrauches verwechseln dürfe[140]).“ Damit hat Pareto zunächst eingestanden, daß die Eigenschaften der auch von ihm zur Grundlage seiner sämtlichen analytischen Untersuchungen gemachten Funktion U des Gesamtnutzens, soweit dieser lediglich von dem Verbrauchsvorgange selbst

---

138) G. d. E. 1893, Serie II, 7. S. 280.

139) Pareto legt hier den Ton auf „ununterbrochen“.

140) ibidem.

abhängig gemacht wird, nicht ohne weiteres der Wirklichkeit Rechnung zu tragen vermögen.

Nun versteht sich aber von selbst, daß eine Grenznutzenbetrachtung, überhaupt eine Nutzkomputation, wenn sie nicht unvollständig bleiben will, sich nicht bloß, ja sogar am allerwenigsten auf den in der Zukunft liegenden Verbrauchsakt selbst zu beziehen hat, der den Besitz der zu verbrauchenden Mengen schon als gegeben voraussetzt, sondern — zumal im Zusammenhange mit Erörterungen über Markt-, insbesondere Preisvorgänge, die unmittelbar nur durch das Verhalten von Angebot und Nachfrage, also durch Bedürfnisäußerungen, nicht durch die zukünftige Verbrauchstätigkeit selbst bestimmt werden — in erster Linie von dem betreffenden Bedürfnis und den Möglichkeiten seiner Befriedigung auszugehen hat, die zu jenem Verbrauchsakte führen. In letzterer Hinsicht kann man Pareto nicht zustimmen, wenn er meint: „wenig von Bedeutung ist die Reihenfolge, in der man die verschiedenen Nahrungsmittel erwirbt, die man verzehrt; denn man ist ja nicht gezwungen, dieselbe Ordnung bei ihrem Verbrauche innezuhalten [140];" denn es dürfte als eine unabweisliche notorische Tatsache zu gelten haben, daß die beim Erwerbe wirtschaftlicher Güter betrachtete Reihenfolge sich im allgemeinen ganz nach dem Dringlichkeitsgrade zu richten pflegt, in dem die diesbezüglichen Bedürfnisse auftreten. Das gleiche trifft offenbar zu für die Reihenfolge im Verbrauche der einzelnen Güter selbst.

Diesem hier ausschlaggebenden Gesichtspunkte der Bedürfnisdringlichkeit hat Pareto in seinen in Frage stehenden Untersuchungen vorderhand so gut wie gar nicht, vielmehr erst später in ausreichendem Maße Rechnung zu tragen vermocht; seine Berücksichtigung ist für eine von den wirtschaftspsychologischen Tatsachen ausgehende und auf dieser Grundlage allein naturgetreue Behandlung des Nutzenproblems unerläßlich. Eine solche bedingt aber die empirische Feststellung, daß in der Regel die dringlichsten Bedürfnisse zuerst gestillt werden, und zwar solange und nur solange, als kein dringlicheres oder mindestens ebenso dringliches Bedürfnis vorhanden ist, das jenem zuvor bzw. mit ihm gleichzeitig befriedigt werden will.

Demzufolge wird in dem in Fig. 9 zugrunde gelegten Fall das Bedürfnis 1 nur in der Menge r_1, die der Ordinate des Schnittpunktes H von φ_1 mit φ_2 entspricht, befriedigt werden, d. h. solange und nur solange, wie sich nicht das wichtigere Bedürfnis 2 vom Punkte H ab geltend gemacht hat. Dieses wird wiederum nur eine Befriedigung im Umfange der Menge

$r_2 - r_1$[140a]) bis zum Punkte J zulassen usw. Die so unter Zugrundelegung des Gossenschen Gesetzes konstruierte Gesamtgrenznutzenkurve[140b]) — wie wir sie nennen können — sämtlicher Bedürfnisse 1, 2, 3, die hier als Bedürfnisdringlichkeitkurve zu charakterisieren wäre, würde demnach — von der Frage des Ausgleichs etwaiger in ihrem Verlaufe auftretender Diskontinuitäten, der im Rahmen der

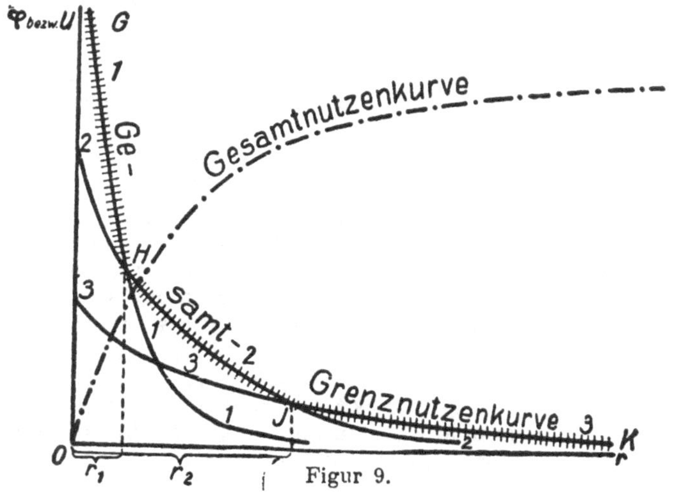

Figur 9.

Voraussetzung 3 auf S. 36 nicht nur zulässig, sondern sogar notwendig wäre, dabei abgesehen — die in obiger Figur durch entsprechende Strichelung herausgehobene Form der zusammengesetzten Kurve GHJK annehmen. Durch ihre mechanische Quadratur bzw. graphische Integration ergibt sich dann sofort die ihr zugehörige (in der Figur ausgeglichene) Kurve des Gesamtnutzens U. Dieser hängt somit — eben dem Bedürfnisdringlichkeitsgesetz zufolge — durchaus von der Reihenfolge der nacheinander befriedigten Bedürfnisse 1, 2 und 3 ab[141]).

[140a]) Man wird anstatt dessen auch die Menge r_2 annehmen können, im Prinzip ändert sich dadurch nichts an der Konstruktion. Nur hat man darauf zu achten (cf. S. 46), daß die Maßstäbe für die Messung der Bedarfsmengen r der einzelnen Güter gegebenenfalls verschieden zu wählen sind.

[140b]) cf. ihre entsprechende Konstruktion durch Gossen in seiner „Entwicklung der Gesetze des menschlichen Verkehrs . . .“ a. a. O. S. 20, Fig. 8 (Aufl. von 1889).

[141]) cf. die in L. Brentanos „Theorie der Bedürfnisse“ 1908 aufgestellte Bedürfnisrangordnung.

Eine hinreichend strenge analytische Fundierung unserer obigen Konstruktion der Gesamtgrenznutzen- und Gesamtnutzenkurve hoffen wir bei späterer Gelegenheit noch bringen zu können. Jedenfalls steht fest, daß dort und nur dort von einer „Indifferenz" des Grenznutzens bzw. Gesamtnutzens für das betreffende Individuum wird gesprochen werden können, wo der in bezug auf den Besitz mehrerer Güter empfundene Grenznutzen bzw. Gesamtnutzen für jedes dieser Güter derselbe ist, m. a. W. in den Schnittpunkten (H und J) der Gesamtgrenznutzenkurve (GHJK) mit den Einzelgrenznutzenkurven, aus denen sie zusammengesetzt ist bzw. in den entsprechenden Punkten der zugehörigen Gesamtnutzenkurve.

Im strengen Sinne des Wortes sollte es für die Reine Politische Ökonomie bei irgend einer Nutzkomputation überhaupt keine „Indifferenz" geben, da jedes nutzempfindende Individuum wohl eine Zeitlang unschlüssig[142]) darüber sein kann, welchen von mehreren miteinander im Wettstreit liegenden Nützlichkeitskombinationen es den Vorzug geben soll, in dem Zeitpunkte aber — und dieser kann für die „economia pura", die lediglich die Folgewirkungen der Handlungen ihrer Wirtschaftssubjekte zu betrachten hat, ausschlaggebend sein — wo es als Käufer oder Verkäufer seine Bedürfnisse auf dem Markte zu befriedigen sucht, gezwungen wird, seinen diesbezüglichen Willen in einer eindeutig bestimmten Richtung zu äußern.

Wir haben es im Grunde genommen also — das vergißt Pareto, obwohl er selbst stets von „varie piccole porzioni di merce transformate successivamente"[143]) oder von „successive parti barattate"[144]) spricht, in der Reinen Politischen Ökonomie, insbesondere bei der Beurteilung des Gesetzes von Angebot und Nachfrage, nur mit dynamischen, nicht statischen Problemen zu tun. Lediglich für die begriffliche Reduktion ersterer auf die letzteren wird man daher auch nur den Begriff der „Indifferenz" als logisches und mathematisch-analytisches Hilfsmittel verwenden dürfen; für diese Zwecke allerdings leistet es unstreitig wertvolle Dienste. Doch muß die fortschreitende Ausbildung der allein ausschlaggebenden dynamischen Behandlungsweise der ökomischen Probleme auf eine allmähliche Befreiung von diesem bisher unentbehrlichen Analysator gerichtet sein.

---

[142]) Man wird den Begriff der „Unschlüssigkeit" von dem der „Indifferenz" streng zu scheiden haben.

[143]) ibidem S. 284.

[144]) ibidem S. 289.

An Stelle der Dringlichkeit als Regulativ der Bedürfnisäußerung und -befriedigung wird man generaliter die (sich individuell zwar nach verschiedenen Gesichtspunkten orientierende, doch jedesmal) in eindeutig bestimmter Reihenfolge getroffene Genußauswahl treten lassen können, für die Wichtigkeit [144a]) des einzelnen Gutes schlechthin als das allgemeinste und seine Dringlichkeit zumeist wohl als das ursächlichste Bestimmungsmoment anzusprechen ist, so daß wir wenigstens eine individuelle Bedürfnis- oder Genußauswahlordnung im allgemeinen nicht werden leugnen können.

Würde man aber auch diese nicht einmal zur Grundlage der analytischen Untersuchungen über das Nutzenproblem machen wollen, so wäre — ungeachtet der damit erfolgten bewußten Abkehr von der Wirklichkeit — eine einheitliche Form der Gesamtgrenznutzen- und Gesamtnutzenkurve überhaupt unmöglich und infolgedessen die von Pareto im allgemeinen an allen Stellen ihres Bereiches — von den noch näher zu besprechenden Indifferenzstellen abgesehen — hypostasierte Eindeutigkeit der Funktionen U von vornherein in Frage gestellt.

Auf der anderen Seite ergibt sich aber durch obige Konstruktion der Gesamtgrenznutzenkurve eine Abhängigkeit der einzelnen Grenznutzfunktionen φ und damit der Bedarfsmengen r voneinander, wodurch sich also die von Pareto (nach dem Vorbilde von Walras und Jevons) gemachte Annahme, daß der Grenznutzen eines Gutes nur von den Mengen dieses Gutes abhängt, im Prinzip wenigstens, als hinfällig und mit der tatsächlichen Sachlage unvereinbar erweist. Die Abhängigkeit eines einzelnen Bedürfnisses (nicht bloß des Gesamtnutzens) von sämtlichen für den Bedarf in Frage kommenden Gütermengen wird im allgemeinen schon durch die Beschränktheit des für seine Befriedigung zur Verfügung stehenden Einkommens bedingt. Man wird also die Paretosche Hypothese mit bestmöglicher Annäherung an die Wirklichkeit höchstens zur Kategorie der Surrogate ersatzfähiger Güter (von annähernd gleichem Bedürfnisdringlichkeitsgrade oder [allgemeiner] Genußauswahlbestimmungsmoment), insbesondere der Luxusartikel in Beziehung setzen können[144b]).

[144a]) Von Ulisse Gobbi (Sul principio della convenienza economica. Memorie del Istituto Lombardo di Scienze e Lettre, Bd. XXI, Milano 1900, S. 193), in diesem Zusammenhange als „comportanza" bezeichnet.

[144b]) Vom Standpunkte des Monopolisten betrachtet, kommen natürlich auch die Monopolgüter in Frage.

Pareto hat die Mangelhaftigkeit seiner Hypothese gelegentlich selbst empfunden, wo er es „für fast ganz sicher hält, daß in Wirklichkeit der Grenznutzen eines Gutes nicht nur von der besessenen Menge dieses Gutes, sondern auch von allen anderen Gütermengen abhängt [145])“. Um so bedauerlicher ist es daher [146]), daß Pareto auf lange Zeit hin nicht wenigstens den wichtigsten Grund einer solchen Abhängigkeit zu berücksichtigen vermocht hat. Erst spät hat er die Lücke seiner Darstellung in seinem „Manuale d'economia politica“ [147]) und noch vollkommener in dessen französischer Ausgabe, dem „Manuel d'économie politique [148])“, dadurch auszufüllen versucht, daß er an Stelle der bisherigen Grenznutzfunktionen (Elementarophelimitäten) φ die „Indifferenz“-Vorstellung oder, anders ausgedrückt, die Auswahl der Genüsse, die bisweilen (durchaus nicht prinzipiell) für jedes Individuum in einer eindeutig bestimmten Rangordnung angenommen werden — besonders im Zusammenhange einer näheren Berücksichtigung der sogen. Genußwiderstände (cf. S. 89) —, zum Ausgangspunkt seiner Theorie des wirtschaftlichen Gleichgewichts macht. Hiervon wird gleich noch näher zu handeln sein.

Will Pareto jedenfalls seine Hypothese als hinlänglich wahrheitsgetreu gelten lassen, so kann dies nur in Form eines weiteren notwendigen Zusatzes geschehen, der die Voraussetzung enthält, daß jedes Individuum sein Bedürfnis so weit und nur so weit befriedigt, als es unter dem natürlichen Einflusse einer jedesmal eindeutig bestimmten (Bedürfnis-), Dringlichkeits- oder wenigstens Auswahlfolge befriedigt haben würde. Erst dann ist die tatsächliche Reihenfolge in der Befriedigung der einzelnen Bedürfnisse theoretisch (d. h. sofern es sich nur immer, wie hier, um die analytische Darstellung rein quantitativer Tauschverhältnisse handelt) gleichgültig.

Unter Beachtung dieses von Pareto leider ganz übersehenen, für uns jedoch integrierenden Bestandteiles seiner

---

[145]) ibidem S. 299. Etwas eingehender befaßt sich Pareto mit der Art der Abhängigkeitsverhältnisse der φ auch in der „Encyclopédie des sciences mathématiques“ I 26, S. 611ff. passim.

[146]) Zumal doch Pareto selbst, wie wir gesehen haben (cf. S. 34 ff.), die Grenznutzentheorien von Gossen und Jevons und die verschiedenen Grenznutzkurventypen (cf. S. 44) vorwiegend unter dem Gesichtspunkte der Bedürfnisdringlichkeit betrachtet und gelegentlich der Behandlung des Bedürfnisdiskontinuitätsproblemes (cf. S. 47 u. 48) sogar, allerdings unbewußt, eine Gesamtgrenznutzenkurve (cf. Abb. 6) konstruiert hat.

[147]) Soc. Editr. Libraria Milano 1906.

[148]) Übersetzt von Alfred Bonnet, Paris, Giard et Brière, 1909.

Hypothese, unter dessen Berücksichtigung allein sämtliche von ihm auf sie gegründete Betrachtungen Anspruch auf allgemeinere Gültigkeit erheben können, treten wir an unsere weiteren Untersuchungen heran.

Zuvor handelt es sich aber für uns noch darum, die Frage der Existenz eines Gesamtnutzens überhaupt, die wir bisher stets als selbstverständlich vorausgesetzt haben, unabgängig von der Annahme einer bestimmten Genußauswahlordnung zu entscheiden.

Zu diesem Zwecke, nehmen wir an, besitze jemand die Mengen [149]) ϱ_a, ϱ_b, ϱ_c, ... der Güter A, B, C, ... Den (Grenz-) Nutzen eines Inkrements $d\varrho_a$ von ϱ_a bezeichnen wir dann, wie üblich, mit φ_a, dasselbe auf ϱ_b, ϱ_c, ... natürlich angewandt. Um nun auf die Existenz eines Gesamtnutzens schließen zu können, den uns der Gebrauch der Mengen mehrerer Güter verschafft, müssen wir offenbar zunächst von den Grenznutzwerten φ_a, φ_b, ... ausgehen, die auf die einzelnen Güter A, B, C, ... für sich entfallen.

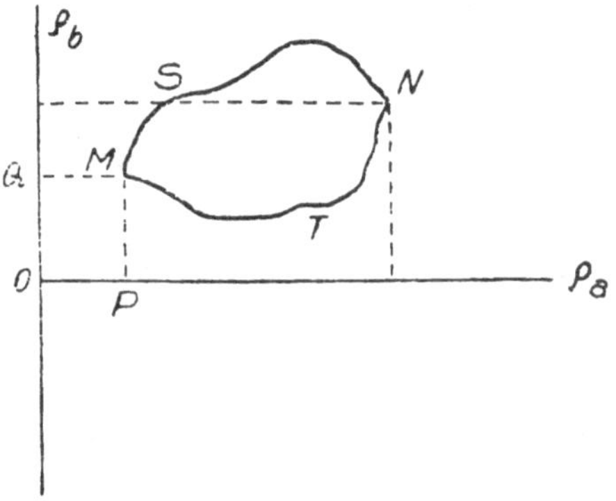

Fig. 10.

Pareto beschränkt sich dabei, der Darstellung von Edgeworth folgend, der Einfachheit halber auf die Betrachtung bloß zweier Güter A und B und argumentiert kurz folgendermaßen:

„Stellen wir die Mengen des wirtschaftlichen Gutes A durch die Abszissen und diejenigen des wirtschaftlichen Gutes B durch die Ordinaten (sc. in einem ebenen rechtwinkligen Koordinatensystem) dar (cf. Fig. 10), so wird der Zustand eines Individuums, das eine Menge $\overline{OP}$ von A und eine andere $\overline{OQ}$ von B besitzt, repräsentiert durch den Punkt M.

Existiert nun der Gesamtnutzen (sc. der senkrecht zu der Zeichnungsebene in den Punkten der Kurve aufgetragen

[149]) Die nicht ohne weiteres zu identifizieren sind mit den zu erwerbenden oder zu verbrauchenden, bzw. hinzuerworbenen oder hinzuverbrauchten Mengen r_a, r_b, r_c, ..., die wir jetzt in diesem engeren Sinne deuten wollen.

zu denken ist), so führen zwei Wege MTN und MSN, wenn man sich von M nach N begibt, zu demselben Gesamtnutzen N, was im allgemeinen nicht geschieht, wenn der Gesamtnutzen nicht existierte [150])."

Man wird hier somit die Existenz eines Gesamtnutzens durchaus als gesichert anzusehen haben. Für die Vermutung, daß ein solcher in gewissen Fällen nicht vorhanden ist, weiß Pareto keine ausreichenden Unterlagen beizubringen, was offenbar auch nur schwer gelingen dürfte.

§ 2.

Die Indifferenz- und Vorzugslinien und -flächen usw. — die Gesamtnutzfläche.

Unter den unendlich vielen Kurven in Fig. 10, die von M nach N laufen, nimmt Pareto mit Edgeworth zwei besondere aus: die linea d'indifferenza (line of indifference) und die linea di preferenza (line of preference). Jene wird dadurch gekennzeichnet, daß auf ihr der Gesamtnutzen U für das Individuum in allen Zuständen, die durch die Punkte dieser Kurve repräsentiert werden, derselbe ist, während diese sich dadurch auszeichnet, daß das Individuum sich auf ihr im Interesse des zu erstrebenden maximalen Gesamtnutzens mit Vorliebe zu bewegen sucht.

Durchlaufen wir von M aus eine kleine Strecke dt, so haben wir:

$$dt^2 = (d\varrho_a)^2 + (d\varrho_b)^2, \quad \text{während} \tag{49}$$

die dadurch bedingte Variation des Nutzens U sich aus dem vollständigen Differential:

$$dU = \frac{\delta U}{\delta \varrho_a} d\varrho_a + \frac{\delta U}{\delta \varrho_b} d\varrho_b = \varphi_a d\varrho_a + \varphi_b d\varrho_b \tag{50}$$

ergibt. Die Indifferenzkurve wird infolgedessen durch:

$$\varphi_a \, d\varrho_a + \varphi_b \, d\varrho_b = 0 \tag{51}$$

dargestellt. Verstehen wir unter δ das Zeichen der Differentiation nach den beiden unabhängigen Veränderlichen $d\varrho_a$ und $d\varrho_b$, wobei t als Konstante gilt, so erhalten wir aus (49):

$$2\, d\varrho_a \, \delta d\varrho_a + 2\, d\varrho_b \, \delta d\varrho_b = 0 \tag{52}$$

---

[150]) ibidem.

Soll nun die Variation dU ein Maximum werden, so folgt aus (50):

$$\varphi_a \delta d\varrho_a + \varphi_b \delta d\varrho_b = 0$$ [151])

so daß die Gleichung der Vorzugskurve mit:

$$\varphi_a d\varrho_a - \varphi_b d\varrho_b \text{ oder } \frac{d\varrho_a}{\varphi_a} = \frac{d\varrho_b}{\varphi_b} \qquad (53)$$

hervorgeht. Ein Vergleich mit Gleichung (51) läßt sofort erkennen, daß diese Kurve senkrecht zu der Indifferenzkurve verläuft.

Im Falle von drei wirtschaftlichen Gütern A, B, C nehmen wir ein rechtwinkliges Koordinatensystem im Raume zu Hilfe. An die Stelle der Indifferenzkurven tritt dann eine Indifferenzfläche, deren Gleichung

$$\varphi_a d\varrho_a + \varphi_b d\varrho_b + \varphi_c d\varrho_c = 0 \qquad (54)$$

sich ohne weiteres hinschreiben läßt. Die Vorzugskurven werden dann zu den orthogonalen Trajektorien der Indifferenzoberfläche und haben zur Gleichung:

$$\frac{d\varrho_a}{\varphi_a} = \frac{d\varrho_b}{\varphi_b} \frac{d\varrho_c}{\varphi_c} \qquad (55)$$

Fassen wir nur wieder zwei wirtschaftliche Güter A und B ins Auge, so läßt sich auch $U = z(\varrho_a, \varrho_b)$ als Oberfläche deuten. Die Indifferenzkurven sind dann als senkrechte Projektionen der sogenannten „Höhenkurven", d. h. der wagerechten ebenen Schnitte jener Oberfläche auf die horizontal gedachte Ebene (ϱ_a, ϱ_b) definiert, während die Vorzugskurven sich als senkrechte Projektionen der sog. „Fallkurven" (mit den Tangenten stärkster Neigung zur $[\varrho_a, \varrho_b]$-Ebene), d. h. der orthogonalen Trajektorien jener „Höhenkurven" auf die (ϱ_a, ϱ_b)-Ebene herausstellen. Mit Recht, meint Pareto, ergebe sich aus diesen Feststellungen eine elegante geometrische Darstellung der Theorie der Transformation zweier wirtschaftlicher Güter: „Die rechtwinkligen Koordinaten eines Punktes der Horizontalebene mögen die Mengen der vom Individuum besessenen wirtschaftlichen Güter vorstellen. In jenem Punkte errichte man eine Senkrechte zur Ebene und trage auf ihr eine Länge gleich dem Gesamtnutzen ab, den das Individuum aus dem Besitze jener Gütermengen zog. Wenn man dieselbe Konstruktion

---

[151]) Dabei wird also stillschweigend vorausgestzt, daß zwischen φ_a und $d\varrho_a$ einerseits sowie zwischen φ_b und $d\varrho_b$ andererseits keine Abhängigkeit besteht.

für alle Punkte der Ebene wiederholt, so wird man eine Oberfläche erhalten, die wir die Nutzfläche nennen wollen, und deren verschiedene Punkte die jeweiligen (Wirtschafts-) lagen des Individuums vorstellen werden. Jeder wird, soweit es in seinen Kräften steht, danach trachten, den Punkt, der seine Lage repräsentiert, möglichst weit nach oben zu verlegen, d. h. er wird bestrebt sein, sich einen möglichst hohen Nutzen zu verschaffen. Er wird sich jede Mühe geben, daß jener Punkt nicht fällt. Ihm wird es gleichgültig sein, ob er sich bewegt oder nicht, wenn er weder steigt noch fällt. Aber gerade die sogenannten Höhenkurven sind so beschaffen, daß, wenn man sie durchläuft, man weder steigt noch fällt, sie werden daher die Indifferenzkurven sein. Die Kurven stärkster Neigung sind dagegen jene, längs deren man am raschesten steigt (oder fällt! d. Verf. [152])) und werden daher die Vorzugskurven (bzw. „Mängelkurven", d. Verf.) sein. Wenn man ein anschaulicheres Bild will, so möge man sich einen Menschen vorstellen, der sich am Fuße eines Berges befindet, und dem für jeden Meter, den er klettert, eine Lira gezahlt wird. Für diesen Menschen hat es nur Wert, entweder sich auszuruhen oder sich auf einer Höhenkurve zu bewegen. Und er wird es vorziehen (bzw. meiden, d. Verf.), zu steigen (bzw. zu fallen, d. Verf.), wenn er kann, und dabei eine Kurve stärkster Neigung zu durchlaufen [153])."

Die Bedingung, daß der einmal angelegte Preis der nacheinander ausgetauschten unendlich kleinen Warenmengen derselbe bleibe, drückt sich dann durch die Gleichung der Geraden aus:

$$(\varrho_a' - \varrho_a) + p_b\,(\varrho_b' - \varrho_b) = 0, \qquad (56)$$

worin [154])

$$\varrho_a' - \varrho_a = r_a\,,\ \varrho_b' - \varrho_b = r_b$$

und $p_a = 1$ zu nehmen ist.

Der Preis der Ware B in dem der Ware A gemessen, ergibt sich auf Grund von (51) unter Berücksichtigung von (4) mit:

$$p_b = -\frac{d\varrho_a}{d\varrho_b} \qquad (57)$$

und stellt offenbar die trigonometrische Tangente der Indifferenzkurven dar.

---

[152]) Die „Fallkurven" sind somit als Vorzugs- oder Mängelkurven zu deuten, je nachdem man sich die Nutzenfläche auf- oder abwärts bewegt, oder, anders gesagt, je nachdem der erstrebte Nutzen eine Zu- oder Abnahme erfährt.

[153]) ibidem S. 284.

[154]) cf. Anmerk. 149.

Bewegt sich ein kaufendes oder verkaufendes Individuum auf einer solchen Preisgeraden, so wird es seine Bewegung auf ihr solange fortsetzen, bis es unter den verschiedenen Indifferenzkurven, die es überschreitet, auf eine solche stößt, für die die betreffende Gerade eine Tangente ist. Erst in dem Berührungspunkte mit dieser Kurve wird es für das Individuum — es sei denn, daß dasselbe es nunmehr vorzieht, einen anderen Preis anzulegen und dieserhalb den Weg einer Vorzugskurve einzuschlagen —, gleichgültig sein, ob es auf ihr fortschreitet, stehen bleibt oder umkehrt.

Legen wir durch die Preisgerade eine auf (ϱ_a, ϱ_b) senkrecht stehende Ebene, so wird sie die Nutzenfläche in einer bestimmten Kurve schneiden; es wird, um bei unserem vorigen Bilde zu bleiben, „ein bestimmter Pfad von dem Fuße des Berges fortführen.... Das betrachtete Individuum wird auf diesem Pfade so lange höher steigen, bis derselbe auf dem kürzesten Wege in eine Höhenkurve einmündet. Aber was wird sich über jenen Punkt hinaus auf dem Pfade zutragen? Solange er mit einer Höhenkurve zusammenfällt, wird es für das Individuum gleichgültig sein, ob es seinen Weg fortsetzt oder Halt macht. Wenn es aber, nachdem es eine ganz kurze Strecke mit einer Höhenkurve gemeinsam gehabt hat, fällt anstatt zu steigen, so wird das Individuum bestimmt Halt machen. D a n n w e r d e n w i r e i n s t a b i l e s G l e i c h g e w i c h t h a b e n. Wenn es dagegen, nachdem der Fußsteig sich auf jener kurzen Strecke mit der Höhenkurve vereint hat, zu klettern fortfährt, so wird das Individuum zwar ebenfalls Halt machen k ö n n e n , doch wird man dann k e i n stabiles Gleichgewicht haben, und es wird ohne weiteres fortfahren können, höher zu steigen [155])".

Eine entsprechende Veranschaulichung ließe sich bei Berücksichtigung von mehr als zwei, allgemein von n—1 Gütern, auf den n-dimensionalen Raum leicht übertragen. Sie würde sich jedoch infolge der damit verbundenen hohen Abstraktion von der rein analytischen Betrachtungsweise nur wenig unterscheiden. —

Wir erhalten offenbar als geometrischen Ort für die „Indifferenz" des Gesamtnutzens U allgemein die Gleichung:

$$dU = \varphi_a d\varrho_a + \varphi_b d\varrho_b + \varphi_c d\varrho_c + \ldots = 0, \qquad (58)$$

aus der U hervorgeht. U ist dann für zwei Güter eine Raumkurve, für drei Güter eine Fläche und für n Güter eine n-dimensionale Mannigfaltigkeit.

---

[155]) ibidem S. 285.

§ 3.

Die Gültigkeit der Walras'schen Bedingungen des Gleichgewichtes von Angebot und Nachfrage.

Der geometrische Ort für die „preferenza" wird offenbar allgemein durch

$$\frac{d\varrho_a}{\varphi_a} = \frac{d\varrho_b}{\varphi_b} = \frac{d\varrho_c}{\varphi_c} = \ldots \qquad (59)$$

gegeben. Bezeichnen wir nun mit q_a, q_b, ... die in den aufeinanderfolgenden Tauschabschnitten — denen, wie wir unterstellt haben, sämtlich dieselben Preise zugrunde liegen — jeweilig insgesamt besessenen Mengen (die also nach Beendigung des Tauschvorganges zu ϱ_a, ϱ_b, ... werden), so werden wir Gleichung (1) zufolge haben:

$$p_b = -\frac{\delta q_a}{\delta q_b},\ p_c = -\frac{\delta q_a}{\delta q_c}, \ldots \qquad (60)$$

Sind die Preise bekannt, so stellt die Gleichung (60) eine Beziehung zwischen q_a und den unabhängigen Variabeln q_b, q_c, ... her, so daß wir setzen können:

$$dq_a = \frac{\delta q_a}{\delta q_b}, dq_b + \frac{\delta q_a}{\delta q_c} dq_c + \ldots, \qquad (61)$$

woraus

$$dq_a + p_b\, dq_b + p_c dq_c + \ldots = 0 \qquad (62)$$

folgt. Die sukzessiven Tauschtransformationen werden von dem betreffenden Individuum offenbar solange und nur so lange fortgesetzt werden, bis die Mengen dq_a, dq_b, ... für den erstrebten Gesamtnutzen indifferent werden. Das wird aber auf Grund von (58) der Fall sein, wenn $dq_a = d\varrho_a$, $dq_b = d\varrho_b$, ... wird. Durch Elimination von $d\varrho_a$ aus (58) und (62) geht dann die Gleichung

$$(\varphi_b - p_b\, \varphi_a)\, d\varrho_b + (\varphi_c - p_c\, \varphi_a)\, d\varrho_c + \ldots = 0 \qquad (63)$$

hervor. Da $d\varrho_b$, $d\varrho_c$, ... unabhängige Variable sind, muß in ihr

$$\varphi_b - p_b \varphi_a = \varphi_c - p_c \varphi_a = \ldots = 0$$

sein. Das sind aber nur die uns bereits bekannten Walras-schen Gleichungen (4) des Gleichgewichtes von Angebot und Nachfrage

Ihre wahre Bedeutung wird somit jetzt erst in das rechte Licht gerückt: „Es sind n u r die Gleichungen d e s (geometrischen) Ortes, an dem infolge stabilen oder nicht stabilen Gleichgewichts die Transformationen wirtschaftlicher Güter aufhören. Kein Wunder daher, daß sie für die vollständige Erklärung des Phänomens der Gütertransformationen nicht ohne weiteres ausreichen. Wenn zum Beispiel uns nur die Preise p_b, p_c, ... bekannt sind, so werden wir mit Hilfe der betreffenden Gleichungen [sc. (58), (60) bis (63)] die Werte von φ_a, φ_b, ..., d. h. der partiellen Ableitungen von U, bestimmen können, jedoch nur an dem durch die Gleichungen (4) und (62) definierten Orte, und man versteht wohl, daß, um volle Kenntnis von diesen Ableitungen zu erlangen, es nötig ist, sie auch außerhalb dieses Ortes zu betrachten."[156])

Der Gesamtnutzen U läßt sich dann, wenn die Funktionen φ_a, φ_b, ... gegeben und die fraglichen Integrationsgrenzen bekannt sind, aus

$$\frac{\delta U}{\delta \varrho_a} = \varphi_a\ ,\ \frac{\delta U}{\delta \varrho_b} = \varphi_b, \ldots \qquad (64)$$

numerisch leicht ermitteln.

Wir haben also, um zu diesem Ziele zu gelangen, hier mit Pareto den entgegengesetzten Weg beschritten — cf. demgegenüber S. 73 ff. — von dem, der üblich ist, indem wir nicht von den Differentialgleichungen (64) des Gesamtnutzens U, sondern von den Grenznutzfunktionen φ ausgingen.

§ 4.

Erläuterung der bisherigen mit der Einführung des Indifferenzbegriffes verbundenen Vorstellungen an einem konkreten Beispiel.

Legen wir nunmehr unseren bisherigen indifferenztheoretischen Betrachtungen der Austauschverhältnisse zwecks näherer Veranschaulichung ein konkretes Beispiel zugrunde und beschränken wir uns dabei zunächst wieder auf nur zwei wirtschaftliche Güter.

Die Grenznutzenfunktionen mögen mit Pareto[157]) in der Form der Geraden

$$\varphi_a = a - \alpha\varrho_a,\ \varphi_b = b - \beta\varrho_b \qquad (65)$$

gegeben sein. Der Gesamtnutzen U ist offenbar Null, wenn ϱ_a und ϱ_b je Null sind. Infolgedessen ergibt sich für

$$U = a\varrho_a - \frac{\alpha}{2}\varrho_a^2 + b\varrho_b - \frac{\beta}{2}\varrho_b^2$$

die Gleichung eines Paraboloids. Von seiner Oberfläche kann uns jedoch nur der von den Ebenen $\varrho_a = 0$, $\varrho_a = \frac{a}{\alpha}$, $\varrho_b = 0$,

[156]) G. d. E. 1893, Serie II, 7. S. 287.
[157]) ibidem.

$\varrho_b = \frac{b}{\beta}$ eingeschlossene Teil interessieren, da die Grenz„nutzen" funktionen als solche natürlich nicht negativ sein können. Die Projektionen der Indifferenzkurven auf die Ebene (ϱ_a, ϱ_b) sind Ellipsen

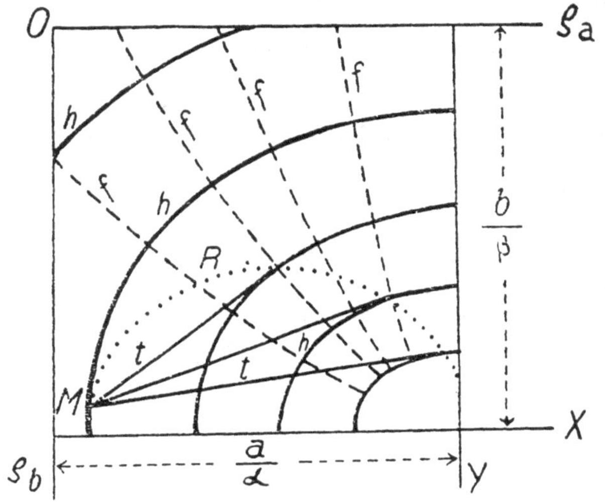

Fig. 11.

der Gleichungsform[158]) $\frac{\alpha}{2} x^2 + \frac{\beta}{2} y^2 = \mu$,

wo

$$x = \frac{a}{\alpha} - \varrho_a, \quad y = \frac{b}{\beta} - \varrho_b$$

$$\mu = c - U, \; c = \frac{a^2}{2\alpha} + \frac{b^2}{2\beta}$$

gesetzt ist.

Da U zwischen Null und seinem Maximum c variiert, so variiert gleichzeitig μ zwischen c und Null.

Die Projektionen der Vorzugskurven lassen sich auf die Gestalt

$$y^\alpha = h\, x^\beta$$

zurückführen, wo h eine willkürliche Konstante bedeutet.

---

158) In Abb. 11 sind die Höhenkurven mit h, die Fallkurven mit f bezeichnet. *M* ist der Punkt, der dem Besitzstande des Individuums vor Beginn des Tausches entspricht, während R den geometrischen Ort der Berührungspunkte der von *M* an die Höhenkurven gezogenen Tangenten *t* vorstellt.

Die von dem Individuum vor Tauschbeginn besessenen Mengen des Punktes M (siehe Fig. 11) werden auf dem Wege einer von M gezogenen Geraden bis zu dem Punkte ausgetauscht, wo diese Gerade zu einer Tangente t einer Höhenkurve h wird. Die trigonometrische Tangente des von Mt mit der ϱ_b-Achse gebildeten Winkels ε bzw. ε' stellt dann den vom Individuum angelegten Preis dar.

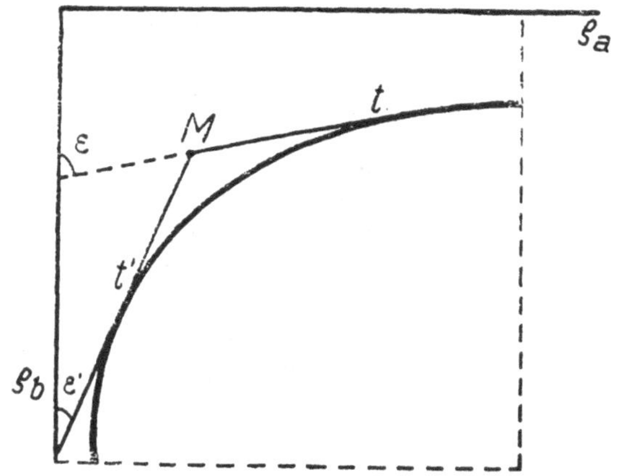

Fig. 12.

In Fig. 12 veranschaulicht Mt offenbar die zum Preise der trigonometrischen Tangente von ε gegen A nacheinander ausgetauschten Mengen von B, da diese mit wachsenden Mengen ϱ_a beständig abnehmen, während Mt' umgekehrt die zu dem Preise der trigonometrischen Tangente von ε' gegen B nacheinander ausgetauschten Mengen von A zum Ausdruck bringt. Wird ε oder ε' gleich 90° bzw. 0°, so sind offenbar keine Tauschtransformationen mehr möglich, da dann der Preis p_b gleich ∞ bzw. gleich 0 wird. Fallen die Berührungspunkte der Tangenten Mt und Mt' vollständig in den für unsere Betrachtung in Frage kommenden Projektionsabschnitt der Nutzfläche hinein, so wird es für das Individuum gleichgültig sein, ob es B für den Preis der trigonometrischen Tangente von ε gegen A oder umgekehrt A für den Preis der Tangente von ε' gegen B austauscht.

Gehen wir von dem durch den Punkt M repräsentierten Anfangszustand aus, in dem das betreffende Individuum die Mengen ϱ_a', ϱ_b' besitzen möge, um den geometrischen Ort der Berührungspunkte sämtlicher von M an die Höhenkurven h gezogenen Tangenten, d. h. also den geometrischen Ort derjenigen Punkte festzustellen, in denen das Individuum, welchen Preis es auch immer angelegt haben mag, aufhört, zu demselben Preise weitere Transformationen einzugehen, weil es in ihnen das gesuchte (stabile) wirtschaftliche Gleichgewicht erlangt hat, so haben wir zunächst Gleichung (56) zufolge:

$$p_b = \frac{\varrho_a - \varrho_a'}{\varrho_b' - \varrho_b}$$

Setzen wir diesen Wert unter Berücksichtigung von (65) in die Gleichungen

$$\varphi_a = \frac{1}{p_b}\,\varphi_b = a - \alpha\varrho_a = \frac{1}{p_b}(b - \beta\varrho_b)$$

ein, so erhalten wir die Gleichungen des gesuchten Ortes, die wir die „Ortsgleichung des wirtschaftlichen Gleichgewichtes" nennen wollen, in der elliptischen Form

$$\alpha\xi^2 + \beta\eta^2 = \frac{1}{4}\,\alpha\left(\frac{a}{\alpha} + \varrho_a'\right)^2 + \frac{1}{4}\,\beta\frac{b}{\beta} + \varrho_b'\Big)^2,$$

wo ξ und μ die auf den neuen Ursprung $\left[\frac{1}{2}\left(\frac{a}{\alpha} + \varrho_a'\right), \frac{1}{2}\left(\frac{b}{\beta} + \varrho_b'\right]\right)$ bezogenen, zu den ursprünglichen Achsen ϱ_a, ϱ_b parallelen Koordinaten bedeuten.

Betrachten wir nun unter Zugrundelegung von (65) drei Austauschgüter, so werden wir haben:

$$\varphi_a = a - \alpha\varphi_a,\ \varphi_b = b - \beta\varrho_b,\ \varrho_c = c - \gamma\varrho_c.$$

der Gesamtnutzen stellt sich dann auf:

$$U = a\varrho_a - \frac{\alpha}{2}\,\varrho_a^2 + b\varrho_b - \frac{\beta}{2}\,\varrho_b^2 + c\,\varrho_c - \frac{\gamma}{2}\,\varrho_c^2$$

Wird U in dieser Gleichung als willkürliche Konstante angesehen, so gibt sie auch gleichzeitig den geometrischen Ort der „Indifferenz" an; er ist offenbar ein Ellipsoid.

Die Vorzugslinien drücken sich dann in Gestalt der Differentialgleichungen

$$\frac{d\varrho_a}{a - \alpha\varrho_a} = \frac{d\varrho_b}{b - \beta\varrho_b} = \frac{d\varrho_c}{c - \gamma\varrho_c}$$

aus, die wir durch Integration auf die endliche Gleichungsform

$$(a - \alpha\,\varrho_a)^{\frac{1}{\alpha}} = h_1\left(b - \beta\,\varrho_b\right)^{\frac{1}{\beta}} = h_2\left(c - \gamma\,\varrho_c\right)^{\frac{1}{\gamma}}$$

bringen können, in der h_1 und h_2 willkürliche Konstante bedeuten.

Nehmen wir wieder an, daß der den einzelnen aufeinander folgenden (unendlich kleinen) Transformationsmengen zugrunde gelegte Preis durchweg beibehalten wird, so daß also

$$\varrho_a - \varrho_a' + p_b(\varrho_b - \varrho_b') + p_c(\varrho_c - \varrho_c') = 0 \qquad (66)$$

ist, so wird der geometrische Ort der Punkte, in dem jene Transformationen zu diesem Preise aufhören, offenbar durch die Berührungspunkte der durch den Punkt M (ϱ_a', ϱ_b', ϱ_c') gelegten Ebene (66) mit einer Indifferenzfläche dargestellt.

§ 5.

Der Paretosche allgemeinere Ausdruck für das Gesetz vom Gleichgewicht von Angebot und Nachfrage und seine Gültigkeit.

Wir sind in den letzten Untersuchungen immer von ein und demselben, durch den Punkt M repräsentierten Anfangszustand der wirtschaftlichen Lage des betreffenden Individuums ausgegangen, auf den wir unsere sämtlichen analytischen Formulierungen bezogen haben. Würden wir uns aber mit dieser einseitigen Betrachtungsweise begnügen wollen, so würden wir die Grenznutzenfunktionswerte in den Gleichungen (4) des wirtschaftlichen Gleichgewichtes (und damit auch den Gesamtnutzen) immer nur für den Bereich berechnen können — dieser war in dem vorhin behandelten Falle zweier Austauschgüter die Ellipse R in Fig. 11, — innerhalb dessen diese Gleichungen lediglich von dem nun einmal eingenommenen Standpunkte M aus gesehen, Geltung haben, während wir über das numerische Verhalten der Funktionen φ (und U) außerhalb dieses Bereiches keinen Aufschluß gewinnen würden. Wir wären dann, um auf unseren früheren Vergleich zurückzukommen, „wie ein Mensch gezwungen, einen und denselben (in sich geschlossenen) Pfad auf einem Berge zu durchschreiten, ohne von ihm hier- oder dorthin abbiegen zu können[159])“. (Die Gestalt dieses Pfades hängt dabei ganz von dem Verlauf der Preisschwankungen ab, denen das Angebot bzw. die Nachfrage des Individuums unterworfen ist. So hatten wir in Fig. 11 u. 12 unterstellt, daß die Preise sich in der Weise verändern, wie es dem Verlaufe der von M an die Höhenkurven gezogenen Tangenten entspricht. Man kann jedoch anstatt dessen ebensogut ein anderes Variationsgesetz des Preises zugrunde legen, indem man ihn beispielsweise den an diese Kurven gezogenen parallelen Tangenten entsprechend sich entwickeln läßt. In diesem Falle würde er offenbar konstant bleiben und die „Ortsgleichung

159) ibidem S. 293.

des wirtschaftlichen Gleichgewichts" in Fig. 11 die einer Geraden sein.) Wollen wir daher die partiellen Ableitungen von U an allen Stellen des Nutzengebildes kennen lernen, so müssen wir den Punkt M variieren lassen und zu seinen verschiedenen Lagen jedesmal den entsprechenden geometrischen Ort des wirtschaftlichen Gleichgewichtes in Beziehung setzen.

In die Sprache der Analytik übersetzt, bedeutet dies folgendes: Wir betrachten ϱ_a, ϱ_b, ϱ_c, ... als unabhängige Veränderliche und dehnen die Feststellung des geometrischen Ortes des wirtschaftlichen Gleichgewichts, auf den sie sich zunächst beziehen, nacheinander über das gesamte Nutzengebilde aus, d. h. wir nehmen einen Parameter t, der unabhängig von den zwischen ϱ_a, ϱ_b, ϱ_c,... bestehenden Beziehungen der Gleichung (62) genügt, so daß

$$dt = d\varrho_a + p_b d\varrho_b + p_c d\varrho_c + \ldots \qquad \text{ist.}$$

Wählen wir d bzw. d_1 als Zeichen der totalen Differentiation, wenn ϱ_a, ϱ_b, ϱ_c, ... bzw. t, ϱ_b, ϱ_c als unabhängige Veränderliche der abhängig Veränderlichen t bzw. ϱ_a gelten, so haben wir:

$$d\varrho_a + p_b d\varrho_b + p_c d\varrho_c + \ldots = dt$$

$$d_1\varrho_a + p_b d_1\varrho_b + p_c d_1\varrho_c + \ldots = 0 \qquad (67)$$

$$\frac{\delta U}{\delta \varrho_a} d_1\varrho_a + \frac{\delta U}{\delta \varrho_b} d_1\varrho_b + \frac{\delta U}{\delta \varrho_c} d_1\varrho_c + \ldots = d_1 U \qquad (68)$$

Damit nun die Gleichung (67) unter Beobachtung der noch gültigen Paretoschen Bedingung, daß der Grenznutzen eines Gutes nur von den Bedarfsmengen dieses Gutes abhängt, integrabel ist, muß offenbar

$$t = f(\varrho_a, \varrho_b, \ldots)$$

sein, wo f eine noch zu bestimmende Funktion bedeutet. U wird dementsprechend die Form $F(t) = F[f(\varrho_a, \varrho_b, \ldots)]$ (69) haben müssen, wo F eine willkürliche (nicht lineare) Funktion ist.

Da nun

$$\frac{\delta U}{\delta \varrho_b} = p_b \frac{\delta U}{\delta \varrho_a}, \quad \frac{\delta U}{\delta \varrho_c} = p_c \frac{\delta U}{\delta \varrho_a}, \ \ldots$$

ist, so kommt mit Rücksicht auf (68):

$$d_1 U = \frac{\delta U}{\delta \varrho_a}(d_1\varrho_a + p_b\, d_1\varrho_b + \ldots) = 0$$

Ferner hat man Gleichung (69) zufolge

$$\frac{\delta U}{\delta \varrho_a} = \frac{\delta f}{\delta \varrho_a} F'(f), \frac{\delta U}{\delta \varrho_b} = \frac{\delta f}{\delta \varrho_b} F'(f), \ldots;$$

die Integrabilitätsbedingungen für die Gleichung (67) sind somit erfüllt, wenn allgemein

$$p_b = \frac{\frac{\delta f}{\delta \varrho_b}}{\frac{\delta f}{\delta \varrho_a}} = \frac{\varphi_b(\varrho_b)}{\varphi_a(\varrho_a)}, p_c = \frac{\frac{\delta f}{\delta \varrho_c}}{\frac{\delta f}{\delta \varrho_a}} = \frac{\varphi_c(\varrho_c)}{\varphi_a(\varrho_a)}, \ldots$$

und

$$f = \int \varphi_a \, d\varrho_a + \int \varphi_b \, d\varrho_b + \ldots$$

ist.

Die Grenznutzfunktionen $\varrho_a, \varrho_b, \ldots$ weisen dann also die allgemeine Gestalt der Gleichungen

$$\frac{\delta U}{\delta \varrho_a} = \varphi_a F'(f), \frac{\delta U}{\delta \varrho_b} = \varphi_b F'(f), \ldots$$

auf. Damit haben wir den allgemeineren Paretoschen Ausdruck[160]) für das Gesetz vom Gleichgewicht von Angebot und Nachfrage gefunden.

Wenn Pareto meint[161]), es werde Angebots- und Nachfragegesetze geben, die eine solche Ausdrucksform nicht zulassen werden, so müssen wir auf Grund unserer voraufgegangenen Betrachtungen, aus denen wir wissen, daß alle bisherigen diesbezüglichen Paretoschen Untersuchungen überhaupt nur unter Beachtung einer ganz bestimmten (S. 82 formulierten) Zusatzbedingung allgemeiner Gültigkeit beanspruchen können, vielmehr umgekehrt sagen: es wird in Wirklichkeit kaum solche Gesetze geben, die mit einer so wenig vertretbaren Voraussetzung wie der von Pareto unterstellten (cf. Anm. 167) verträglich sein werden.

§ 6.

Die Gültigkeit des Paretoschen Preisvariationsgesetzes.

Wir haben bisher meistens angenommen (cf. Gleichungen [56] u. [66]), daß der einem Tauschvorgange einmal zugrunde gelegte Preis bis zu seiner Beendigung unverändert beibehalten werde. Diese Voraussetzung wollen wir jetzt fallen lassen und

[160]) Der aber, wie immer wieder zu betonen ist, lediglich unter der konkreten Voraussetzung aufgestellt worden ist, daß der Grenznutzen eines Gutes lediglich von den Bedarfsmengen dieses Gutes abhängt.

[161]) ibidem S. 298.

mit Pareto nach einem allgemeinen Gesetz suchen, nach dem die Preise in den aufeinanderfolgenden Transformationen variieren.

Bezeichnen wir zu diesem Zweck die für die Menge $d\varrho_a = d\mu$ erstandenen Warenmengen mit $d\varrho_b$, $d\varrho_c$, ..., so hat man

$$d\mu = p_b d\varrho_b + p_c d\varrho_c + \ldots$$ [162]).

Stellen nun μ', ϱ'_b, ϱ'_c, ... die von dem betreffenden Individuum vor Eingehen des Tausches bereits besessenen Mengen vor, und folgen wir der Paretoschen Hypothese, daß p_b nur von ϱ_b, p_c, nur von ϱ_c u. s. f. abhänge, so erhalten wir sofort als Preisvariationsgesetz:

$$\mu - \mu' = \int_{\varrho_b'}^{\varrho_b} p_b \, d\varrho_b + \int_{\varrho_c'}^{\varrho_c} p_c \, d\varrho_c + \ldots \tag{70}$$

Lassen wir beispielsweise die Preise für drei Güter in der Gestalt

$$p_b = p_b' - 2\,k_b\varrho_b, \quad p_c = p'_c - 2\,k_c\,\varrho_c$$

mit wachsenden Gebrauchsmengen abnehmen, so folgt

$$\mu - \mu' = p_b'\,(\varrho_b - \varrho_b') + p_c'\,(\varrho_c - \varrho_c') - k_b\,(\varrho_b^2 - \varrho_b'^2)$$
$$- k_c(\varrho_c^2 - \varrho_c'^2).$$

Sind die Preise konstant, also $k_b, = k_c = 0$, so geht hieraus die bekannte Gleichung (66) hervor.

Nun ist aber die erwähnte Paretosche Hypothese der beschränkten Abhängigkeit der Preise im allgemeinen unhaltbar. Nachdem wir erkannt haben, daß die Bedürfnisse, also die Grenznutzfunktionen φ, von sämtlichen in Frage kommenden Bedarfsmengen abhängig zu denken sind, kann es keinem Zweifel mehr unterliegen, daß, wenn in unseren Untersuchungen, um dieselben dadurch der Wirklichkeit der Verhältnisse besser anzupassen, auch eine Abhängigkeit der Preise von den entsprechenden Bedarfsmengen zu berücksichtigen ist[162a]), dies generaliter nur in der Weise geschehen kann, daß die Preise als Funktionen der Mengen sämtlicher in den Wirtschaftskreis des betreffenden Individuums hineinspielenden Bedarfsartikel aufgefaßt werden. Soll also die Paretosche Hypothese wenigstens formell bestehen können, so bleibt nichts übrig, als auch ihre allgemeinere Gültigkeit an die von uns oben (S. 82) aufgestellte fundamentale Zusatzbedingung zu knüpfen.

---

[162]) Die $d\varrho_b$ $d\varrho_c$, ... sind natürlich negativ zu nehmen.

[162a]) Was offenbar bedingt, daß dem betreffenden Individuum ein — sei es auch noch so unmerklicher — Einfluß auf die Preisbildung des Marktes zugestanden wird.

§ 7.

Die Gültigkeit des Paretoschen Variationsgesetzes von Angebot bzw. Nachfrage (cf. C I § 2) bei variabeln Preisen der sukzessiven Tauschtransformationen.

Wir haben früher einige auf die Variation des Angebots bzw. der Nachfrage bezüglichen Theoreme behandelt (cf S. 52 ff.), die nur unter den prinzipiellen (z. T. stillschweigenden) Voraussetzungen aufgestellt waren, daß

1. der Grenznutzen eines Gutes nur von den Bedarfsmengen dieses Gutes abhängt,

2. die zu einem bestimmten Preise begonnenen sukzessiven Tauschtransformationen auch zu diesem Preise durchgeführt werden.

Es läßt sich nun von der dabei seinerzeit benutzten grundlegenden Formel (16) zeigen[163]), daß diese — natürlich immer die strenge Beachtung der von Pareto übersehenen notwendigen Zusatzbedingung (S. 82) vorausgesetzt — ihre Gültigkeit keineswegs verliert, wenn wir nur die erste der obigen Annahmen beibehalten, die zweite also fallen lassen.

Gehen wir nämlich von der ermittelten Formel (70) aus und setzen in ihr

$$r_a = \mu - \mu', \; r_b = \varrho_b - \varrho_b', \; r_c = \varrho_c - \varrho_c', \; \ldots$$

so geht dieselbe über in:

$$r_a = \int_0^{\varrho_b} p_b \, dr_b + \int_0^{\varrho_c} p_c \, dr_c + \ldots \tag{71}$$

Differenzieren wir nun die Gleichung (13) nach p_b, indem wir dabei — wie es nur der Wirklichkeit entspricht — die Grenznutzausdrücke φ zunächst als Funktionen sämtlicher Mengen r_b, r_c, ... betrachten, jedoch r_a festhalten, da wir jetzt unter A spezifisch das Geld verstehen wollen (dessen im Werte der mit ihm eingetauschten Güter B, C, ... ausgedrückte Menge dieselbe bleibt), so erhalten wir:

$$\frac{\delta \varphi_b}{\delta r_a} \frac{\delta r_b}{\delta p_b} + \frac{\delta \varphi_b}{\delta r_c} \frac{\delta r_c}{\delta p_b} + \ldots = \frac{1}{p_b} \varphi_b + p_b \frac{\delta m}{\delta p_b}$$

$$\frac{\delta \varphi_c}{\delta r_c} \frac{\delta r_c}{\delta p_b} + \frac{\delta \varphi_c}{\delta r_c} \frac{\delta r_c}{\delta p_b} + \ldots = p_c \frac{\delta m}{\delta p_b}$$

. . . .

. . . .

163) cf. ibidem S. 304.

Die Jacobische Determinante dieses Gleichungssystems ergibt sich mit

$$D = \begin{vmatrix} \frac{\delta \varphi_b}{\delta r_b} & \frac{\delta \varphi_b}{\delta r_c} & \dots \\ \frac{\delta \varphi_c}{\delta r_b} & \frac{\delta \varphi_c}{\delta r_c} & \dots \\ \frac{\delta \varphi_d}{\delta r_b} & \frac{\delta \varphi_d}{\delta r_d} & \dots \\ \dots & \dots & \dots \\ \dots & \dots & \dots \end{vmatrix} \neq 0$$

als Bedingung dafür, daß sich aus ihm die $\frac{\delta r_b}{\delta p_b}$, $\frac{\delta r_c}{\delta p_b}$ ...eindeutig bestimmen lassen. Da φ_b, φ_c, ... partielle Abteilungen von U, so haben wir in D offenbar die sogenannte Hessische Determinante vor uns. Bezeichnen wir nun die Unterdeterminante ihres Gliedes in der i ten Zeile und n ten Spalte mit $D_{i,n}$ so werden wir haben

$$D \frac{\delta r_b}{\delta p_b} = \frac{\varphi_b}{p_b} D_{1,1} + \frac{\delta m}{\delta p_b} (p_b D_{1,1} + p_c D_{2,1} + \dots)$$

$$D \frac{\delta r_c}{\delta p_b} = \frac{\varphi_b}{p_b} D_{1,2} + \frac{\delta m}{\delta p_b} (p_b D_{1,2} + p_c D_{2,2} + \dots)$$

....

....

Differenzieren wir dann die Gleichung (71) nach p_b und beachten dabei die unterstellte Konstanz von r_a, so kommt

$$r_b + p_b \frac{\delta r_b}{\delta p_b} + p_c \frac{\delta r_c}{\delta p_b} + \dots = 0$$

Substituieren wir nun in diese Gleichung die gefundenen Werte der partiellen Ableitungen von r_b, r_c, ... und setzen

$$\mathfrak{D}_{n,\chi} = p_b D_{1,\chi} + p_c D_{2,\chi} + \dots$$

$$\mathfrak{D}_{\chi,n} = p_b D_{\chi,1} + p_c D_{\chi,2} + \dots$$

$$S = p_b \mathfrak{D}_{1/n} + p_c \mathfrak{D}_{2/n} + \dots$$

wo n die Zahl der insgesamt betrachteten Waren B, C, ... vorstellt, so erhalten wir

$$S \frac{\delta m}{\delta p_b} = - D r_b - \frac{\varphi_b}{p_b} \mathfrak{D}_{1/n}$$

Daraus folgt schließlich

$$\frac{\delta r_b}{\delta p_b} = \frac{-r_b + \frac{\varphi_b}{p_b}\left(\frac{D_{1/1}\,S}{D\,\mathfrak{D}_{n/1}} - \frac{\mathfrak{D}_{1/n}}{D}\right)}{S}\,\mathfrak{D}_{n,1} \tag{72}$$

Wir würden also, wenn wir die φ von sämtlichen r abhängig sein ließen, einen gegenüber dem uns bereits bekannten (cf. Gl. [16]) beträchtlich erweiterten Ausdruck für $\frac{\delta r_b}{\delta p_b}$ erhalten. Beschränken wir dagegen die Abhängigkeit des Grenznutzens eines Gutes auf die betreffenden Mengen dieses Gutes, so tritt folgende Vereinfachung ein: es wird

$$D = \varphi_b'\,\varphi_c'\,\varphi_d' \ldots, D_{1/1} = \varphi_c'\,\varphi_d' \ldots$$

$\mathfrak{D}_{1,n} = \mathfrak{D}_{n,1} = p_b D_{1,1}$ und $S = p_b^2 \varphi_c' \varphi_d' \ldots + p_c^2\,\varphi_b'\,\varphi_d' \ldots,$
so daß mit

$$\frac{\delta r_b}{\delta p_b} = \frac{-r_b p_b + \frac{\varphi_b}{p_b}\left(T - \frac{p_b^2}{\varphi_b'}\right)}{T\,\varphi_b'} \tag{73}$$

wo

$$T = \frac{p_b^2}{\varphi_b'} + \frac{p_c^2}{\varphi_c'} + \ldots$$

tatsächlich die alte Struktur der Gleichung (16) wieder erscheint. Damit ist es sonach erwiesen, daß die auf diese Gleichung gegründeten Theoreme (S. 52 ff.), insbesondere die Betrachtungen über die mögliche Gestalt der Angebotskurven (S. 55 ff.), auch ohne weiteres auf den allgemeineren Fall einer Variabilität der den aufeinanderfolgenden Tauschtransformationen zugrunde gelegten Preise Anwendung finden können.

§ 8.

Die Ablösung des Grenznutzenbegriffes durch den Indifferenzbegriff als Grundlage der Theorie vom wirtschaftlichen Gleichgewicht.

Haben wir in unseren bisherigen Untersuchungen auch bereits das allmähliche Eindringen des Edgeworthschen Indifferenzbegriffes deutlich beobachten können, so ist doch der Nachweis sämtlicher Paretoscher Theoreme letzten Endes auf dem Boden der Grenznutzentheorie geführt worden. Die Beurteilung dieser Theorie hat bekanntlich, insbesondere von seiten der nicht mathematisch orientierten Volkswirte, bisher noch keine „communis opinio" gefunden (s. Literaturübersicht in der Dissertation von Niehus 1924). Doch dürfte es — unabhängig von der, wenn auch im allgemeinen nicht zu leugnenden, so doch immerhin Ausnahmen (cf. Anmerk. 91) unterworfenen Gültigkeit des Gossenschen Grenznutzen g e s e t z e s selbst — schwerlich gelingen, dieser Theorie, auf die wir hier nicht näher eingehen können, im Zusammenhange der hier erörterten (eben q u a n t i t a t i v e n) Probleme ihre Existenz- und Gleichberechtigung mit etwaigen anderen Nutz m e n g e n - theorien absprechen zu wollen, wo sie sich als Grundlage für die Behandlung des Stoffes fast von selbst ergibt.

Doch einem wichtigen Einwand werden die bisherigen Paretoschen Grenznutzoperationen nicht auszuweichen vermögen. Pareto hat nämlich, w e n i g s t e n s i m P r i n - z i p [164]), bisher angenommen, daß der Grenznutzen (die Elementaroph elimität) oder der Genuß durch eine Q u a n - t i t ä t φ u n mittelbar (!) darzustellen und auch wirklich zu m e s s e n ist. Dies ist aber, wie wir bereits [164]) hervorgehoben haben, eine Hypothese, die sich noch in keiner Weise hat e m p i r i s c h rechtfertigen lassen.

Pareto hat diese Schwierigkrit später auch selbst erkannt und, wie wir schon gelegentlich andeuteten, sie dadurch zu beseitigen versucht, daß er — und hierin ist seine eigentliche wissenschaftliche Errungenschaft zu erblicken — nicht mehr die Elementarophelimität, sondern den Begriff der „I n - d i f f e r e n z" oder der Freiheit der A u s w s h l zur Grundlage der Theorie vom wirtschaftlichen Gleichgewicht gemacht hat, eine Version, die, wie wir gesehen haben, ohne weiteres zulässig ist, da wirtschaftliches Gleichgewicht stets dort vorhanden ist, wo der vom Tausch beschrittene Weg ein Indifferenzgebilde berührt. In der Einführung des Indifferenzbegriffes liegt auch die hauptsächlichste Bedeutung der (u. a. von Amoroso [165]) treffend gewürdigten) Fortbildung seines Cours d'économie politique zu einem Manuale d'economia politica. In diesen beiden Lehrbüchern legt Pareto das Ergebnis seiner von uns soeben behandelten allgemeinen analytischen Untersuchungen in breiterer, aber auch vollkommenerer Form nieder und gestaltet ihr bisheriges Substrat für die Zwecke der Behandlung besonders wichtiger Einzelphänomene weiter aus. Es würde jedoch dem Charakter dieser Schrift, die nur die Grundlinien der Entwicklung der mathematischen Schule in Italien kritisch aufzuzeichnen sich bemüht, widersprechen, die Einzelheiten der dort angeschnittenen Spezialfragen, die eine schier unermeßliche Fülle wertvoller Anregungen bieten, hier auch nur zu

---

[164]) cf. S. 62 ff.

[165]) G. d. E. 1909 II, Serie II, 39. S. 353 ff.

berühren. Wir begnügen uns daher fürs folgende damit, lediglich die allgemeine Bedeutung des erwähnten Paretoschen Schrittes für die Bereicherung der mathematischen Wirtschaftslehre kurz zu charakterisieren.

Beschränken wir uns nur wieder der Einfachheit halber auf die Betrachtung bloß zweier von einem Individuum ausgetauschten Güter A und B, so können wir bekanntlich die fraglichen Indifferenzkurven durch eine Gleichung der Form $F(r_a, r_b) = z$ darstellen, in der die verschiedenen Werte von z den verschiedenen Indifferenzkurven entsprechen. Da für ein und dieselbe Kurve z konstant ist, so ergibt sich die uns geläufige (cf. Gl. [51]) Differentialgleichung der Indifferenzkurven mit

$$\frac{\delta F}{\delta r_a} dr_a + \frac{\delta F}{\delta r_b} dr_b = 0$$

oder einfacher mit

$$F r_a \, dr_a + F r_b \, d r_b = 0 \qquad (74)$$

Dieselbe ähnelt ganz der bekannten Bedingungsgleichung (2):

$$\varphi_a \, \delta r_a + \varphi_b \, \delta r_b = 0$$

für den Eintritt des wirtschaftlichen Gleichgewichtes. Die Lösung des Tauschproblems stimmt im übrigen mit der bereits dargelegten völlig überein. Doch liegt ihr Unterschied jetzt darin, „daß wir damals von der Messung des Genusses ausgingen, während jetzt dieser Ausgangspunkt in den Resultaten des Experimentes, vermittelst dessen uns die Wünsche des Individuums offenbart worden sind, liegt. Die Funktionen Fr_a und Fr_b sind reine Erfahrungssache und haben theoretisch nichts Unbestimmtes oder Zweifelhaftes[166]“.

Die Funktionen φ_a und φ_b können sich dann von den Funktionen Fr_a und Fr_b bekanntermaßen nur um einen und denselben Faktor unterscheiden, so daß man hat:

$$\varphi_a = \lambda \, Fr_a, \quad \varphi_b = \lambda \, Fr_b.$$

Existiert nun eine Funktion U mit den partiellen Ableitungen φ_a, φ_b und ebenfalls eine Funktion F, die Fr_a und Fr_b zu partiellen Ableitungen hat, so ist offenbar

$$U = f(F) \qquad (75)$$

[166]) Enzyklopädie der mathem. Wissenschaften I G 2, S. 1110. — Von mir gesperrt.

zu setzen, wo f eine willkürliche Funktion ist. „Eben weil aber f arbiträr ist, sind die Experimente, die Wünsche und Auswahlen betreffend, welche uns F liefern, nicht imstande, U zu bestimmen. Dies ist als ein wesentlich neues Ergebnis der mathematischen Behandlung anzusehen[167]).“ Um U eindeutig ermitteln zu können, ist daher, wie von Pareto erst jetzt erkannt wird, von uns aber bereits früher immer wieder betont worden ist, noch eine Angabe über die bestimmte Reihenfolge, in der die Güter A und B zu erwerben bzw. zu konsumieren sind, und über die „Indifferenz“[168]) dieser Reihenfolge erforderlich, m. a. W., es bleibt noch übrig zu entscheiden, ob wir es mit „geschlossenen“ oder „nicht geschlossenen Tausch- bzw. Verbrauchskreisen“ zu tun haben, wodurch erst der Integrationsweg für die Lösung der Differentialgleichung (74) festgelegt wird. Hier wird also wieder einmal recht deutlich die nicht nur theoretisch, sondern auch (von Pareto früher[169]) geleugnete) praktisch wichtige Bedeutung der Berücksichtigung einer bestimmten „Genußauswahlordnung“ klar.

Pareto gibt noch eine andere Erklärung seines Schrittes:

„Geben wir jeder Kombination r_a, r_b einen numerischen Index, der durchaus arbiträr sei, bis auf folgende zwei Bedingungen: 1. Fällt bei zwei Kombinationen die Wahl eher auf die eine als auf die andere, so muß die vorgezogene (die erste) einen höheren Index als die andere (die zweite) bekommen. 2. Zwei Kombinationen, unter denen zu wählen gleichgültig ist, müssen denselben Index bekommen.

Dann kann man auf folgende Art ein System von Indizes aufstellen: Die Vorzugslinien sind derartig, daß längs derselben r_a und r_b zugleich wachsen. Betrachten wir eine dieser Kurven und nehmen auf dieser Kurve eine Reihe von Punkten, denen wir mit r_a und r_b wachsende Indizes geben. Durch einen jeden dieser Punkte legen wir eine Indifferenzlinie, deren Punkte alle denselben Index haben werden. Wir erhalten dadurch ein System von Indizes. Das Gesetz, nach dem die Indizes der Punkte der Vorzugslinie wachsen, ist (sc. beim Fehlen einer bestimmten Genußauswahlordnung, d. Verf.) durchaus beliebig; es muß jedoch das einer kontinuierlichen Funktion sein.

Geometrisch können diese Indizes als Ordinaten z einer Oberfläche $F(r_a, r_b) = z$ betrachtet werden. ...

---

167) ibidem (z. T. von mir gesperrt).

168) Die sich aber höchstens auf Surrogate wird beziehen können (cf. S. 81).

169) cf. S. 78 ff.

Es gibt — sc. wieder vorausgestzt, daß eine bestimmte Genußauswahlordnung nicht bekannt ist, d. Verf. — unendlich viele Systeme von Indizes und folglich eine unendliche Anzahl von Flächen, die alle dieselben Projektionen der Horizontallinien (sc. Höhenkurven, d. Verf.) und Linien größter Neigung (sc. Fallkurven, d. Verf.) haben. Greifen wir nun zurück und nehmen wieder einen Augenblick an, der Genuß ließe sich messen.

Auf einer jeden Indifferenzlinie wollen wir die Größe des Genusses, den die durch diese Linien dargestellten Kombinationen ausdrücken, einschreiben [170]). Man beweist dann, daß die so eingeschriebenen Zahlen zu den Systemen von Indizes gehören, die vorher besprochen worden sind. Die Oberfläche, deren Ordinaten den Genuß messen, gehört zu der unendlichen Zahl von Oberflächen, die alle dieselben Projektionen ihrer Horizontallinien haben [170]).

Um die Fundamentalgleichungen der wirtschaftlichen Statik aufzustellen, genügt die Kenntnis dieser Projektionen. Wir brauchen dagegen nicht zu wissen, ob der Genuß (die Nützlichkeit, die Ophelimität) eine meßbare Größe im mathematischen Sinne des Wortes ist oder nicht, noch weniger brauchen wir ein exaktes Maß des Genusses; die Kenntnis der Indifferenzlinien genügt. Die einzigen meßbaren Größen, die der Betrachtung zugrunde liegen, sind die Waren selbst."

Damit wird der Gedankengang, der zu den Grundgleichungen (des wirtschaftlichen Gleichgewichts) führt, streng; dasjenige, was dieser Strenge im Wege stand, war überflüssig [171])."

So ist es Pareto tatsächlich gelungen, seine, sowie überhaupt sämtliche auf die Theorie des wirtschaftlichen Gleichgewichts gegründeten Betrachtungen von dem Begriff des Grenznutzens, überhaupt der Ophelimität, d. h. von seiner unmittelbaren Verwendung unabhängig zu machen. An Stelle der bisherigen Gesamtnutzenfunktion (ofelimità) U bzw. deren partielle Ableitungen φ_a und φ_b als Grenznutzenfunktionen (ofelimità elementari) treten nunmehr, dem

---

[170]) cf. V. Pareto, G. d. E. 1900, März und Juni.

[171]) Enzyklopädie der mathem. Wissenschaften I G 2, S. 1110. — Von mir gesperrt.

geschilderten Indexverfahren zufolge, der Ohelimitäts i n d e x (indice di ofelimità) F bzw. die Elementarophelimitätsindizes (indici elementari di ofelimità) Fr_a und Fr_b, wodurch die theoretische Allgemeingültigkeit und praktische Verwendbarkeit der bisherigen Untersuchungen natürlich an Ausdehnung bedeutend gewinnt.

Es genügen nunmehr für die Festlegung des ökonomischen Gleichgewichts Ophelimitätsindizes, die mit zu- bzw. abnehmendem Genusse ebenfalls zu- bzw. abnehmen. Erst jetzt, wo die Auswahl des wirtschaftlichen Gleichgewichts dominiert, führen uns die allgemeinen Bedingungsgleichungen (4) und (11) dieses Gleichgewichts „eine schon von den Klassikern der Volkswirtschaftslehre zum Teil gekannte Wahrheit recht klar vor Augen, nämlich die, daß die Preise nur Mittel und nicht Zweck sind; ein Mittel, um Beziehungen zwischen Genüssen und Widerständen herzustellen; die Preise verschwinden durch Elimination aus den Grundgleichungen; zur Bestimmung der Quantitäten, die ein jeder erhält, bleiben nur die Parameter der Genüsse, Widerstände und der anfänglichen Verteilung des Reichtums. Man kann die merkwürdige Beobachtung machen, daß die Preise in den Gleichungen der Wirtschaftslehre ebenso auftreten, wie die Faktoren λ, μ, ν, ... in der Mechanik hinsichtlich ihrer Elimination aus den Gleichungen der virtuellen Geschwindigkeiten (sc. als eine solche kann bekanntlich die Gleichung [4] aufgefaßt werden, d. Verf.). Gerade ebenso führt man die Preise ein, um die Verbindungen darzustellen [172]).“

Das bisherige Maximum der Ophelimität (des Wohlseins) führt zu jenem Optimum der Genüsse, „das mit Rücksicht auf die gegebenen Widerstände möglich ist oder, anders gesagt, es bringt keine neuen, nicht schon durch die Hindernisse gegebenen Einschränkungen der Auswahl mit sich [173])“, d. h. es führt zur F r e i h e i t der Genußwahl.

Doch nicht genug, Pareto ist in der französischen Ausgabe „Manuel“ seines „Manuale d'economia politica“ noch einen Schritt weitergegangen, indem er nicht einmal die Kenntnis des Ophelimitätsindex F verlangt, sondern nur noch irgendeine eindeutige Funktion dieses Index (cf. die Funktion f in Gleichung [75]), die mit zu- bzw. abnehmendem Genusse ebenfalls zu- bzw. abnimmt und die er „funzione

[172]) ibidem S. 1115.
[173]) ibidem S. 1117.

indice" nennt, für die Stabilisierung des Gleichgewichtes als bekannt voraussetzt [173a]).

Eine solche Indexfunktion läßt sich generell mit Amoroso [174]) am besten folgendermaßen definieren:

Es mögen eine bestimmte Anzahl von Parametern

$$a_1, a_2, \ldots a_n$$

dazu dienen, die Konfiguration eines bestimmten Systems zu individualisieren. Dann, nehmen wir an, sei es gelungen, eine gewisse Funktion

$$f(a_1, a_2, \ldots a_n)$$

so zu bestimmen, daß, wenn einem positiven Zuwachs δa_r — unter a_r eine allgemeine Variable verstanden — ein positiver bzw. negativer Zuwachs von δf entspricht, das betreffende System sich in dem Sinne der positiven bzw. negativen a_r bewegt, dagegen unbeweglich bleibt, sobald diesem (positiven) Zuwachs δa_r ein Zuwachs $\delta f = O$ entspricht. Die fragliche Gleichgewichtslage dieses Systems ergibt sich dann aus der Lösung des Gleichgewichtssystems:

$$\frac{df}{da_1} = O, \frac{df}{da_2} = O, \ldots \frac{df}{da_n} = O$$

Eine Funktion f, die dieser Bedingung genügt, ist dann als Indexfunktion gekennzeichnet.

Was besonders zu beachten ist, gelten diese Überlegungen ganz a l l g e m e i n; sie können ebensowohl auf mechanische wie auf ökonomische Systeme Anwendung finden, ohne auf diese beschränkt zu bleiben. „Die Gestalt der Theorie wechselt nicht, wenn auch die Bedeutung der Funktion f wechselt; das Wesentliche ist, daß sie I n d e x des Sinnes ist, aus dem man die Bewegung des Systems im voraus ersieht. Man mag eine Indexfunktion des Altruismus finden und sie an Stelle von f setzen, und wird so die mathematische Theorie des Altruismus erhalten [175])."

So unterscheidet denn Pareto Indexfunktionen für Produzenten, Konsumenten usw. Den Gewinn eines Monopolisten beispielsweise kann man mit Amoroso [176]) im allgemeinen als Funktion nur eines Parameters, wie der Verkaufsmenge a des betreffenden Monopolgutes auffassen [177]). Bedeutet dann $f(a)$ den Reingewinn des Monopolisten, so

---

[173a]) cf. darüber auch Pareto in der „Encyclopédie des sciences mathématiques I 26, S. 596ff. passim; über das Verhältnis der Ophelimitätsindizes zu gewissen Angebots- und Nachfragekurven cf. denselben ibid. S. 614 ff. passim.

[174]) G. d. E. 1909, Serie II, 39. S. 355.

[175]) ibidem. [176]) ibidem. [177]) cf. Anmerk 144b.

läßt sich f(α) als Indexfunktion in dem oben definierten Sinne betrachten. Die Lage des wirtschaftlichen Gleichgewichts ist dann durch die Bedingung

$$\frac{df}{d\alpha} = 0$$

bestimmt, die ausdrückt, daß der Monopolist nach dem nur irgendwie erreichbaren Profitmaximum strebt.

Durch die Konstruktion der Indexfunktionen — eine der wichtigsten Aufgaben der speziellen exakten Nationalökonomie wird es sein müssen, diese Indexfunktionen für die einzelnen Gebiete der Produktion, Distribution und Konsumtion auf Grund der (besonders statistischen) Erfahrung näher zu bestimmen [177a]) — hat die Theorie des wirtschaftlichen Gleichgewichts offenbar einen Grad der Allgemeinheit erlangt, der kaum noch einer Steigerung fähig sein dürfte. Der bis zu ihnen zurückgelegte Weg der generalisierenden Abstraktion, der im „Manuel" Paretos mündete, nahm seinen Ausgangspunkt von der Ophelimität des „Cours" und führte über den Ophelimitätsindex des „Manuale" dieses originellen Verfassers. Jedes weitere Fortschreiten auf diesem Wege bedeutete für ihn eine zunehmende Emanzipation von der unmittelbaren Verwendung jeder positiv oder negativ gerichteten Nutzen- (insbesondere Grenznutzen-) Vorstellung und ihre Ersetzung durch die neutrale Nutzenindifferenzindexvorstellung. Seine Vorstellungen und Methoden hinsichtlich der Behandlung des ökonomischen Gleichgewichtsproblems haben somit einen durchaus organischen Entwicklungsgang genommen, „es sind eben nicht bloß eine Sammlung von guten Rezepten, um irgendein besonderes Problem zu lösen, sondern sie bilden ein harmonisches Ganzes, welches mit einer gewissen Annäherung, wie alle abstrakten Theorien, die Beziehungen darstellt, die in einer weit ausgedehnten Klasse von Naturerscheinungen vorherrschen. Wie in der Theorie der rationellen Mechanik und der gesamten mathematischen Physik, so gibt die Mathematik auch in den Theorien der Reinen Politischen Ökonomie nur die Sprache her, in der sie infolge der Schwäche des menschlichen Verstandes allein Ausdruck finden können [177b])."

[177a]) Als eine wertvolle Untersuchung im Sinne der näher zu begründenden Auffassung von der allgemeinen Gestalt der „Indexfunktion" des Kapitals und Zinses kann gewissermaßen Eugen v. Böhm-Bawerks „Positive Theorie des Kapitals" (Innsbruck 1900) aufgefaßt werden (cf. auch Irving Fisher, The nature of capital and income, New York 1906, sowie dens., The rate of interest, its nature, determination and relation to economic phenomena, New York 1907).

[177b]) Amoroso ibidem.

§ 9.

Die Integration der Indifferenzgleichungen. — Die „cicli chiusi“ und „cicli non chiusi.“ — Die Gleichungen des (Bedürfnisbefriedigungs-) Widerstandes.

Im Falle bloß zweier Austauschgüter wird die Integration der Differentialgleichung (58) im allgemeinen erhebliche Schwierigkeiten bereiten, da das dann vorhandene Binom ihrer rechten (nicht durch O dargestellten) Seite offenbar unendlich viele Integrationsfaktoren zuläßt und somit die Funktion U, wenn auch ihre Elemente sich aus der Beobachtung (evtl. experimentell) innerhalb gewisser Variationsgrenzen feststellen lassen sollten, stets mehr oder weniger willkürlich bleiben muß.

Auf diese Unbestimmtheit des Problems hat insbesondere Vito Volterra [178]) hingewiesen, indem er sagt: „Der Übergang von dem Fall bloß zweier Güter zu dem Fall von drei oder mehr Gütern und seine entsprechende Erörterung würde eine genauere Prüfung verdienen. ... In der Tat ist es bekannt, daß, während ein binomischer Differentialausdruck

$$X\,dx + Y\,dy$$

immer unendlich viele Integrationsfaktoren gestattet, ein entsprechendes Trinom oder Polynom dies nicht erlauben wird.“

Dieser für die weitere Vervollkommnung der Theorie des wirtschaftlichen Gleichgewichts von ausschlaggebender Bedeutung gewordenen Anregung Volterras ist Pareto später in seiner Abhandlung „L'Ofelimità nei cicli non chiusi [178a])“ gefolgt.

Die wichtigsten Gedankengänge dieses Aufsatzes sind von Pareto bald darauf in sein „Manuel“ [178b]) übernommen worden. Da diese letztere Darstellung zum Teil nennenswerte Vervollkommnungen gegenüber der ersteren aufweist, werden wir sie im folgenden in erster Linie zugrunde legen.

Nimmt ein Individuum unter den Mengen x, y, z... der in seinem Besitz befindlichen Güter X, Y, ... Z diejenigen Kombinationen $x_1, y_1, \ldots z_1$; $x_2, y_2 \ldots z_2$; $x_3, y_3, \ldots z_3$ aus, die für ihn denselben (Indifferenz-)Wert haben, d. h. unter denen sich keine befindet, der er den Vorzug vor einer anderen gehen würde, so ergibt sich offenbar eine Gleichung der Form

$$f_1(x, y \ldots z) = O. \tag{a}$$

[178]) G. d. E., Serie II, 32. 1906, 1. S. 296 ff.
[178a]) G. d. E., Serie II, 33. 1906, 2. S. 15 ff.
[178b]) S. 546 bis 557.

Diese besagt, daß wir, wenn wir in ihr für x, y, ... gewisse Werte $x_1, y_1 \ldots, x_2, y_2 \ldots, x_3, y_3 \ldots$ zugrunde legen, für z die Werte z_1, z_2, z_3 erhalten. Die Gleichung (a) ist dann offenbar einer bestimmten mehrdimensionalen Mannigfaltigkeit als Indifferenzgebilde zuzuordnen. Gehen wir von anderen indifferenten Kombinationen $x_1', y_1', \ldots x_2', y_2', \ldots$ aus, die in den vorhin gewählten nicht einbegriffen sind, so werden wir eine der Gl. (a) analoge Gleichung $f_2(x, y, \ldots z)$ erhalten. Setzen wir dieses Verfahren für weitere indifferente Kombinationen beliebig fort und teilen wir nach der vorhin mitgeteilten Methode jedem Indifferenzgebilde den entsprechenden Index I zu, so ergeben sich uns die Indizes $I_1, I_2, I_3, \ldots$, die den Funktionen $f_1, f_2, f_3, \ldots$ entsprechen. Alle Indifferenzgebilde, die wir auf diese Weise erhalten, lassen sich in der Gleichung

$$f(x, y, \ldots I) = 0 \qquad \text{(b)}$$

zusammenfassen, wenn wir dem Parameter I nacheinander die passenden Werte beilegen. Diese Gleichung kann auch in der Form

$$I = \Psi(x, y, z \ldots) \qquad \text{(c)}$$

dargestellt werden, während ein ganzes System solcher Indizes I durch die Gleichung

$$I = F(\Psi) \qquad \text{(d)}$$

leicht zu veranschaulichen ist, wo F eine willkürliche Funktion ist.

Wenn das Individuum von der Kombination x, y, z, ... zu der vorzuziehenden Kombination x + dx, y, z, ... schreitet, so wird sich der Index I um

$$\frac{\delta I}{\delta x} dx = F'\Psi_x \, dx \qquad \text{(e)}$$

erhöhen. Die Indexfunktion I bzw. ihre partiellen Ableitungen $I_x, I_y, \ldots$ dienen nach dem voraufgegangenen dazu, den Gesamtnutzen bzw. den Grenznutzen der betreffenden Güter zu messen. Es fragt sich nun, inwieweit diese Index*messung*, die als solche stets erst ein *mittelbares* Ergebnis darstellt, auf Grund der auf sie bezüglichen *un*mittelbaren *Erfahrungs*tatsachen vor sich gehen kann, d. h. welche konkreten Voraussetzungen an ihre praktische Brauchbarkeit zu knüpfen sind.

Um dies festzustellen, gehen wir von Gleichung (d) aus. Diese stellt offenbar für einen bestimmten (konstanten) Wert von I auch ein bestimmtes Indifferenzgebilde dar. Differenzieren wir sie daher für ein solches konstantes I, so ergibt sich

$$dI = \Psi_x F'dx + \Psi_y F'dy + \Psi_z F'dz + \ldots = O \qquad (f)$$

oder

$$\Psi_x dx + \Psi_y dy + \Psi_z dz + \ldots = O \qquad (g)$$

als zugehörige Differentialbegleichung jenes Indifferenzgebildes, die der Gleichung (58) entspricht. Es erhellt auf den ersten Blick, daß die Gleichung (f) bzw. (58) stets einen Integrationsfaktor hat, wenn die Reihenfolge, in der die Güter nacheinander verzehrt werden, gleichgültig ist, also keinen Einfluß auf ihre Auswahl hat, sowie wenn Ψ_x nur von x bzw. Ψ_y nur von y usw. abhängt (F' dabei einer Konstante A gleichgesetzt); denn dann ist:

$$\frac{\delta I}{\delta x} = A\Psi_x; \frac{\delta I}{\delta y} = A\Psi_y, \ldots \text{ und}$$

$$\Psi = S\Psi_x dx + S\Psi_y dy + \ldots\ldots$$

Es handelt sich nun darum, festzustellen, wie sich die Integrationsbedingungen obiger Differentialgleichungen gestalten, wenn wir uns von den zuletzt erwähnten beiden Voraussetzungen befreien. Lassen wir zunächst die erste von ihnen fallen, so entstehen keine weiteren Schwierigkeiten bei der Integration der Gleichung (g) bzw. (58), da die in ihnen vorkommenden Summanden stets so geordnet und nacheinander integriert werden können, wie es dem vorgeschriebenen Integrationswege entspricht. Lassen wir dagegen die zweite Bedingung fallen, so gehen wir von dem Gedanken aus, daß sich das Individuum in dem Punkte x, y, z, ... t befindet und nun im Begriffe steht, die Mengen dx, dy zu verzehren; diese mögen empirisch in der Weise bestimmt sein, daß die Wahl zwischen der Ausgangskombination (x, y, z ... t) und der Kombination x + dx, y + dy, z...t indifferent bleibt, so daß uns die Erfahrung unmittelbar etwa die Gleichung

$$dx + b_y\, dy = O$$

liefern wird. Dabei soll im folgenden stets vorausgesetzt sein, daß die Preisparameter (Elementarophelimitäten) a_x, b_y ... nur von den x, y, ... t des Punktes, auf den sie sich gerade beziehen, n i c h t dagegen auch von der Reihenfolge der zu verzehrenden Güter abhängen. Da nun offenbar $\delta x = \frac{\delta x}{\delta y} dy$ gesetzt werden kann, so geht die vorige Gleichung

über in:

$$\frac{\delta x}{\delta y} dy + b_y dy = O. \qquad (h)$$

Entsprechend erhält man weitere Gleichungen derselben Gestalt, wenn man nacheinander x und z, x und u...x und t variieren läßt [178c]).

Alle diese Gleichungen ergeben bei ihrer Summierung mit Rücksicht auf

$$dx = \frac{\delta x}{\delta y} dy + \frac{\delta x}{\delta z} dz + \ldots + \frac{\delta x}{dt} dt$$

die Gleichung:

$$dx + b_y dy + c_z dz + \ldots n_t dt = 0. \qquad (i)$$

Multiplizieren wir dieselben mit einem willkürlichen Faktor, so wird sie die Form annehmen:

$$A_x dx + B_y dy + \ldots + M_s ds + N_t dt = 0. \qquad (j)$$

Dann sind die Größen b_y, c_z, ... m_s, n_t sowie die Größen A_x, B_y, ... M_s, N_t durch die Erfahrung u n mittelbar gegeben, die letzteren jedoch nur bis auf einen unbestimmten Faktor. Da nun im Hinblick auf die Tatsache, daß die b_y, c_z, ... m_s, n_t (voraussetzungsgemäß!) nicht von der Genußauswahlordnung, d. h. dem zu befolgenden Integrationswege abhängig sind, die Integrabilität der Gleichung (h) und der ihr analogen Gleichungen ohne weiteres ersichtlich ist, so folgt sofort, daß auch die Gleichung (i), die aus jenen Einzelgleichungen der Form (h) zusammengesetzt ist, stets einen Integrationsfaktor haben muß, solange keine bestimmte Genußauswahlordnung vorhanden ist. Fällt diese letztere Bedingung aber fort, so wird die Sachlage eine andere.

Legen wir nämlich, um in die Betrachtung dieses wichtigen Falles nunmehr einzutreten, eine bestimmte Reihenfolge, z. B. x, y, z ... t der nacheinander zu konsumierenden Güter X, Y, Z ... T zugrunde, die für deren Auswahl von Bedeutung ist, so werden wir zwar auch mit Hilfe der Erfahrung eine Gleichung des betreffenden Indifferenzgebildes in Gestalt der Gleichung (d) erhalten, doch mit dem Unterschiede, daß diese Gleichung (d) nur für die b e t r e f f e n d e Güterrangordnung (X, Y, Z ... T) Gültigkeit besitzt, von der wir bei unserer Betrachtung ausgegangen sind. Die ihr entsprechende Differentialgleichung läßt sich indes, wenn sich jene Auswahlordnung im v o r a u s ein für allemal festlegen läßt, wieder in Form der Gleichung (i) schreiben:

$$\varphi_x dx + \varphi_y dy + \varphi_z dz \ldots + \varphi_t dt = 0.$$

[178c]) Dabei kann also stets x als die unabhängig Veränderliche und die übrigen Unbekannten y, z, ... t als die abhängig Veränderlichen betrachtet werden.

Die Integrabilität dieser letzten Gleichung ist dann also ebenso gewährleistet wie in dem vorhin behandelten Falle des Nichtvorhandenseins einer bestimmten Auswahlordnung. Dabei ist nur noch zu berücksichtigen, daß die Erfahrung uns nicht die absoluten Werte der Grenznutzenfunktionen $\varphi_x, \varphi_y, \ldots \varphi_t$, sondern nur deren Verhältnisse $\frac{\varphi_y}{\varphi_x}, \frac{\varphi_z}{\varphi_x}, \ldots \frac{\varphi_t}{\varphi_x}$, d. h. die jeweiligen Preise der betreffenden Güter liefert.

Läßt sich aber die betreffende Ordnung der zu konsumierenden Güter, wie sie sich auf Grund der fraglichen Auswahl ergibt, die das Individuum unter jenen zu treffen gedenkt, nicht im voraus bestimmen, so haben wir eine andere Lösungsmethode unseres Problems zu finden.

Wir nehmen zu diesem Zwecke an, das Individuum hat seinen Ausgang genommen vom Punkte o, o, ... o und ist bis zu seinem Ziel im Punkte x, y, ... t gleangt, wobei es nacheinander den Weg

$$o, o \ldots o;\ x, o \ldots o;\ x, y \ldots o;\ x, y \ldots t \tag{1}$$

zurückgelegt hat. Würde es von nun an weiter den Weg

$$o, o \ldots o;\ x + dx, o, \ldots;\ x + dx, y + dy \ldots o;\ x + dx, y + dy, \ldots t + dt \tag{2}$$

durchlaufen, so würde ihm immer noch dasselbe Indifferenzgebilde zuzuordnen sein, das durch den Punkt x, y...t geht und durch eine Gleichung der Form (f) zum Ausdruck kommt, wie sie durch Differentiation der (d) entsprechenden Gleichung entsteht.

Da die Wege

$$o, o \ldots o;\ x, o \ldots o; \text{ und } o, o, \ldots o;\ x + dx, dy \ldots o;$$

je nur einen besonderen Fall des in (2) bezeichneten Weges darstellen, so entnehmen wir der empirischen Indexmessung die (f) entsprechende Gleichung

$$\Psi_x (x, o \ldots o)\, F'[\Psi(x, o \ldots o)]dx + \Psi_y (x, o \ldots o)\, F'[\Psi(x, o \ldots o)]dy = 0. \tag{k}$$

Andererseits liefert uns mit Rücksicht darauf, daß die Wahl zwischen den Kombinationen x, o und x + dx, dy indifferent ist, auch eine der Gleichung (i) entsprechende Gleichung, die sich von der folgenden

$$A_x (x, o \ldots o)\, dx + B_y (x, o \ldots o)\, dy = 0 \tag{l}$$

nur um einen willkürlichen Faktor unterscheidet. Durch Vergleich der Gleichungen (k) und (l) ergeben sich nun aber die folgenden Beziehungen:

$$\begin{aligned} \Psi_x(x, o \ldots o)\, F'[\Psi(x, o \ldots o)] &= A_x(x, o \ldots o)\, G(x) \\ \Psi_y(x, o \ldots o)\, F'[\Psi(x, o \ldots o)] &= B_y(x, o \ldots o)\, G(x), \end{aligned} \tag{m}$$

wo G eine willkürliche Funktion darstellt. In ähnlicher Weise erhält man für die Wege o, o, ... o; x, o...o; x, y...o einerseits und o, o...o; x + dx, o...o; x + dx, y + dy, dz,...o andererseits die Gleichungen

$$\begin{aligned} \Psi_y(x, y\ldots o)\, F'[\Psi(x, y\ldots o)] &= B_y(x, y\ldots o)\, G'(x, y) \\ \Psi_z(x, y\ldots o)\, F'[\Psi(x,y\ldots o)] &= C_z(x, y\ldots o)\, G'(x, y), \end{aligned} \quad (n)$$

wo G' eine willkürliche Funktion ist.

Setzt man nun aber in der ersten der Gleichungen (n) y = O, so ergibt sich durch Vergleich mit der zweiten der Gleichungen (m) die Beziehung

$$G'(x, o) = G(x).$$

So findet man schließlich, daß die Funktionen G, G', G'' der Reihe nach durch die Funktionen G (x, o...o) G(x, y...o), ... G(x, y...t) ersetzt werden können. Da der in den Größen A_x, B_y, ... einbegriffene unbekannte willkürliche Faktor mit dem in den Funktionen G zum Ausdruck kommenden willkürlichen Faktor in einen einzigen solchen Faktor zusammengezogen werden kann, so hat man offenbar auf Grund der obigen Entwicklungen:

$$\left.\begin{aligned} A_x(x, o\ldots o) &= \Psi_x(x, o\ldots o)\, F'[\Psi(x, o\ldots o) \\ B_y(x, y\ldots o) &= \Psi_y(x, y\ldots o)\, F'[\Psi(x, y\ldots o)] \\ &\ldots\ldots\ldots\ldots\ldots\ldots \\ N_t(x, y\ldots t) &= \Psi_t(x, y\ldots t)\, F'[\Psi(x, y\ldots t)] \end{aligned}\right\} \quad (\dot{o})$$

Damit haben wir die Beziehungen gefunden, die zwischen den (bis auf einen willkürlichen Faktor) direkt ermittelbaren Erfahrungsgrößen A_x, B_y, ... und den erst mittelbar aus der Erfahrung sich ergebenden Messungsgrößen (Elementarophelimitätsindizes) Ψ_x, Ψ_y, ... bestehen müssen.

Wir wollen nun sehen, in welchem Verhältnis die Grenznutzfunktionen (Elementarophelimitäten) selbst zu deren Indizes sowie überhaupt zu den durch die Erfahrung unmittelbar gegebenen Größen (Preisen) stehen. Zu diesem Zwecke nehmen wir an, das betreffende Individuum befinde sich zurzeit im Punkte x, y...s, t und möge an der Konsumtion der weiteren Mengen dx, dy,...ds, dt beziehungsweise den Grenznutzen $P_x dx$, $Q_y dy$,... $L_s ds$, $T_t dt$ empfinden. Wenn ihm nun dabei die Wahl zwischen den Kombinationen x, y...t einerseits und x + dx, y + dy,...t + dt andererseits gleichgültig ist, so hat man offenbar entsprechend der Gleichung (i):

$$P_x dx + Q_y dy + \ldots T_t dt = O.$$

Im Hinblick auf die Gl. (j) folgen dann aber die Beziehungen

$$P_x = A_x H,\ Q_y = B_y H,\ \ldots\ T_t = N_t = H, \qquad (p)$$

wo H eine Funktion von x, y...t ist.

Der Gesamtnutzen, den das Individuum beim Durchlaufen des Weges (1) (S. 111) hat, wird sich stellen auf:

$$U = \int_0^x P_x(x,o\ldots o)dx + \int_0^y Q_y(x, y\ldots o)dy + \ldots$$

$$+ \int_0^t T_t(x, y\ldots t)dt \quad \text{oder} \qquad (p_a)$$

$$U = P(x\ldots o) - P(o\ldots o) + Q(x,y,\ldots o) - Q(x, o\ldots o) + \ldots$$
$$+ T(x, y\ldots t) - T(x, y\ldots s, o).$$

Differenzieren wir diese Gleichung und vergleichen wir sie mit Gleichung (f), so ergibt sich:

$$\left.\begin{array}{l} \Psi_t F' = T_t(x, y\ldots t) \\ \Psi_s F' = L_s(x, y\ldots s, o) - T_s(x, y\ldots s, o) \\ \qquad + T_s(x, y\ldots t) \\ \ldots\ldots\ldots\ldots\ldots\ldots\ldots\ldots\ldots\ldots \\ \Psi_x F' = P_x(x, \ldots o) + \ldots - S_x(x\ldots o, o) \\ \qquad\qquad + S_x(x, \ldots s, o) \\ \qquad - T_x(x, \ldots s, o) + T_x(x, \ldots t) \end{array}\right\} \qquad (q)$$

dabei sind die Ψ_t, Ψ_s, ... F′ Funktionen sämtlicher Variabeln x, y... t. Durch Vergleich der ersten der Gleichungen (q) mit der letzten der Gleichungen (o) folgt unter Berücksichtigung von (p), daß $H = 1$ sein muß, was a priori schon daraus gefolgert werden konnte, daß die Größe H von vornherein in den willkürlichen Faktor F′ einbegriffen werden kann.

Der Bedingung, daß die Gleichungen (o) und (q) zu gleicher Zeit bestehen sollen, läßt sich offenbar dadurch Rechnung tragen, daß man setzt:

$$T_t = \Psi_t F',\ S_s = \Psi_s F' + \chi_s,\ \ldots P_x = \Psi_x F' + \chi_x; \qquad (r)$$

alle in diesen Gleichungen vorkommenden Funktionen sind dabei Funktionen aller Variabeln x, y, ... t. Ferner ist in ihnen $\chi_s = O$ für $t = O$; $\chi_n = O$ für $t = o, s = o, \ldots$; $\chi_x = O$ für $t = O, s = o, \ldots y = o$. Unter Berücksichtigung von (p) ergibt dann die Integration der Gleichungen (o):

$$T(x, \dots t) - T(x, \dots s, o) = F[\Psi(x, \dots t)] - F[\Psi(x, \dots s, o)]$$
$$S(x, \dots s, o) - S(x, \dots o, o) = F[\Psi(x, \dots, s, 0)] - F[\Psi(x, \dots o, o)]$$

. . . .

$$P(x, o \dots o) - P(o, \dots o) = F[\Psi(x, o \dots o)] - F[\Psi(o, \dots o)]$$

Diese Werte genügen dann zugleich den Gleichungen (q).

Die Gleichungen (r) lassen sich nun in zwei Klassen einteilen: Zur ersten können wir offenbar diejenigen Gleichungen rechnen, in denen die Funktionen $\chi_s, \chi_n, \dots \chi_x$ je den Wert Null haben, d. h. wo die Größen P_x, $Q_y \dots T_t$ je die partiellen Ableitungen ein und derselben Funktion vorstellen. Da die Gleichungen (r) dann ohne weiteres integierbar sind, so haben wir es offenbar mit dem Fall zu tun, in dem die Reihenfolge der nacheinander zu konsumierenden Güter gleichgültig ist oder sich wenigstens von vornherein ein für allemal eindeutig festlegen läßt.

Der zweiten Klasse werden dann diejenigen Gleichungen (r) angehören, in denen alle Ausdrücke $\chi_s, \chi_n \dots \chi_x$ oder ein Teil von ihnen von Null verschieden sind. Dieser Fall bedeutet offenbar, daß der Wert der Grenznutzenfunktionen $P_x, \dots T_t$ ganz von der jeweiligen Ordnung abhängt, in der die Güter verzehrt werden. Er verdient offenbar eine besondere Würdigung.

Nehmen wir an, das Individuum durchläuft den Weg:

$$o, o \dots o;\ h, o \dots o;\ h, k, \dots o;\ h, k \dots m, n;$$
$$x, k \dots n;\ x, y, \dots n;\ \dots;\ x, y \dots t. \qquad (3)$$

Dann läßt sich, wie wir wissen, mit Hilfe der Erfahrung die Gleichung (d) des Indifferenzgebildes ausfindig machen, das dem oben beschriebenen Wege entspricht.

Der Gesamtnutzen den das Individuum durch Beschreiten des Weges (3) hat, stellt sich dann Gleichung (p_a) zufolge auf:

$$\left.\begin{aligned} U = &\int_o^h P_x(x, o \dots o)\,dx + \int_o^k Q_y(h, y \dots o)\,dy + \dots \\ &+ \int_o^n T_t(h, k, \dots m, t)\,dt + \int_h^x P_x(x, k, \dots n)\,dx \\ &+ \int_k^y Q_y(x, y, l \dots n)\,dy + \dots \int_n^t T(x, y, \dots t)\,dt \end{aligned}\right\} \quad (s)$$

Differenzieren wir diese Gleichung, so erhalten wir die Gleichung:

$$P_x dx + Q_y dy + \dots T_t dt = O, \qquad (t)$$

die offenbar äquivalent ist mit der Gleichung (f). Da nun Gleichung (s) zufolge in Gleichung (t) oder in jeder auf Grund der Erfahrung erhaltenen und mit ihr äquivalenten Gleichung $T_t = T_t(x, y \ldots t)$, d. h. T_t unabhängig von h, k ... n ist, so muß jene oder jede auf Grund der Erfahrung erhaltene äquivalente Gleichung (f) stets einen Integrationsfaktor haben, so lange das letzte Glied der betreffenden Gleichung unabhängig von den Parametern h, k ... n ist, die den vorgeschriebenen Integrationsweg bezeichnen.

Es gibt übrigens immer nur einen solchen Faktor; denn bezeichnet man ihn mit Γ, so haben die übrigen, wenn wir z. B. Gleichung (f) zugrunde legen, die Form $\Gamma \,.\, F(\Psi)$, wo F eine willkürliche Funktion ist. Da nun aber Ψ (voraussetzungsgemäß!) von den Parametern h, k ... n abhängt, so gilt das gleiche auch von $F(\Psi)$. Es bleibt somit Γ als der einzige Faktor übrig, der unabhängig von jenen Parametern ist. Multiplizieren wir die betreffende Gleichung (f) mit diesem Faktor, so sind wir in der Lage, die Größe T_t bis auf eine Konstante a, mit der sie multipliziert erscheint, eindeutig zu bestimmen.

Auf Grund von (p) hat man dann:

$$P_x = \frac{A_x}{N_t} T_t, \; Q_y = \frac{B_y}{N_t} T_t, \; \ldots$$

Dividieren wir nun diese Gleichungen durch denselben willkürlichen Faktor, den, wie wir wissen, die Größen A_x, B_y, ... N_t enthalten, so erhalten wir:

$$P_x = \frac{1}{n_t} T_t, \; Q_y = \frac{b_y}{n_t} T_t, \; \ldots \qquad \text{(u)}$$

Da die Größe T_t von uns auf dem soeben beschriebenen Wege ermittelt worden ist und die Preisgrößen b_y, c_z, ... n_t ebenfalls durch die Erfahrung bekannt sind, so sind wir auf Grund von (u) nunmehr imstande, die fraglichen Werte der Grenznutzenfunktionen P_x, Q_y, ... und damit auch Gleichung (s) zufolge den Gesamtnutzen zu berechnen.

Wir haben damit das Integrationsverfahren in bezug auf die Gleichung (58) oder (f) für die wichtigsten Fälle behandelt, die praktisch für die Lösung jener Gleichungen in Frage kommen. Dabei konnten wir also feststellen, daß, wenn die Reihenfolge der zu konsumierenden Güter bei der Wahl des Individuums keinerlei Rolle spielt, wir von einem bestimmten Punkte x, y ... t des Konsumtionsweges unseres Indifferenzgebildes ausgehend stets mit demselben Ophelimitätsindex zu ihm zurückkehrten. Beeinflußte dagegen die Auswahl der von dem Individuum zu konsumierenden

Güter deren Reihenfolge, so gelangten wir auf dem Wege unseres Indifferenzgebildes zu unserem Ausgangspunkte mit einem von dem ursprünglichen verschiedenen Ophelimitätsindex zurück. Der erste Fall wird daher von Pareto treffend als der der „cicli chiusi" (geschlossenen Kreise), der letztere dagegen als der der „cicli non chiusi" (nicht geschlossenen Kreise) bezeichnet. Wenn Pareto aber die „nicht geschlossenen Kreise" „praktisch von geringer Bedeutung[179]" hält, so bedeutet das offenbar eine grobe Verkennung der Sachlage, die letzten Endes nur wieder auf die unzulängliche Würdigung der Bedeutung des Bedürfnisdringlichkeitsgesetzes, oder allgemeiner, einer Genußauswahlordnung zurückzuführen ist. Die obige Anregung Volterras bedeutet somit — das kommt auch bei Pareto selbst in seinen beiden oben erwähnten Abhandlungen zum ersten Male klar zum Ausdruck — implicite nichts weiter als ein Hinweis auf die für eine eindeutige Bestimmung des Gesamtnutzens U unerläßliche Berücksichtigung einer solchen Ordnung. Dieselbe wird sich offenbar allgemein — d. h. unabhängig von unserer Gesamtgrenznutzen- und Gesamtnutzenkonstruktion auf S. 78 ff. — in mindestens einer Gleichung ausdrücken, die zwischen den Funktionen und Variabeln der Gleichungen des betreffenden Indifferenzgebildes und damit schließlich auch zwischen den Variabeln der Grundgleichungen (4) und (11) des wirtschaftlichen Gleichgewichts eine weitere Beziehung herstellt und sich nur von Fall zu Fall angeben läßt.

Diese Überlegung hat später (eben im Hinblick auf die Notwendigkeit einer eindeutigen Bestimmung von U) zu dem fundamentalen Schritt überhaupt geführt, die bisher lediglich durch die erwähnten beiden Grundgleichungen festgelegte Konfiguration des Gleichgewichtssystems durch eine dem spezifischen Charakter des jeweilig behandelten Tauschproblems angepaßte weitere Anzahl von Gleichungen zwischen den Variabeln dieser Grundgleichungen näher zu individualisieren. Die wichtige Bedeutung der so entstehenden Bindungs- oder — wie wir sie lieber nennen wollen — Widerstandsgleichungen (equazioni ai vincoli) hat u. a. Amoroso[180]) später kurz, aber treffend gekennzeichnet. Durch Elimination der Elementarophelimitäten aus ihnen und den Grundgleichungen erhält man die Gleichungen der Angebots- und Nachfragekurven, so daß also das Studium dieser Kurven in dem des Gleichgewichtssystems voll-

---

[179]) ibidem S. 15.

[180]) G. d. E. Serie III, 40. 1910. S. 60 ff.

kommen einbegriffen ist, während es umgekehrt nicht möglich ist, dieses System aus den Angebots- und Nachfragekurven algebraisch einwandfrei abzuleiten. Hieraus leuchtet ohne weiteres der unbedingte Vorzug ein, den die analytischen Gleichgewichtsbetrachtungen der französisch-italienischen Schule vor den vorwiegend bloß empirisch-graphischen Darstellungen der Angebots- und Nachfragekurven der englisch-amerikanischen Schule verdienen. „Die Moleküle des ökonomischen Systems ... sind weder so eingeengt, wie die eines starren Körpers, noch so frei, wie die eines Gases, sondern sie sind durch viele Beziehungen und die sehr mannigfaltige natürliche Beschaffenheit miteinander verbunden, die man systematisch studieren muß [181]).“ Die Tatsache, daß die begehrten Waren nicht immer an Ort und Stelle und zur Zeit ihres Bedarfs zur Verfügung stehen, begründet beispielsweise einen „vincolo“, d. h. eine Bindung, Hemmung, also einen Widerstand. Solche Widerstände werden für jedes Individuum vornehmlich in den verschiedenartig eingestellten Bedürfnissen der ihm gegenüberstehenden Individuen zu erblicken sein, mit denen es handelseinig zu werden wünscht; sie hängen natürlich ganz von der staatlichen und sozialen Ordnung, der Surrogatfähigkeit einer Ware oder eines Bedürfnisses und vielen anderen Imponderabilien ab. Hieraus geht schon die Schwierigkeit einer möglichst einheitlichen Ausdrucksform der „Widerstandsgleichungen“ zur Genüge hervor. Und doch ist ihr Studium, wenn die bisherigen beiden Grundgleichungen des wirtschaftlichen Gleichgewichts in erster Linie dem theoretisch wie praktisch wichtigen Zwecke einer eindeutigen Bestimmung des Nutzens U dienen und so einen „vollständigen Einblick in alle wirtschaftliche Phänomene“ [182]) ermöglichen sollen, unerläßlich. Man kann mit Pareto [183]) in der Hauptsache zwei Typen von vincoli (obstacles, liaisons) unterscheiden: die einen beziehen sich vorwiegend auf Gleichungen zwischen den Werten der in den betreffenden ökonomischen System fungierenden Variabeln, die diese im Zustande des Gleichgewichts annehmen, während die übrigen den — eben durch die Genußauswahlordnung bestimmten — Weg (mathematisch gesprochen: die Transformations-, insbesondere Integrationsweise) bezeichnen, der seitens der Tauschenden von einer gewissen Anfangsstellung aus bis zu jener Gleichgewichtslage zurückzulegen ist. Doch erst mit der Erforschung der „all-

[181]) ibidem S. 60.
[182]) ibidem.
[183]) cf. denselben in der „Encyclopédie des sciences mathématiques“ S. 600 ff. passim.

gemeinen Widerstandsgleichungen", die offenbar die exakte Fundamentierung der reinen wirtschaftlichen Dynamik bedeuten würde, wird die Mathematik aus einem bloß akzessorischen und illustrativen zu einem wahrhaft integrierenden Bestandteil der Volkswirtschaftslehre werden.

Die Theorie der „Widerstandsgleichungen" ist bis auf den heutigen Tag sowohl in der italienischen wie überhaupt in der mathematischen Schule aller Länder über die primitivsten Ansätze noch nicht hinausgekommen. „Doch die Schwierigkeit eines Problems ist kein hinreichender Grund, es aufzugeben [184])". Wir brauchen uns jedenfalls hier nicht weiter mit ihm zu befassen.

§ 10.

Die Gesamtbeurteilung der Paretoschen Darstellung der Theorien der wirtschaftlichen Statik.

Mit diesen Feststellungen stehen wir am Ende unserer Besprechung der grundlegenden Fragen der wirtschaftlichen Statik, soweit sie von der italienischen Schule, insbesondere von Pareto in seinen „Considerazioni sui principii fondamentali dell'Economia Politica Pura" behandelt worden sind. Fassen wir unsere bisherigen Ausführungen noch einmal kurz zusammen, so werden wir zu dem Ergebnis kommen: Pareto hat zum ersten Male in Italien versucht, das Problem des Verhaltens von Angebot oder (!) Nachfrage, und insbesondere das ihres Gleichgewichts, gegenüber dem Einflusse der dasselbe bestimmenden Faktoren auf eine einheitliche Grundlage, nämlich die der Grenznutzenrechnung, zu stellen und von hier aus systematisch zu entwickeln. Die einzelnen Schritte, die Pareto zu diesem Ziele führen sollten, sind, wie wir im Verlauf unserer Betrachtungen feststellen konnten, nicht immer frei von Fehltritten gewesen. Dieselben sind in erster Linie auf die mehr oder weniger unzulängliche Berücksichtigung der im Zusammenhange der gerade behandelten Probleme unterstellten bzw. generaliter zu unterstellenden Voraussetzungen und ihrer entsprechenden Einkleidung in ein mathematisches Gewand sowie endlich ihrer Realisierungsmöglichkeit in der Welt der ökonomischen Tatsachen zurückzuführen. Eines der wichtigsten, von Pareto anfangs ganz übersehenen, in seiner Tragweite auch jetzt noch nicht erkannten wirtschaftspsychologischen Momente ist das von uns so bezeichnete „Bedürfnisdringlichkeitsgesetz" oder allgemeiner

---

[184]) ibidem.

die individuelle Genuß a u s w a h l ordnung, auf deren Prävalenz sämtliche von Pareto angestellten Untersuchungen entsprechend umzustellen und damit erst der Wirklichkeit anzupassen sind. Daß hierdurch eine nicht unwesentliche Abänderung einschlägiger Resultate herbeigeführt wird, liegt auf der Hand. Erst spät hat Pareto auf den erwähnten Einwand Volterras hin die Notwendigkeit der Berücksichtigung einer bestimmten Tausch- oder Verbrauchsfolge für die eindeutige Ermittlung des Gesamtnutzens in seinen „cicli non chiusi" p r i n z i p i e l l anerkannt, wenn er diese auch unberechtigterweise p r a k t i s c h von geringerer Bedeutung hält.

Auch Pareto ist also den mit der Anwendung der Mathematik auf die Darstellung nationalökonomischer Zusammenhänge verbundenen Gefahren — aus denen, wie unsere kommenden Betrachtungen noch lehren werden, die „typischen" Fehler der „economisti matematici" überhaupt entspringen — einer einseitigen, wenn nicht gar fehlerhaften Anwendung der dabei benutzten mathematischen Symbole und Auslegung der erhaltenen Größenbeziehungen teilweise zum Opfer gefallen.

Doch abstrahieren wir einmal von allen Irrtümern und Unvollkommenheiten der Paretoschen Darstellung, so können wir nicht umhin, den überwiegend originellen Leistungen des hervorragenden, um die Entwicklung der mathematischen Schule in der Politischen Ökonomie hochverdienten Forschers unsere Anerkennung nicht zu versagen[184a]), offenbart sich doch in ihnen zum großen Teil ein glänzender Qualifikationsnachweis für die Zweckmäßigkeit, ja Unerläßlichkeit der Anwendung der mathematischen Methode überhaupt, soweit es sich um vornehmlich quantitative oder wenigstens quantitativ auswertbare ökonomische Vorgänge betreffende Fragestellungen der wirtschaftlichen Statik handelt.

Paretos größtes Verdienst ist aber unstreitig, uns unter allmählicher Befreiung von dem für sie lange Zeit grundlegend

---

[184a]) Seiner Verdienste um die Ausbildung der exakten (besonders der mathematischen) Nationalökonomie ist in Deutschland im Gegensatz zu Italien und anderen Ländern (cf. z. B. den im G. d. E. 1925,$_2$ erschienenen Nachruf auf ihn) m. W. kaum gedacht worden. Selbst in dem in den Kölner Vierteljahrsheften für Soziologie, 3. Jahrg. 1924, S. 289 erschienenen Nachruf „Zum Gedächtnis an Vilfredo Pareto" findet sich nur eine Würdigung seiner Forschertätigkeit als S o z i o l o g e [cf. in dieser Hinsicht seine „Systèmes Socialistes", Paris 1902, (ital. Ausgabe erst 1915), 6 Bände, vor allem sein zweibändiges Werk „Trattato di sociologia generale", Florenz 1916, sowie den Aufsatz von Filippo Carli „Paretos soziologisches System und der Behaviorismus" in den Kölner Vierteljahrsheften f. Soziologie 1925, Heft 3 u. 4, S. 273 ff.]

gewesenen Grenznutzenbegriff erst einen tieferen Einblick in die wahre Bedeutung der Walrasschen Grundgleichungen des wirtschaftlichen Gleichgewichts für die Darstellung und Erklärung der Tauschverhältnisse eröffnet und sie — was aus unseren folgenden Ausführungen noch mit größerer Deutlichkeit hervorgehen wird — zum fundamentalen Ausgangspunkt für die mathematische Behandlung sämtlicher Probleme der wirtschaftlichen Statik und Dynamik überhaupt gemacht zu haben.

Nun setzen allerdings die Grundgleichungen ein bestimmtes Verteilungsgesetz der wirtschaftlichen Güter als gegeben voraus. Ist ein solches aber nicht bekannt, so wird man nur solche Folgerungen aus ihnen ziehen können, die mit einer unbestimmt gelassenen Verteilung vereinbar sind. Pareto erkennt, daß dieser Umstand den Schlüssen einen großen Teil ihrer Bedeutung nimmt. Wie er aber gleichzeitig richtig bemerkt „gibt es einen Umstand, der diese Schwierigkeit abschwächt: das Gesetz der Verteilung der Güter variiert, wie es scheint (sc. unter normalen Wirtschaftsverhältnissen) nur sehr langsam mit der Zeit[185]) und läßt sich durch eine ziemlich einfache Funktion ausdrücken[186])." Die Formel eines solchen Gesetzes ist dann also leicht in die Grundgleichungen einzuführen. Aber unabhängig hiervon drücken diese erst den Zusammenhang der wirtschaftlichen Erscheinungen in ihrem geschlossenen oder nicht geschlossenen Kreislauf aus, von dem wir auf andere Weise nur schwer eine gleiche Vorstellung erhalten.

„Ökonomisten, die Mathematik nicht kennen, befinden sich in der Lage von Leuten, die ein System von Gleichungen[187]) lösen wollen, ohne zu wissen, was ein System von Gleichungen, nicht einmal, was eine einzelne Gleichung sei. Im Grunde genommen, besteht das Verfahren, zu dem sie greifen, darin, anzunehmen, allen Gleichungen des Systems bis auf eine einzige sei Genüge geleistet, und nun die Veränderungen der Quantitäten, die durch diese Gleichungen verknüpft sind, zu studieren (cf. S. 9 d. Verf.). Man gelangt auch so manchmal zu brauchbaren Detailstudien, aber zu keiner Einsicht in

---

[185]) cf. Pareto, Cours 2, lib. 3.

[186]) Enzyklopädie der mathem. Wissenschaften I G 2, S. 1114.

[187]) So z. B. lösen die Händler auf dem Markte täglich Gleichungen; will man aber die Theorie ihrer Operationen verstehen, so muß man diese Gleichungen kennen. Oder wenn jemand einen Hebel benutzt, löst er eine Gleichung der Mechanik ohne deren Kenntnis, die Theorie des Hebels erfordert aber diese Kenntnisse. Die nicht mathematischen Ökonomisten lösen überdies Gleichungen der Wirtschaftslehre unrichtig auf.

das ganze System. Oft verfällt man auch auf diesem Wege in grobe Fehler, die daher kommen, daß man vergißt, es sei bloß eine Hypothese, daß den anderen Gleichungen bereits Genüge geleistet sei ... Es seien $p_1, p_2, \ldots$ Warenpreise, $q, \ldots$ die Arbeitspreise, i der Zinsfuß, $r, \ldots$ die Preise der Bodenrente; bedeuten ferner $a_1, a_2, \ldots$ gewisse Parameter, so beweist die mathematische Wirtschaftslehre, daß die Unbekannten $p_1, p_2, \ldots q, \ldots i, r, \ldots$ durch ein System von ebensoviel Gleichungen bestimmt werden:

$$\left.\begin{array}{l} F_1(p_1, p_2, \ldots; q, \ldots; i; r, \ldots; a_1, a_2, \ldots) = 0 \\ F_2(p_1, p_2, \ldots; q, \ldots; i; r, \ldots; a_1, a_2, \ldots) = 0 \\ \ldots\ldots\ldots\ldots\ldots\ldots\ldots\ldots\ldots\ldots \\ \ldots\ldots\ldots\ldots\ldots\ldots\ldots\ldots\ldots\ldots \end{array}\right\} \quad (76)$$

Hieraus geht hervor, daß die Unbekannten $p_1, p_2, \ldots$ erst nach Kenntnis aller Parameter $a_1, a_2, \ldots$ bestimmbar sind. Die nicht mathematischen Ökonomisten stellen sich indessen Probleme vor wie: Was ist der Grund[188]) des Preiswertes?[189]). Was ist der G r u n d des Zinses? u. s. f. Solche Probleme sind aber unbestimmt, weil ihnen willkürliche Hypothesen zugrunde liegen. Es ist nicht möglich, denjenigen Parameter anzugeben, der z. B. p_1 „b e s t i m m t", und es ist ein unfruchtbarer Streit, wenn die einen behaupten, dieser Parameter sei a^1, die anderen aber, es sei a_2, usf. Oder, um ein Beispiel anderer Art anzuführen, so wird behauptet, die Produktionskosten „bestimmen" den Verkaufspreis. Bezeichnet man aber die ersteren mit x, den letzteren mit y, so ist unter gewissen Bedingungen der Wirtschaftsorganisation die Gleichung $x = y$ eine von denen, die das wirtschaftliche Gleichgewicht aussagen. Die Verdunkelung dieses so einfachen Zusammenhanges durch Sätze wie: „die Produktionskosten b e s t i m m e n den Verkaufspreis" kann zu Fehlschlüssen und Sophismen führen und hat vielfach dazu geführt"[190]).

Aus diesen Überlegungen dürfte zur Genüge hervorgegangen sein, wie unentbehrlich die Mathematik für eine einwandfreie Darstellung und Beurteilung der allgemeinen Theorie des wirtschaftlichen Gleichgewichts sowie aller auf ihr fußenden speziellen Theorien ist. Natürlich wird man, wenn es auch nicht

---

[188]) Pareto vergißt hier allerdings, daß er gelegentlich selbst einer solchen Fragestellung erlegen ist (cf. Anmerk. 83).

[189]) L. Walras, Économie politique, die 30., 31., 32. Vorlesung enthalten Widerlegungen von Irrtümern, die unter Volkswirten geläufig sind, die keine mathematische Bildung haben. cf. Pareto, Cours, § 594, 598—600ff.

[190]) ibidem; cf. Pareto, G. d. E. Sept. 1901 und Systèmes socialistes, 1, Paris. 1902.

gelingen kann, den letzten Grund oder besser die letzte Ursache einer Erscheinung zu ermitteln[191]), nicht, wie Pareto vorgibt, ohne weiteres auf eine wenigstens erfahrungsmäßige Motivierung verzichten wollen. Diese wird vielmehr gerade durch eine weitgehende Aufnahme empirischer Elemente in die Rechnung und deren (erfahrungsmäßige) Prüfung unbedingt zu erstreben sein, weil sie für eine Erfahrungswissenschaft, wie es eben die Politische Ökonomie ist — schon aus heuristischen Gründen —, niemals zu entbehren sein wird.

Erscheinen somit die Paretoschen Ansätze im Gebiete der Reinen Politischen Ökonomie Italiens, insbesondere, soweit sie in den „Principii fondamentali" zum Ausdruck kommen, im Lichte unserer bisherigen Ausführungen mit einer, wenn auch bisweilen getrübten, so doch im allgemeinen durchaus vorbildlichen Leuchtkraft auf dem Wege zu einer allgemeinen mathematischen Grundlegung der Volkswirtschaftslehre, so sind sie doch, obwohl sie so ziemlich alles bisher auf diesem Gebiete Vorgebrachte in sich vereinen, — von den gekennzeichneten Mängeln ganz abgesehen —, nicht bloß im Rahmen der gesamten Volkswirtschaftslehre, sondern auch an sich, nur als Stückwerk zu betrachten: im Rahmen des Ganzen[192]), weil sie sich, wenn auch auf einen fundamentalen und wohl sogar den wichtigsten, so doch immerhin begrenzten Ausschnitt (nur auf die das Angebot oder die Nachfrage unmittelbar betreffenden Probleme) aus dem so umfassenden, vielfach in- und übereinandergreifenden ökonomischen Stoffgebiete beschränken; an sich, weil Pareto in ihnen immer nur das Angebot oder nur die Nachfrage oder höchstens das Gleichgewicht beider (aber auch dieses stets nur von einer Seite her betrachtet!), niemals aber das volkswirtschaftlich erst eigentlich interessierende Verhältnis von Angebot und Nachfrage in seiner durch die (dynamische) Entwicklung der Marktverhältnisse jeweilig bedingten gegenseitigen Verschiebung und den Einfluß der dasselbe regelnden Faktoren zum Gegenstande seiner Untersuchungen gemacht hat. Es würde ein zweifellos lohnender Versuch sein, der dem Zwecke einer in diesem Sinne gelegenen Erweiterung und Vervollkommnung der Paretoschen Entwicklungen dienen würde. Einen ersten, wenn auch von ihm noch unausgewertet gebliebenen Schritt hierzu hat Pareto — unabhängig von seinen bisherigen Betrachtungen — in seiner Aufstellung der Gleichungen des „dynamischen Gleichgewichts" bereits selbst getan.

[191]) cf. Paretos einseitige Anschauung S. 2 und demgegenüber S. 21 ff. [192]) In dieser Hinsicht soll jedoch unser Urteil nichts Absprechendes gegen den Autor enthalten.

D. Die wirtschaftliche Dynamik.

§ 1.

Die dynamische Theorie Paretos.

Während die allgemeinen Theorien der wirtschaftlichen Statik in Italien breits eine bedeutende Ausbildung, und zwar vorwiegend durch ihren Altmeister Pareto erfahren haben, kann dies von den Theorien der wirtschaftlichen Dynamik, d. h. der Verschiebung der wirtschaftlichen Gleichgewichtslagen oder allgemeiner der volkswirtschaftlichen Bewegungsvorgänge überhaupt, nicht behauptet werden. Diese sind vielmehr über die bescheidensten Rudimente bis jetzt noch nicht hinausgekommen und beruhen alle noch mehr oder weniger auf statischer Grundlage.

Pareto gibt, wie wir zuletzt andeuteten, in seinem Appendix zu „Le nuove teorie economiche"[193]) später die allgemeinen Gleichungen des „dynamischen Gleichgewichts" zuerst an, ohne allerdings zugleich auf irgend eine allgemeine oder auch nur konkrete Lösungsmethode derselben einzugehen. Da sie jedoch auf die Fortentwicklung der „economia pura" im ganzen immerhin anregend gewirkt haben, so dürfte es sich der Mühe lohnen, ihre Entstehungsweise hier in kurzem zu verfolgen, wenn auch ihre Aufstellung die Verwendung einer besonders zahlreichen Menge algebraischer Zeichen nicht vermeiden läßt.

Um die technischen Schwierigkeiten einer übersichtlichen Darstellung wenigstens etwas zu mildern, wollen wir der Einfachheit halber als Mengeneinheit irgend eines Kapitals zugleich diejenige wählen, die zur Herstellung ihrer Produktionsfaktoren erforderlich ist[194]), so daß also beispielsweise unter r gleichzeitig die Menge des Kapitals R und die seiner Produktionsmittel verstanden werden soll. Aus dem gleichen Gedanken heraus beschränken wir uns vorläufig auf die Entwicklung der Gleichungen, die sich auf nur e i n verbrauchendes bzw. erwerbendes Individuum des betrachteten gesellschaftlichen Gebildes beziehen.

Die wichtigsten von uns im folgenden benutzten Bezeichnungen sind ihrer Bedeutung nach aus nachstehender Tabelle zu entnehmen:

---

[193]) G. d. E. 1901, Serie II, 23. S. 253 ff.

[194]) Dabei sind natürlich etwaige verschiedene Einheiten dieser Produktionsfaktoren auf die gewählte Einheit reduziert gedacht.

			Anzahl
Die dem Marktverkehr unterworfenen Waren sind	X,	Y, …	m
ihre Marktpreise betragen	1,	p_y, …	„
ihre auf die Zeiteinheit bezogenen Mengen werden allgemein bezeichnet mit den (evtl. akzentuierten) Buchstaben	x,	y, …	„
das Individuum erwirbt in der Zeit dt	x dt,	y dt, …	„
das Individuum verbraucht in der Zeit dt	x′ dt,	y′ dt, …	„
das Individuum spart in der Zeit dt	$\frac{dx''}{dt,}dt,$	$\frac{dy''}{dt}dt,$ …	„
diese Ersparnis setzt sich zusammen aus	x″,	y″ …	„
sie beträgt		ε	1
ihre Zunahme in der Zeit dt		ε' dt …	1
die vom Individuum ursprünglich besessenen Kapitalien sind	R,	S, …	n
ihre auf die Zeiteinheit bezogenen Mengen werden allgemein bezeichnet mit den (evtl. akzentuierten) Buchstaben	r,	s, …	„
die Verkaufspreise der Produktionsmittel sind	p_r,	p_s, …	„
die Herstellungspreise der Produktionsmittel sind	p'_r,	p'_s, …	„
die Instandhaltungskosten und Versicherungen für jede Kapitalmengen- und Zeiteinheit machen aus	g_r,	g_s, …	„
die Preise der Kapitalien stellen sich auf	p''_r,	p''_s, …	„
das Individuum verfügt in der Zeit dt über die Produktionsmittel	r dt,	s dt, …	„
es verbraucht in der Zeit dt unmittelbar	r′ dt,	s′ dt, …	n′
es verkauft in der Zeit dt	r″ dt,	s″ dt, …	n
der Zinsfaktor beträgt		i	1
die Zahl der Kapitalien, die das Individuum selbst produzieren kann			n″

Die fraglichen Tauschtransformationen werden sich natürlich nicht in jedem Augenblick vollziehen können; auch muß der Unternehmer bestimmte Warenmengen zu seiner Verfügung haben, um gewisse kleine Mengen in der von einem zum anderen (fiktiven) Gleichgewichtszustand verstreichenden Zeit dt produzieren zu können.

Es mögen also von den Waren bzw. Kapitalien ... X, Y, ... R, S, ... die Mengen .... $l x_x$, $l x_y$, ..., $l x_r$, $l x_s$, ... sein, die er zu seiner Verfügung haben muß, um die Menge l x d t von X in der Zeit dt herstellen zu können. Entsprechende Bezeichnungen ergeben sich für Y, Z, ... Die mit der Zeit variable Zahl der Mitglieder des unterstellten gesellschaftlichen Organismus möge ϑ betragen und die Summe Σ stets über alle diese Mitglieder zu erstrecken sein. d_1, bzw. d_2 zeige ferner das Differential an, das gebildet wird, wenn die Mengen bzw. Preise variabel, die Preise bzw. Mengen aber konstant sind, während d das Zeichen für das Differential sei, wenn Preise und Mengen gleichzeitig variieren.

Aus diesen Bezeichnungen geht dann sofort die Bedeutung folgender identischer Gleichungen hervor:

$x'' + y'' p_y + \ldots = \varepsilon$ ... Wert der vom Individuum vor Tauschbeginn besessenen Ersparnis.

$(x + y p_y + \ldots) dt = q\, dt$ ... Wert der vom Individuum in der Zeit dt erworbenen Waren.

$(x' + y' p_y + \ldots) dt = q'\, dt$ ... Wert der vom Individuum in der Zeit dt verbrauchten Waren.

$\left(\frac{dx''}{dt} = \frac{dy''}{dt} p_y + \ldots\right) dt = q''\, dt$ ... Wert der vom Individuum in der Zeit dt ersparten Waren.

$(r p_r + s p_s + \ldots) dt = \sigma\, dt$ ... Verkaufswert der Produktionsmittel der von ihm in der Zeit dt besessenen Kapitalien.

$(r' p_r + s' p_s + \ldots) dt = \sigma'\, dt$ ... Verkaufswert der vom Individuum in der Zeit dt verbrauchten Produktionsmittel.

$(r'' p_r + s'' p_s + \ldots) dt = \sigma''\, dt$ ... Verkaufswert der vom Individuum in der Zeit dt verkauften Produktionsmittel.

$r p'' + s p_s'' + \ldots = \varrho$ ... Wert der von ihm zur Zeit t besessenen Kapitalien.

$(r g_r + s g_s + \ldots) dt = \varrho'\, dt$ ... Wert der Instandhaltungen und Versicherungen in der Zeit dt.

Ferner hat man die symbolische Gleichung

$$d = d_1 + d_2$$

und die Beziehungen

$$\frac{d\varepsilon}{dt} = \frac{d_1\varepsilon}{dt} + \frac{d_2\varepsilon}{dt}, \; \varepsilon' = \frac{d_1\varepsilon}{dt} = q''. \tag{1}$$

Auch ergibt sich dem statischen Gleichgewichtszustande entsprechend

$$p_r' = i\, p_r'', \quad p_s' = i\, p_s'', \dots \tag{2}$$

während die obigen Definitionen liefern

$$p_r = p_r' + g_r, \; p_s = p_s' + g_s, \dots \tag{3}$$

so daß

$$p_r = i\, p_r'' + g_r, \; p_s = i\, p_s'' + g_s, \dots \tag{4}$$

kommt. Hieraus folgt also:

$$\begin{aligned} \sigma = r\,p_r + s\,p_s + \dots &= (r\,p_r'' + s\,p_s'' + \dots)\,i + r\,g_r + s\,g_s + \dots \\ &= \varrho i + \varrho' \end{aligned} \tag{5}$$

Definitionsgemäß ist ferner:

$$q = q' + q'', \; r = r' + r'', \; s = s' + s'', \dots \tag{6}$$

Für Kapitalien, deren Dienste das Individuum nicht unmittelbar beansprucht, hat man natürlich $r' = 0, \dots$ Die Zunahme der Kapitalien in der Zeit dt beträgt

$$\left(p_r'' \frac{dr}{dt} + p_s'' \frac{ds}{dt} + \dots\right) dt = \frac{d_1\varrho}{dt}\, dt \tag{7}$$

Wir stellen nunmehr zunächst die für ein Individuum gültigen Gleichungen auf. Für dasselbe wird in der Zeit dt als Rohertrag seiner Kapitalien der Betrag σdt abgeworfen, seine verzinste Ersparnis macht dann $\varepsilon i dt$ aus, so daß es in dieser Zeit insgesamt

$$(\sigma + \varepsilon i)\, dt$$

oder mit Rücksicht auf (5) $[(\varrho + \varepsilon)\, i + \varrho')]\, dt$ als Einnahme zu buchen hat.

Demgegenüber verausgabt es in der Zeit dt qdt für die erworbenen Waren, $\sigma' dt$ für die verbrauchten Produktionsmittel, $\frac{d_1\varrho}{dt}\, dt$ für die Erhöhung der Kapitalien, $\varrho' dt$ zu deren Instandhaltung und Versicherung, im ganzen also

$$\left(q + \sigma' + \frac{d_1\varrho}{dt} + \varrho'\right) dt$$

Da dise Ausgabem gerade durch die Einnahmen gedeckt werden sollen, so ergibt sich

$$q + \sigma' + \frac{d_1\varrho}{dt} = \left(\varrho + \varepsilon\right) i \tag{8}$$

d. h. im Hinblick auf (1) und (6):

$$q' + \frac{d_1\varepsilon}{dt} + \sigma' + \frac{d_1\varrho}{dt} = \left(\varrho + \varepsilon\right) i \tag{9}$$

Der nach dem Verbrauch der Waren und Kapitalien in der Zeit dt vorhandene neue Gleichgewichtszustand wird durch die bekannten Walrasschen Bedingungsgleichungen gekennzeichnet

$$\varphi_x(x') = \frac{1}{p_y} \varphi_y(y') = \ldots = \frac{1}{p_r} \varphi_r(r') = \ldots = \varphi_\varepsilon(\varepsilon', i) \tag{10}$$

Die Gleichungen (8) und (10) liefern dann das System von m +n′ +1 Gleichungen:

$$\left.\begin{array}{c} \varphi_x(x') = \frac{1}{p_y} \varphi_y(y') = \ldots = \frac{1}{p_r} \varphi_r(r') = \ldots = \varphi_\varepsilon(\varepsilon', i) \\ q + \sigma' + \frac{d_1\varrho}{dt} = (\varrho + \varepsilon i) \end{array}\right\} \quad (I)$$

Sind nun sämtliche Preise, der Zinsfaktor, die ursprünglich besessenen Mengen r, s, ... der Kapitalien und die Elementarophelimitäten φ (aus der Beobachtung) gegeben, so werden sich die in der Zeiteinheit verbrauchten Warenmengen x′, y′, ..., die n′ in der Zeiteinheit verbrauchten Kapitalmengen r′, s′... sowie die neue Ersparnis ε' für das Individuum aus dem System (I) bestimmen lassen.

Aus der letzten Gleichung dieses Systems folgt noch:

$$\Sigma q + \Sigma \sigma' + \Sigma \frac{d_1\varrho}{dt} = i \Sigma (\varrho + \varepsilon) \,.\text{—} \tag{11}$$

Wir gehen nun dazu über, die sich aus dem Verbrauche der so für jedes Individuum bestimmten Waren- und Kapitalmengen für die gesamte Gesellschaft als p r o d u z i e r e n d e s Element (impresa) nach dem Verlaufe der Zeit dt ergebende neue Gleichgewichtslage zu bestimmen.

Der Gang der Warenproduktion kann offenbar während dieser Zeit Einwirkungen verschiedenster Art ausgesetzt sein. Wir unterstellen jedoch der Einfachheit halber, daß dieselbe im großen und ganzen stets einen gleichmäßigen Verlauf nimmt, um so die große „Linie“ zu erhalten, in bezug auf die sie in Wirklichkeit schwankt.

Die Ersparnis aller Individuen setzt sich natürlich aus Waren zusammen. Für die produzierende Gesellschaft als solche kommt es aber weniger auf die Verteilung dieser Ersparnismengen auf den einzelnen als auf deren Gesamtheit an. Wir brauchen also auch nicht jede einzelne der Größen x''. y'', ... zu ermitteln, sondern es genügt die Kenntnis ihrer Summen $\Sigma x''$, $\Sigma y''$, ...

Für die Bewerkstelligung der Instandhaltungen und die Aufbringung der Versicherungssummen ist offenbar die Produktion bestimmter Kapitalmengen erforderlich, die wir mit $\Sigma r_1\, dt$, $\Sigma s_1\, dt$, ... bezeichnen wollen.

Dann wird man haben müssen:

$$g_r \Sigma r + g_s \Sigma s + \ldots = p_r'' \Sigma r_1 + p_s'' \Sigma s_1 + \ldots \qquad (12)$$

Die Gesellschaft als Produktionsunternehmen betrachtet, nimmt die Ersparnis ihrer Mitglieder und deren Kapitalien in Kredit; mit diesem Dispositionsfonds stellt sie die Waren, die sie an die einzelnen Individuen verkauft, her und bringt die Mittel für die Kapitalinvestierungen sowie Restaurationen und Versicherungen auf.

Dann erhalten wir für einen statischen Gleichgewichtszustand zunächst das System von

$$m + n + 1$$

Gleichungen:

$$\left.\begin{array}{l} 1 = x_\varepsilon i + x_r p_r + x_s p_s + \ldots \\ p_y = y_\varepsilon i + y_r p_r + y_s p_s + \ldots \\ \ldots\ldots\ldots\ldots\ldots\ldots \\ \ldots\ldots\ldots\ldots\ldots\ldots \\ \Sigma \varepsilon = x_\varepsilon \Sigma x + y_\varepsilon \Sigma y + \ldots + r_\varepsilon \Sigma \frac{dr}{dt} + \ldots + r_\varepsilon \Sigma r_1 + \ldots \\ \Sigma r'' = x_r \Sigma x + y_r \Sigma y + \ldots + r_r \Sigma \frac{dr}{dt} + \ldots + r_r \Sigma r_1 + \ldots \\ \Sigma s'' = x_s \Sigma x + \Sigma y_s \Sigma y + \ldots + r_s \Sigma \frac{dr}{dt} + \ldots + r_s \Sigma r_1 + \ldots \\ \ldots\ldots\ldots\ldots\ldots\ldots\ldots\ldots\ldots\ldots \\ \ldots\ldots\ldots\ldots\ldots\ldots\ldots\ldots\ldots\ldots \end{array}\right\} \quad (II)$$

Aus der bekannten Definition (cf. S. 139) der Produktionskoeffizienten folgt dann:

$$\left.\begin{array}{l} x_\varepsilon = x_x + p_y x_y + p_z x_z + \ldots \\ y_\varepsilon = y_x + p_y y_y + p_z y_z + \ldots \\ \ldots\ldots\ldots\ldots\ldots\ldots \\ \ldots\ldots\ldots\ldots\ldots\ldots \end{array}\right\} \quad (13)$$

Der Verkaufspreis der Kapitalien, die sich allein mit Hilfe der Ersparnis und der Dienste der alten Kapitalien produzieren

lassen, wird offenbar von den Produktionskosten gebildet, so daß man das weitere System von n″ Gleichungen gewinnt:

$$\left.\begin{array}{l} p_r'' = r_\varepsilon i + r_r p_r + r_s p_s + \dots \\ p_s'' = s_\varepsilon i \quad s_r p_r + s_s p_s + \dots \\ \dots\dots\dots\dots\dots\dots \\ \dots\dots\dots\dots\dots\dots \end{array}\right\} \text{(III)}$$

Da die Mengen der ersparten und in Kredit genommenen Waren sämtlich in der Produktion Verwendung finden sollen, so hat man außerdem das System von m Gleichungen:

$$\left.\begin{array}{l} \Sigma x'' = y_x \Sigma x + y_x \Sigma y + \dots + r_x \Sigma \frac{dr}{dt} + \dots + r_x \Sigma r_1 + \dots \\ \Sigma y'' = y_x \Sigma y + y_y \Sigma y + \dots + r_y \Sigma \frac{dr}{dt} + \dots + r_y \Sigma r_1 + \dots \\ \dots\dots\dots\dots\dots\dots\dots\dots\dots\dots \\ \dots\dots\dots\dots\dots\dots\dots\dots\dots\dots \end{array}\right\} \text{(IV)}$$

Schließlich liefert noch die Beziehung

$$x = x' + \frac{dx''}{dt},\ y = y' + \frac{dy''}{dt},\ \dots$$

das System der m Gleichungen:

$$\Sigma x = \Sigma x' \quad \Sigma \frac{dx''}{dt},\ \Sigma = \Sigma y' + \frac{dy''}{dt},\ \dots \qquad \text{(V)}$$

Die Systeme (II), (III), (IV) und (V) umfassen zusammen 3m + n + n′ + 1 Gleichungen. Doch ist leicht zu zeigen, daß letztere nicht sämtlich voneinander unabhängig sind, vielmehr gibt es eine unter ihnen, die sich aus den übrigen und dem System (I) herleiten läßt.

Setzen wir nämlich in dem Ausdruck $\Sigma\varepsilon$ von (II) die Werte x_ε, y_ε, ... von (13) ein, so erhalten wir unter Berücksichtigung von (IV):

$$\Sigma \varepsilon = \Sigma x'' + p_y \Sigma y'' + p_z \Sigma z'' + \dots, \qquad (14)$$

eine Beziehung, die nur der Definition von ε entspricht. Nun kann aber die Gleichung $\varepsilon = q''$ von (1) in der Form

$$\Sigma \frac{d_1\varepsilon}{dt} = \Sigma \frac{x''d}{dt} + p_y \Sigma \frac{dy''}{dt} + \dots$$

und somit den Gleichungen (V) zufolge in der Gestalt

$$\Sigma \frac{d_1\varepsilon}{dt}\ \Sigma x - \Sigma x' + p_y (\Sigma y - \Sigma y') + \dots$$

oder einfacher

$$\Sigma \frac{d_1\varepsilon}{dt} = \Sigma q - \Sigma q' \qquad (15)$$

geschrieben werden, während an die Stelle der Gleichung (11) im Hinblick auf (1) und (6) die Gleichung

$$\Sigma q' + \Sigma \frac{d_1 \varepsilon}{dt} + \Sigma \varrho' + \Sigma \frac{d_1 \varrho}{dt} = i \Sigma (\varrho + \varepsilon)$$

treten kann. Substituiert man in dieser den Wert (15), so kommt

$$\Sigma q + \Sigma \sigma' + \Sigma \frac{d_1 \varrho}{dt} = i \Sigma (\varrho + \varepsilon) \qquad (16)$$

Auf der anderen Seite geht aus den Gleichungen des Systems (II) bei Beachtung seiner ersten (Preis-) Gleichungen und des Systems (III) die Gleichung

$$i \Sigma \varepsilon + p_r \Sigma r'' + p_s \Sigma s'' + \ldots = \Sigma x + p_y \Sigma y + \ldots$$
$$+ p_r'' \Sigma \frac{dr}{dt} + \ldots + p_r'' \Sigma r_1 + \ldots \qquad (17)$$

hervor. Substituiert man auf ihrer linken Seite die durch (6) gegebenen Werte von r'', so nimmt diese die Gestalt an

$$i \Sigma \varepsilon + p_r \Sigma r + p_s \Sigma s + \ldots - (\Sigma p_r r' + p_s \Sigma s' + \ldots)$$

also

$$i \Sigma \varepsilon + \Sigma \sigma - \Sigma \sigma'$$

oder Gleichung (5) zufolge

$$i \Sigma \varepsilon + \Sigma \varrho + \Sigma \varrho' - \Sigma \sigma'; \qquad (18)$$

die rechte Seite der Gleichung (17) stellt sich aber in Rücksicht auf (12) in der Form

$$\Sigma q + \Sigma \frac{d_1 \varrho}{dt} + \Sigma \varrho'$$

dar, so daß ihre Gleichsetzung mit dem Ausdruck (18)

$$\Sigma q + \Sigma \frac{d_1 \varrho}{dt} + \Sigma \varrho' = i \Sigma \varepsilon + i \Sigma \varrho + \Sigma \varrho' - \Sigma \sigma'$$

d. h. $\Sigma q + \Sigma \sigma' + \Sigma \frac{d_1 \varrho}{dt} = i \Sigma (\varepsilon + \varrho)$ ergibt.

Diese Gleichung ist aber mit der vorhin auf einem anderen von dem letzten unabhängigen Wege gewonnenen Gleichung (16) identisch, was aber nur dadurch zu erklären ist, daß eine der Gleichungen des Gesamtsystems eine Folge der übrigen ist; die Zahl der unabhängigen Gleichungen dieses Systems reduziert sich somit auf 3 m + n + n'.

Demgegenüber haben wir als Unbekannte die m—1 Preise der Waren X, ..., die n Preise der Kapitalien R, ... oder der Produktionsmittel jener Kapitalien, die man selbst produzieren kann, die n'' Mengen dieser letzteren Kapitalien, den Zinsfaktor i und die 2 m in der Zeiteinheit erworbenen bzw. ursprünglich vorhandenen ersparten Warenmengen

$$\Sigma x, \Sigma y, \ldots \Sigma x'', \Sigma y'', \ldots$$

zu betrachten, ihre Zahl macht insgesamt ebenfalls $3m + n + n'$ aus, so daß sie sich aus dem angegebenen Gesamtsystem der allgemeinen Gleichungen des „dynamischen Gleichgewichts" eindeutig bestimmen lassen.

Dasselbe ist aber offenbar letzten Endes nur durch statische Überlegungen festgelegt worden, da die Unbekannten x', y', ... erst aus den Walrasschen Bedingungsgleichungen (10) ermittelt worden sind. Erst wenn es gelingt, diese Größen unabhängig von diesen Gleichungen zu bestimmen, ist es von jeder statischen Grundlage frei.

Es finden sich im übrigen noch keinerlei Angaben bei Pareto über irgendeine Lösungsmethode dieses Systems. Eine solche hängt auch offenbar ganz von dem spezifischen Charakter des gerade zu behandelnden Problems ab und wird sich in allgemeingültiger Form nur schwer angeben lassen, zumal wir unter den fraglichen Gleichungen auch ein System simultaner Differentialgleichungen aufzulösen haben, deren Integration aber im allgemeinen ohne Anwendung eines auf die Beobachtungsergebnisse gestützten Näherungsverfahrens unmöglich sein wird. Mit Hilfe solcher Näherungen werden zweckmäßigkeitshalber auch die übrigen Gleichungen des Systems zu lösen sein, dieselben werden sich, wie Pareto treffend bemerkt, in jedem Falle am besten jener Methode anzupassen haben, die der Markt in praxi für die Lösung derartiger Gleichungen befolgt. Auch unabhängig von Pareto ist ein bestimmter Lösungsversuch für das obige System u. W. bis jetzt noch nicht unternommen worden.

§ 2.

Die dynamische Theorie Barones.

Außer Pareto ist unter den Italienern Enrico Barone fast der einzige, der sich in seiner Abhandlung „Sul trattamento di questioni dinamiche[195]" mit der Lösung allgemeiner dynamischer Probleme und zwar wieder unter Zugrundelegung der Theorie des wirtschaftlichen Gleichgewichts befaßt hat.

Wenn wir die Wirkungen einer Störungsursache (causa perturbatrice) auf einen im statischen Gleichgewichtszustande befindlichen Markt untersuchen wollen, so brauchen wir —

[195]) G. d. E. 1894, Serie II, S. 407 ff.

wie wir es eben bei Pareto gesehen haben — nur den neuen Gleichgewichtszustand zu bestimmen und die Ausmaße der denselben begründenden Größenverhältnisse mit denen des ursprünglichen Zustandes zu vergleichen. Wir werden dieser typischen Behandlung dynamischer Fragen der italienischen Schule in unseren folgenden Untersuchungen noch des öfteren begegnen.

Auch hier gehen wir wieder von dem bekannten Walrasschen Gleichungssystem der wirtschaftlichen Statik aus; denn vorläufig „non conosciamo altra che sia più generale; più comprensiva e più armonica nelle sue parti di quanto sia la bellisima teoria di Walras, la quele all' ochio esperto rivela una semplicità e parezza di linee che il profano non può apprezzare [196])". Doch werden wir jetzt zu seiner praktischen Verwendung für dynamische Zwecke einige passende Modifikationen an seiner Struktur vornehmen, die wir durch geeignete Hypothesen verhältnismäßig leicht bewerkstelligen können, um so zu Näherungslösungen zu gelangen, die der Wirklichkeit der Verhältnisse hinreichend Rechnung tragen.

Wir lehnen uns dabei mit Barone an den bekannten Marshal'schen [197]) modus procedendi an und formulieren zunächst eine Reihe konkreter Voraussetzungen, die für eine korrekte Stellung und Behandlung des allgemeinen dynamischen Problems unerläßlich sind.

Wir wissen zunächst, daß sich die Walrasschen Gleichungen (4) und (11) auf S. 51 sowohl auf die Nachfrage wie auf das Angebot eines bestimmten Repräsentanten des Marktverkehrs beziehen können, wenn nur das Angebot als eine negative Form der Nachfrage und umgekehrt aufgefaßt wird. Wollen wir aber in ihnen den von Barone gebrauchten besonderen Begriff der Grenznutzen kosten, die auch bloß Grenzkosten genannt werden, einführen und die auf diese bezüglichen Funktionen auch äußerlich gegenüber den die Nachfrage speziell betreffenden Grenznutzfunktionen φ hervorheben, so bezeichnen wir sie mit ψ und schreiben die erwähnten für das Individuum (1) geltenden Gleichungen in der Form:

$$m_1 = \frac{\varphi_{1a}(x_{1a})}{p_a} = \frac{\varphi_{1b}(x_{1b})}{p_b} = \ldots = \frac{\psi_{1k}(x_{1k})}{p_k} = \frac{\psi_{1l}(x_{1l})}{p_l} = \ldots \quad (1)$$

$$p_a x_{1a} + p_b x_{1b} + \ldots = p_k x_{1k} + p_l x_{1l} + \ldots \quad (2)$$

Fürs folgende sollen unter φ speziell die Funktionen des Grenznutzens der nachgefragten Fertigfabrikate

[196]) ibidem S. 407.
[197]) cf. seine Principles of Economics 1890, besonders Buch V.

A, B, ... und unter ψ die der Grenzkosten der angebotenen Produktionsmittel K, L, ... verstanden werden. Ferner nehmen wir an, sei auf Grund der vorstehenden Gleichungen des Ophelimitätsoptimums für jedes auf dem Markte kaufende, bzw. verkaufende Individuum der Wert m_1 [198]) des Geldes als allgemeinen Tausch- und Produktionsmittels (il grado finale di utilità istrumentale della moneta) genau berechnet worden. Wir nennen ihn mit Barone nach dem Vorbilde von Edgeworth den „standard of utility", da er eine der wenigen reellen Grundlagen für eine objektive Bewertung und vergleichende Gegenüberstellung der Nutzempfindungen verschiedener Individuen liefert. Ferner mögen, wenigstens vorläufig, für jedes Individuum die Kurven des Grenznutzens sowie die der Grenzkosten jedes einzelnen nachgefragten Produktes bzw. angebotenen Produktionsfaktors (curve marshalliani di domande individuali di prodotti e di offerta individuali di servizi produttori) auf Grund der Beobachtung zu ermitteln sein, wenn wir sie auch in unseren folgenden Untersuchungen nicht als gegeben betrachten. Die Ordinaten dieser Kurven dividieren wir dann durch die ermittelten Werte m und erhalten so die entsprechenden Marshalschen Einzelgrenznutzen- bzw. -kostenkurven, die wir auch als Einzelnachfrage- bzw. -angebotskurven definieren können, weil ihre Ordinaten die (im Preise der Ware A gemessenen) Preise der betreffenden Warenmengen darstellen. Summieren wir dann sämtliche derselben Ordinate aller Einzelnachfrage- bzw. -angebotskurve ein und derselben Ware zugehörigen Abszissen und tragen jedesmal die korrespondierenden Werte in ein ebenes rechtwinkliges Koordinatensystem ein — ein Verfahren, das wir im folgenden kurz mit „Summation" der betreffenden Einzelkurven bezeichnen wollen —, so entstehen die typischen Marshalschen Gesamtnachfrage- bzw. -angebotskurven für jedes Produkt A, B, ... bzw. für jeden Produktionsfaktor K, L, ... (curve complessive marshalliane di domanda per ciascun prodotto bzw. di offerta per ciascun servizio). Diese sowie die entsprechenden Einzelkurven sind somit nichts weiter als anstatt auf den (Grenz-)Nutzen auf den Preis bezogene Walrassche Kurven. Der jedem einzelnen aus sämtlichen nachgefragten und angebotenen Waren erwachsende Nutzengewinn (guadagno di utilità di ciascun individuo) stellt sich dann bei Walras als eine algebraische Summe positiver (den aus den nachgefragten Produkten erzielten Nutzen bezeichnender) und negativer (die mit

---

[198]) cf. Gl. (15) auf S. 53.

dem Angebot der Produktionsfaktoren verbundenen Kosten ausdrückender) Integrale dar, während bei Marshal alle diese Integrale durch m geteilt sind.

Dieser Einzelnutzengewinn läßt sich auch *un*mittelbar als die algebraische Summe des aus allen nachgefragten Produkten gezogenen Konsumtionsgewinnes (Consumers' Rent) und des aus allen angebotenen Produktionsmitteln hervorgegangenen Produktionsverlustes (Producers' Rent) definieren.

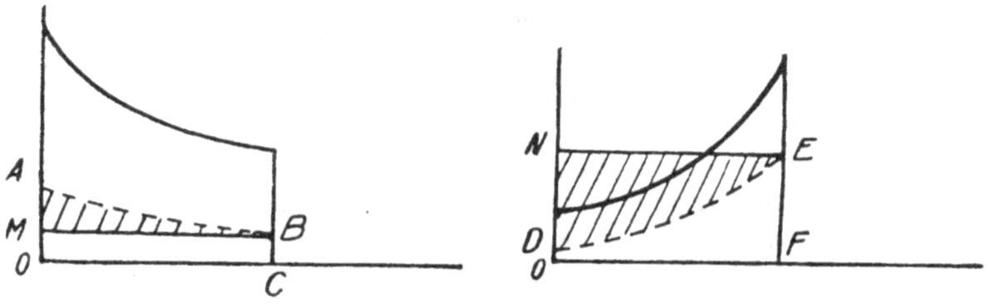

Einzelgrenznutzen- bzw. nachfragekurve — Fig. 13 — Einzelgrenzkosten bzw. angebotskurve

Wenn wir die einzelnen Grenznutzen- und -kostenkurven, wie in obiger Figur 13, voll ausziehen, die entsprechenden Marshalschen Kurven aber nur gestrichelt wiedergeben, so wird die *Consumers' Rent* für das betreffende Produkt durch die Fläche $\overline{\text{ABM}}$, die *Producers' Rent* aber durch die Fläche $\overline{\text{NED}}$ dargestellt. Jene ist also gewissermaßen als (fiktive) Ausgabeersparnis, diese dagegen als (fiktiver) Einnahmeausfall gekennzeichnet. Die genannten termini technici stammen bekanntlich von Edgeworth, der seine mit ihnen verbundene Auffassung von der *Konstanz* des Grenznutzens des Geldes gegenüber Nicholson lange Zeit hartnäckig vertreten hat [199]). Wir nehmen jedoch die diesen Ausdrücken beigelegte Bedeutung hier als ein Datum hin [199a]) und gehen auf den mit ihnen in Verbindung stehenden Fragenkomplex vom Grenznutzen des Geldes nicht näher ein, zumal sie nur in *formaler* Hinsicht in diesen Zusammenhang hineinspielen.

Um den hinsichtlich der Zusammensetzung des Einzelnutzengewinnes zuletzt erwähnten Satz zu erweisen, bilden

---

[199]) cf. Economic Journal 1894, März und Juni und Barones Stellungnahme hierzu im G. d. E. 1894 Serie II, 9. S. 211 ff.

[199a]) Die consumer's bzw. producer's rent entspricht etwa dem *Liefmann*schen Konsum- bzw. Erwerbsertrag (cf. *Liefmann*, Die Entstehung des Preises aus subjektiven Wertschätzungen, Archiv f. Sozialw. u. Sozialpol. 1912).

wir die Differenz der beiden Summen sämtlicher auf ein und dasselbe Produkt bzw. Produktionsmittel bezüglichen Flächen $\overline{\mathrm{ABCO}}$ bzw. $\overline{\mathrm{NEFO}}$. Nun ist aber:

$$\Sigma\,\overline{\mathrm{ABCO}} = \Sigma\,\overline{\mathrm{ABM}} + \Sigma\,\overline{\mathrm{MBCO}}$$

$$\text{und}\ \Sigma\,\overline{\mathrm{DEFO}} = \Sigma\,\overline{\mathrm{NEFO}} + \Sigma\,\overline{\mathrm{NED}}$$

Da ferner Gleichung (2) zufolge

$$\Sigma\,\overline{\mathrm{MBCO}} = \Sigma\,\overline{\mathrm{NEFO}}$$

ist, so ergibt sich tatsächlich

$$\Sigma\,\overline{\mathrm{ABCO}} - \Sigma\,\overline{\mathrm{DEFO}} = \Sigma\,\overline{\mathrm{ABM}} + \Sigma\,\overline{\mathrm{NED}}.$$

Wollen wir also den sich aus den Marshalschen Einzelnachfrage- bzw. -angebotskurven a l l e r in Frage kommenden Individuen ergebenden G e s a m t nutzengewinn M für sämtliche Produkte bzw. Produktionsmittel (guadagno complessivo di utilità) ermitteln, so brauchen wir nur die G e s a m t nachfrage- und -angebotskurven für jedes Produkt bzw. Produktionsmittel auf die angegebene Weise zu konstruieren und die algebraische Summe der Consumers' Rents der ersteren und der Producers' Rents der letzteren zu bilden; denn wie dies die natürliche Entstehungsweise dieser Gesamtkurven aus jenen Einzelkurven nur bedingt, müssen in ihnen sämtliche Einzel-Consumers' Rents und -Producers' Rents enthalten sein.

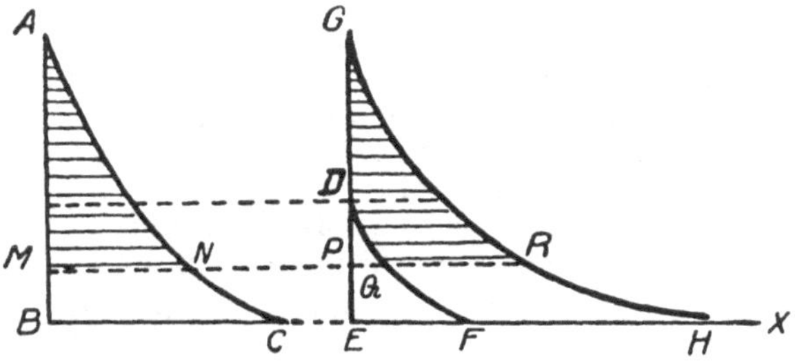

Fig. 14 Fig. 15

Ist z. B., wie in obenstehenden Fig. 14 u. 15, G H die Summe der Einzelnachfragekurven $\overline{\mathrm{AC}}$ und $\overline{\mathrm{DF}}$ zweier Individuen, so wird offenbar die Summe der Consumers' Rent-Flächen $\overline{\mathrm{AMN}}$ und $\overline{\mathrm{DPQ}}$ gleich der Fläche $\overline{\mathrm{GPR}}$ zu setzen sein; denn der Konstruktion der Kurve G H zufolge erscheint die Fläche $\overline{\mathrm{AMN}}$ der Fig. 14 in Gestalt der Fläche $\overline{\mathrm{GDQR}}$ in Fig. 15 wieder. Jedes durch zwei zur X-Achse gezogenen Parallele aus der einen der schraffierten

Flächen ausgeschnittene Flächenstück ist mit dem entsprechenden Abschnitt der anderen schraffierten Fläche inhaltsgleich. Dasselbe gilt von den Angebotskurven und von mehr als zwei Individuen.

Den folgenden Betrachtungen legen wir nun die Marshalschen Gesamtnachfrage- und -angebotskurven für alle dem Tauschverkehr unterworfenen Produkte und Produktionsmittel als aus der statistischen Beobachtung ermittelt zugrunde und beziehen sie auf einen gewissen Anfangsgleichgewichtszustand des Marktes. Bevor wir aber an die eigentliche Behandlung des dynamischen Problems herantreten, wollen wir noch mit Barone zwei wichtige methodische Feststellungen machen.

Gehen wir von dem unterstellten Anfangsgleichgewichtszustand des Marktes aus und lassen ihn durch eine „causa perturbatrice" gestört werden, so mögen die Preise um $\triangle p_a$, $\triangle p_b$, ... zu schwanken beginnen. Diese Inkremente, nehmen wir an, seien mit Hilfe des gleich (cf. S. 143 ff.) noch zu erläuternden Walrasschen Verfahrens exakt bestimmt worden. Die neuen Preise $p_a + \triangle p_a$, $p_b + \triangle p_b$, ... bewirken nun natürlich im allgemeinen eine Änderung des Angebots sowie der Nachfrage, die von Walras auf Grund seines bekannten Gleichungssystems, von Marshal aber mit Hilfe seiner auf den ursprünglichen Gleichgewichtszustand bezogenen Nachfrage- und Angebotskurven (also unter Beibehaltung der alten m-Werte (standards of utility) ermittelt wird.

Es läßt sich nun zunächst zeigen, daß, wenn man von Größen zweiter Ordnung absieht, — was offenbar erlaubt ist, wenn die fraglichen Preisschwankungen nur verhältnismäßig gering sind —, die Variationen des Nutzengewinnes für jedes Individuum stets dieselben bleiben, mag es nach der Walrasschen oder nach der Marshalschen Methode seine weiteren Gütertransformationen vornehmen.

Das Walrassche System liefert nämlich entsprechend Gleichung (1):

$$\triangle x_{1a} = \frac{p_a \triangle m_1}{\varphi'_{1a}(x_{1a})} + \frac{\varphi_{1a}(x_{1a})}{p_a \varphi'_{1a}(x_{1a})} \triangle p_a$$

und in derselben Form alle übrigen Gleichungen der sonst nachgefragten oder angebotenen Waren, während Marshal

$$\delta x_{1a} = \frac{\varphi_{1a}(x_{1a})}{p_a \varphi'_{1a}(x_{1a})} \triangle p_a$$

und die entsprechenden Gleichungen für die übrigen Waren erhält (da die standards of utility (m) bei ihm konstant bleiben).

Für Walras unterliegen aber die $\triangle$-Größen auf Grund von Gleichung (2) der Bedingung:

$$\left.\begin{aligned}&(x_{1a}\triangle p_a + p_a\triangle x_{1a}) + (x_{1b}\triangle p_b + p_b\triangle x_{1b}) + \ldots \\ = &(x_{1k}\triangle p_k + p_k\triangle x_{1k}) + (x_{1l}\triangle p_l + p_l\triangle x_{1l}) + \ldots,\end{aligned}\right\} \quad (3)$$

die bei Marshal nicht erfüllt ist. Für ihn ist vielmehr der (in Geld gemessene) Wertbetrag der an Produktionsmitteln angebotenen Mengen entweder größer oder kleiner als der der nachgefragten Produkte, d. h. es ist

$$\left.\begin{aligned}\delta M_1 = &(x_{1k} + \delta x_{1k})(p_k + \triangle p_k) + (x_{1l} + \delta x_{1l})(p_l + \triangle p_l) + \ldots \\ &-(x_1 + \delta x_{1a})(p_a + \triangle p_a) - (x_{1b} + \delta x_{1b})(p_b + \triangle p_b) - \ldots\end{aligned}\right\} \quad (4)$$

Da nun

$$p_k x_{1k} + p_l x_l + \ldots = p_a x_{1a} + p_b x_{1b} + \ldots$$

ist, so folgt, wenn wir die Größen zweiter Ordnung vernachlässigen,

$$\begin{aligned}\delta M_1 = &(x_{1k}\triangle p_k + p_k\delta x_{1k}) + (x_{1l}\triangle p_l + p_l\delta x_{1l}) + \ldots \\ &-(x_{1a}\triangle p_a + p_a\delta x_{1a}) - (x_{1b}\triangle p_b + p_b\delta x_{1b}) - \ldots\end{aligned}$$

Will man also die Variation des Gesamtnutzens für das Individuum berechnen, so hat man einmal derjenigen Rechnung zu tragen, der die Inkremente δx_{1a}, δx_{1b}, ... δx_{1k}, δx_{1l}, ... entsprechen und gleichzeitig die Schwankung δM_1 zu berücksichtigen.

Die letzte Gleichung geht aber mit Rücksicht auf Gleichung (3) über in

$$\left.\begin{aligned}\delta M_1 = &p_k(\delta x_{1k} - \triangle x_{1k}) + p_l(\delta x_{1l} - \triangle x_{1l}) + \ldots \\ &-p_a(\delta x_{1a} - \triangle x_{1a}) - p_b(\delta x_{1b} - \triangle x_{1b}) - \ldots,\end{aligned}\right\} \quad (5)$$

woraus auf Grund von Gleichung (1)

$$\begin{aligned}m_1\delta M_1 = &\psi_{1k}(\delta x_{1k} - \triangle x_{1k}) + \psi_{1l}(\delta x_{1l} - \triangle x_{1l}) + \ldots \\ &-\varphi_{1a}(\delta x_{1a} - \triangle x_{1a}) - \varphi_{1b}(\delta x_{1b} - \triangle x_{1b}) - \ldots\end{aligned}$$

oder

$$\left.\begin{aligned}&\varphi_{1a}\triangle x_{1a} + \varphi_{1b}\triangle x_{1b} + \ldots - \psi_{1k}\triangle x_{1k} - \psi_{1l}\triangle x_{1l} - \ldots \\ = &\varphi_{1a}\delta x_{1a} + \varphi_{1b}\delta x_{1b} + \ldots - \psi_{1k}\delta x_{1k} - \psi_{1l}\delta x_{1l} + m_1\delta M_1\end{aligned}\right\} \quad (6)$$

hervorgeht.

Die linke Seite dieser Gleichung stellt aber nichts weiter als die Variation des reinen Gesamtnutzens oder Nutzengewinnes in der Walrasschen Formulierung dar, während die rechte dieselbe Variation in der Marshalschen Ausdrucksform liefert.

Es ist somit als erwiesen zu betrachten, daß, wie verschieden auch die durch die „causa perturbatrice" herbeigeführten Änderungen $\triangle$ und δ der einzelnen Nachfrage- und Angebotskurven eines Individuums bei Walras und bei Marshal ausfallen mögen, sie bei beiden doch in derselben

Weise auf die Gestaltung des von diesem Individuum empfundenen (reinen) Gesamtnutzens einwirken.

Marshal gewinnt nun aus seinen graphischen Konstruktionen aller auf den unterstellten Anfangsgleichgewichtszustand des Marktes bezüglichen Einzelnachfrage- und -angebotskurven die entsprechenden Ausdrücke für die Consumers' Rents und Producers' Rents jedes Individuums und erhält z. B. für das Individuum (1) als algebraische Summe der Variation seiner Gesamt-Consumers' Rent und Gesamt-Producers' Rent

$$(x_{1k} \triangle p_k + x_{1l} \triangle p_l + \cdots) - (x_{1a} \triangle p_a + x_{1b} \triangle p_b + \cdots),$$

die aber, wenn wir wieder von Größen zweiter Ordnung abstrahieren, Gleichung (1) bis (3) zufolge sich schreiben läßt:

$$\left.\begin{aligned} &(p_a \triangle x_{1a} + p_b \triangle x_{1b} + \cdots) - (p_k \triangle x_{1k} + p_l \triangle x_{1l} + \cdots) \\ &= \frac{1}{m_1}(\varphi_{1a} \triangle x_{1a} + \varphi_{1b} \triangle x_{1b} + \cdots - \psi_{1k} \triangle x_{1k} - \psi_{1l} \triangle x_{1l} - \cdots) \end{aligned}\right\} \quad (7)$$

Die durch die Störung des anfänglichen Gleichgewichtszustandes des Marktes hervorgerufene Variation des Nutzengewinnes ist somit gleich der Variation der aus den Marshalschen Einzelfrage- und -angebotskurven berechneten Consumers' Rents und Producers' Rents.

Dies alles beweist aber, wie Barone richtig bemerkt, noch nicht, daß die Marshalschen Kurven überhaupt für eine, wenn auch nur angenäherte, so doch theoretisch einwandfreie und praktisch brauchbare Lösung dynamischer Fragen in dem von uns vorhin angedeuteten Sinne einer Gegenüberstellung aufeinanderfolgender Gleichgewichtszustände herangezogen werden können; denn wir haben ja bis jetzt die Inkremente der Preise $\triangle p_a$, $\triangle p_b$, ... als auf Grund eines gleich noch zu schildernden Verfahrens aus den Walrasschen Gleichungen ermittelt vorausgesetzt und erst unter Zugrundelegung dieser Werte die zugehörigen Variationen δ in der Nachfrage der Produkte und in dem Angebot der Produktionsmittel den entsprechenden Marshalschen Kurven entnommen gedacht. Die so im Verhalten von Angebot und Nachfrage festgestellten Schwankungen brauchen sich aber nicht gegenseitig derart zu kompensieren, daß sie einen neuen Gleichgewichtszustand stabilisieren; denn, wie wir gesehen haben, werden sie zwar mit hinreichender Genauigkeit, wenn man gleichzeitig der Schwankung δM_1 Rechnung trägt, auch jetzt noch der Bedingung des individuellen Ophelimitätsoptimums und derjenigen genügen, daß der Verkaufpreis gleich dem Gestehungspreis bleibt, doch wird die für den Eintritt eines

Gleichgewichtszustandes weitere *notwendige* Bedingung (cf. Gleichung [10] unten) nicht mehr ohne weiteres erfüllt sein, daß die angebotene Menge an Produktionsmitteln genau derjenigen gleichkommt, die für die Herstellung der nachgefragten Produkte nötig ist. Wir werden somit noch etwas weiter ausholen müssen, um die angeschnittene dynamische Frage mit genügender Sicherheit entscheiden zu können.

Zu diesem Zwecke beschränken wir uns der Einfachheit halber zunächst auf die Betrachtung eines von nur zwei Individuen (1) und (2) beschickten Marktes, auf dem zwei Fertigprodukte A und B und zwei Produktionsmittel K und L ausgetauscht werden. Jedes Produkt soll nur von *einem* Unternehmer hergestellt werden, der dabei weder einen Gewinn noch Verlust hat.

Als Bedingung für das Vorhandensein eines stabilen Gleichgewichts des so gekennzeichneten Marktverkehrszustandes ergeben sich dann zunächst die Walrasschen Gleichungen:

$$\left.\begin{aligned} \frac{\varphi_{1a}(x_{1a})}{p_a} = \frac{\varphi_{1b}(x_{1b})}{p_b} = \frac{\psi_{1k}(x_{1k})}{p_k} = \frac{\psi_{1l}(x_{1l})}{p_l} \\ \frac{\varphi_{2a}(x_{2a})}{p_a} = \frac{\varphi_{2b}(x_{2b})}{p_b} = \frac{\psi_{2k}(x_{2k})}{p_{2k}} = \frac{\psi_{2l}(x_{2l})}{p_l} \end{aligned}\right\} \quad (8)$$

Da ferner für jedes Individuum der aus dem Verkaufe seiner Produktionsmittel erzielte Erlös sich stets mit dem für die Beschaffung der Fertigwaren anzulegenden Betrage decken soll, so haben wir

$$\left.\begin{aligned} p_a x_{1a} + p_b x_{1b} = p_k x_{1k} + p_l x_{1l} \\ p_a x_{2a} + p_b x_{2b} = p_k x_{2k} + p_l x_{2l} \end{aligned}\right\} \quad (9)$$

Die weitere Bedingung, daß die von jedem Produktionsfaktor insgesamt angebotenen Mengen mit denjenigen übereinstimmen, die für die Produktion der nachgefragten Fabrikate notwendig sind, drückt sich, wenn k_a und l_a bzw. k_b und l_b die (als bekannt vorausgesetzten) Produktions*koeffizienten* für das Produkt A bzw. B., d. h. diejenigen Mengen der Produktionsmittel K und L bedeuten, die für die Fabrikation einer Mengen*einheit* des Gutes A bzw. B erforderlich sind, in den Gleichungen aus:

$$\left.\begin{aligned} x_{1k} + x_{2k} = k_a (k_{1a} + x_{2a}) + k_b (x_{1b} + x_{2b}) \\ x_{1l} + x_{2l} = l_a (x_{1a} + x_{2a}) + l_b (x_{1b} + x_{2b}) \end{aligned}\right\} \quad (10)$$

da schließlich der Verkaufspreis der Produkte dem Selbstkostenpreis der Produktionsfaktoren gleichkommen soll, muß noch sein

$$\left.\begin{aligned} p_a = k_a p_k + l_a p_l \\ p_b = k_b p_k + l_b p_l \end{aligned}\right\} \quad (11)$$

Unter den Bedingungen (8) bis (11) befindet sich also der fragliche Markt im Gleichgewichtszustande. Die so erhaltenen 12 Gleichungen genügen, wenn der Charakter der Funktionen φ und ψ aus den (durch die Beobachtung) vorübergehend als gegeben betrachteten Einzelnachfrage- und -angebotskurven ermittelt worden ist, um die 12 Unbekannten x und p zu berechnen. Es möge nun eine „causa perturbatrice", die wir mit Barone beispielshalber in dem Auflegen einer bestimmten Steuer r auf jede Einheit der Produktmenge von A erblicken wollen, dieses Gleichgewicht stören. Um nun die quantitativen Wirkungen einer solchen steuerlichen Belastung auf den Gang der Wirtschaft beurteilen zu können, werden wir die Werte der Nachfrage- und Angebotsmengen x sowie die Preise p, die sich nach dem allmählichen Einspielen der veränderten Wirtschaftskräfte auf einen neuen Gleichgewichtszustand ergeben haben, mit den vorhin berechneten zu vergleichen haben. Das bedeutet aber in analytischer Ausdrucksweise nichts weiter, als in obigen Gleichungen die früheren Unbekannten x und p jetzt durch $x + \triangle x$ und $p + \triangle p$ zu ersetzen und die eingetretenen Veränderungen ihrer Größenverhältnisse festzustellen, nur daß dabei die erste Gleichung (11) in der Gestalt

$$p_a + \triangle p_a = r + k_a (p_k + \triangle p_k) + l_a (p_l + \triangle p_l)$$

anzunehmen ist[200]).

Indes wird ein solches exaktes Berechnungsverfahren in dem hier vorläufig zugrunde gelegten Falle von nur zwei Individuen und vier Waren wohl noch ohne erhebliche technische Schwierigkeiten durchführbar sein, handelt es sich aber, wie im allgemeinen, um eine größere Anzahl von Marktgängern und Tauschobjekten, so wird das unerläßliche Bedürfnis nach Einfachheit der Lösungen seine praktische Verwendungsmöglichkeit doch wesentlich beeinträchtigen müssen. Wir werden also schon von diesem hier maßgebenden praktischen Gesichtspunkte aus von selbst auf das Suchen nach einer Näherungslösung hingedrängt.

In dem neuen Gleichgewichtszustand ist die Reihe der verschiedenen Ein- und Umstellungen der Produktion und Konsumtion auf die veränderte Marktlage bereits als vollzogen zu denken. Da nun jedes Individuum auch bei den neuen Preisverhältnissen aus seinen Transaktionen den größten Nutzen zu ziehen suchen wird, wird insbesondere auch die Gleichung (9) weiterhin erfüllt sein müssen (die besagt, daß

[200]) Gleichzeitig ist natürlich vorausgesetzt, daß keine andere Störungsursache als die ursprüngliche in der Zwischenzeit wirksam geworden ist.

der Unternehmer auch in Zukunft einen Ausgleich zwischen seinen Einnahmen und Ausgaben herbeizuführen bestrebt ist).

Es fragt sich nur, w i e das betreffende Individuum sich den neuen Wirtschaftsbedingungen anpassen wird. Hierauf antwortet Barone richtig: Dies kann selbst von einer ausgesprochenen h e d o n i s t i s c h e n Unternehmernatur nur durch vorsichtige Versuche geschehen, an seinem alten standard of utility m entsprechende Modifikationen vorzunehmen.

In dem Augenblick, wo die „causa perturbatrice" erst im Entstehen begriffen ist, hat das Individuum natürlich noch keinen Grund, seinen standard zu wechseln. Hierzu wird es sich meist selbst dann noch nicht entschließen können, wenn sich die genannte Ursache zwar bereits auszuwirken beginnt, jedoch sein spezielles Produktions- und Konsumtionsgebiet noch unberührt läßt. Vielmehr wird sich jeder noch so weitsichtige Unternehmer einer sich bemerkbar machenden Umgruppierung maßgebender Wirtschaftsfaktoren gegenüber zunächst immer nur abwartend verhalten können, zumal er gar nicht jederzeit in der Lage ist, alle für ihn wichtigen neuen Preisnotierungen „unter den Augen" zu behalten. Erst nach einer gewissen Zeit wird er gewahr werden, daß seine auf den alten standard m gegründete Kalkulation mit den tatsächlichen Wirtschaftsverhältnissen nicht mehr vereinbar, d. h. daß die alte Gleichung (7) für ihn nicht mehr erfüllt ist. Jedoch wird er im allgemeinen nur in dem Maße, wie die (zwecks Erreichung des Ophelimitätsoptimums) erstrebte Balancierung seines Etats auf Grund des alten standard nicht mehr möglich ist, zu einer Anpassung des letzteren an die wirkliche Konjunktur schreiten, und zwar an ihm solange entsprechende Korrekturen anbringen, bis sich die Marktverhältnisse völlig geklärt und auf den neu gebildeten Preisspiegel allgemein eingestellt haben, m. a. W. bis sich ein neuer Gleichgewichtszustand stabilisiert hat.

Wir haben nun zwar in dem angeführten Walrasschen Gleichungssystem eine Lösungsmethode gefunden, diesen Endzustand gebührend zu kennzeichnen, doch gehen bei ihrer Verwendung sämtliche für die entsprechende Anpassung der Wirtschaftssubjekte oft bedeutungsvollen Übergangserscheinungen der Gleichgewichtsschwankungen der Beobachtung und damit der objektiven Beurteilung gänzlich verloren. Auch dieser schwerwiegende Übelstand läßt somit eine Näherungslösung des dynamischen Problems von vornherein als das gegebene Auskunftsmittel erscheinen.

Eine solche Näherung wollen wir nun im folgenden unter der Bedingung suchen, daß man es mit „cause perturbatrici" zu tun hat, die nicht von bedeutender Tragweite sind,

d. h. mit solchen, die, wenn sie allein wirken würden, nur mäßige Preisschwankungen hervorzurufen in der Lage wären. Gerade mit solchen Ursachen hat die Wissenschaft, wie Barone richtig bemerkt, bei der Behandlung dynamischer Fragen der Wirklichkeit in erster Linie zu rechnen.

Die bunte Wirklichkeit lehrt uns aber auch, daß zwar einerseits eine Isolierung aller in Frage kommenden Störungsmomente und die Unterstellung einer „ausgesuchten hedonistischen Veranlagung" wissenschaftlich zulässig, ja „logisch notwendig"[201]) ist (falls man sich nur immer der dabei gemachten Abstraktionen stets bewußt bleibt), daß aber auf der anderen Seite die verschiedenen Störungsursachen sich meist derart zu überstürzen pflegen, daß „manifestane una, il mercato ha appena cominciato a muoversi per prendere il nuovo assetto quale da essa sarebbe determinato, che già una nuova causa interviene e lo sospinge in altra direzione[201])". Die stets mehr oder weniger komplizierten, oft geradezu undurchsichtigen ökonomischen Entwicklungsvorgänge werden somit um so mehr dazu beitragen, jeden Unternehmer vor jeder Umstellung seines standard zur Vorsicht zu mahnen, dazu kommt, daß die fraglichen Wirtschaftssubjekte in natura eben nicht vollkommene Hedonisten sind, wie wir bisher zur Voraussetzung gemacht haben.

Allen den soeben angeführten Umständen wollen wir in der folgenden analytischen Formulierung der Näherungslösung dadurch Rechnung tragen, daß wir an Stelle der Walrasschen $\triangle$-Größen mit den Marshalschen δ-Werten operieren. Ferner unterstellen wir demgemäß, daß jedes Individuum auch nach Eintritt der fraglichen Störungsursache vorläufig fortfährt, seine Tauschhandlungen unter Zugrundelegung seines bisherigen standard m einzurichten. Es wird dabei natürlich seine Nachfrage und sein Angebot stets so zu regulieren wissen, daß ein durch die Verschiebung der Wirtschaftslage entstandener Einnahme- oder Ausgabeüberschuß δM gebührende Berücksichtigung findet. Wird dann gleichfalls wieder vorausgesetzt, daß die Mengen der angebotenen Produktionsfaktoren stets mit denen gerade übereinstimmen, die für die Produktion der nachgefragten Fertigwaren benötigt werden, und daß der Verkaufspreis — mit Ausnahme desjenigen für das Produkt A, der den Selbstkostenpreis natürlich um den Steuerbetrag r übertreffen wird — sich im allgemeinen mit dem Herstellungspreis deckt, so werden wir jeden so umschriebenen durch die Störungsursache herbeigeführten Übergangszustand mit Barone treffend

[201]) G. d. E. 1894, Serie II, S. 418.

als den des *angenäherten* oder *vorübergehenden* (fiktiven) Gleichgewichts (equilibrio approssimato oder equilibrio provisorio) bezeichnen können. Er unterscheidet sich von dem Walrasschen (exakten) Gleichgewichtszustand offenbar vor allem darin, daß zwecks Erreichung eines Nutzenmaximums für jedes Individuum nicht mehr das Zusammentreffen der Bedingungsgleichungen (8) und (9), sondern das Verhalten maßgebend ist, das wir soeben näher gekennzeichnet haben.

Wir haben dann also an Stelle der Gleichung (8) die Marshalschen Gleichungen

$$\delta x_{1a} = \frac{\varphi_{1a}(x_{1a})}{p_a \varphi_{1}{}'_{a}(x_{1a})} \delta p_a, \ldots$$

zu setzen.

Summieren wir nun alle diese Variationen der Nachfrage und des Angebots und betrachten δD_a und δD_b bzw. δO_k und δO_l als Schwankungen der *Gesamt*nachfrage nach den Fertigwaren A und B bzw. des *Gesamt*angebots an den Produktionsmitteln K und L, so haben wir

$$\delta D_a = c_a \delta p_a, \quad \delta D_b = c_b \delta p_b, \quad \delta O_k = c_k \delta p_k, \quad \delta O_l = c_l \delta p_l, \qquad (12)$$

worin die Werte der Konstanten c_a, c_b, c_k, und c_l den gegebenen Marshalschen Gesamtnachfrage- bzw. -angebotskurven leicht entnommen werden können.

Die Walrasschen Gleichungen (9) werden jetzt, wie schon erwähnt, nicht mehr zu recht bestehen, vielmehr entspricht ihnen nunmehr der in (5) ermittelte Gewinn- oder Verlustvortrag δM, den wir aber erst bei Feststellung der Schwankung des Gesamtnutzens zu berücksichtigen brauchen.

Die Walrasschen Gleichungen (10) gehen dagegen über in:

$$\left.\begin{aligned} \delta O_k &= k_a \delta D_a + k_b \delta D_b \\ \delta O_e &= l_a \delta D_a + l_b \delta D_b \end{aligned}\right\} (13)$$

während die Gleichungen (11) die Gestalt annehmen:

$$\left.\begin{aligned} \delta p_a &= r + k_a \delta p_k + l_a \delta p_l \\ \delta p_b &= \phantom{r +{}} k_b \delta p_k + l_b \delta p_l \end{aligned}\right\} (14)$$

Wir verfügen damit insgesamt über acht Gleichungen (10) bis (12), die zur Bestimmung der unbekannten Variationen der Gesamtnachfrage, des Gesamtangebots und der Preise ausreichen. (Sind außerdem die Marshalschen Einzelkurven gegeben, so ergeben sich aus ihnen die fraglichen δx der einzelnen Individuen.)

Es bedarf kaum eines Hinweises, daß das so erhaltene Baronesche Gleichungssystem das entsprechende Walrassche an Einfachheit der ihr zugrunde liegenden Lösungsmethode weit übertrifft. Substituieren wir in (13) die durch (12) angegebenen Werte der Variationen δO und δD, so erhalten wir, unabhängig von der Zahl der für den Austauschverkehr in Betracht gezogenen Individuen und Güter, folgende allgemeine Übersicht über die uns zur Verfügung stehenden Gleichungen:

$$\left.\begin{aligned} \delta p_a &= r + k_a \delta p_k + l_a \delta p_l + \ldots \\ \delta p_b &= \qquad k_b \delta p_k + l_b \delta p_l + \ldots \\ &\ldots\ldots\ldots\ldots\ldots\ldots \\ &\ldots\ldots\ldots\ldots\ldots\ldots \end{aligned}\right\} (15)$$

$$\left.\begin{aligned} \delta p_k &= k_a \frac{c_a}{c_k} \delta p_a + k_b \frac{c_b}{c_k} \delta p_b + \ldots \\ \delta p_l &= l_a \frac{c_a}{c_l} \delta p_a + l_b \frac{c_b}{c_l} \delta p_b + \ldots \end{aligned}\right\} (16)$$

Dies ist offenbar die für die angenäherte Berechnung der Preisschwankungen δp bequemste Gleichungsform. Wollen wir dieselben nach der bekannten Methode der alternierenden Substitution ermitteln, so setzen wir z. B. zunächst $\delta p_k = 0$, $\delta p_l = 0, \ldots$, so daß (15) $\delta p_a = r$, $\delta p_b = 0, \ldots$ ergibt. Werden diese Werte in (16) eingesetzt, so kommt $\delta p_k = k_a \frac{c_a}{c_k} r$, $\delta p_l = l_a \frac{c_a}{c_l} r, \ldots$, während die Gleichungen (15) unter Zugrundelegung der zuletzt erhaltenen Werte in

$$\left.\begin{aligned} \delta p_a &= r + k_a^2 \frac{c_a}{c_k} r + l_a^2 \frac{c_a}{c_l} r + \ldots \\ \delta p_b &= k_a k_b \frac{c_a}{c_k} r + l_a l_b \frac{c_a}{c_l} r + \ldots \\ &\ldots\ldots\ldots\ldots\ldots\ldots \\ &\ldots\ldots\ldots\ldots\ldots\ldots \end{aligned}\right\} (17)$$

übergeht. Substituieren wir die vorstehenden δp wiederum in (16), so kommt

$$\left.\begin{aligned} \delta p_k = \frac{1}{c_k} \Big[& k_a c_a \Big(r + k_a^2 \frac{c_a}{c_k} r + l_a^2 \frac{c_a}{c_l} r + \ldots\Big) + \\ & + k_b k_c \Big(k_a k_b \frac{c_a}{c_k} r + l_a l_b \frac{c_a}{c_l} r + \ldots\Big)\Big] \\ \delta p_l = \frac{1}{c_l} \Big[& l_a c_a \Big(r + k_a^2 \frac{c_a}{c_l} r + l_a^2 \frac{c_a}{c_l} r + \ldots\Big) + \\ & + l_b c_b \Big(k_a k_b \frac{c_a}{c_k} r + l_a l_b \frac{c_a}{c_l} r + \ldots\Big)\Big] \\ &\ldots\ldots\ldots\ldots\ldots\ldots\ldots\ldots \\ &\ldots\ldots\ldots\ldots\ldots\ldots\ldots\ldots \end{aligned}\right\} (18)$$

Dieses Substitutionsverfahren können wir offenbar beliebig oft fortsetzen und damit das dynamische Problem mit jedem gewünschten Annäherungsgrade lösen.

Es fragt sich nun, ob wir imstande sind, auf Grund der Struktur der Gleichung (15) und (16) von vornherein bestimmte Aussagen über das Vorzeichen der zu ermittelnden δp zu machen.

Zu diesem Zwecke erinnern wir uns, daß die Koeffizienten $k_a, k_b, \ldots, l_a, l_b \ldots$ nur positiv sein können; das gleiche gilt auf Grund der unterstellten spezifischen Form der Gesamtangebotskurven (die ebenso wie die entsprechenden Einzelangebotskurven [cf. Fig. 13 S. 134] stets zunehmende Ordinaten bei wachsenden Abszissen aufweisen) von den Konstanten $c_k, c_l, \ldots$, während die Konstanten $c_a, c_b, \ldots$ wegen des hypostasierten typischen Charakters der Gesamtnachfragekurven (stets abnehmende Ordinaten bei zunehmenden Abszissen) nur negativ ausfallen können.

Nun geht prima facie aus den Gleichungen (15) und (16) hervor, daß die δp der Produkte A, B, ... in (16) nicht alle positiv sein können; denn das würde nur negative Werte für die δp der Produktionsmittel K, L, ... bedingen, gleichzeitig aber auf Grund von (15) zur Folge haben müssen, daß wenigstens einige δp der Produkte A, B, ... negativ sind, was aber der gemachten Voraussetzung widerspricht. Ähnlich schließt man, daß die δp von A, B, ... ebensowenig alle negativ sein können, so daß nur übrig bleibt, daß einige positiv und andere negativ sind. Auch ergibt sich leicht, daß die δp der Produktionsmittel nur entweder alle negativ (was aber z. B. in dem zugrunde gelegten Falle zweier Austauschfertigprodukte A und B ein gleichzeitiges positives δp_a bedingt) oder teilweise negativ und positiv sein können.

Macht man noch nähere Voraussetzungen über die Höhe des Steuersatzes r und den Wert der Parameter c, k und l, so lassen sich aus der vorliegenden Gestalt der Gleichungen (15) und (16) mühelos weitere wichtige Schlüsse über das besondere Verhalten der neuen Gesamtangebots- und -nachfragekurven ziehen. Wir glauben jedoch, diese „lavoro di ricamo" unserem Leser überlassen zu müssen.

Es sei hier nur noch an uns, die Wirkungen festzustellen, die die fragliche Störungsursache auf den Gesamtnutzengewinn aller auf dem Markte verkehrenden Individuen ausgeübt hat.

Die Variation des dem Individuum (1) zufallenden Nutzengewinnes beträgt den Gleichungen (6) zufolge:

$$\varphi_{1a}(x_{1a})\delta x_{1a}+\varphi_{1b}(x_{1b})\delta x_{1b}+\ldots-\psi_{1k}(x_{1k})\delta x_{1k}-$$
$$x\psi_{1l}(x_{1l})\delta x_{1l}-\ldots+m_1\delta M_1$$

oder in Geld ausgedrückt:

$$p_a\delta x_{1a}+p_b\delta x_{1b}+\ldots-p_k\delta x_{1k}-p_l\delta x_{1l}-\ldots+\delta M_1;$$

für a l l e Individuen ergibt sich somit

$$p_a\delta D_a+p_b\delta D_b+\ldots-p_k\delta O_k-p_l\delta O_l-\ldots, \qquad (19)$$

hierzu tritt im Hinblick auf (4) der Einnahme- oder Ausgabeüberschuß

$$\left.\begin{array}{l}(O_k+\delta O_k)(p_k+\delta p_k)+(O_l+\delta O_l)(p_l+\delta p_l)+\ldots \\ -(D_a+\delta D_a)(p_a+\delta p_a)-(D_b+\delta D_b)(p_b+\delta p_b)-\ldots,\end{array}\right\} \quad (20)$$

so daß, wenn man wieder die Größen zweiter Ordnung vernachlässigt und den Gleichungen (2) entsprechend die Beziehung

$$D_a p_a+D_b p_b+\ldots=O_k p_k+O_l p_l+\ldots$$

berücksichtigt, als Variation des gesamten Nutzengewinnes

$$O_k\delta p_k+O_l\delta p_l+\ldots-(D_a\delta p_a+D_b\delta p_b+\ldots) \qquad (21)$$

hervorgeht. Dieser Ausdruck stellt aber nichts weiter als die algebraische Summe der Variationen sämtlicher Producers' und Consumers' Rents dar, die, nachdem die δp ermittelt sind, sich aus den gegebenen Gesamtangebots- und -nachfragekurven ohne weiteres ergeben.

Wie auch in Gleichung (21) zum Ausdruck kommt, haben wir bisher s ä m t l i c h e Marktpreise unter der Wirkung der eigentlich bloß das Produkt A u n mittelbar berührenden „causa perturbatrice" variieren lassen. Es wird natürlich auch dynamische Fälle geben, wo sich die fragliche Ursache mehr oder weniger auf ein einziges Wirkungsfeld konzentriert, so daß die Preisschwankungen derjenigen Güter, die von ihr nur in unbedeutendem Maße betroffen werden, unter Umständen vernachlässigt werden können. Jedenfalls bedürfen derartige Modalitäten stets einer besonderen Prüfung, die an Hand der fundamentalen Gleichungen (15) und (16) allerdings sehr erleichtert wird.

Ferner haben wir immer nur von ebenen Gesamtangebotskurven für Produktions f a k t o r e n gesprochen und diese den Betrachtungen als gegebene Größen zugrunde gelegt, nicht aber auch von solchen f e r t i g e r Produkte selbst. Es drängt sich somit sofort die Frage auf, ob es Kurven der letzteren Art überhaupt gibt.

Um dies zu entscheiden, gehen wir mit Baronc wieder von dem Anfangsgleichgewichtszustand des Marktes aus, der vor Eintritt des betreffenden Störungsmomentes herrschte. Dieser

Zustand ist, wenn wir nur wieder vier Tauschgüter berücksichtigen u. a. charakterisiert durch die Gleichungen:

$$p_a = F_a(D_a),\ p_b = F_b(D_b),\ p_k = f_k(O_k),\ p_l = f_l(O_l)$$
$$p_a = k_a p_k + l_a p_l,\ p_b = k_b p_k + l_b p_l,$$
$$O_k = k_a D_a + k_b D_b,\ O_l = l_a D_a + l_b D_b.$$

Fassen wir jetzt die im ursprünglichen Sinne nachgefragten Mengen D_a und D_b der Waren A und B von der Gegenseite des Marktes her als Angebote fertiger Produkte auf, die in den Mengen q_a und q_b hergestellt seien, so wird sich deren Selbstkostenpreis allgemein stellen auf:

$$\left.\begin{aligned}\pi_a &= k_a f_k(k_a q_a + k_b q_b) + l_a f_l(l_a q_a + l_b q_b)\\ \pi_b &= k_b f_k(k_a q_a + k_b q_b) + l_b f_l(l_a q_a + l_b q_b)\end{aligned}\right\} \quad (22)$$

Hieraus geht aber deutlich hervor, daß es keine funktionelle Beziehung zwischen π_a und q_a allein oder zwischen p_b und q_b allein gibt, da jeder der Kostenpreise gleichzeitig von beiden Produktionsmengen q_a und q_b abhängt. Eine ebene Angebots k u r v e für das Produkt A oder B wird es somit überhaupt nicht geben, solange wir, wie bisher, jedes Produktionsmittel zur Herstellung von mehr als ein und demselben Gute dienen lassen; man kann dann vielmehr nur von einer Angebotsf l ä c h e für jedes der beiden Produkte sprechen, die man dadurch erhält, daß man in einem räumlichen Koordinatensystem auf der einen Achse die angebotenen Mengen q_a, auf der anderen die Mengen q_b als Abszissen und auf der dritten die zugehörigen Preise π_a bzw. π_b als Ordinaten aufträgt. Die Berücksichtigung von mehr als zwei Fabrikaten läßt eine entsprechende Darstellung im physischen Raume nicht mehr zu.

Betrachten wir demgegenüber den Fall, in dem jeder angebotene Produktionsfaktor nur zur Herstellung ein und desselben Gutes Verwendung findet, so wird einer Zuordnung der aus Gl. (22) hervorgehenden Werte von π_a und q_a bzw. π_b und q_b in der Ebene nichts im Wege stehen [202]). Ja, die Existenz einer ebenen Angebotskurve für eine bestimmte Fertigware wird schon dann als hinreichend gesichert gelten können, wenn man nur zu der Voraussetzung berechtigt ist, daß die Mengen aller übrigen angebotenen Fabrikate bei dem durch die „causa perturbatrice" herbeigeführten Übergang von einem Gleichgewichtszustand zum andern nahezu unverändert bleiben. Wir beschränken uns

---

[202]) Sind z. B. die Produktionsmittel *K* und *L* nur für die Herstellung von A, nicht aber auch von B nötig, so hat man an Stelle von (22) die Gleichungen:

$$\pi_a = k_a f_k (k_a q_a) + l_a f_l (l_a q_a)$$
$$\pi_b = k_b f_k (k_a q_a) + l_b f_l (l_a q_a)$$

jedoch hier auf den ersten Fall, da er für die Feststellung der Bedingungen des „equilibrio provisorio“ im Hinblick auf deren bedeutende Vereinfachung ein besonderes Interesse bietet.

Nehmen wir speziell an, daß die Produktionsfaktoren, die für die Herstellung von A erforderlich sind, nicht auch für die der übrigen Produkte in Frage kommen, so wird der vor Eintritt der betreffenden Störungsursache bestehende (statische) Gleichgewichtszustand durch

$$p_a = F_a(D_a), p_k = f_k(O_k), p_l = f_l(O_l), p_a = k_a p_k + l_a p_l$$
$$O_k = k_a D_a, O_l = l_a D_a$$

gekennzeichnet sein. Nach dem Wirksamwerden dieser Ursache wird man dagegen als Kriterium für das Vorhandensein des angenäherten (Übergangs-)Gleichgewichtszustandes haben:

$$\delta D_a = c_a \delta p_a \qquad (23)$$

$$\delta O_k = c_k \delta p_k \qquad (24)$$

$$\delta O_l = c_l \delta p_l,\ \delta p_a = r + k_a \delta p_k + l_a \delta p_l,\ \delta O_k = k_a \delta D_a,\ \delta O_l = l_a \delta D_a,$$

woraus sofort $\delta p_a = \dfrac{r}{1 - c_a\left(\dfrac{k_a^2}{c_k} + \dfrac{l_a^2}{c_l}\right)}$ folgt. (25)

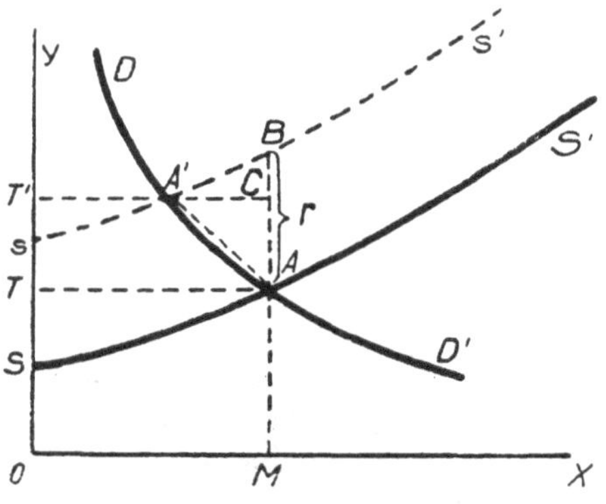

Fig. 16

Wir setzen nun $D_a = x$, $p_a = y$ und denken uns, wie in nebenstehender Figur 16, die Gesamtangebotskurve SS′ mit der Gleichung

$$y = k_a f_k(k_a x) + l_a f_l(l_a x)$$

und die Gesamtnachfragekurve DD′ mit der Gleichung

$$y = F_a(x)$$

den Beobachtungsergebnissen entsprechend gezeichnet. Vermehren wir dann die Ordinaten der ersteren um den Steuerbetrag r, so erhalten wir die neue (hypothetische) Angebotskurve ss′. Da nun jener Betrag im allgemeinen nur einen verhältnismäßig geringen Bruchteil des Herstellungspreises ausmachen wird, so verfängt es nicht, die trigonometrische Tangente des ∢ B A′ C auf Grund von Gleichung (24) mit

$\frac{k_a^2}{c_k} + \frac{l_a^2}{c_l}$ und die des $\sphericalangle$ C A' A Gleichung (1) zufolge mit $\frac{1}{c_a}$ anzusetzen. Da nun $\overline{AC} + \overline{CB} = r$, so ergibt sich

$$\overline{AC} = \frac{r}{1 - c_a\left(\frac{k_a^2}{c_k} + \frac{l_a^2}{c_l}\right)} = \delta p_a \qquad (26)$$

Es bestehen somit in diesem Falle keinerlei Bedenken, den Schnittpunkt der (aus der ursprünglichen leicht zu konstruierenden) hypothetischen Angebotskurve ss' des Produktes A mit der Nachfragekurve dieses Produktes als zuverlässigen Anhaltspunkt für die Beurteilung der Schwankung δp_a des Verkaufspreises p_a zu betrachten.

Die Fläche T A S stellt offenbar die Summe der Producers' Rents dar, die man aus den Gesamtangebotskurven der Produktionsfaktoren erhalten würde; denn sowohl das Rechteck $\overline{ATOM}$ wie die Fläche $\overline{ASOM}$ kommt der Summe der entsprechenden, auf diese Kurven bezogenen Rechtecke bzw. Flächen gleich, da die Identitäten

$$x \cdot [k_a f_k(k_a x) + l_a f_l(l_a x)] = k_a x \cdot f_k(k_a x) + l_a x \cdot f_l(l_a x)$$

$$\text{und } y \cdot dx = [k_a f_k(k_a x) + l_a f_l(l_a x)] \cdot dx =$$
$$= k_a dx \cdot f_k(k_a x) + l_a dx \cdot f_l(l_a x) \text{ bestehen.}$$

Vernachlässigen wir in Fig. 16 die Fläche zweiter Ordnung BA'C, so kann man ferner folgende Flächenbeziehungen aufstellen: $\overline{ATS} + \overline{ATT'C} \sim \overline{A'T's} + \overline{BASs}$, so daß $\overline{A'T's} - \overline{ATS} \sim D_a(\delta p_a - r)$ kommt. Diese Relation wird offenbar um so mehr gelten, je weniger die Angebotskurve SS' zur X-Achse geneigt ist, d. h., um mit Marshal zu reden, je größer die „Elastizität"[202a]) des Angebots der Ware A ist. Nun entnimmt man im Hinblick auf (25) den Gesamtangebotskurven der Produktionsfaktoren als Variationssumme sämtlicher Producers' Rents unmittelbar

$$O_k\, \delta p_k + O_l\, \delta p_l = D_a(k_a\, \delta p_k + l_a\, \delta p_l) = D_a(\delta p_a - r).$$

Diese Summe wird also durch die Differenz der Flächen A'T's und ATs mit großer Annäherung ausgedrückt.

Aus diesen Betrachtungen geht zur Genüge hervor, daß man in dem konkreten Falle, wo die auf dem Markte angebotenen Produktionsmittel lediglich für die Herstellung eines einzigen Fertigproduktes in Frage kommen, zwecks Lösung dynamischer Fragen sehr vorteilhaft mit der betreffenden (ebenen) Gesamtangebotskurve dieses Produktes operiert,

---

202a) cf. S. 227.

deren Existenz dann nicht in Zweifel zu ziehen ist. (Daß man natürlich auch unabhängig von dieser Bedingung durch passende Zerlegungen, Transformationen und Wiederzusammenlegungen aus den Marshalschen Angebotskurven für Produktionsmittel ebene Angebotskurven für Fertigfabrikate herleiten kann, leuchtet ohne weiteres ein. Ein derartiges Verfahren ist von U. Ricci[203]) mit Erfolg angewendet worden.) Im übrigen wird es aber, also in der überwiegenden Mehrzahl der zu behandelnden Fälle, für eine u n mittelbare Analyse dynamischer Entwicklungsvorgänge zweckmäßiger sein, nur (ebene) Gesamtangebotskurven von Produktions m i t t e l n zu verwenden.

Der Charakter dieser dynamischen Untersuchungen wird offenbar nicht dadurch alteriert, daß man an Stelle der Auflage oder Steuer eine andere „causa perturbatrice" setzt. Auch wird die analoge Durchführung der Rechnung keine erheblichen Schwierigkeiten bieten, wenn mehrere Störungsursachen gleichzeitig zu berücksichtigen sind und sich ihr Wirkungskreis auf mehr als bloß das Angebot oder die Nachfrage e i n e s Gutes erstreckt, nur daß wir es dann mit Differenzen bzw. Differentialen entsprechend höherer Ordnung zu tun haben werden. Immer werden dabei die Walrasschen Gleichungen der wirtschaftlichen Statik den Ausgangspunkt zu bilden haben, allerdings zugleich der jeweiligen Eigentümlichkeit des betreffenden Problems zwecks Erzielung einer vereinfachten Nährungslösung. gehörig anzupassen sein.

Ist somit nach dem Voraufgegangenen nicht zu verkennen daß das Marshalsche Verfahren „ritoccato, chiarito, completato", dessen wichtigstes Charakteristikum darin besteht, den von jedem Individuum empfundenen Grenznutzen des G e l d e s , oder m. a. W. seinen standard of utility, den Wirkungen der Störungsursache gegenüber vorläufig invariant zu lassen, Barone bei der Entwicklung der reduzierten analytischen Ansätze Walras' wesentliche Hilfe geleiset hat, so darf doch Barone nicht vergessen, daß der Beweis der Zweckmäßigkeit einer solchen Synthese mit jenem Verfahren zugleich steht und fällt; denn dasselbe gründet sich (insbesondere die Berechnung der ausschlaggebenden Konstanten c) — von einer Reihe anderer konkreter Voraussetzungen abgesehen, lediglich auf die Kenntnis der nur das statische Fundament liefernden Gesamtangebots- und nachfragekurven jedes Austauschgutes, dazu in der spezifischen Gestalt beständig zunehmender bzw. abnehmender Ordinaten bei wachsenden Abszissen (cf. Fig. 16). Es nimmt, wie wir sahen, in wesent-

203) G. d. E. 1906, Serie II, 33. S. 223 ff.

lichen Punkten seines Beweisganges zur bloßen Anschauung seine Zuflucht und ist auf diese bis zu einem gewissen Grade sogar angewiesen.

Dem ganzen Baroneschen modus procedendi kann somit immer nur eine *relative* Bedeutung zukommen. Hierüber dürfte sich Barone wohl auch selbst im klaren sein. Immerhin liefern seine Ausführungen einen nicht zu unterschätzenden Beitrag für eine *glückliche Synthese* rein algebraischer und geometrischer Betrachtungsweise und für die prinzipielle Behandlung *dynamischer* Phänomene auf *statischer* Grundlage.

Was die letztere an sich anlangt, so haben die bisherigen Anwendungsversuche deutlich gezeigt, daß immer nur kurz aufeinanderfolgende Gleichgewichtszustände (mit unendlich kleiner oder sehr kleiner Variation der Elemente) in Betracht gezogen werden konnten, was selbst nur unter einschränkenden Voraussetzungen bezüglich der Konstanz gewisser typischer Merkmale des Ausgangszustandes der „systembestimmenden Tatsachen"[204] (z. B. der Wertfunktionen φ) gelang. In der Notwendigkeit solcher Einschränkungen besteht gerade die Schwierigkeit der wahrheitsgetreuen Erfassung einer längeren zusammenhängenden ökonomischen Entwicklungsreihe und liegt die Beschränktheit der Anwendung der *statischen* Hilfsmittel begründet. Erst, wenn wir uns weitestgehend von diesen Fesseln zu befreien vermögen, ist eine vollkommen korrekte Darstellung und Erklärung der Wirtschaftsvorgänge innerhalb *längerer* Perioden möglich. Dies ist eben die Aufgabe der noch völlig unentwickelten reinen *Dynamik* (*ohne* statische Grundlage), nach der wir vor allem zu streben haben[205]). Immerhin können wir schon zufrieden sein, wenn es zunächst nur mit hinreichendem Erfolg gelingt „studiare i fenomeni *dinamici* considerandoli anche solo come successivi fenomeni *statici*"[206]).

---

[204]) cf. J. Schumpeter, Das Wesen und der Hauptinhalt der theoretischen Nationalökonomie, Leipzig 1908, S. 461.

[205]) cf. hierzu Schumpeter, a. a. O. S. 176 ff. und S. 456 ff.

[206]) cf. Pareto, G. d. E., Serie II, 8, 1894, S. 170.

Dritter Abschnitt.

Spezielle Anwendungen der Mathematik, insbesondere der Theorien der wirtschaftlichen Statik und Dynamik.

Die Anwendungen der Mathematik auf spezielle Fragen der Volkswirtschaftslehre gründen sich meist, wie es nur natürlich ist, auf die allgemeinen Theorien der wirtschaftlichen Statik und Dynamik. Wenn in diesen — der ursprünglichen Darstellung der betreffenden Autoren entsprechend — somit von irgendwelchen Grenznutzenausdrücken (Elementarophelimitäten) die Rede ist, so wissen wir auf Grund der voraufgegangenen Betrachtungen, daß wir an deren Stelle ohne weiteres gewisse (Ophelimitäts-)Indexfunktionen treten lassen können, so daß die betreffenden Probleme eine von der unmittebaren Verwendung der Grenznutzentheorie durchaus unabhängige Behandlungsweise zulassen. Diese Bemerkung schicken wir hier voraus, um uns ihre jedesmalige Wiederholung im folgenden ersparen zu können. —

E. Dristributionstheorien.

§ 1.

Die Theorie des Innen- und Außenhandels Paretos, vornehmlich unter dem Gesichtspunkte der Goldausfuhr.

Den breitesten Raum in sämtlichen Anwendungen der Mathematik auf die Volkswirtschaftslehre nehmen die Handelstheorien ein[207]). Eine der ersten und wichtigsten Abhandlungen unter den mathematischen Nationalökonomen Italiens, die sich mit den Problemen des Außenhandels und zwar speziell der internationalen Wechselkurse und der auswärtigen Zahlungsbilanz, inbesondere unter dem Gesichtspunkte der

[207]) Speziell an Verkehrstheorien cf. auch Paretos an Bodios „Indici misuratori del movimento economico in Italia" (Rom 1891) anknüpfenden, des mathematischen Beweismittels sich ausgiebig bedienenden Aufsatz „Dell' Utile che procurano al paese le ferrovie" sowie L. Perozzos „Utilità differenziale delle ferrovie" im G. d. E. 1893.

Goldausfuhr befassen, ist die Paretosche „Teoria matematica dei cambi forestieri[208])".

Was wir gelegentlich an Paretos Darstellungsweise zu tadeln hatten, wird hier zum Teil wieder wett gemacht. Bevor nämlich Pareto an die Behandlung des eigentlichen Gegenstandes selbst herantritt, zieht er es jetzt vor, die Voraussetzungen, von denen er dabei ausgeht, ihrer Bedeutung nach wenigstens kurz zu kennzeichnen.

Die wichtigste Grundlage seiner Untersuchungen bilden die entsprechenden, uns zum Teil bereits geläufigen Walrasschen Formeln „als erste Annäherung". Obwohl dieselben von mancher Seite heftigen Angriffen ausgesetzt gewesen sind, „so hat uns doch keiner überzeugt, daß in jener (Walrasschen) Theorie ein Irrtum liegt, vielmehr zeigen sie nur, daß die Theorie einige Partien des wirklichen Phänomens studiert und andere vernachlässigt; das ist aber, die Wahrheit zu sagen, uns kaum jemals im Traume eingefallen, etwa leugnen zu wollen. Wer Kraft und Verstand genug hat, uns bessere Theorien zu geben, der wage sich vor, und wir werden ihm folgen; aber solange wie man noch auf das Bessere wartet, begnügen wir uns eben mit dem Guten [209])".

Die Walrasschen Formeln zerfallen in drei Gruppen. Die ersten sind die uns bereits bekannten (cf. Gleichung (4) und (11) S. 51), die das „equilibrio commerciale" des Marktes zum Ausdruck bringen [210]):

$$\left.\begin{array}{l} \varphi_{1a}(r_{1a}) = \frac{1}{p_b}\varphi_{1b}(r_{1b}) = \frac{1}{p_c}\varphi_{1c}(r_{1c}) = \ldots \\ \varphi_{2a}(r_{2a}) = \frac{1}{p_b}\varphi_{2b}(r_{2b}) = \frac{1}{p_c}\varphi_{2c}(r_{2c}) = \ldots \\ \ldots\ldots\ldots\ldots\ldots\ldots\ldots\ldots\ldots\ldots \\ \ldots\ldots\ldots\ldots\ldots\ldots\ldots\ldots\ldots\ldots \end{array}\right\} \quad (1)$$

und

$$\left.\begin{array}{l} r_{1a} + p_b r_{1b} + p_c r_{1c} + \ldots = 0 \\ r_{2a} + p_b r_{2b} + p_c r_{2c} + \ldots = 0 \\ \ldots\ldots\ldots\ldots\ldots\ldots\ldots\ldots \\ \ldots\ldots\ldots\ldots\ldots\ldots\ldots\ldots \end{array}\right\} \quad (2)$$

Gegen den Vorwurf von Edgeworth [211]), in obigen Gleichungen sei die „disutility" der Arbeit nicht berücksichtigt worden, sucht Pareto Walras dadurch zu verteidigen, daß ja nichts im Wege stünde, unter der Ware B die Arbeitskraft und unter r_b die Zahl der Arbeitsstunden zu verstehen, so daß $\varphi_{1b}(r_{1b})$,

[208]) G. d. E. 1894, Serie II, 8, S. 142 ff. cf. dazu auch G. Sensinis „Teoria dei cambi esteri" im G. d. E. 1907, Serie II, 34, 1, S. 485 ff.

[209]) ibidem S. 142.

[210]) Wir haben hier also wieder, wie gewöhnlich, $p_a = 1$ gesetzt.

[211]) cf. Revue d'Économie politique, Januar 1891.

mit negativem Vorzeichen genommen, als „disutility" gelten könne. So einfach liegt die Sache aber nicht; stellen nämlich die r, bei Walras sowohl wie bei Pareto, Mengen dar, so können sie nicht gleichzeitig Stunden bedeuten [212]). Es wird sich also darum handeln müssen, diese durch jene auszudrücken; das kann aber offenbar nur durch Zugrundelegung eines normativen R e a l lohnes, der eine Gleichmäßigkeit der Arbeitsintensität bedingt, geschehen; erst durch die Möglichkeit einer derartigen Zeittransformation wird der Edgeworthsche Einwand hinfällig.

Die zweite Reihe von Walrasschen Gleichungen trägt dem bekannten Grundsatze Rechung, „daß, wo (wirtschaftliche) Freiheit herrscht, die Menschen sich Beschäftigungen mit größerem Gewinn zuwenden und die von geringerem Nutzen aufgeben, d. h. sie berücksichtigt das sogenannte allgemeine „wirtschaftliche Prinzip".

Die jeweilige Lage eines nach diesem Prinzip handelnden Wirtschaftssubjektes läßt sich nun aber offenbar am leichtesten dadurch kennzeichnen, daß man nach dem Vorbilde Walras' einen (fiktiven) G r e n z zustand zum Ausgangspunkt der Betrachtung nimmt, in dem das betreffende Individuum weder einen Gewinn noch einen Verlust von seinen Transaktionen erwartet, m. a. W. dadurch, daß man das Problem des auswärtigen Handels s t a t i s c h behandelt und dabei vorläufig von den Schwierigkeiten abstrahiert, die durch Berücksichtigung der Veränderlichkeit des hypostasierten Zustandes entstehen.

Die fraglichen Gleichungen der Selbstkosten- oder Produktionspreise sind dann:

$$\left.\begin{array}{l} p_b = b_t p_t + b_s p_s + \ldots\ldots \\ p_c = c_t p_t + c_s p_s + \ldots\ldots \\ \ldots\ldots\ldots\ldots\ldots\ldots\ldots\ldots \\ \ldots\ldots\ldots\ldots\ldots\ldots\ldots\ldots {}^{*)} \end{array}\right\} \quad (3)$$

worin die (auch unter den Gütern A, B, C, ... in den Gleichungen (1) und (2) enthaltenen) Produktions f a k t o r e n wie stehendes Kapital, Arbeit, umlaufendes Kapital usw. durch .... T, S, M, ... ausgedrückt sind und unterstellt ist, daß von ihnen

---

[212]) Ein ähnliches folgenschweres Versehen ist beispielsweise auch v. Bortkiewicz bei der Interpretation der Marxschen Wert- und Preisrechnung unterlaufen cf. hierzu meine „Untersuchungen über die Wert- und Preisrechnung des Marxschen Systems. Eine dogmenkritische Auseinandersetzung mit L. v. Bortkiewicz". Verlag Ludwig, Bamberg-Greifswald 1922.

*) Die linke Seite von (3) enthält nicht auch die p_t, p_s....

für die Produktion einer Einheit des Gutes B die Mengen
$b_t, b_s, b_m, \ldots$
für die Produktion einer Einheit des Gutes C die Mengen
$c_t, c_s, c_m, \ldots$

....

....

benötigt werden, deren Preise .....$p_t, p_s, p_m, \ldots$........... betragen.

Die Einwürfe, die sich gegen die Verwendung dieser Formeln (3) gerichtet haben, beruhen meist auf der falschen Annahme, daß unter den Produktionskoeffizienten b, c, .. nur konstante Größen zu verstehen seien. Zu einer solchen einseitigen Auffassung liegt jedoch weder der Natur des Problems noch dem Walrasschen Sinne seiner Behandlung nach eine zwingende Veranlassung vor; vielmehr hindert nichts, die b, c, ... gegebenenfalls als Funktionen sämtlicher in Frage kommenden Variabeln zu betrachten und z. B. zu unterstellen, daß sie und damit auch die Produktionspreise mit wachsenden Produktionsmengen zu- oder abnehmen. Nur in erster Annäherung könnten dann die Koeffizienten mit Walras als Konstante gelten.

Die letzte, am wenigsten angefochtene Kategorie von Walrasschen Gleichungen ist die der Produktionsfaktoren

$$\left.\begin{array}{l} R_t = a_t R_a + b_t R_b + \ldots \text{[212a]}. \\ R_s = a_s R_a + b_s R_b + \ldots \\ \ldots\ldots\ldots\ldots\ldots\ldots \\ \ldots\ldots\ldots\ldots\ldots\ldots \end{array}\right\} \quad (4)$$

und

$$\left.\begin{array}{l} R_a = r_{1a} + r_{2a} + r_{3a} + \ldots \text{[212b]}. \\ R_b = r_{1b} + r_{2b} + r_{3b} + \ldots \\ \ldots\ldots\ldots\ldots\ldots\ldots \\ \ldots\ldots\ldots\ldots\ldots\ldots \end{array}\right\} \quad (5)$$

Die Gleichungen (5) sind uns bereits in der Gestalt der Gleichungen (34) auf S. 69 begegnet, während die Gleichungen (4) zum Ausdruck bringen, daß die auf dem Markte insgesamt nachgefragten oder angebotenen Mengen $R_a, R_b, \ldots R_t, R_s, \ldots$ der Waren A, B, ... T, S, ... natürlich erst hergestellt werden müssen und die Summe der in ihnen enthaltenen Mengen desselben Produktionsfaktors T bzw. S usw. somit den betreffenden Gesamtproduktionsfaktor R_t bzw. R_s usw. des Marktes ausmacht.

Unter den Gütern A, B, C, ... möge auch die Ersparnis einbegriffen sein, die, wie wir hier nicht weiter nachprüfen

---

212a) Hier sind rechts die $R_t, R_s \ldots$ nicht mitzusetzen.

212b) Hierin sind die Gleichungen mit den Größen der Indizes t, s, ... einbegriffen.

wollen, ihren eigenen Grenznutzen hat. Die als Geld verwendete Ware A soll insbesondere Gold vorstellen; ihr kommt wie wir wissen [213]), als Tauschmittel kein eigener Grenznutzen zu, wohl aber, wenn wir sie als Produktionsfaktor (Kapital) bewerten. In diesem Falle wollen wir sie mit M bezeichnen.

Wir können nun auf Grund der bisher formulierten Gleichungen bereits zwei wichtige Feststellungen machen: die eine ist, daß die Gleichungen (1) der Bedingung genügen, das Maximum der Befriedigung des Tauschbedürfnisses des einzelnen zum Ausdruck zu bringen. Zu der zweiten Feststellung soll uns ein kurzes Eingehen auf die Frage führen, ob die bisherigen Gleichungen bereits eine vollkommene „Bestimmtheit" des Handelsproblems gewährleisten, wenn wir folgende drei Bedingungen stellen:

1. Jedes Individuum tauscht seine Güter stets so aus, daß der Genuß, der ihm aus der zuletzt erworbenen kleinen Menge (z. B. Geldes) an Äquivalenten erwächst, ebenso groß ist wie derjenige, den ihm die von letzteren als Tauschmittel zuletzt hingegebene kleine Menge verschaffen würde.

2. Der Verkaufspreis ist gleich dem Herstellungspreis.

3. Die Mengen der ausgetauschten Güter sind diejenigen, die für die Produktion überhaupt benötigt werden. Ist ϑ die Zahl der für den Handelsverkehr in Frage kommenden Individuen, m die der Waren A, B, . . . (ausgenommen T, S, . . .) und n die der Produktionsfaktoren T, S, . . ., so haben wir in (1) und (2) : $(m + n)\vartheta$, in (3) : $m - 1$, in (4): n, also insgesamt $(m + n)\vartheta + m - 1 + n$ voneinander unabhängige Gleichungen.

Demgegenüber ergeben sich als Unbekannte die $(m + n)\vartheta$ Mengen $r_{1a}, r_{2a}, \ldots r_{1b}, r_{2b}, \ldots r_{1t}, r_{2t}, \ldots r_{1s}, r_{2s}, \ldots$ und die $m - 1 + n$ Preise $p_b, p_c, \ldots, p_t, p_s, \ldots$, so daß ihre Summe mit der Zahl der uns zur Verfügung stehenden Gleichungen übereinstimmt. Das auf e i n e n (Inlands-)Markt bezügliche Tauschproblem erweist sich damit als vollständig „bestimmt".

Wollen wir nun die Bedingungen eines i n t e r n a t i o n a l e n Güteraustausches feststellen, so brauchen wir unsere bisherige Betrachtung nur auf m e h r e r e Märkte auszudehnen; dabei haben wir jedoch zu beachten, daß die von uns oben zugrunde gelegten mathematischen Größen sich nur auf einen ganz bestimmten Markt mit konkreten Produktions- und Absatzbedingungen [214]) beziehen, die für einen

---

[213]) cf. Anmerk. 81a.

[214]) Und zwar sowohl hinsichtlich des Absatzes im Innern wie nach außen hin.

anderen Markt nicht ebenfalls zuzutreffen brauchen. Diesem Umstande tragen wir, wenn wir zunächst nur unser Augenmerk auf den Austauschverkehr zwischen zwei Märkten X und Y lenken, dadurch Rechnung, daß wir die auf den ersten Markt bezüglichen Größen mit einem Akzent, die auf den zweiten Markt bezüglichen dagegen mit zwei Akzenten versehen.

Dann lassen sich mit Pareto folgende drei verschiedene Modalitäten unterscheiden: „Wenn die beiden Märkte in keiner Weise in Verbindung stehen, braucht man dem bisher Gesagten nichts hinzuzufügen. Stehen sie vollständig miteinander in Verbindung (d. h. gehen sie ineinander auf), so bleibt es gleichfalls noch beim ersten Problem. Stehen sie dagegen nur durch den Tausch gewisser Güter in Verbindung, so haben wir ein neues Problem [215]." Diesem wollen wir uns nun im folgenden zuwenden.

Es seien A, B, C, ... die wirtschaftlichen Güter, für die der internationale Austausch in Frage kommt; von diesem ausgeschlossen seien die Güter T, S, ..., soweit sie nicht als Produktionsmittel in Fertigwaren eingegangen sind. Dann sind die in X insgesamt produzierten Mengen $\mathfrak{R}_a'$, $\mathfrak{R}_b'$, $\mathfrak{R}_c'$, ... offenbar gleich den in X konsumierten Mengen R_a', R_b', R_c', ..., vermehrt um die nach Y ausgeführten Mengen ϱ_a, ϱ_b, ϱ_c, ..., d. h. man hat für den Markt X:

$$\left.\begin{array}{l} \mathfrak{R}_a' = R_a' + \varrho_a \\ \mathfrak{R}_b' = R_b' + \varrho_b \\ \dots\dots\dots\dots \\ \dots\dots\dots\dots \end{array}\right\} \quad (6)$$

und entsprechend für den Markt Y:

$$\left.\begin{array}{l} \mathfrak{R}_a'' = R_a'' - \varrho_a \\ \mathfrak{R}_b'' = R_b'' - \varrho_b \\ \dots\dots\dots\dots \\ \dots\dots\dots\dots \end{array}\right\} \quad (7)$$

In den Gleichungen (4) sind demzufolge für den Markt X bzw. Y die R_a, R_b, R_c, ... durch die $\mathfrak{R}_a'$, $\mathfrak{R}_b'$, $\mathfrak{R}_c'$, ... bzw. $\mathfrak{R}_a''$, $\mathfrak{R}_b''$, $\mathfrak{R}_c''$, ... zu ersetzen.

Die Preise auf beiden Märkten müssen wir auf ein und dieselbe Ware (Gold) A beziehen. Setzen wir $p_a' = 1$, so bleibt also noch p_a'' als weitere Unbekannte zu bestimmen. Wir haben vorhin R_a, R_b, ... in (4) mit Rücksicht auf (5) nicht als besondere Unbekannte aufgefaßt. Geschieht dies jetzt für beide Märkte, so haben wir in (5) die R_a', R_b', ... R_a'', R_b'', ... als 2 m Unbekannte mit ebensoviel Gleichungen

[215]) ibidem S. 151.

mehr. Es bleibt dann also alles beim alten. Dagegen treten hierzu m + m + m = 3 m neue Unbekannte $\mathfrak{R}_a'$, $\mathfrak{R}_b'$, ... $\mathfrak{R}_a''$, $\mathfrak{R}_b''$, ... und ϱ_a, ϱ_b, ..., denen nur die 2 m Gleichungen (6) und (7) gegenüberstehen. Es sind somit noch m + 1 weitere Gleichungen für die eindeutige Bestimmung aller Unbekannten (einschl. p_a'') ausfindig zu machen. Eine dieser Gleichungen wird uns sofort durch die Berücksichtigung der Tatsache gegeben, daß jedes Land natürlich seine Aus- bzw. Einfuhr zu bezahlen hat. Sind B, ... die Waren, die von X ausgeführt, H, ... diejenigen, die von Y dafür eingeführt worden, so hat man also:

$$p_b'\varrho_b + \ldots + p_h''\varrho_h + \ldots = 0. \qquad (8)$$

Weiter macht Pareto zur Bedingung, daß der Preis der eingeführten von dem der ausgeführten Waren abhängt. Dies glaubt er durch seine Annahme rechtfertigen zu können, daß „il commercio internazionale deve essere compreso nella p r o d u z i o n e; cioè nelle trasformazioni dei beni economici c'è anche quella che si ottiene portandoli nel luogo più acconcio pel consumo [216])“. Demzufolge setzt er:

$$\left.\begin{array}{ll} p_a'' = 1 + \alpha_a p_m + \chi_a & \text{(a)} \\ p_b'' = p_b' + \alpha_b p_m + \chi_b & \\ \dots\dots\dots\dots\dots\dots & \\ \dots\dots\dots\dots\dots\dots & \\ p_h' = p_h'' + \alpha_h p_m + \chi_h & \\ \dots\dots\dots\dots\dots\dots & \\ \dots\dots\dots\dots\dots\dots & \end{array}\right\} \qquad (9)$$

wo α_a, α_b ..., α_h, ... die Goldmengen (das Betriebskapital ausschließlich Unkosten) vorstellen, die das Ausfuhrland zur Zeit der Durchführung der Transaktionen einer Mengeneinheit der Waren B, ..., H, ... benötigt und somit während dieser Zeit für den Abnehmer auslegen muß, während in χ_a, χ_b, ... χ_h, ... die Unkosten (wie Transportkosten, Versicherungsgebühren, die Löhne und Gehälter usw.) einbegriffen sind, die mit den Transaktionen verbunden sind.

Eine derartige Einbeziehung des Handelsbereiches der verschiedenen Länder in das Tauschverkehrsgebiet ihrer P r o d u k t i o n, wie sie in den Gleichungen (9) zum Ausdruck kommt, wird aber — was Pareto ausdrücklich hervorzuheben vergißt — höchstens dann angängig sein, wenn eine in diesen Ländern mehr oder weniger h o m o g e n e Produktionssphäre vorausgesetzt wird. Eine so weitgehende Hypothese dürfte indes keine zutreffende Generalisierung auf die Wirk-

[216]) ibidem S. 153.

lichkeit zulassen, so daß durch ihre stillschweigende Zugrundelegung die auf sie gegründeten Paretoschen Untersuchungen an Realitätsgehalt von vornherein bedeutend verlieren müssen. Unter Beachtung dieses wichtigen Umstandes treten wir an unsere weiteren Betrachtungen heran.

Wir haben nunmehr in den Gleichungen (8) und (9) die für die eindeutige Bestimmung der Unbekannten noch fehlenden m + 1 Gleichungen gefunden. Auch das Problem des internationalen Handels kann damit — immer unter den bisherigen Voraussetzungen betrachtet — als völlig „bestimmt" angesehen werden. Auf dieselbe Weise wie zwischen zwei Märkten läßt sich natürlich auch der Handelsverkehr zwischen mehr Märkten analysieren. Doch wollen wir uns jetzt dem speziellen Problem des auswärtigen Zahlungs(Geld-)verkehrs zuwenden.

Da wir unter der Ware A Gold verstanden haben, so entspricht bei dessen Ausfuhr die Gleichung (9_a) offenbar dem Zeitpunkte, in dem der sogenannte obere „Goldpunkt" erreicht ist.

Um die Wirkungen einer Goldausfuhr aus einem Lande Y in ein anderes X besser übersehen zu können, nehmen wir mit Pareto an, daß X die gesamte übrige Welt sei, wenn Y ein bestimmtes Land vorstellt. Dann wird man in erster Annäherung die Wirkungen einer Goldein- bzw. -ausfuhr in bzw. aus X normaliter vernachlässigen und sich lediglich auf die Beobachtung der sich in Y vollziehenden Umgestaltung der Geldverhältnisse beschränken können. Der Rolle des Goldes als Produktionsfaktor wird offenbar die unter den Gleichungen (4) sich findender Gleichung

$$R_m'' = a_m'' R_a'' + b_m'' R_b'' + \dots \qquad (10)$$

gerecht, in der die Koeffizienten a_m'', b_m'', ... nur insoweit als Konstante gelten können, als sie sich auf feste, an das Ausland zu entrichtende Summen, nicht aber auf Bezahlungen wirtschaftlicher Güter beziehen, deren Preise Schwankungen unterliegen; in letzterem Falle können wir jedoch mit hinreichender Genauigkeit annehmen, daß diese Schwankungen sich in demselben Ausmaße den betreffenden Konstanten mitteilen.

Die durch die Ausfuhr einer gewissen Menge Goldes aus Y bedingte Verminderung der im Inlande verbleibenden Goldmenge hat zunächst zur Folge, daß ihr Grenznutzen wächst und somit die Warenpreise zu fallen beginnen. Wäre Y von der übrigen Welt vollständig abgeschnitten, so würden diese Preise sämtlich in demselben Verhältnis sinken und das bisherige wirtschaftliche Gleichgewicht (1) und (2) somit erhalten. (In diesen Überlegungen ist der Kern der „teoria quantitativa" des Goldes enthalten.) Nun werden aber in Wirklichkeit einige Preise trotz der Goldausfuhr unverändert bleiben, z. B. die Zinsen der öffentlichen Schuld, wodurch das ehemalige Gleichgewicht also schon gestört wird. Die Preise der in Y eingeführten Waren werden im großen und ganzen ebenfalls als dieselben betrachtet werden können, so daß nur die der inländischen Produkte und Produktionsfaktoren — letztere im allgemeinen sogar nur, wenn sie jeder ausländischen Konkurrenz überhoben sind — Schwankungen ausgesetzt sein werden.

Alle derartigen Momente ließen sich bei Behandlung konkreter Fälle in unseren bisher aufgestellten exakten Formeln an sich sehr wohl berücksichtigen, doch sind diese für eine praktische Verwendung ziemlich unhandlich. Um mit ihrer Hilfe auch ohne umständliche Analyse zu bestimmten Schlüssen gelangen zu können, müssen wir somit auf eine Vereinfachung der mathematischen Argumentation bedacht sein. Ein solcher Verzicht auf die exakte Formulierung bringt natürlich immer die Zulassung gewisser (generalisierender oder isolierender) Abstraktionen mit sich, die wir bei der Auslegung der Resultate entsprechend zu berücksichtigen haben.

Das Zustandekommen einer solchen Näherungslösung wollen wir nun an einem von Pareto gewählten Beispiele etwas näher verfolgen.

Fallen sämtliche Preise in (3) infolge einer stärkeren Goldausfuhr in ein und demselben Verhältnis, multiplizieren sie sich also mit ein und derselben Zahl $x (< 1)$, so fragt es sich, ob die bisherigen Gleichungen, die das wirtschaftliche Gleichgewicht bestimmten, ebenfalls noch erfüllt sind. Die von solch einer Preissenkung betroffenen Waren sind dann die inländischen Produkte und Produktionsmittel, während der Geldpreis selbst (Zinsen, Renten usw.) konstant bleibt und sich nur die für die Aufrechterhaltung des Zahlungsverkehrs erforderliche Goldmenge (einschl. der Goldsurrogate) auf das xfache reduziert. Die Preise der aus dem Auslande eingeführten Waren werden sich im allgemeinen ebenfalls auf der bisherigen Höhe halten, wohingegen deren Mengen auf das xfache zurückgehen. Unterstellt man nun, daß dies alles eine Heraufsetzung der Grenznutzwerte auf den xten Teil bedingt (was im allgemeinen nur möglich ist, wenn die φ die Gestalt $\frac{K}{r}$ haben, wo K eine Konstante ist), so werden auch die Gleichungen (1) und (2) weiterhin erfüllt sein. Das gleiche gilt von den mit x multiplizierten Gleichungen (4), vorausgesetzt, daß in ihnen keine Einfuhrmengen enthalten sind. In (3) werden die einheimischen Preise und eingeführten Mengen auf das xfache herabsinken, so daß auch dieser Gleichung noch Genüge geleistet wird. Alles in allem wird also das wirtschaftliche Gleichgewicht — unter den gemachten Voraussetzungen — seine frühere Stabilität wiedererlangen. Doch „quest' equilibrio non accade nei fatti [216a]". Pareto bezeichnet es daher als ein „equilibrio fittizio [217]", das offenbar dem Baroneschen „equilibrio provisorio oder approssiamto [218]" entspricht.

Wollen wir diese Näherungslösung der Wirklichkeit etwas mehr anpassen, so müssen wir an ihr mehrere Korrekturen anbringen. Eine wird sich z. B. durch Berücksichtigung der bekannten Erscheinung ergeben, daß bei Eintritt eines Preisrückganges der Inlandsprodukte die Ausfuhr zu wachsen pflegt.

Zu diesem Zwecke wollen wir, um durch die Verwendung von Akzenten die Darstellung nicht unnötig zu komplizieren, die Gleichungen (1) bis (4) jetzt ohne weiteres auf den „fiktiven Gleichgewichtszustand" des Inlandes beziehen, den wir soeben als wieder erreicht betrachtet haben. Die Preise der Waren, die (eben infolge des im Inlande eingetretenen Preisrückganges) ausgeführt werden, mögen um

$$\ldots\ \delta p_b,\ \delta p_b,\ \ldots$$

gesunken sein, wodurch eine Zunahme der Ausfuhrmengen um $g_b\,\delta p_b$, $g_c\,\delta p_c$, ... herbeigeführt worden sei. Diese wird aber im allgemeinen eine gleichzeitige Steigerung der inländischen Produktion und damit ein Anschwellen der Preise für die Produktionsfaktoren S, T, ... bewirken. Von diesen Erhöhungen werden wiederum nach und nach auch die Preise der übrigen Waren in Mitleidenschaft gezogen werden und um $\triangle p_b$, $\triangle p_c$, ... steigen. Eine derartige allgemeine Hebung des Preisspiegels wird aber einem Rückgang der inländischen Verbrauchsmengen um $k_b \triangle p_b$, $k_c \triangle p_c$, ... zur Folge haben, so daß sich kurz folgendes Gesamtbild von der veränderten wirtschaftlichen Lage ergibt: die inländischen Warenpreise haben im ganzen um $\delta p_b - \triangle p_b$, $\delta p_c - \triangle p_c$, ... nachgelassen, während die Ausfuhrmengen nur um $g_b\,(\delta p_b - \triangle p_b)$, $g_c\,(\delta p_c - \triangle p_c)$, ... gewachsen sind. Die Preisinkremente δp_b, δp_c, ..., die wir als bekannt voraussetzen wollen, wird man $(1-x)p_b'$, $(1-x)p_c'$, ... schreiben können, wenn man unter p_b', p_c', ... die v o r der Goldausfuhr herrschenden

[216a]) ibidem S. 158.
[217]) ibidem.
[218]) cf. S. 135 unten.

ebenfalls bekannten Preise versteht. Schließlich unterstellen wir noch, daß, wenn die nachgefragten Mengen der Produktionsfaktoren um $\triangle R_t$ $\triangle R_s, \ldots$ zunehmen, ihre Preise um $l_t \triangle R_t$, $l_s \triangle R_s$, ... in die Höhe gehen, und daß die Ware A, also das Geld, nicht in dem betrachteten Inlande produziert werde, d. h. $R_a = O$ ist.

Dann werden die Gleichungen (4) unter Berücksichtigung von (6) die Gestalt annehmen [219].

$$\left.\begin{aligned} R_t &= b_t\, \mathfrak{R}_b + c_t\, \mathfrak{R}_c + \ldots \\ R_s &= b_s\, \mathfrak{R}_b + c_s\, \mathfrak{R}_c + \ldots \\ &\cdots\cdots\cdots\cdots\cdots\cdots \\ &\cdots\cdots\cdots\cdots\cdots\cdots \quad \text{so daß} \end{aligned}\right\} \quad (11)$$

$$\left.\begin{aligned} \triangle R_t &= b_t\, \triangle\mathfrak{R}_b + c_t\, \mathfrak{R}_c + \ldots \\ \triangle R_s &= b_s\, \triangle\mathfrak{R}_b + c_s\, \mathfrak{R}_c + \ldots \\ &\cdots\cdots\cdots\cdots\cdots\cdots \\ &\cdots\cdots\cdots\cdots\cdots\cdots \end{aligned}\right\} \quad (12)$$

kommt. Die Gleichung (4) wird ergeben.

$$\left.\begin{aligned} \triangle p_b &= b_t l_t \triangle R_t + b_s l_s \triangle R_s + \ldots \\ \triangle p_c &= c_t l_t \triangle R_t + c_s l_s \triangle R_s + \ldots \\ &\cdots\cdots\cdots\cdots\cdots\cdots \\ &\cdots\cdots\cdots\cdots\cdots\cdots \end{aligned}\right\} \quad (13)$$

während aus (6) folgt:

$$\triangle\mathfrak{R}_b = \triangle R_b + \triangle\varrho_b, \quad \triangle\mathfrak{R}_c = \triangle R_c + \triangle\varrho_c, \ldots \qquad (14)$$

oder

$$\triangle\mathfrak{R}_b = -k_b \triangle p_b + g_b(\delta p_b - \triangle p_b) = g_b\, \delta p_b - (k_b + g_b) \triangle p_b,$$

$$\cdots\cdots\cdots\cdots\cdots\cdots\cdots\cdots\cdots\cdots\cdots\cdots$$

$$\cdots\cdots\cdots\cdots\cdots\cdots\cdots\cdots\cdots\cdots\cdots\cdots$$

Setzen wir hierin $k_b' = k_b + g_b$, $k_c' = k_c + g_c$, ... so erhalten wir

$$\triangle\mathfrak{R}_b = g_b\, \delta p_b - k_b' \triangle p_b, \quad \triangle\mathfrak{R}_c = g_c\, \delta p_c - k_c' \triangle p_c, \ldots \qquad (15)$$

Die Gleichungen 12, 13 und 15 reichen dann für die Lösung des Problems vollkommen aus. Aus (12) und (13) geht hervor:

$$\left.\begin{aligned} \triangle p_b &= \mathfrak{B}_b\, \triangle\mathfrak{R}_b + \mathfrak{B}_c \triangle\mathfrak{R}_c + \ldots \\ \triangle p_c &= \mathfrak{C}_b\, \triangle\mathfrak{R}_b + \mathfrak{C}_c \triangle\mathfrak{R}_c + \ldots \\ &\cdots\cdots\cdots\cdots\cdots\cdots \\ &\cdots\cdots\cdots\cdots\cdots\cdots \end{aligned}\right\} \quad (16)$$

worin

$$\left.\begin{aligned} \mathfrak{B}_b &= b_t^2 l_t + b_s^2 l_s + \ldots & \mathfrak{C}_b &= b_s c_t l_t + c_s b_s l_s + \ldots \\ \mathfrak{B}_c &= b_t c_l l_t b_s c_s l_s + \ldots & \mathfrak{C}_c &= c_t^2 l_t + c_s^2 l_s + \ldots \\ &\cdots\cdots\cdots\cdots & &\cdots\cdots\cdots\cdots \\ &\cdots\cdots\cdots\cdots & &\cdots\cdots\cdots\cdots \end{aligned}\right\} \quad (17)$$

gesetzt ist.

[219]) Wir haben bekanntlich die Produktionsfaktoren T, S, ... von jedem internationalen Austausch ausgeschlossen (cf. S. 157 Mitte).

Da im allgemeinen $\triangle p_b$ gegenüber δp_b und $\triangle p_c$ gegenüber δp_c u. s. f. klein ausfallen wird, so wird man (15) in erster Annäherung

$$\triangle \mathfrak{R}_b = g_b \delta p_b, \; \triangle \mathfrak{R}_c = g_c \delta p_c, \ldots \tag{18}$$

schreiben können.

Substituieren wir diese Werte in (16), so gibt dies:

$$\left.\begin{array}{l} \triangle p_b = \mathfrak{B}_b g_b \delta p_b + \mathfrak{B}_c g_c \delta p_c + \ldots \\ \triangle p_c = \mathfrak{C}_b g_b \delta p_b + \mathfrak{C}_c g_c \delta p_c + \ldots \\ \ldots\ldots\ldots\ldots\ldots\ldots\ldots\ldots \\ \ldots\ldots\ldots\ldots\ldots\ldots\ldots\ldots \end{array}\right\} \tag{19}$$

Würden wir diese Werte $\triangle p_b$, $\triangle p_{,c}$ ... in (15) und die so hervorgehenden Werte von $\triangle \mathfrak{R}_b$, $\triangle \mathfrak{R}_c$, ... wieder in (16) einsetzen und dieses Verfahren beliebig oft wiederholen, so würden wir jedesmal eine weitere Näherung erhalten. die Gleichung (19) ergibt sich in der Form

$$\triangle p_b = (1-x)\,\Pi_b, \; \triangle p_c = (1-x)\,\Pi_c, \ldots, \tag{20}$$

wenn

$$\begin{array}{l} \Pi_b = \mathfrak{B}_b g_b p'_b + \mathfrak{B}_c g_c p'_c + \ldots \\ \Pi_c = \mathfrak{C}_b g_b p'_b + \mathfrak{C}_c g_c p'_c + \ldots \\ \ldots\ldots\ldots\ldots\ldots\ldots\ldots\ldots \\ \ldots\ldots\ldots\ldots\ldots\ldots\ldots\ldots \end{array}$$

gesetzt wird.

Ferner haben wir:

$$\left.\begin{array}{l} \delta p_b - \triangle p_b = (1-x)\,(p'_b - \Pi_b) \\ \delta p_c - \triangle p_c = (1-x)\,(p'_c - \Pi_c) \\ \ldots\ldots\ldots\ldots\ldots\ldots\ldots\ldots \\ \ldots\ldots\ldots\ldots\ldots\ldots\ldots\ldots \end{array}\right\} \tag{21}$$

Die fraglichen Preisschwankungen mögen dann der statischen Beobachtung entnommen werden, so daß auch x bekannt wird und die Π_b, Π_c, ... sich aus (21) ermitteln lassen. Die Gleichung (20) dient dann zur Berechnung der wahren Werte von $\triangle p_b$, $\triangle p_c$, ..., in denen damit eine der an Gleichung (8) vorzunehmenden Korrekturen als Berücksichtigung der Tatsache gefunden ist, daß eine sinkende Preistendenz auf dem Inlandsmarkte im allgemeinen eine vermehrte Ausfuhr auslöst. In ähnlicher Weise würden die noch fehlenden Korrekturen anzubringen sein.

Unter den Produktionsfaktoren befindet sich auch das Gold. Ihre Preise hatten, wie wir sahen, im ganzen einen Preisrückgang von

$$\begin{array}{l} -\delta p_t + \triangle p_t = -\delta p_t + l_t \triangle R_t \\ \ldots\ldots\ldots\ldots\ldots\ldots\ldots\ldots \\ \ldots\ldots\ldots\ldots\ldots\ldots\ldots\ldots \end{array}$$

erfahren, von dem jedoch das Gold M verschont geblieben ist, so daß

$$\delta p_m = 0 \text{ und auf Grund von (12):}$$

$$\triangle p_m = l_m \triangle R_m = l_m (b_m \triangle R_b + c_m \triangle R_c + \ldots)$$

oder schließlich, wenn man sich mit einer ersten Annäherung begnügt,

$$\triangle p_m = (1-x) l_m (b_m g_b p'_b + c_m g_c p'_c + \ldots) \qquad (22)$$

ist.

Mit einer Goldausfuhr ist somit eine ganz bestimmte Erhöhung des Geldpreises d. h. des Diskontsatzes verbunden. Hieraus folgert Pareto richtig, daß eine Staatsbank „non può[220]) fissare la ragione dello sconto, deve subire quella che si stabilisce naturalmente sul mercato".

Die vor dem Einsetzen der Goldabwanderung im Lande als Produktionsmittel verwendete Goldmenge R'_m ist durch die Ausfuhr auf $R_m = xR_m'$ heruntergegangen gleichzeitig aber infolge erhöhter Nachfrage um $\triangle R_m$ gestiegen, so daß wir haben:

$$R_m + \triangle R_m = R_m + (1-x)(b_m g_b p'_b + c_m g_c p'_c + \ldots).$$

Die insgesamt ausgeführte Goldmenge, die bisher mit $(1-x)R_m$ bemessen war, beträgt also unter Einrechnung dieser Korrektur $(\triangle R_m)$ nur noch: $(1-x)(R_m' - b_m g_b p_b' - c_m g_c p_c' -) \ldots$. Dabei ist natürlich — darauf sei hier nochmals ausdrücklich hingewiesen — angenommen worden, daß der Geldverkehr des betrachteten Inlandsmarktes in keiner Weise von dem Auslande abhängt, denn sonst würde die in Rede stehende Goldpreis-(Diskont-)erhöhung einen auf die innere Preisentwicklung mehr ausgleichend wirkenden auswärtigen Goldstrom leicht herbeilenken können.

Eine weitere Korrektur an dem „equilibrio fittizio" (auf das wir wieder die Gleichungen (1) bis (9) beziehen), können wir herstellen, wenn wir beachten, daß der Betrag der auf Grund irgendeines öffentlichen Schuldtitels an das Ausland zu entrichtenden fixen Summen durch eine inländische Goldausfuhr keine Änderung irgendwie erfährt.

Die Gleichung (8) schreiben wir dieserhalb mit Pareto in der Form

$$G_o - H - D = 0, \qquad (24)$$

wo in G_o bzw. H alle in ihr vorkommenden, den Faktor x enthaltenden Ausdrücke der Aus- bzw. Einfuhrwerte einbegriffen sind, während D eine feste innerhalb eines bestimmten

220) Wenigstens nicht auf längere Zeit, jedoch immer nur unter den gemachten allgemeinen Voraussetzungen.

Zeitraumes an das Ausland abzuführende Schuldsumme bedeutet. Wäre nun D auch mit x multipliziert, so würde sich an dem (fiktiven) Gleichgewicht, das wir als wiedergewonnen betrachtet haben, soweit es durch D mitbestimmt wird, nichts ändern; da aber die Größe D in Wirklichkeit dieselbe bleibt, so wird auch das wahre Endgleichgewicht von jenem (fiktiven) verschieden ausfallen müssen. Setzen wir dementsprechend, auf das letztere bezogen, das tatsächliche D vorläufig nur mit Dx an, so daß die Gleichung (24) übergeht in:

$$G - H - Dx = 0, \qquad (25)$$

so haben wir später wieder diese Größe Dx um die Summe (1—x) D zu erweitern, m. a. W. wir müssen dann, da D unter die Einfuhrwerte gerechnet ist, diese wieder um den genannten Betrag erhöhen. Eine solche Erhöhung möge zu einer Steigerung der G e s a m t einfuhr auf das yfache ($y > 1$) beitragen.

Nun kann man die Gleichungen (2) — immer unter dem Zeichen des interimistischen fiktiven Gleichgewichtszustandes betrachtet — mit Pareto schreiben:

$$\boldsymbol{T} - (G_1 + H + Dx) = 0 \qquad (26)$$

wo $\boldsymbol{T}$ die (natürlich den Faktor x enthaltenden) Ausdrücke der Erträge aus den Produktionsfaktoren (Arbeit, Kapital usw.) und sonstiger Einkünfte enthält, während H bezw. G_1 die ebenfalls den Faktor x enthaltenden) gesamten inländischen Verbrauchsmengen an eingeführten bzw. nicht eingeführten Waren bezeichnet. Kombinieren wir diese Gleichung mit der vorhergehenden, so erhalten wir:

$$T - (G_1 + G_0) = O. \qquad (27)$$

Wir können somit an die Stelle der Gleichungen (25) und (26) die Gleichungen (25) und (27) treten lassen.

Wachsen nun, was wir bereits als notwendige Folge erkannt hatten, die Einfuhr- und damit die Verbrauchsmengen auf das yfache an, so werden die Gleichungen (1) auch weiterhin befriedigt sein, wenn man nur wieder unterstellt (cf. S. 160), daß sich die Elementarophelimitäten im allgemeinen durch y dividieren, sobald sich die auf sie bezüglichen Verbrauchsmengen auf das y fache erhöhen, und wenn man außerdem annimmt, daß die vermehrte Einfuhr zur vorläufigen Abwehr der erhöhten Konkurrenz auch einen (besonders in qualitativer Hinsicht) erhöhten Inlandsbedarf auszulösen vermag und demzufolge eine vorübergehende (auch qualitative) Steigerung der inländischen Produktion und damit eine starke Nachfrage nach sämtlichen Produktionsmitteln herbeiführt, so daß die φ_{1t}, φ_{1s}, ... unbedenklich näherungsweise je gleich Null gesetzt werden können. Die Gleichungen (3) werden dann ebenfalls wieder erfüllt sein, da die Preise keine Änderung irgendwie erfahren haben. Das gleiche gilt aus demselben Grunde für die Gleichung (27), die, wie leicht ersichtlich, aus den befriedigten Gleichungen (4) und der Gleichung

$$a_t p_t + a_s p_s + \ldots = 1 \qquad (28)$$

hervorgeht.

Es sind damit also alle für die Festlegung des wahren Gleichgewichts in Frage kommenden Gleichungen als erfüllt anzusehen mit alleiniger Ausnahme der Gleichung (25). Dieser muß nach dem Voraufgegangenen der erhöhten Einfuhr zufolge auf beiden Seiten ein Ausdruck von der Form (y—1) H hinzugefügt werden, der gleich (1—x) D sein soll. Demgemäß haben wir also

$$(y-1)H = (1-x)D \quad \text{woraus} \qquad (29)$$

$$y = 1 + (1-x)\frac{D}{H} \quad \text{hervorgeht.} \qquad (30)$$

In (30) haben wir damit die weitere Korrektur gefunden, die an unsere bisherigen Gleichungen als Symptom der Tatsache anzubringen ist, daß die mit einer Goldausfuhr verbundene Preissenkung und Höherbewertung des inländischen Geldes auf die Zahlung fixer Summen an das Ausland im allgemeinen ohne Einfluß bleibt.

Wollen wir y berechnen, wenn auch x unbekannt ist, so gehen wir von der Gleichung (10) aus, die wir im Hinblick auf (23)

$$R_m' = a_m \mathfrak{R}_a + b_m \mathfrak{R}_b + \ldots \quad \text{schreiben.} \qquad (31)$$

Nun ist aber, wie wir sahen, der Eintritt des fiktiven Gleichgewichtszustandes daran geknüpft, daß sich die Koeffizienten $a_m, b_m, \ldots$, je mit x multiplizieren; infolgedessen wird das gleiche auf R'_m zutreffen. Nehmen dann aber die Einfuhrmengen gleichzeitig auf das yfache zu, so geht die Gleichung (31) über in:

$$R_m = x\,[a_m(yR_a + \varrho_a) + b_m(yR_b + \varrho_b) + \ldots], \quad \text{so daß}$$
$$R_m = xyR_m' + x(y-1)\,[a_m\varrho_a + b_m\varrho_b + \ldots]\,\text{kommt.} \qquad (32)$$

Werden dann die Größen D, H, R_m und R'_m der (statistischen) Beobachtung entnommen, so sind wir mit (30) und (32) instand gesetzt, die Unbekannten x und y zu ermitteln.

Ist y, nicht sehr groß, d. h. ist die durch die Goldausfuhr herbeigeführte Abschwächung (1—x) der Inlandspreise nur mäßig, so wird man annähernd

$$R_m = xyR_m' \qquad (33)$$

setzen können.

Jedenfalls geht aus den beiden letzten Gleichungen deutlich hervor, daß jede auf einer Goldausfuhr beruhende allgemeine Senkung des Inlandspreisspiegels, von der die Höhe regelmäßig an das Ausland zu zahlender Schuldsummen unberührt gelassen wird, im allgemeinen eine Eindämmung des im Abfließen begriffenen Goldstromes zur Folge hat. Eine derartige regulative Erscheinung läßt sich offenbar dadurch leicht erklären, daß die Weiterzahlung derselben, im Hinblick auf den allgemeinen Preisrückgang aber überwertig gewordenen Schuldquoten für den gesteigerten inländischen Zahlungsbedarf[221]) eine relative Entziehung notwendiger Geldmengen bedeutet, für die die Wirtschaft in einer entsprechenden Zurückhaltung des Goldabflusses nach einem automatischen Ausgleich sucht.

Pareto glaubt im Gegensatz hierzu diesen durch die Korrektur (30) bedingten Ausgleich sonderbarerweise durch eine Verringerung der Einfuhrmengen bewirkt zu sehen und stützt diese Ansicht darauf, daß, um in Gleichung (25) D an Stelle von Dx zu erhalten, man nur „einfach die Art und Weise zu studieren habe, wie eine größere Differenz zwischen der Aus- und Einfuhr zu erlangen ist“[222]). Nun hat aber Pareto ganz vergessen, daß die auch von ihm zum Ausgangspunkt genommene Gleichung (24) nur einen Sinn hat, wenn in ihr unter D vom Inlande unbezahlt gebliebene — doch nur reguläre d. h. in der regulären Handelsbilanz erscheinende, nicht auch irreguläre [223]) — Einfuhrwerte verstanden werden, so daß eine „maggiore differenza tra le esportazioni e le importazioni“ [224]) de facto auf eine Vermehrung, nicht aber Verminderung der unbezahlten — regulären, nicht auch irregulären [224a]) — Einfuhr oder eine entsprechende Verringerung der Ausfuhr hinausläuft. Das Paretosche Versehen ist offenbar auf eine falsche Auslegung des Symbols D in Gleichung (24), also im ganzen genommen, nur auf einen der so häufig wiederkehrender Irrtümmer der „economisti matematici“, zurückzuführen. Es drückt sich praktisch darin aus, daß Pareto $y < 1$ anstatt > 1 wählt, obwohl prima facie aus Gleichung (30) hervorgeht, daß die erstere Version unter den (auch von ihm) gemachten Voraussetzungen ganz

---

[221]) Denjenigen für die Bezahlung der Mehreinfuhr eingerechnet.

[222]) ibidem S. 165.

[223]) d. h. in der regulären Handelsbilanz gar nicht erscheinende Einfuhrwerte, vielmehr vom Gläubiger dem Schuldner ohne irgendeine Gegenleistung des ersteren auferlegte Lasten (cf. unsere Reparationen!)

[224]) ibidem S. 165.

[224a]) Eine Vermehrung unbezahlter irregulärer Einfuhrwerte bedeutet eine faktische (Wert-)Verminderung der ursprünglichen Schuldrate.

unmöglich ist. Sämtliche weiteren auf ihr beruhenden Paretoschen Schlußfolgerungen werden damit ebenfalls hinfällig, doch gehen wir auf dieselben hier nicht weiter ein.

An der bisherigen konkreten Lösung des Außenhandelsproblems wären zwecks Erzielung einer größeren Genauigkeit natürlich noch weitere Korrekturen in der angegebenen Weise anzubringen, so wäre z. B. nach der mit einer Goldausfuhr verbundenen vermehrten Ersparnis, der gleichzeitigen Verminderung der Transformationen umlaufenden Kapitals in stehendes usw. Rechnung zu tragen. Doch wollen wir es bei den obigen Korrekturbeispielen sein Bewenden lassen. Natürlich werden erst zuverlässige statistische Unterlagen zu einer praktischen Durchführung all der angedeuteten Operationen, insbesondere zu einer einwandfreien Feststellung der Koeffizienten a, b, c, ... befähigen können.

Zum Schlusse dieser Betrachtungen wollen wir nur noch kurz den in der Jetztzeit besonders interessierenden Fall erörtern, in dem eine Goldausfuhr zu einer Papiergeldinflation führt.

Das ausgewanderte Geld möge durch Papiergeld ersetzt sein. In der ersten Zeit wird dieses dann mit jenem gleich bewertet werden, so daß ein Sinken der Inlandspreise vorläufig vermieden wird. Wir haben also zunächst $x = 1$ zu nehmen, so daß Gleichung (22) zufolge $\triangle p_m = 0$ kommt. Es kann somit in dem ersten Stadium der Geldentwertung weder auf eine erhöhte Ausfuhr ein Anreiz ausgeübt werden, noch eine vermehrte Goldeinfuhr sich angezogen fühlen; denn der Golddiskontsatz hat noch keine Änderung erfahren. Nach einem gewissen Zeitablauf möge sich aber eine neue Geldeinheit u herausgebildet haben, die den Goldwert der bisherigen Einheit darstellt. Es haben sich dann nach und nach alle inländischen Goldpreise mit $x < 1$ multipliziert, so daß wir haben

$$u = \frac{1}{x}$$

Die Goldpreise der Auslandswaren sind dann im allgemeinen noch unverändert geblieben, d. h. in der neuen Papiergeldeinheit u ausgedrückt, multiplizieren sie sich jetzt mit $\frac{1}{x}$. Eine solche Preisänderung entspricht aber dem zuletzt behandelten Falle, in dem alle Inlandspreise sich auf das xfache reduzieren, während die des Auslandes konstant bleiben. Die für die Bedürfnisse der Produktion und des Handels notwendige Geldmenge ergibt sich dann, an der jetzigen Geldeinheit u gemessen mit $u R_m = \frac{1}{x} R_m$. Um also von der nunmehrigen Papiergeldinflation zu der früheren Stabilität der Goldwährung zurückzukehren, ist die im Lande umlaufende Geldmenge auf das xfache zu beschränken, m. a. W. die Menge $R_m(u-1)$, die sogenannte überschüssige Kaufkraft, ist aus der Zirkulation herauszuziehen. Es wird also zwecks Wiederherstellung des früheren Währungsgleichgewichtszustandes ein bloßer Ersatz dieser Menge durch Gold nicht genügen.

Pareto zieht aus dieser Tatsache unvorsichtigerweise den Schluß, daß eine Goldanleihe ohne vorherige Reduktion der im Umlauf befindlichen Papiergeldmengen „unnütz, ja vergeblich und schädlich"[225] sei. Eine derartige Folgerung kommt jedoch fast einem „ὕστερον πρότερον" gleich; denn Pareto vergißt, daß die geforderte Reduktion der Zirkulationsmenge meist ohne vorherige Speisung des Geldmarktes mit Gold oder wenigstens wertbeständigen Zahlungsmitteln mit Rücksicht auf den weiterhin zu befriedigenden Zahlungsbedarf im allgemeinen gar nicht möglich ist; diese allein wird meist erst zu der allmählichen Aufsaugung der Papiergeldflut führen können, wobei sie natürlich mit einer sukzessiven Außerkurssetzung der überschüssigen Notenmengen (als rein technischer Maßnahmen) automatisch Hand in Hand zu gehen hat.

Im übrigen beachtet Pareto nicht, das in der bisherigen Weise das Währungsproblem erst von der quantitativen Geldseite her in Angriff genommen worden ist, während seine nicht minder wichtige Warenseite so gut wie gar keine Berücksichtigung gefunden hat. Daß dann jedes währungsreformerische Urteil von vornherein einseitig ausfallen muß, versteht sich von selbst. —

Die vorstehend von uns erörterten Fragen tragen einen vorwiegend dynamischen Charakter. Wir haben sie jedoch durchaus statisch behandelt, indem wir gewisse hypostasierte Anfangs- oder Zwischenzustände des wirtschaftlichen Gleichgewichts den auf Grund der verfügbaren Angaben berechneten Endzuständen gegenübergestellt und aus der so konstatierten Veränderung der Zustände entsprechend Schlüsse auf das Verhalten der diese Änderung bedingenden Faktoren gezogen haben. Mit größerer Gewähr für die Genauigkeit der Resultate wären natürlich die gekennzeichneten Vorgänge rein dynamisch zu erfassen, doch ist eine solche exaktere Behandlungsweise u. W. bisher noch nicht mit Erfolg versucht worden.

Selbstverständlich haben wir hier — selbst im Rahmen des zunächst erörterten engeren Problems der Goldausfuhr —

[225]) ibidem S. 169.

nur einen beschränkten Kreis des so vielseitigen und umfassenden Fragenkomplexes der auswärtigen Handelstheorien berücksichtigen können und uns oft mit bloßen Andeutungen begnügen müssen. Vor allem ist dabei von allenErscheinungen, die nicht bloß quantitativer Natur sind, abstrahiert worden. Unter den geltenden Voraussetzungen, die im Einzelfalle besonders streng zu formulieren waren, ist es aber durchaus gelungen, das Problem des internationalen Waren- und Geldverkehrs in ein strenges mathematisches Gewand (cf. Gleichung [1] bis [5], [8] bis [9]) zu kleiden, das exakte Lösungen zuläßt. Ja, die gegebene exakte Darstellung dürfte in der vorliegenden Präzision und Gebundenheit ohne Nachteil für ihre relative Vollkommenheit und Allgemeingültigkeit dem gewöhnlichen Sprachgebrauche nur schwer zugänglich sein. Auch hier handelt es sich eben in erster Linie wieder um quantitative wirtschaftliche Zusammenhänge, für deren Analyse die Mathematik eine ebenso wertvolle wie unentbehrliche Hilfe leistet. Soll eine solche Analyse aber auch auf wirkliche Vorgänge praktisch Anwendung finden können, so hat sie sich auf die Klärung des Verhältnisses von Ursache und Wirkung zu erstrecken, die aber stets nur durch eine gehörige Anpassung der Darstellung an die konkreten Bedingungen der jeweiligen wirtschaftlichen Lage, d. h. nur auf Grund einer durch die einschlägigen (statistischen) Beobachtungsergebnisse sukzessive korrigierten Näherungslösung zu erreichen ist.

Pareto hat den Charakter dieser Näherungen durchaus nicht verkannt und von ihnen, wenn wir von dem zuletzt gekennzeichneten Irrtum und sonstigen Unzulänglichkeiten seiner Argumentation absehen, hier im allgemeinen einen einwandfreien Gebrauch gemacht. „Wer mit den gefundenen Näherungswerten nicht zufrieden ist," so sagt er, „der mag zusehen, wie er genauere erhält. Wir glauben jedenfalls, daß wenig besser ist als nichts, und ehe wir von den wirtschaftlichen Phänomenen überhaupt nichts erfahren, ziehen wir eine auch nur angenäherte Vorstellung von ihnen vor[226])."

§ 2.

Das Theorem Paretos, daß die freie Konkurrenz für jedes Wirtschaftssubjekt das Ophelimitätsoptimum bedinge.

Pareto baut in einer gleich noch zu würdigenden Abhandlung (cf. S. 184 ff.) seine eben besprochene Theorie des auswärtigen Handels noch weiter aus. Er sucht dieselbe dort

[226]) ibidem S. 162.

auf eine einheitliche Grundlage zu stellen, die er in einem ganz bestimmten Verhalten der Produktionskoeffizienten a_t, b_t, ... a_s, b_s, ... und der (Selbstkosten-)Preise p_b, p_c, ... in den Gleichungen (4) [227]) gegenüber der freien Konkurrenz gefunden zu haben glaubt.

Pareto geht dabei von dem Walrasschen Theorem aus, daß die freie Konkurrenz das Maximum der Ophelimität bedingt. Doch wollen wir uns mit dem Walrasschen „Beweis" dieses Satzes, den Pareto ohne weiteres für erbracht ansieht, hier nicht weiter befassen — bei Behandlung der französischen Schule wird später Gelegenheit sein, auf ihn zurückzukommen —, vielmehr der Darstellung Paretos selbst nachgehen. Walras hat in seinen Elements d'économie politique pure [228]) angedeutet, daß die Produktionskoeffizienten insoweit numerisch bestimmt seien, als sie dem Produktionskosten m i n i m u m für den Unternehmer entsprächen. Pareto hält es nun in seiner Schrift „Il massimo di utilità dato dalla libera concorrenza [229])" für seine Aufgabe, festzustellen, in welcher Beziehung die so definierten Koeffizienten zu denjenigen stehen, die das Maximum des Nutzens für die Gesellschaft bedingen.

Zu diesem Zwecke macht er wieder die vorhin ermittelten Gleichungen (1) bis (5) zum Ausgangspunkt seiner Betrachtung. In ihnen können offenbar die Produktionskoeffizienten a_t, b_t, ... als Funktionen der p_b, p_c, ..., r_{1a}, r_{2a}, ... r_{1b}, r_{2b}, ... R_a, R_b, ... aufgefaßt werden.

Die durch die Gleichung (3) gegebenen Selbstkostenpreise p_b, p_c, ... setzt Pareto hier zunächst allgemein mit

$$\left.\begin{array}{l} \pi_a = a_t p_t + a_s p_s + \dots \\ \pi_b = b_t p_t + b_s p_s + \dots \\ \dots\dots\dots\dots\dots\dots \\ \dots\dots\dots\dots\dots\dots \end{array}\right\} \quad (34)$$

an, was er, wie folgt, zu begründen sucht: „Sie (die Unternehmer) bemühen sich auf alle Weisen, den Kostenpreis n i e d r i g e r als den Verkaufspreis zu halten und dementsprechend ändern sie ihre Fabrikationskoeffizienten. Aber wenn einer von ihnen das Ziel erreicht hat, bewirken die anderen d u r c h i h r e **Konkurrenz (sic!)** wieder, daß der Kostenpreis zum Verkaufspreis wird.

Diese letztere Bedingung hat uns gestattet, das Phänomen der Produktion zu bestimmen, sobald die Produktionskoeffizienten als bekannt vorausgesetzt waren. Die erste

[227]) Denen auch die Gl. (28) zuzurechnen ist.
[228]) S. 321.
[229]) G. d. E. Serie II, 9, 1894, S. 48 ff.

Bedingung wird uns nun erlauben, die Werte jener(!) (sc. durch das Walten der freien Konkurrenz sich ergebender) Koeffizienten zu bestimmen. Man **muß (sic!)** daher die Ausdrücke (34) zu einem **Minimum (sic!)** machen [230]).“

Von jedem Unternehmer werden die Marktpreise p_t, p_s, ... zur Grundlage seiner Kalkulation gemacht, die sich deren jeweiligen Schwankungen entsprechend anpaßt. Da diese Preise aber in einem jeden gegebenen Zeitpunkte fest sind, so können wir sie für den Augenblick ihrer Geltung (also auch beim Differenzieren) als Konstante behandeln [230a]).

Die Produktionskoeffizienten sind den technischen Produktionsbedingungen der einzelnen Waren A, B, ... gemäß voneinander abhängig zu denken. Sie mögen durch die Funktionen

$$\left.\begin{array}{l} F_a(a_t, a_s, \ldots) = 0 \\ F_b(b_t, b_s, \ldots) = 0 \\ F_c(c_t, c_s, \ldots) = 0 \\ \ldots\ldots\ldots\ldots\ldots \\ \ldots\ldots\ldots\ldots\ldots \end{array}\right\} \quad (35)$$

miteinander in bekannter Verbindung stehen. Haben wir es dann mit insgesamt m wirtschaftlichen Gütern A, B, ... und n Produktionsfaktoren T, S, ... zu tun, so können wir in Gleichung (35) offenbar

a_t als abhängige Variable der n—1 unabhängigen Variabeln a_s, a_v, ...,

b_t als abhängige Variable der n—1 unabhängigen Variabeln b_s, b_v, ...,

....

....

betrachten. Durch partielle Differentiation von Gleichung (34) nach a_s, a_v, ... b_s, b_v, ... erhalten wir als notwendige Bedingung für das Minimum von π_a, π_b, ...:

$$\left.\begin{array}{l} p_t \dfrac{\delta a_t}{\delta a_s} + p_s = 0,\ p_t \dfrac{\delta a_t}{\delta a_v} + p_v = 0, \ldots \\ p_t \dfrac{\delta b_t}{\delta b_s} + p_s = 0,\ p_t \dfrac{\delta b_t}{\delta b_v} + p_v = 0, \ldots \\ \ldots\ldots\ldots\ldots\ldots\ldots\ldots\ldots \\ \ldots\ldots\ldots\ldots\ldots\ldots\ldots\ldots \end{array}\right\} \quad (36)$$

230) ibidem S. 49. Von mir gesperrt.

230a) Dagegen glaubt allerdings G. Scorza (G. d. E., Dicembre 1902, S. 503 ff.) protestieren zu müssen, doch mit Unrecht, wenn er meint, daß dies mit Rücksicht auf „die dynamische Seite der Frage“ an sich nicht mit der Voraussetzung einer „freien Konkurrenz“ verträglich sei; denn er vergißt, daß Pareto hierbei absichtlich nur die statische — wenn auch nur als vorläufige — Auffassung des gesamten Tauschproblems ins Auge gefaßt hat.

m(n — 1) Gleichungen, die zusammen mit den m Gleichungen (35) für die Bestimmung der m·n Produktionskoeffizienten gerade ausreichen.

Wenn sich die Gestalt der Funktionen (35) unter dem Einflusse fortschreitender Entwicklung der Technik ändert, so wird man dem dadurch Rechnung zu tragen haben, daß man sie von den entsprechenden Schwankungen gewisser Parameter abhängig macht, die als unabhängige Veränderliche aufzufassen und aus den dann erhältlichen Differentialgleichungen der Form (36) zu ermitteln sind.

Um nun festzustellen, in welcher Beziehung die so bestimmten Produktionskoeffizienten zu dem Nutzen des einzelnen wie der Gesamtheit stehen, verfährt Pareto folgendermaßen: Er denkt sich sämtliche gebrauchten Waren in der von Walras [231]) in seiner geometrischen Theorie der Preisbestimmung angegebenen Weise auf eine von ihnen im Verhältnis ihrer Preise reduziert. „Wenn z. B. ein Individuum jeden Tag ein Kilogramm Weizen und ein Kilogramm Fleisch verbraucht, und wenn wir unterstellen, daß man zwei Kilogramm Weizen gegen ein Kilogramm Fleisch eintauscht, so können wir sagen, daß jenes Individuum sich eines Nutzens von drei Kilogramm Weizen erfreut [232]).“ Auf diese Weise wird es möglich sein, die gesamte Nutzmenge jedes Individuums an e i n e r Zahl zu messen. Die Summe dieser Zahlen ergibt den Ausdruck für den Gesamt n u t z e n (la somma totale delle utilità) aller in Frage kommenden Individuen. Ähnlich lassen sich deren Gesamt k o s t e n (la somma totale del sacrifizio di utilità), die in Form von Arbeit, Kapital usw. mit der Beschaffung der Nutzmengen verbunden sind, leicht bewerten. Wie sich die einzelnen Posten dieser Summen auf die verschiedenen Individuen der Gesellschaft, sei es durch das Spiel der freien Konkurrenzkräfte, sei es auf Grund bestimmter staatlicher Gesetze oder Sitten und Gebräuche, verteilen, kann hierbei gleichgültig sein. Jedenfalls ist nicht zu leugnen, daß, wenn einmal ein bestimmter Verteilungsmodus zugrunde gelegt ist, der dem einzelnen zufallende Nutz- bzw. Kostenanteil um so größer bzw. kleiner sein wird, je höher bzw. niedriger sich die Gesamtnutzen- bzw. Gesamtkostensumme stellt. Das hedonistische Maximum wird für jeden erreicht sein, wenn er mit der denkbar niedrigsten Kostensumme (Kostenminimum) sich den denkbar höchsten Nutzen (Ophelimitätsoptimum) zu verschaffen weiß, m. a. W., wenn er nach dem

[231]) The geometrical theory of the determination of prices, Philadelphia, American Academy of political and social scienze.

[232]) G. d. E., Serie II, 9, 1894, S. 50.

sogenannten „allgemeinen wirtschaftlichen Prinzip" uneingeschränkt zu handeln vermag. Dies also, meint Pareto (cf. S. 171 unten), werde lediglich durch das Walten der freien Konkurrenz ermöglicht.

Nur wenn man diese Hypothese zugrunde legt, wird man folgerichtig [233]) der Paretoschen Ansicht beizupflichten haben, daß irgendein (z. B. aus sozialen Gründen vorzunehmender) gewaltsamer Eingriff in eine bestehende Güterverteilung ohne Schaden der Gesamtheit, der durch eine Verringerung des Ophelimitätsoptimums und eine Vergrößerung des Kostenminimums des einzelnen entstehen würde, nur in der Weise erfolgen kann, daß man unmittelbar, d. h. ohne vorherige künstliche Änderung der Produktionskoeffizienten, den einen das zukommen läßt, was man den anderen nimmt.

Entspricht — um an Hand eines Paretoschen Beispiels anschaulicher zu werden — das Maximum des Gesamtnutzens der Gesellschaft infolge günstiger [234]) Wahl der Produktionskoeffizienten einer Summe 100, an der eine gewisse Person N. den Anteil 10 hat, so möge irgendeine die bisherige Kostenverteilung unberührt lassende künstliche Modifikation jener Koeffizienten das bisherige Ophelimitätsoptimum auf 80 reduzieren. Entfällt nun auf N. der vierte Teil dieser Summe, so wird sich seine jetzige wirtschaftliche Lage gegenüber der vorigen um 10 Nutzeinheiten gebessert haben; die Gesellschaft als solche hat aber durch die Umstellung der Produktion einen Schaden von 20 Nutzeinheiten erlitten. Es wäre also, um den Anteil des N. auf 20 zu erhöhen, für die Gesamtheit der Gesellschaftsmitglieder vorteilhafter gewesen, die früheren Produktionskoeffizienten unverändert zu lassen und dem N. unmittelbar 10 Einheiten mehr zuzuführen, die die übrigen Mitglieder abzutreten hätten. Demzufolge ergibt sich nebenstehendes Schema.

Bei dieser Argumentation ist jedoch nicht zu vergessen, daß Pareto vorher ausdrücklich unterstellt hat, daß lediglich die freie Konkurrenz es ist, die zu dem vom einzelnen wie von der Gesamtheit erstrebten Ophelimitätsoptimum in Gemeinschaft mit dem Kostenminimum führt. Nur also, wenn es gelingt, diese Hypothese zu verifizieren, sind die aus ihr soeben hergeleiteten Schlußfolgerungen zu rechtfertigen.

---

[233]) d. h. eben bloß vom strengen hedonistischen, nicht etwa auch von einem sozialen Standpunkte aus betrachtet.

[234]) d. h. im Paretoschen Sinne durch das Walten der freien Konkurrenz bedingter.

	Produktionskoeffizienten, die das Ophelimitätsmaximum der Gesellschaft bedingen: auf Grund natürlicher[234]) Verteilung	auf Grund unmittelbarer Änderung der natürlichen Verteilung	die eine künstliche Herabsetzung dieses Maximums bedingen
Anteil von N	10	20	20
Anteil der übrigen Mitglieder	90	80	60
Gesamtnutzen der Gesellschaft	100	100	80

Pareto glaubt nun den strengen Beweis für sein Theorem dadurch liefern zu können, daß er zunächst diejenigen Bestimmungsgleichungen für die Produktionskoeffizienten aufstellt, die für eine solche Produktionsordnung gelten, in der „man mit dem geringsten Kostenaufwand den höchsten Nutzen erzielt", und diesen die entsprechenden Gleichungen als identisch gegenüberstellt, die angeblich die freie Konkurrenz liefert.

Wächst die für die Produktion einer Einheit des Gutes A notwendige Menge a_s um da_s, so wird der von dem Individuum (1) empfundene (in der Ware A gewertete) Nutzen dieser Menge um

$$\delta U_{1n} = \left[\frac{\delta r_{1a}}{\delta a_s} + \frac{\varphi_{1b}}{\varphi_{1a}}\frac{\delta r_{1b}}{\delta a_s} + \frac{\varphi_{1c}}{\varphi_{1a}}\frac{\delta r_{1b}}{\delta a_s} + \ldots\right]\varphi_{1a} da_s \text{ [235]} \qquad (37)$$

oder mit Rücksicht auf

$$\frac{\varphi_{1b}}{\varphi_{1a}} = p_b, \frac{\varphi_{1c}}{\varphi_{1a}} = p_c, \ldots, \frac{\varphi_{1t}}{\varphi_{1a}} = p_t, \frac{\varphi_{1s}}{\varphi_{1a}} = p_s, \ldots \qquad (38)$$

um
$$\delta U_{1n} = \left[\frac{\delta r_{1a}}{\delta a_s} + p_b\frac{\delta r_{1b}}{\delta a_s} + p_c\frac{\delta r_{1c}}{\delta a_s} + \ldots\right]\varphi_{1a} da_s \qquad (39)$$

zunehmen. Für die gesamte Gesellschaft wird demzufolge die mit der Vermehrung von a_s verbundene Steigerung des Nutzens im Hinblick auf Gleichung (5)

$$\delta U_n = \left[\frac{\delta R_a}{\delta a_s} + p_b\frac{\delta R_b}{\delta a_s} + p_c\frac{\delta R_c}{\delta a_s} + \ldots\right]\varphi_{1a} da_s \qquad (40)$$

ausmachen.

---

[235]) Pareto vergißt hier wie in allen übrigen Ausdrücken (39) bis (41) den Faktor φ_{1a} hinter der Klammer. Da jedoch, wie gleich noch zu zeigen sein wird, alle diese Ausdrücke hier Null zu setzen sind, so fällt der Fehler nicht weiter ins Gewicht.

In entsprechender Weise geht Pareto zufolge als Ausdruck für die hiermit der Gesellschaft zugleich erwachsende Erhöhung des Produktionskosten *schadens*[236]).

$$\delta U_k = \left[p_t \frac{\delta R_t}{\delta a_s} + p_s \frac{\delta R_s}{\delta a_s} + \ldots \right] \varphi_{1a} da_s \tag{41}$$

hervor. Die hier verwendeten Funktionen U werden gleich noch näher zu definieren sein. Pareto meint nun, die Gesellschaft werde den Produktionskoeffizienten a_s solange wachsen lassen, bis

$$\frac{\delta R_a}{\delta a_s} + p_b \frac{\delta R_b}{\delta a_s} + \ldots - p_t \frac{\delta R_t}{\delta a_s} - p_s \frac{\delta R_s}{\delta a_s} - \ldots = 0 \tag{42}$$

sei, *da dann* „*si avra la somma massima di godimenti colla somma minima di sacrifizi*[237])," so daß man in dieser Gleichung zusammen mit den übrigen, die sich analog für die Koeffizienten $a_v, \ldots$ $b_s, b_v, \ldots$ ergeben,

$$\left.\begin{array}{l}
\frac{\delta R_a}{\delta a_s} + p_b \frac{\delta R_b}{\delta a_s} + \ldots - p_t \frac{\delta R_t}{\delta a_s} - p_s \frac{\delta R_s}{\delta a_s} - \ldots = 0 \\
\frac{\delta R_a}{\delta b_s} + p_b \frac{\delta R_b}{\delta b_s} + \ldots - p_t \frac{\delta R_t}{\delta b_s} - p_s \frac{\delta R_s}{\delta b_s} - \ldots = 0 \\
\ldots\ldots\ldots\ldots\ldots\ldots\ldots\ldots\ldots\ldots\ldots\ldots \\
\ldots\ldots\ldots\ldots\ldots\ldots\ldots\ldots\ldots\ldots\ldots\ldots
\end{array}\right\} \tag{43}$$

m(n—1) Gleichungen zur Verfügung habe, um aus ihnen und den m Gleichungen (35) die für das unterstellte *Ophelimitätsoptimum bei gleichzeitigem Kostenschadenminimum* geltenden Werte der Produktionskoeffizienten ermitteln zu können.

Frage man demgegenüber nach den Bestimmungsgleichungen für diejenigen Werte der Produktionskoeffizienten, die die *freie Konkurrenz* bedinge, so brauche man nur die Gleichung (4) partiell nach $a_s, b_s, \ldots$ zu differenzieren, wodurch

---

[236]) Pareto bezeichnet diesen Ausdruck im Grunde nicht genau, wenn er ihn als Zuwachs von „la somma totale dei sacrifizi" oder als „spesa(!) di utilita" (ibidem S. 53) deutet, obwohl natürlich ein *Schaden* stets an *Kosten* geknüpft ist (cf. Anm. 241).

[237]) Unter „somma minima di sacrifizi" ist hier also eigentlich (cf. Anmerk. 236) ein *Schaden*-, kein *Kosten*minimum zu verstehen.

$$\left.\begin{aligned}
\frac{\delta R_t}{\delta a_s} &= R_a \frac{\delta a_t}{\delta a_s} + a_t \frac{\delta R_a}{\delta a_s} + b_t \frac{\delta R_b}{\delta a_s} + c_t \frac{\delta R_c}{\delta a_s} + \ldots \\
\frac{\delta R_s}{\delta a_s} &= R_a \qquad + a_s \frac{\delta R_a}{\delta a_s} + b_s \frac{\delta R_b}{\delta a_s} + c_s \frac{\delta R_c}{\delta a_s} + \ldots \\
\frac{\delta R_v}{\delta a_s} &= \qquad a_v \frac{\delta R_a}{\delta a_s} + b_v \frac{\delta R_b}{\delta a_s} + c_v \frac{\delta R_c}{\delta a_s} + \ldots \\
&\ldots\ldots\ldots\ldots\ldots\ldots\ldots\ldots\ldots\ldots \\
&\ldots\ldots\ldots\ldots\ldots\ldots\ldots\ldots\ldots\ldots
\end{aligned}\right\} \quad (44)$$

hervorgeht, die erste dieser Gleichungen mit p_t, die zweite mit p_s, . . . zu multiplizieren und dann zu addieren, so daß sich unter Berücksichtigung von (3)

$$\frac{\delta R_a}{\delta a_s} + p_b \frac{\delta R_b}{\delta a_s} + \ldots - p_t \frac{\delta R_t}{\delta a_s} - p_s \frac{\delta R_s}{\delta a_s} - \ldots = \quad (45)$$

$$R_a = -\left(p_t \frac{\delta a_t}{\delta a_s} + p_s\right) = 0$$

als eine Bestimmungsgleichung für den Koeffizienten a_s ergebe. In ihr werde aber der Faktor $p_t \frac{\delta_{a_t}}{\delta_{a_s}} + p_s$ Gleichung (36) gemäß zu Null, und zwar auf Grund der „valori dei coefficienti che gli impresari adoperano colla l i b e r a c o n c o r r e n z a. . .“[238]. Man erhalte somit in (45) dieselbe Gleichung (42), die sich bereits unter Zugrundelegung der ersten Hypothese ergeben habe. Das gleiche gelte für die Bestimmungsgleichungen der übrigen Koeffizienten a_v, . . . b_s, b_v, . . . so daß der Satz erwiesen sei:

„Die Fabrikationskoeffizienten, die von der freien Konkurrenz bestimmt werden, haben dieselben Werte wie diejenigen, die man erhält, wenn man jene Koeffizienten unter der Bedingung bestimmt, daß das Ophelimitätsmaximum mit dem Kostenminimum produziert wird[239].“

Zu dieser „Beweisführung“ Paretos ist folgendes zu sagen. Da Pareto den Ausdruck (41) aus dem vorhergehenden (40) durch bloße zyklische Vertauschung der den R und p angehängten Indizies a, b, . . . mit t, s, . . . gewinnt, so faßt er auf Grund von (5) und (38) offenbar beide Inkremente als partielle Differentiale ein und derselben, uns von früher her (cf. S. 73 ff.) schon bekannten Funktion U_s auf, die aber hier speziell von den Mengen a_s, a_v, . . . b_s, b_v, . . . als unabhängigen Veränderlichen der abhängigen Veränderlichen a_t, . . ., b_t, . . . r_{1a},

---

[238]) ibidem.
[239]) ibidem S. 55, schon im Original fett gedruckt.

$r_{2a}, _{2} \ldots, r_{1b}, r_{2b}, \ldots, r_{1t}, r_{2t}, \ldots, r_{1s}, r_{2s}, \ldots$ abhängig zu denken ist. Werden in der so definierten Funktion

$$U_s (a_s, a_v, \ldots, b_s, b_v, \ldots; a_t, \ldots, b_t, \ldots, r_{1a}, r_{2a}, \ldots r_{1b}, r_{2b}, \ldots r_{1t}, r_{2t}, \ldots r_{1s}, r_{2s}, \ldots)$$

die $r_{1t}, r_{2t}, \ldots r_{1s}, r_{2s}, \ldots$ bei der Differentiation, wie in (40), als Konstante betrachtet, so bezeichnen wir sie als Funktion des Gesamt nu t z e n s der Gesellschaft mit U_n, werden in ihr dagegen die Größen $r_{1a}, r_{2a}, \ldots r_{1b}, r_{2b}, \ldots$ (ausschl. der $r_{1t}, r_{2t}, \ldots r_{1s}, r_{2s}, \ldots$) bei der Differentiation, wie in (41), festgehalten, so geben wir ihr als Funktion des Gesamtproduktionskosten s c h a d e n s der Gesellschaft oder — wie wir sie dann kurz nennen wollen — als Gesamt sc h a d e n-funktion der Produktionskosten (die sich so mithin nur als eine spezifische Form der Funktion U_n erweist) die Bezeichnung U_k so daß sich nunmehr auch die Berechtigung unserer Schreibweise der linken Seiten der Gleichungen (40) und (41) ergibt.

Das πρῶτον ψεῦδος der Paretoschen Argumentation besteht nun darin, daß die Gleichung (42), die wir jetzt mit $\delta U_n = \delta U_k$ ansetzen können, als Kriterium für den Eintritt eines Ophelimitätsmaximums bei gleichzeitigem Kostenminimum angesehen wird, obwohl sie doch nur die Bedingung dafür ist, daß der Zuwachs des Gesamtnutzens dem des Gesamtkostenschadens gleichkommt, m. a. W., daß die Verschiebung der Produktionsfaktoren der Gesellschaft weder einen Gewinn noch Verlust bringt. Soll aber U_n ein Maximum und U_k ein Minimum werden, so muß bekanntlich

$$\delta U_n = \delta U_k = 0 \qquad (46)$$

werden.

Nur unter dieser Voraussetzung sind also die Gleichungen (42) und (43) richtig.

Ein zweiter folgenschwerer Irrtum ist Pareto dadurch unterlaufen, daß er seine den Gleichungen (44) und (45) zugrunde gelegte Hypothese der freien Konkurrenz als eine „tutt' altra“[239a]) derjenigen des Nutzenmaximums bei gleichzeitigem Produktionskostenschadenminimum gegenüberstellt, die zur Aufstellung der Gleichung (43) geführt hat.

Wenn Pareto nämlich in dem gleich Null gesetzten Faktor $p_t \frac{\delta a_t}{\delta a_s} + p_s$ in Gleichung (45) lediglich das Kriterium für das Wirken der freien Konkurrenz auf Grund der Gleichungen (36) erblickt, so vergißt er ganz, daß diese Gleichungen (36) g l e i c h z e i t i g , ursprünglich sogar **nur** die Bedingungen für den Eintritt eines Produktionsschadenminimums

[239a]) ibidem S. 54.

enthalten. Charakteristisch war ja gerade für Pareto, wie wir gelegentlich seiner Begründung der Gleichungen (34) und (36) unzweideutig feststellen konnten (cf. S. 171 ff.), die ausdrückliche (!) Annahme, daß dieses Produktionskostenschadenminimum (genauer: Produktionskostenminimum, doch lassen sich beide Minima hier unbedenklich identifizieren[240]) [cf. Anmerk 241]) durch die freie Konkurrenz herbeigeführt werde. Pareto läßt also von vornherein(!) jenes von dieser abhängig sein. Wenn er daher darin, daß er auf Grund der Gleichung (36) durch Nullsetzen des erwähnten Faktors in (45) zu denselben Bestimmungsgleichungen für die Produktionskoeffizienten gelangt ist, die sich bei Zugrundelegung der Hypothese des Ophelimitätsoptimums mit gleichzeitigem Produktionskosten(schaden-)minimum ergeben haben, ein Zeichen für den Beweis dafür sehen zu müssen glaubt, daß diese Hypothese überhaupt stets die (an sich in der Argumentation angeblich von vornherein von ihr getrennt gehaltene) der freien Konkurrenz gleichzeitig

---

[240]) Die gekennzeichnete Gesamtschadenfunktion U_k ist dann also auch als Gesamtkostenfunktion charakterisiert.

[241]) Pareto identifiziert, wie wir deutlich feststellen konnten (cf. Anmerk. 236 und 237) beide an sich verschiedenen Minima ohne weiteres. Daß sie sich aber tatsächlich meist gegenseitig bedingen, erhellt aus folgender Überlegung: Der Gl. (41) entnehmen wir mit Rücksicht darauf, daß φ_{1a} im allgemeinen von Null verschieden ist, als generelle Bedingung für den Eintritt eines Produktionskostenschadenminimums:

$$p_t \frac{\delta R_t}{\delta a_s} + p_s \frac{\delta R_s}{\delta a_s} + p_v \frac{\delta R_v}{\delta a_s} + \ldots = 0$$

Nun ist aber auf Grund von (4):

$$\frac{\delta R_t}{\delta a_s} = R_a \frac{\delta a_t}{\delta a_s}, \frac{\delta R_s}{\delta a_s} = R_a, \frac{\delta R_v}{\delta a_s} = 0, \ldots,$$

so daß

$$R_a \left(p_t \frac{\delta a_t}{\delta a_s} + p_s \right) = 0$$

kommt. Da hierin allgemein $R_a \neq 0$ angenommen werden muß, so zeigt der gleich Null gesetzte zweite Faktor Gl. (36) zufolge das gleichzeitige Vorhandensein eines Produktionskostenminimums an. Beide Minima werden sich somit in den meisten für die praktische Behandlung in Frage kommenden Fällen durchaus decken. (Ein Kostenminimum bedingt natürlich stets ein Schadenminimum.) Im Zusammenhange unserer sowohl wie Paretos Betrachtungen können sie jedenfalls unbeschadet der Exaktheit der Darstellung unterschiedslose Verwendung finden. — Pareto gibt später hiervon in seiner „Teoria matematica del commercio internazionale" (cf. unsere Darstellung S. 194 Gl. 80) einen ähnlichen Beweis wie diesen (der aber im Gegensatz zu dem Paretoschen ganz allgemein d. h. unabhängig von irgendwelchen Abhängigkeitsbeziehungen zwischen den Funktionen U_k und U_n gilt), glaubt aber irrtümlicherweise damit sein „Theorem" bewiesen zu haben.

bedinge, so fällt er damit einer verhängnisvollen „petitio principii“ zum Opfer; denn er hat wohl vorausgesetzt, nicht aber bewiesen, daß die freie Konkurrenz ohne weiteres zu einem Produktionskosten(schaden-)minimum und mit diesem zugleich zu einem Nutzenoptimum führe. Die Gleichungen (45) sind somit in Wirklichkeit nur auf Grund der bloßen Unterstellung eines (schon durch das Walten der freien Konkurrenz gesicherten) Produktionskostenminimums erhalten worden, während die mit ihnen identischen Gleichungen (43) unter dieser und der weiteren Annahme hervorgegangen sind, daß mit solch einem Minimum stets auch ein Ophelimitätsoptimum verbunden ist. Man könnte es prima facie somit höchstens für erwiesen halten, daß ein Kostenminimum stets auch ein Nutzenmaximum in sich schließe, m. a. W., daß die Bedingung (46) für den Eintritt eines Produktionskosten(schaden-)minimums generaliter notwendig sei. Aber auch diese Version stellt sich bei näherer Prüfung als ein Trugschluß heraus; denn allein der von Pareto vorausgesetzte(!) eigentümliche Charakter der Funktionen U_n und U_k, der, wie wir bereits (cf. S. 177 ff.) festgestellt haben, diese Funktionen nur als spezifische Ausdrucksformen ein und derselben Funktion U_s erscheinen läßt, bedingt, daß wenn $\delta U_k = O$ ist, stets auch $\delta U_n = O$ sein muß. Die so unterstellte konkrete Abhängigkeitsbeziehung zwischen den Funktionen U_n und U_k kann jedoch keineswegs als allgemeingültig, weil etwa notwendig, behauptet werden; denn ein Nutzenoptimum ist an sich durchaus nicht an ein Kostenminimum gebunden, was schon daraus hervorgeht, daß die (ein Nutzenoptimum ausdrückenden) Gleichungen (1) von sich aus durchaus unabhängig von den (ein Kostenminimum ausdrückenden) Gleichungen (36) bestehen können. Wohl bedingt ein Schadenminimum fast immer ein Kostenminimum (cf. Anmerk. 241) nicht aber ohne weiteres auch ein Nutzenoptimum [242]). Wenn Pareto auch zu dieser letzteren Folgerung nicht unmittelbar gelangen konnte, da er die

---

[242]) Das dürfte zunächst in bezug auf die Gesellschaft schwer nachweisbar sein; wenn Pareto aber diese Hypothese sogar auf jedes einzelne Mitglied der Gesellschaft ausdehnt (cf. oben S. 175 ff.), so bedenkt er offenbar gar nicht, daß eine Verschiebung der Produktionsfaktoren derselben Ware meist auch eine Änderung der Qualität dieser Ware bedingt, die für die Konkurrenzfähigkeit oft allein ausschlaggebend ist und — selbst in einem Zustande freier Konkurrenz — keineswegs immer eine Reduktion der Produktionskosten auf ein Minimum zuläßt. Auf die Berücksichtigung von Qualitätsunterschieden ist aber das gesamte Paretosche Gleichungssystem überhaupt nicht eingestellt; die von Pareto aufgestellte Hypothese dürfte somit strenggenommen im Rahmen dieses Systems von einer Variation der

Bedingung (46) als notwendige Voraussetzung für die Geltung seiner (Nutzen-) Maximum- (Schaden-) Minimum-Hypothese ganz übersehen, geschweige denn die Abhängigkeitsmerkmale der Funktionen U_n und U_k überhaupt erkannt hat, so durfte er doch zum mindesten nicht behaupten, den Beweis dafür erbracht zu haben[243]), daß die freie Konkurrenz die Produktionskosten auf ein Minimum reduziere und gleichzeitig zu einem Ophelimitätsoptimum führe; denn diese These ergibt sich — um damit unsere bisherigen auf sie bezüglichen Ausstellungen in nuce zu präzisieren — ohne weiteres aus den beiden unbewiesenen Voraussetzungen Paretos:

1) die freie Konkurrenz bewirkt für die Gesellschaft ein Produktionskostenminimum

2) dieses Produktionskostenminimum ist stets mit einem Ophelimitätsoptimum verbunden.

Pareto scheint sich übrigens seines „Beweises" selbst nicht ganz sicher gefühlt zu haben; denn er gibt in einem besonderen Nachtrag die Möglichkeit offen zu, daß „alcuna oscurità rimanesse"[244]) und hofft, durch eine „seconda dimostrazione" jede Unklarheit endgültig zu beseitigen. Doch wird sich der Leser hier gleichfalls vergeblich auch nur nach einem Anhaltspunkte für eine Beweisstelle umschauen. Vielmehr gibt die sonst ziemlich umständliche Paretosche Argumentation, wenn wir den Nutzen bzw. Kostenschaden der einzelnen Individuen (1), (2), (3), . . . mit U_{1n}, U_{2n}, U_{3n} , . . . bzw, mit U_{1k}, U_{2k}, U_{3k}, . . . bezeichnen — die exakte Definition dieser Funktionen ergibt sich ohne weiteres aus der obigen des Gesamtnutzens U_n, bzw. Gesamtkostenschadens U_k (im übrigen erklärt sich unsere Schreibweise der linken Seiten der Gleichungen [37] und [39] jetzt) — nur zu der selbstverständlichen Feststellung Anlaß, daß ein mit einem Minimum von U_k verbundenes Maximum von U_n gleichzeitig die Beziehung

$$\delta U_{1n} = \delta U_{2n} = \ldots = \delta U_{1k} = \delta U_{2k} = \ldots = 0 \qquad (47)$$

zur Folge haben kann, m. a. W., daß das in Rede stehende Ophelimitätsoptimum der Gesellschaft bei gleichzeitigem (Kosten-) Schadenminimum auch dadurch erreicht werden kann(!), daß sogar die auf ihre einzelnen Mit-

---

Produktionskoeffizienten generaliter gar nicht handeln. Insofern verfährt also Walras korrekter, wenn er (cf. Éléments d'Économie politique, S. 420ff.) die Produktionskoeffizienten von vornherein konstant sein läßt und damit gewissermaßen von einem einheitlichen Normalzustand der Produktion ausgeht.

[243]) Pareto sagt wörtlich: „Il teorema che abbiamo dimostrato..." (ibidem S. 61).

[244]) ibidem S. 58.

glieder entfallenden Nutz- bzw. (Kosten-) Schadenanteile je selbst zu einem Optimum bzw. Minimum werden. Doch geht Pareto wieder zuweit, wenn er behauptet: „per effetto della libera concorrenza ... diverta(!) massima l'utilità goduta da ciascun individuo"[245]) und damit die Bziehung (47) als allgemein notwendig, anstatt nur als möglich hinstellt. Um so verwunderlicher muß es dann aber erscheinen daß Pareto, wenn er dies einmal tut, nicht auch den Weg zu der Formulierung der bisher übergangenen unerläßlichen Bedingung (46) gefunden hat.

Alles in allem kommen wir somit zu dem Schlusse, daß es Pareto nicht gelungen ist, sein Theorem auf irgend eine beweiskräftige Unterlage zu stützen[246]). Es leitet seine Existenzberechtigung lediglich aus zwei unbewiesen gebliebenen konkreten Hypothesen her (cf. S. 181), aus denen es als unmittelbare Folgerung entspringt.

Das Beweisverfahren Paretos ließe sich kurz so charakterisieren: Es soll a = b und b = c sein, infolgedessen ist bewiesen, daß a = b = c ist. Pareto ist offenbar gar nicht gewahr geworden, daß sich Beweisgrund (a = b; b = c) und Beweissatz (a = b = c) seines Theorems trotz mannigfacher rhetorischer Verkleidungen der Sache nach vollkommen decken, und daß er sich bei seiner Argumentation demzufolge in einem steten „circulus in probando" bewegt. Er kann somit seiner These nicht die geringste Bedeutung beimessen, seine weiteren Schlüsse, die er an sie als gegebene Tatsache knüpft, schweben somit gewissermaßen „in der Luft". Pareto glaubt aber soviele Folgerungen aus seinem Theorem ziehen zu müssen, daß es nötig wäre, „per cio...di scrivere un intero trattato"[247]). U. a. hält er nun auf Grund desselben die Frage für gelöst, „ob es für die Unternehmer nicht vorteilhafter ist, mehr Handarbeit und weniger Kapital (also dem Wirken der freien Konkurrenz zuwider) zu verwenden, um sich so mehr Verbraucher zu verschaffen, da ja dann die Arbeiter, wenn sie eine größere Lohnsumme ausgeben könnten, auch mehr Waren kaufen würden"[248]). „Unser Theorem", meint Pareto, „beantwortet die Frage negativ: Wenn man den Arbeitern irgend einen Vorteil zukommen lassen will, so würde es zweckmäßiger sein, ihnen unmittelbar eine bestimmte Summe zu geben, die man den anderen Mitbürgern nehmen sollte und die

[245]) ibidem S. 65.

[246]) cf. auch G. Scorza: A proposito del massimo di ofelimità dato dalla libera concorrenza im G. d. E., Serie II, 26, 1903, der jedoch nicht zu unseren Schlüssen kommt.

[247]) ibidem.

[248]) ibidem S. 56.

Produktionskoeffizienten bestehen zu lassen, die die größte mögliche Summe Nutzens bei zugleich geringstem Nachteil sichern(?)"[249]). Das hätte Pareto wohl behaupten dürfen (cf. Beispiel S. 174ff.), wenn es ihm geglückt wäre, einen wirklichen, auf tatsächliche Konkurrenz- und Produktionsverhältnisse gegründeten Beweis von seinem Theorem zu liefern, was aber immer erst nach voraufgegangener (statistisch-) empirischer Verifikation der diesem zu Grunde liegenden Hypothesen 1) und 2) auf S. 181 möglich sein wird. Solange diese selbstverständliche Forderung nicht erfüllt ist, bleibt eben sein Theorem ein „Theorem", das jeder realen Beweiskraft ermangelt. Auch der spätere Auslegungsversuch Paretos [249a]), in dem er u. a. vor allem den Begriff der „freien Konkurrenz" durch den des „freien Austausches" ersetzt und im Hinblick auf die diesem entgegenstehenden Hemmnisse die Relativität des dem einzelnen Individuum daraus erwachsenden Ophelimitätsoptimums betont, wodurch die ursprüngliche These eine starke Umprägung etwa in dem ziemlich bedeutungslosen, leicht einer Tautologie zuneigenden Sinne erfährt: Das Individuum wird im freien Austausch seiner Güter soweit gehen, als es sich in Anbetracht der ihm dabei begegnenden Hindernisse noch irgend einen Vorteil davon verspricht, ist in diesem Zusammenhange als verfehlt zu betrachten.

Pareto ist aber offenbar der Überzeugung, in seinem Theorem eine wissenschaftliche Leistung ersten Ranges, dazu auf einer „via alpestra" vollbracht zu haben gegenüber jenen „arche dell' umano sapere, quei mostri di dottrina, quegli elefanti intellettuali[250])" die jedes schwierigere wirtschaftliche Problem mit wenig Worten zu lösen verstehen, oder es „con una barzelletta, ... col ficcare in qualche frase l'addiettivo storico"[251]) abzutun pflegen. Wenn Pareto aber an anderen tadeln zu müssen glaubt, daß sie, „imitando quella buona lana delle volpe che per avere perduta la coda voleva che i compagni se la mozzassero"[252]), weil sie eben keine Mathematik verstehen, der Ansicht sind, sie sei für die Politische Ökonomie überhaupt unbrauchbar, so muß dem entgegengestellt werden, daß es offenbar viel gefährlicher ist, von Mathematik etwas zu verstehen, aber von seinem mathematischen Wissen nicht den rechten Gebrauch zu machen, indem man es bloß dazu benuzt,

[249]) ibidem.
[249a]) Di un nuovo errore nello interpretare le teorie dell 'economia matematica im G. d. E. Novembre 1902, S. 401—33.
[250]) ibidem S. 57.
[251]) ibidem.
[252]) ibidem.

Hypothesen aufzustellen, aus ihnen die gewünschten Folgerungen zu ziehen und hinterher zu behaupten, diese Folgerungen als auf die (wenn auch nur abstrakte) Wirklichkeit zutreffend nachgewiesen zu haben.

§ 3.

Paretos Theorie des „internationalen Handels" unter Zugrundelegung seines im vorigen Paragraphen behandelten Theorems.

In seiner „Teoria matematica del commercio internationale"[253]) sucht Pareto die Ergebnisse seines eben gekennzeichneten Theorems für den weiteren Ausbau seiner Theorie des internationalen Handels zu verwerten, deren Grundlagen wir bereits (S. 152 ff.), besonders unter dem Gesichtspunkte des auswärtigen Geldverkehrs kennen gelernt haben. Den Anlaß hierzu gibt ihm eine auf diesem Gebiete sich bewegende Arbeit von Edgeworth[254]), die zu der Paretoschen „Teoria matematica dei cambi forestieri" zum Teil kritisch Stellung nimmt, im großen und ganzen aber nur die psychologische Seite der in diesem Zusammenhange auftauchenden Fragen berührt. Wir hoffen, uns mit den Edgeworthschen Darlegungen noch später näher befassen zu können, hier haben sie für uns nur insoweit Interesse, als sie sich unmittelbar auf die analytischen Ausführungen Paretos beziehen.

Zunächst aber wollen wir sehen, wie es gelingt, die wichtigsten Faktoren jedes internationalen Handels, die Ein- und Ausfuhrmengen und die ihnen zu Grunde liegenden Preise analytisch zu bestimmen.

Zu diesem Zwecke betrachten wir wieder einen Markt X, der durch den Handel mit bestimmten Waren mit der übrigen Welt Y in Verbindung steht. Die Ware M von X möge als allgemeines Zahlungsmittel gewählt sein, das in X den Preis 1, in Y aber einen hiervon grundsätzlich verschiedenen Preis p_m', hat, so daß p_m' den in M von X ausgedrückten Preis einer Geldeinheit von Y vorstellt. Hieran würde sich nichts ändern, wenn wir auch eine andere Ware als M als Zahlungsmittel auf Y zuließen.

Man führe nun aus X von den Waren	A, C, ...
die Mengen	ϱ_a, ϱ_c, ...
nach Y aus. Die Herstellungspreise dieser Waren, die zugleich als Verkaufspreise gelten sollen, seien in X .	p_a, p_c, ...

253) G. d. E. 1895, Serie II, 10, S. 476 ff.
254) The Economie Journal, 1894, Septembre, p. 440 ff.

Machen dann die als bekannt vorausgesetzten Kosten für den Transport der Waren nach Y	$\sigma_a, \sigma_c, \ldots\ldots\ldots$
aus und sind die von den Käufern von Y in X gezahlten Preise	$p_a', p_c', \ldots\ldots\ldots$
die der in Y eingeführten Waren hingegen	$p_a'', p_c'', \ldots\ldots\ldots$
so sind die letzteren offenbar in Y .	$p_a' + \sigma_a, p_c' + \sigma_c, \ldots$
gleichzusetzen.	
Von den Waren	B, D, …………
mögen die Mengen	$\varrho_b, \varrho_d, \ldots\ldots\ldots$
in X eingeführt werden. Die (wieder mit den Verkaufspreisen identischen) Herstellungspreise dieser Waren seien in X	$p_b, p_d, \ldots\ldots\ldots$
die Transportkosten von Y nach X mögen mit	$\sigma_b, \sigma_d, \ldots\ldots\ldots$
gegeben sein. Die Preise der aus Y ausgeführten Waren seien in X . . .	$p_b', p_d', \ldots\ldots\ldots$
in Y dagegen	$p_b'', p_d'', \ldots\ldots\ldots$
somit gleich	$p_b' - \sigma_b, p_d' - \sigma_d, \ldots$

Als Gleichungen des „wirtschaftlichen Gleichgewichts“ ergeben sich wieder die bekannten Formeln (1) bis (5) (cf. S. 153 ff.). Um nun die ausgetauschten Mengen $\varrho_a, \varrho_b, \ldots$ und den (in der Geldeinheit von X ausgedrückten Preis p_m' der Geldeinheit von Y ermitteln zu können, wollen wir die im I n l a n d e X geltenden Warenpreise $p_a, p_b, p_c, \ldots$ als bekannt voraussetzen.

Pareto nimmt nun die Beziehung

$$p_a' = p_a, p_b' = p_b, \ldots \qquad (48)$$

als selbstverständlich an; „denn, wenn jene Preise verschieden wären, würde ein Kaufmann einen Gewinn machen dadurch, daß er von der Ware A, die von X herrührt, kauft und sie in Y wieder verkauft oder umgekehrt[255])“. Dabei läßt Pareto jedoch ganz außer acht, daß gerade der Unterschied im Preise einer ein- bzw. ausgeführten Ware gegenüber dem, den das In- bzw. Ausland für diese Ware fordert bzw. bietet, häufig gerade erst die Anregung zur Ein- bzw. Ausfuhr dieser Ware gibt. Immerhin können wir die Paretosche Hypothese als im Bereiche der Möglichkeit liegend für unsere weiteren Betrachtungen zugrunde legen, ohne deren generellen Charakter erheblichen Abbruch zu tun.

---

[255]) ibidem S. 482.

Sind dann p_a''', p_b'''... die an der Geldeinheit von Y anstatt von X gemessenen Preise p_a', p_b'..., so erhalten wir als Preise in X:

$$p_a''' = \frac{1}{p_m'} p_a', \; p_b''' = \frac{1}{p_m'} p_b', \ldots \tag{49}$$

da nun Gleichung (48) zufolge:

$$\frac{p_b}{p_a} = \frac{p_b'}{p_a''}, \; \frac{p_c}{p_a} = \frac{p_c'}{p_a''}, \ldots, \tag{50}$$

so kommt

$$\frac{p_b}{p_a} = \frac{p_b'''}{p_a''''}, \; \frac{p_c}{p_a} = \frac{p_c'''}{p_a'''}, \ldots \tag{51}$$

Nach dem Vorstehenden hat man ferner als in Y geltende, jedoch in der Geldeinheit von X ausgedrückte Preise:

$$p_a'' = p_a' + \sigma_a, \; p_b'' = p_b'' = p_b' - \sigma_b, \ldots, \tag{52}$$

die sich, in der Geldeinheit von Y gemessen,

$$p_a^{IV} = (p_a' + \sigma_a) \frac{1}{p_m'}, \; p_b^{IV} = (p_b' - \sigma_b) \frac{1}{p_m'}, \ldots \tag{53}$$

schreiben. Die Gleichungen (52) entsprechen offenbar den Gleichungen (9)[256]).

Die Bedingung dafür, daß die Kosten der Ein- und Ausfuhr sich decken, führt zu der Gleichung

$$p_a \varrho_a - p_b \varrho_b + \ldots = 0, \tag{54}$$

die uns bereits in Gleichung (8) in einer anderen Form begegnet ist. Sie gilt offenbar gleichzeitig für beide Märkte X und Y, da die in X ein- bzw. ausgeführten Mengen natürlich mit denen, die in Y aus- bzw. eingeführt werden, übereinstimmen, so daß

$$\varrho_a = \varrho_a', \; \varrho_b = \varrho_b', \ldots \tag{55}$$

ist. Unterliegen nun die h Waren A, B, C, ... dem fraglichen Austausch, so werden ihre h—1 Preise $\frac{p_b}{p_a}, \frac{p_c}{p_a}, \ldots \frac{1}{p_a}$ durch die Gleichungen (1) bis (3) als Funktionen f der als gegeben betrachteten Produktionskoeffizienten a_s, a_t, ..., b_s, b_t, ... und der gesuchten h Mengen ϱ_a, ϱ_b, ... ausgedrückt. Wir haben also für den Markt X:

$$\frac{p_b}{p_a} = f_b(\varrho_a, \varrho_b, \ldots), \ldots \frac{1}{p_a} = f'_{h-1}(\varrho_a, \varrho_b, \ldots) \tag{56}$$

---

[256]) Die im folgenden zitierten Gleichungen, die eine niedrigere Nummer als (48) tragen, beziehen sich, wenn nichts anderes ausdrücklich bestimmt ist, stets auf diejenigen, die von S. 153 ab aufgeführt worden sind.

und entsprechend für Y:

$$\frac{p_b'}{p_a'} = f_b'(\varrho_a', \varrho_b', \ldots), \ldots, \frac{p_h'{}_{-1}}{p_a'} = f_{h-1}'(\varrho_a', \varrho_b', \ldots) \qquad (57)$$

Unter Berücksichtigung von Gleichungen (50) und (55) ergeben sich hieraus die h—1 Gleichungen

$$\begin{aligned} f_b(\varrho_a, \varrho_b, \ldots) &= f_b'(\varrho_a, \varrho_b, \ldots), \ldots, f_{h-1}(\varrho_a, \varrho_b \ldots) \\ &= f_{h-1}'(\varrho_a, \varrho_b, \ldots) \end{aligned} \qquad (58)$$

die, wenn die Grenznutzfunktionen φ in (1) für X und Y (aus der Beobachtung) gegeben sind, in Verbindung mit der Gleichung (54) für die Bestimmung der Unbekannten ϱ_a, ϱ_b, ... ausreichen.

Gehört zu den aus- oder eingeführten Waren A, B, C, ... auch das Geld M, so wird man Gleichung (58) zufolge im Hinblick auf die Gleichung (1), denen auch die Gleichung $p_m = 1$ zuzurechnen ist, haben müssen:

$$p_m' = 1; \qquad (59)$$

sonst kann natürlich die Geldeinheit p'_m von 1 verschieden sein, ihr Wert läßt sich dann auf Grund von Gleichung (57) aus

$$\frac{p_m'}{p_a'} = f_m'(\varrho_a, \varrho_b, \ldots)$$

berechnen, so daß dann aus den Gleichungen (49) und (53) auch die gesuchten Preise p''' und p^{IV} hervorgehen.

Betrachtet man mit Edgeworth nur zwei Waren, z. B. A und B als miteinander im Austausch befindlich, so wird

$$\frac{p_a}{p_b} = f_b(\varrho_a, \varrho_b)$$

und mit Rücksicht auf Gleichung (54)

$$\varrho_a - \varrho_b f_b(\varrho_a, \varrho_b) = 0. \qquad (60)$$

Dies ist die Gleichung der von Edgeworth behandelten Kurve 0X in Fig. 17, die für das Land X gilt. Eine entsprechende Kurve Y findet man für den Markt Y, deren Schnittpunkt mit der vorigen die zwischen beiden Märkten ausgetauschten Mengen ϱ_a und ϱ_b liefert.

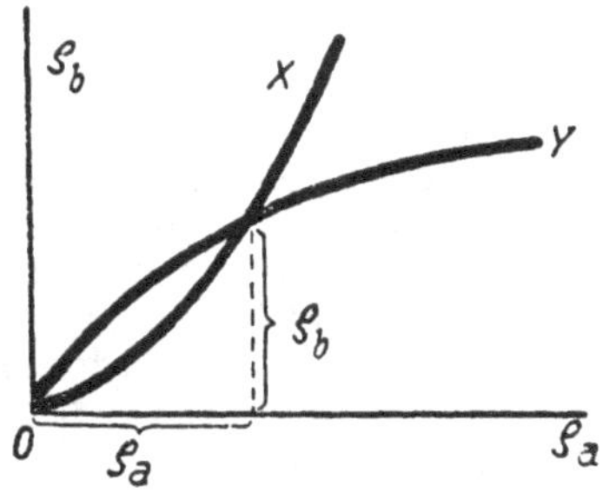

Fig. 17.

Der Charakter dieser Edgeworthschen parabelförmigen Angebotskurven, die wir hier nur vollständigkeitshalber erwähnen, soll uns sonst nicht weiter beschäftigen. Die ihrem Verlaufe zugrunde liegende gemeinsame Tendenz (stärkere Zunahme der nacheinander ein- als ausgeführten Mengen) wird der Leser selbst ohne weiteres aus der Zeichnung herauslesen. Jedenfalls wird die soeben dargelegte allgemeine analytische Methode Paretos der Bestimmung der Austauschmengen ϱ und der Preise p''' und p^{IV} der konkreten geometrischen Methode von Edgeworth — derselbe zählt allein $2^8 = 256$ für den Verlauf der Kurven X und Y in Frage kommende Spezialfälle — unbedingt vorzuziehen sein, zumal dieser sich immer bloß auf den Fall $h=2$ beschränkt, ohne sich dabei auch nur auf irgendwelche zuverlässigen positiven statistischen Unterlagen zu stützen. Allerdings müssen wir uns stets gegenwärtig halten, daß auch Pareto von der ganz bestimmten Voraussetzung (48) ausgeht, die, wie schon betont worden ist, durchaus nicht immer in der Wirklichkeit zuzutreffen braucht, so daß auch seine Darstellung — dessen scheint sich aber Pareto gar nicht bewußt zu sein — einen vollkommen allgemeingültigen Charakter nicht trägt.

Wir fragen uns nun, wie die in der angegebenen Weise zu ermittelnden Ein- und Ausfuhrmengen ϱ sich ihrer Größe nach unter der Bedingung zusammensetzen, daß ihre Verteilung unter die Gesellschaft dieser den größten Nutzen bei zugleich geringsten Kosten bringt. Pareto behandelt dieses wichtigere Problem de facto u n m i t t e l b a r nicht, obwohl er geflissentlich darauf ausgegangen ist, sondern begnügt sich schon mit der (im übrigen falschen) Feststellung der Variation des Gesamtschadens, also auch der Gesamtkosten, die durch eine Mehrein- und -ausfuhr der Komponenten ϱ der Gesellschaft entstehen. Er gründet seine Darstellung dabei wieder auf sein, von uns zur Genüge gewürdigtes Theorem des „Massimo di utilità dato dalla libera concorrenza“. Von diesem glaubt er jetzt sogar einen dritten Beweis „con una forma anche più generale“ geliefert zu haben, obwohl er in demselben nur die von uns bereits (cf. Anmerk. 241) in bezug auf die praktische Handhabung aller in Frage kommenden Fälle gemachte Feststellung der Zulässigkeit einer Identifikation von Schaden- und Kostenminimum als richtig bestätigt. Wir dürfen uns daher wohl ein nochmaliges Eingehen auf alle in diesem Zusammenhange wieder auftauchenden Irrtümer Paretos ersparen.

Für das Folgende wollen wir uns nun zwecks Entscheidung der gestellten Frage von unserer bisherigen, der Aufstellung der Gleichungen (35) ff. stillschweigend zugrunde gelegten Annahme einer Konstanz der Produktionskoeffizienten gegenüber etwaigen Schwankungen der produzierten

Mengen R befreien, um so viele Fälle (z. B. den wichtigen, von Ricardo in seiner Profittheorie betrachteten einer ständig abnehmenden Bodenproduktion) unserer Beurteilung nicht überhaupt vollständig entgehen zu lassen.

Wir setzen dementsprechend an Stelle der Gleichungen (35) die allgemeineren

$$\left.\begin{array}{l} F_a'(a_t, a_s, \ldots R_a) = 0 \\ F_b'(b_t, b_s, \ldots R_b) = 0 \\ \ldots\ldots\ldots\ldots\ldots\ldots \\ \ldots\ldots\ldots\ldots\ldots\ldots \end{array}\right\} \quad (61)$$

Ferner sollen alle von den einzelnen Mitgliedern der Gesellschaft unmittelbar ge- und verbrauchten (d. h. nicht bloß zu Produktionszwecken verwendeten) Mengen, also auch R_a, R_b, ... (ausschl. R_t, R_s, ...) durch die Umstellung der Produktion keinerlei Änderung erfahren, so daß sich eine wesentliche Verschiedenheit der Funktionen F' gegenüber den Funktionen F in (35) nur für diejenigen ergibt, die mit den Indizes t, s, ... versehen sind.

Wachsen dann infolge einer Verschiebung der Produktionsfaktoren T, S, ... ihre auf das Individuum (1) entfallenden Mengen um dr_{1t}, dr_{1s}, ..., so beträgt die Differenz zwischen dem diesem Individuum hierdurch erwachsenden Nutzen und den damit verknüpften Kosten unter Berücksichtigung der in Gleichung (47) gebrauchten Schreibweise offenbar:

$$-dU_{1k} = -\varphi_{1s}\, dr_{1s} - \varphi_{1t}\, dr_{1t} - \ldots, \qquad (62)$$

da voraussetzungsgemäß $dU_{1n} = 0$ sein soll, Gleichung (38) zufolge zerfällt aber (62) in

$$\left.\begin{array}{ll} & -dU_{1k} = d\lambda_1 \frac{1}{p_a} \varphi_a \\ \text{und} & d\lambda_1 = -p_s\, dr_{1s} - p_t\, dr_{1t} \end{array}\right\} \quad (63)$$

Da φ_{1a} und p_a von der unterstellten Änderung der Produktionsverhältnisse nicht berührt werden, so hängt also eine durch sie hervorgerufene etwaige Variation des das Individuum (1) treffenden Kosten s c h a d e n s und damit der Produktionskosten selbst nur von dem Faktor $d\lambda_1$ ab. Entsprechend ergeben sich für die übrigen Individuen ähnliche Ausdrücke $d\lambda_2$, $d\lambda_3$, ..., deren Summe

$$d\Lambda = d\lambda_1 + d\lambda_2 + \ldots = -p_s dR_s - p_t dR_t - \ldots \qquad (64)$$

den fraglichen Kosten(s c h a d e n -)faktor für die Gesellschaft liefert; soll sich derselbe nun auf ein M i n i m u m reduzieren, so muß offenbar

$$d\Lambda = 0 \qquad (65)$$

werden.

Gehen wir nun zunächst wieder von einem im Austausche zweier Waren A und B eingetretenen stabilen Gleichgewichtszustande aus, und ist ϱ_{ab} die zu bestimmende Menge von A, die man gegen ϱ_{ba} von B austauscht (ϱ_{ad} würde dementsprechend diejenige Menge von A zu bedeuten haben, die man gegen ϱ_{da} von D ausgetauscht usf.), so haben wir

$$p_a \varrho_{ab} - p_b \varrho_{ba} = 0, \quad (66)$$

während

$$\varrho_a = \varrho_{ab} + \varrho_{ad} + \ldots \quad (67)$$

und

$$\varrho_b = \varrho_{ba} + \varrho_{bd} + \ldots \quad (68)$$

kommt[257]).

Durch eine Mehrausfuhr $d\varrho_{ab}$ von A, der eine Mehreinfuhr $d\varrho_{ba}$ von B entspricht, möge nun das unterstellte Gleichgewicht verloren gehen. Wir wollen dann sehen, in welcher übersichtlicheren Form sich die durch eine solche Änderung geschaffene Variation $d\Lambda$ des Kostenfaktors (64) für die Gesellschaft zum Ausdruck bringen läßt.

Sind die produzierten Mengen, die wir als bekannt voraussetzen,

$$\mathfrak{R}_a = R_a + \varrho_a, \; R_b = \mathfrak{R}_b + \varrho_b, \; \mathfrak{R}_c = R_c + \varrho_c, \ldots \quad (69)$$

und ersetzen wir in Gleichung (4) und (61) die R_a, R_b, ... durch die $\mathfrak{R}_a$, $\mathfrak{R}_b$, ..., wobei wir gleichzeitig die Mengen ϱ_{ab} und ϱ_{ba} um $d\varrho_{ab}$ und $-d\varrho_{ba}$ zunehmen lassen, so erhalten wir:

$$\left.\begin{aligned} dR_s &= a_s d\varrho_{ab} - b_s d\varrho_{ba} + \mathfrak{R}_a da_s + \mathfrak{R}_b db_s + \ldots \\ dR_t &= a_t d\varrho_{ab} - b_t d\varrho_{ba} + \mathfrak{R}_a da_t + \mathfrak{R}_b db_t + \ldots \\ &\ldots\ldots\ldots\ldots\ldots\ldots\ldots\ldots\ldots\ldots \\ &\ldots\ldots\ldots\ldots\ldots\ldots\ldots\ldots\ldots\ldots \end{aligned}\right\} (70)$$

Multiplizieren wir hier die erste Gleichung mit p_s, die zweite mit p_t usf., so ergibt sich unter Berücksichtigung der Gleichungen (3) und (64):

$$\left.\begin{aligned} d\Lambda = -p_a d\varrho_{ab} + p_b d\varrho_{ba} &- \mathfrak{R}_a (p_s da_s + p_t da_t + \ldots) \\ &- \mathfrak{R}_b (p_s db_s + p_t db_t + \ldots) \\ &- \ldots\ldots\ldots\ldots\ldots\ldots \end{aligned}\right\} (71)$$

Nun können wir die Differentiale da_s, da_t, ... db_s, db_t, ... aus zwei verschiedenen Differentiationen hervorgegangen, denken. Für die erste wollen wir das Zeichen d_1 verwenden; sie erfolgt in der Weise, daß wir auf Grund von (61) und (69) die Produktionskoeffizienten a_s, a_t, ... als Funktionen von $\mathfrak{R}_a$, die Koeffizienten b_s, b_t, ... als solche von

[257]) Pareto schreibt versehentlich: $\varrho_a = \varrho_{ab} + \varrho_{ac} + \varrho_{ad} + \ldots$, obwohl sich voraussetzungsgemäß A gar nicht gegen C, sei es im Ex- oder im Import austauscht.

$\mathfrak{R}_b$ usf. betrachten und gleichzeitig die Mengen $\mathfrak{R}_a$ und $\mathfrak{R}_b$ um $d\varrho_{ab}$ bzw. — $d\varrho_{ba}$ anwachsen lassen. Da dann $\mathfrak{R}_c$, $\mathfrak{R}_d$, ... und p_s, p_t, ... konstant bleiben, so hat man Gleichung (3) zufolge

$$\left.\begin{array}{l} d_1p_a = p_sd_1a_s + p_td_1a_t + \ldots \\ d_1p_b = p_sd_1b_s + p_td_1b_t + \ldots \end{array}\right\} \quad (72)$$

Die zweite Differentiation, die wir mit d_2 andeuten wollen, wird sich dann auf Grund von Schwankungen der Preise p_s, p_t, ... vollziehen, denen die Unternehmer ihre Produktionskoeffizienten entsprechend anpassen werden. Gehen also die Preise p_s, p_t, ... in $p_s + dp_s$, $p_t + dp_t$, ... über, so mögen die Unternehmer dem dadurch Rechnung tragen, daß sie die Mengen a_s, a_t, a_v, ... um d_2a_s, d_2a_t, d_2a_v, ... vermehren. Somit kommt

$$d_2a_s = \frac{\delta a_t}{\delta a_s} d_2a_s + \frac{\delta a_t}{\delta a_v} d_2a_v + \ldots \quad (73)$$

Diese Gleichung nimmt aber unter Berücksichtigung der für den Eintritt eines Produktionskostenminimums maßgebenden Bedingung (36) die Gestalt an:

$$p_sd_2a_s + p_td_2a_t + \ldots = 0. \quad (74)$$

Entsprechend findet man

$$p_sd_2b_s + p_td_2b_t + \ldots = 0. \quad (75)$$

Die Ausdrücke (74) und (75) fallen somit vollkommen aus (71) heraus, so daß nur

$$d\Lambda = - p_ad\varrho_{ab} + p_bd\varrho_{ba} - \mathfrak{R}_ad_1p_a - \mathfrak{R}_bd_1p_b \quad (76)$$

verbleibt. Setzen wir nun

$$\left.\begin{array}{l} d\Lambda_1 = - p_ad\varrho_{ab} + p_bd\varrho_{ba} \\ d\Lambda_2 = - \mathfrak{R}_ad_1p_a - \mathfrak{R}_bd_1p_b, \end{array}\right\} \quad (77)$$

so bringt die Beziehung

$$d\Lambda = d\Lambda_1 + d\Lambda_2 \quad (78)$$

zum Ausdruck, daß die Variation des Kosten(schaden-)faktors einerseits von dem Gewinne oder Verlust $d\Lambda_1$ abhängt, der durch den Austausch der nacheinander mehr ein- bzw. ausgeführten Mengen verursacht worden ist, andererseits von demjenigen Mehrgewinn oder -verlust, der mit der Verwendung der schließlich insgesamt ge- und verbrauchten Mengen in der Produktion verbunden ist. Diese Variation muß aber Gleichung (65) zufolge gleich Null betragen, d. h. beide Posten $d\Lambda_1$ und $d\Lambda_2$ müssen sich, wenn sie der Gesellschaft ein Kosten(schaden)minimum bringen sollen, gegenseitig ausgleichen.

Im Falle des Austausches von A und D u. s. f. wird natürlich in den vorstehenden Gleichungen an Stelle des Index b überall der Index d u. s. f. zu treten haben, so daß sich in Anbetracht von (67) und (68) folgende allgemeine Form der Gleichungen (77) ergibt[258]):

$$\left.\begin{aligned} d\Lambda_1 &= p_a d\varrho_a + p_b d\varrho_b - p_d d\varrho_d + \ldots\ldots\ldots \\ d\Lambda_2 &= -\mathfrak{R}_a d_1 p_a - \mathfrak{R}_b d_1 p_b - \mathfrak{R}_d d_1 p_d - \ldots \end{aligned}\right\} (79)$$

Pareto hat die Stellung, die diese Gleichungen im Rahmen seiner internationalen Handelstheorie einnehmen, völlig verkannt. Doch ist er auch an sich zu einer falschen „Berechnung" der Größe $d\Lambda$ gelangt. Dies beweist deutlich folgendes von ihm gewählte Zahlenbeispiel, an Hand dessen er die Bedeutung der einzelnen in (79) vorkommenden Faktoren ersichtlicher zu machen sucht: „Wir unterstellen, daß nach Stabilisierung des Gleichgewichts X Wein zum Preise von 40 Lire pro 100 kg ausführt und dafür Getreide zum Preise von 17 Lire einführt, und nehmen an, daß an Getreide 1000 kg mehr eingeführt und an Wein 400 kg mehr ausgeführt werde. Dann wird der erste Teil des Gewinnes (sc. $d\Lambda_1$), der vom Tausch abhängt, 170—160, also 10 Lire ausmachen. Zur Zeit, wo das Gleichgewicht hergestellt war, unterstellen wir, habe der Produktionskostenpreis des Weines 0,40 pro kg und der des Getreides 0,17 pro kg betragen. Jetzt, wo die Menge (sc. R_b) produzierten Weins wächst und jene (sc. R_a) des Getreides abnimmt, nehmen wir an, betragen jene (Markt-) Preise (sc. p_b und p_a), berechnet zu den *alten* Preisen (sc. p_s, p_t, . . .) der Arbeit, der Miete, des Kapitals usw. 0,401 und 0,168 und die insgesamt produzierten Mengen (sc. $\mathfrak{R}_a$ bzw. $\mathfrak{R}_b$) Weines bzw. Getreides 20 000 kg bzw. 8000 kg. Dann wird sich der zweite Teil des Gewinnes (sc. $d\Lambda_2$), der von der Produktion abhängt, stellen auf

$$80\,000\,(0{,}17 - 0{,}168) - 20\,000\,(0{,}401 - 0{,}40),$$

d. h. auf — 4 Lire. Da diese Summe negativ ist, zeigt sie einen Verlust an Stelle eines Gewinnes an. Man muß daher 4 von der ersten Summe abziehen, und es kommt als Endgewinn (sc. $d\Lambda$): $10 - 4 = 6$ Lire . . ."[259]).

Wie das von ihm (anstatt 0 Lire) erhaltene Schlußergebnis (6 Lire) beweist, hat also Pareto nicht einmal erkannt, daß bei der Geltung des für das Vorhandensein des unterstellten Produktions*kosten*minimums einschlägigen Kriteriums (36), dessen Zugrundelegung erst zur Aufstellung der

[258]) Auch hier setzt Pareto wieder fälschlich an Stelle des Indexes d den Index c (cf. Anmerk. 257).

[259]) ibidem S. 494.

Gleichungen (74) und (75) geführt hat, die für den Eintritt eines Schadenminimums maßgebende Bedingung (65) gleichzeitig erfüllt sein muß[260]. Das obige Zahlenbeispiel kann somit im Zusammenhange mit den unmittelbar voraufgegangenen allgemeinen Ausführungen Paretos nicht aufrecht erhalten werden, am allerwenigsten aber, wie es als sein eigentlicher Zweck gedacht war, zu deren Erläuterung dienen.

Auf den ersten Blick mag es scheinen, daß das dem Autor hier unterlaufene Versehen darauf zurückzuführen sei, daß derselbe, weil er allein schon in den Gleichungen (65) „la condizione del massimo di utilità per la società“[261] erblickt hat,[262] nicht aber zunächst nur die Bedingung für das Vorhandensein eines Schadenminimums, auf den Zusammenhang, in dem jene Gleichung mit der letzteren Bedingung steht, überhaupt nicht aufmerksam geworden ist; denn sonst hätte er, sollte man meinen, nicht die Notwendigkeit des gleichzeitigen Bestehens von (65) und (36) übersehen können, zumal er selbst, wie wir gesehen haben (cf. Anmerk. 236 u. 237), stets das Kosten- mit dem Schadenminimum zusammenfallen läßt. Doch der Irrtum Paretos ist viel unverzeihlicher; denn derselbe durfte, selbst wenn er nun einmal die Gleichung (65) ohne weiteres als die Bedingung für ein Ophelimitätsoptimum ansprach, dabei unter keinen Umständen außer acht lassen, daß diese Bedingung neben derjenigen (36) des Kostenminimums (das ihm zufolge bekanntlich schon durch die „libera concorrenza“ herbeigeführt wird) im Rahmen seines Systems[263] stets gleichzeitig dominieren muß, nachdem er hierfür erst selbst, und zwar unmittelbar vorher (allerdings, wie wir sahen, vergeblich) einen besonderen Beweis angestrengt hat[264].

Nun blieb allerdings als letzte Möglichkeit für die Entstehungsweise des Paretoschen Fehlers noch offen, daß Pareto, zumal er die Gleichung (74) aus der vorhergehenden ohne jede Erläuterung „in virtu delle equazioni (36)“ hervorgehen läßt, die er aber hier der Beziehung[265]

---

[260] cf. Anmerk. 241. [261] ibidem S. 489.

[262] Was aber, wie gezeigt (cf. S. 177 ff.), nicht allgemein, sondern nur auf Grund der von Pareto unterstellten spezifischen Abhängigkeitsmerkmale zwischen den Funktionen U_n und U_k zu rechtfertigen ist.

[263] Eben infolge der unterstellten Abhängigkeit zwischen den Funktionen U_n und U_k.

[264] ibidem S. 490.

[265] Die bei Pareto in der Form $d\,\Lambda = - R_a\left(p_s \frac{\delta a_s}{\delta a_t} + p_t\right)$ erscheint, da derselbe — was offenbar gleichgültig ist — a_s an Stelle von a_t als abhängige Variable auffaßt.

$$d\Lambda = - R_a(p_t \frac{\delta a_t}{\delta a_s} + p_s) = 0 \qquad (80)$$

zufolge auch [also neben der schon so ausgelegten Gl. (65)] als „condizione del massimo di utilità per la società“[266]) hinstellt, unter den Gleichungen (36) das Kriterium für ein Kostenminimum gar nicht verstanden hat, sondern eben von vornherein das eines Ophelimitätsoptimums. Dann müßte jedoch das Aufkommen der Paretoschen Inkonsequenz am meisten befremden, da es dann vollends unverständlich erschiene, wie demselben in diesem Zusammenhange, wo der Fall $R_a = 0$ gar keine Verwendung findet, die Notwendigkeit der gegenseitigen Bedingtheit der Beziehungen $d\Lambda = 0$ und $p_t \frac{\delta a_t}{\delta_s a} + p_s = 0$ auf Grund der Gleichung (80) entgehen konnte.

In nuce: Bei allen für die Erklärung des Paretoschen Irrtums möglichen Kombinationen bleibt es stets ein Rätsel, wie der Genannte überhaupt auf eine einen von Null verschiedenen Wert liefernde besondere „Berechnung“ der Größe $d\Lambda$ ausgehen konnte, nachdem er noch dazu das dieser „Berechnung“ gewidmete Kapitel zuvor mit „determinazione della quantità barattate mediante la condizione del massimo di utilità(!)“ überschrieben hatte. Dabei kann er übrigens unter den „quantità barattate“ nur „la somma (sc. $d\Lambda$) di due quantità“[266]) (sc. $d\Lambda_1$ und $d\Lambda_2$) verstanden haben, denn von einer Bestimmung der Austauschmengene ist in dem betreffenden ganzen Kapitel überhaupt nicht die Rede. Doch selbst mit seinem „calcolo di $d\Lambda$“ weiß Pareto offenbar nichts Rechtes anzufangen, was schon daraus hervorgeht, daß er in dem erwähnten Zahlenbeispiel sämtliche für die Berechnung von $d\Lambda$ dienende Größen in (76) als bekannt voraussetzt; darin besteht jedoch nicht eigentlich das Wesen der analytischen „determinazione“ einer Unbekannten in der Mathematik; denn so hätten wir es immer nur mit der Aufstellung identischer Gleichungen für $d\Lambda$ zu tun.

Doch selbst die Bedeutung des Gewinn- oder Verlustpostens d X an sich und seiner integrierenden Bestandteile vermag Pareto im Rahmen seiner Theorie des internationalen Handels auf Grund der Gleichung (76) nicht ausreichend zu erklären. Dadurch, daß die durch diese Gleichung zum Ausdruck kommende Identität aus dem Symbolischen bloß in die „linguaggio volgare“ übersetzt wird, wird diese Aufgabe nicht erfüllt. Im übrigen hält Pareto selbst die Gleichung (76) für

[266]) ibidem S. 494.

eine bestimmte Nutzanwendung auf die Praxis des internationalen Austauschverkehrs für wenig geeignet. „Um [sc. aus Gleichung (76)] positive Schlüsse ziehen zu können, ist es“, so gibt er zu, „nötig, auf die andere Form, die wir für einen solchen Gewinn haben, zurückzugreifen, d. h. auf diejenige, die durch die Gleichung (64) gegeben wird, die in die gewöhnliche Sprache übersetzt, folgendermaßen lautet: „der Gewinn (genauer: die Kostenersparnis d. Verf.) ist gleich der Summe der Produkte, die man mit Hilfe der Mengen erhält, deren in der Produktion verwendete Kapitalleistungen (m. a. W. deren Produktionsfaktoren d. Verf.) (sc. infolge Ersparnis) zurücktreten, wenn dieselben mit den Preisen multipliziert werden, die sie vor der (Produktions-) Änderung hatten“[267]).

Aus dieser selbstverständlichen, im übrigen sich eher auf eine Produktions- als Handelstheorie beziehenden Tatsache glaubt Pareto unberechtigterweise den Schluß ziehen zu können: „die Schutzmaßnahmen (Pareto spielt damit augenscheinlich auf die Schutzzollpolitik seiner Zeit an) haben dagegen zum Ziel, die Mengen der in der Produktion angelegten Produktionsfaktoren wachsen zu lassen, und daher führen sie, soweit sie ihr Ziel erreichen, das sie sich setzen, **immer**[268]) zu einer Zerstörung des Reichtums“[269]).

Wenn wir davon absehen, daß im Zusammenhange dieser Betrachtungen von einer Veränderung des Nutzens oder der Kosten, also auch von einer „Zerstörung des Reichtums“ überhaupt nicht gesprochen werden kann, da ja tatsächlich $dU_n = dU_k = d\varDelta = 0$ ist, so wäre auch an sich eine so weitgehende Schlußfolgerung schon deswegen unhaltbar, weil eine etwaige Verminderung oder Vermehrung der Produktionskosten durchaus nicht unbedingt gleichbedeutend mit einer gleichzeitigen Zu- oder Abnahme des Nutzens ist [270]), da, wie wir schon gelegentlich betonten (cf. Anmerk. 242), eine Erhöhung der Produktionskosten im Interesse der Aufrechterhaltung oder Stärkung der Konkurrenzfähigkeit des Unternehmens, besonders im Hinblick auf die häufige Bevorzugung von Qualitätswaren seitens der Konsumenten, durchaus geboten und somit allein gewinnbringend sein kann. Auf keinen Fall ist aber Pareto berechtigt, nach den voraufgegangenen Erörterungen „**sempre** (!) ad una distruzione di ricchezza“[271]) zu schließen; eine so extreme und dabei doch

[267]) ibidem.
[268]) Schon bei Pareto fett gedruckt!
[269]) ibidem S. 496.
[270]) Ein solcher Kausalzusammenhang kann immer nur mit Rücksicht auf die spezifische Natur der von Pareto voneinander abhängig gewählten Funktionen U_n und U_k begründet erscheinen.
[271]) ibidem.

völlig unbegründete Folgerung würde offenbar den Behauptungen von tendenzmäßigen ruinösen Störungen des volkswirtschaftlichen Gleichgewichtes gleichkommen, wie sie von der Marxschen Akkumulations- und Krisentheorie vertreten oder vielmehr nicht vertreten werden; denn dieselben haben sich bis auf den heutigen Tag ihrem prätendierten absoluten und periodischen Charakter nach in der Wirklichkeit überhaupt nicht nachweisen, geschweige denn ihre gelegentliche Deutung als sichere Symptome für den bevorstehenden Verfall der kapitalistischen Wirtschaftsordnung rechtfertigen lassen[272]).

Die bisherigen Schlüsse, die Pareto an die Struktur seiner Gleichung (76) geknüpft hat, sind somit mehr oder weniger unhaltbar. Die wirkliche Bedeutung dieser Gleichung im Zusammenhange der gesamten Theorie des internationalen Handels erscheint aber in einem ganz anderen Lichte: Sie kann nämlich, wenn wir, wie erforderlich, ihre linke Seite Null setzen, tatsächlich dem von Pareto verfolgten Zwecke einer Berechnung der „quantità barattate mediante la condizione del massimo di utilità“ ϱ_{ab} und ϱ_{ba} unter Zuhilfenahme von Gleichung (66) dienen, sofern wir nur außer den Gesamtproduktionsmengen $\mathfrak{R}_a$ und $\mathfrak{R}_b$ und den Marktpreisen p_a und p_b noch die Preiserhöhungen d_1p_a und d_1p_b aus der Beobachtung her kennen. Das gleiche wird natürlich durch die Aufstellung entsprechender Gleichungen für die übrigen in (67) und (68) erscheinenden Komponenten der gesamten Austauschmengen ϱ_a und ϱ_b gelingen. So wird es schließlich möglich sein, alle n(n—1) ein = bzw. ausgeführten Einzelmengen $\varrho_{ab}, \varrho_{ba}, \ldots$ aus $\frac{n(n-1)}{2}$ unabhängigen Gleichungen (66) und ebensoviel unabhängigen Gleichungen (76) unter der Bedingung eindeutig zu bestimmen, daß jeder Einzeltausch in der Weise erfolgt ist, daß er der Gesellschaft die geringsten Kosten und den wenigsten Schaden verursacht hat. Daß die so ermittelten Mengen der Gesellschaft zugleich den meisten Nutzen bringen — das muß immer wieder betont werden — folgt dann wohl gleichzeitig aus der Eigenart des konkreten Paretoschen Gleichungssystems, kann jedoch aus den dargelegten Gründen nicht, zumal nicht in der kühnen Version, daß schon das Walten der freien Konkurrenz dieses Kosten (schaden-)minimum und sogar als Ophelimitätsoptimum beschere, auch als auf die Wirklichkeit unbedingt zutreffend übertragen werden.

[272]) cf. Meine „Untersuchungen über die Wert- und Preisrechnung des Marxschen Systems . . .“ 1922, Anmerk. 212, sowie E. Barones Auffassung G. d. E. 1908, Serie II, 37. „Il ministro della produzione nella Stato collettivista“ und meine Stellungnahme zu dieser S. 230 ff.

Pareto glaubt nun seiner Theorie gegenüber der Edgeworthschen insofern den Vorzug geben zu müssen, als dieser „considera soltanto il baratto di due merci e soltanto l'utile del baratto, lasciando stare quello che nasce della produzione“[273]). In der Tat entspricht den in (77) für $d\Delta$ gefundenen beiden Ausdrücken bei Edgeworth nur der auf den Austausch selbst bezügliche $d\Delta_1$.

Durch vollständige Differentiation von (66) findet man:

$$p_a\, d\varrho_{ab} - p_b\, d\varrho_{ba} + \varrho_{ab}\, dp_a - \varrho_{ba}\, dp_b = 0 \qquad (81)$$

so daß Gleichung (77) zufolge

$$d\Delta_1 = \varrho_{ab} dp_a - \varrho_{ba} dp_b \qquad (82)$$

oder unter Berücksichtigung von (66)

$$\Delta d_1 = \varrho_{ab} p_b\, d\left(\frac{p_a}{p_b}\right) = \varrho_{ba} p_b\, d\left(\frac{\varrho_{ba}}{\varrho_{ab}}\right) \qquad (83)$$

kommt.

Hieraus ergibt sich also die von Edgeworth seinen graphischen Darstellungen des internationalen Austauschverkehrs regelmäßig zugrunde gelegte typische Gestalt (cf. Fig. 19) der Angebotskurven. Edgeworth geht somit (ähnlich wie Walras) von einem schon als bekannt vorausgesetzten Produktionszustande aus und denkt sich gewissermaßen an das Ende eines bereits abgeschlossenen Tauschvorganges versetzt, von dem er aus rückwärtig die einzelnen voraufgegangenen Tauschhandlungen zu überschauen sucht. Dasselbe tut aber auch Pareto, wenn er in $d\Delta_2$ (cf. Gl. [77]) sämtliche Größen als gegeben ansieht. Einen wirklichen Vorzug „di generalità“ [274]) vor der Edgeworthschen Methode wird man demnach der seinigen nur dann zubilligen können, wenn die in den $\mathfrak{R}_a$ und $\mathfrak{R}_b$ (cf. Gl. [69]) enthaltenen ϱ_a und ϱ_b oder genauer deren Komponenten ϱ_{ab}, ϱ_{ad}, ..., ϱ_{ba}, ϱ_{bd}, ... je als zu ermittelnde Unbekannte betrachtet werden. Die von uns angedeutete Möglichkeit einer tatsächlichen Berechnung dieser „quantità barattate“ hat aber Pareto gar nicht erkannt, er darf somit auch nicht behaupten, das Problem gegenüber Edgeworth „nel caso più generale[275]) behandelt zu haben.

Pareto glaubt dadurch ein wissenschaftliches Verdienst errungen zu haben, daß er „den Ausdruck des Gewinnes (sc. $d\Delta$) der Gesellschaft in dem Falle des internationalen Handels gegeben und gezeigt (?) hat, wie jener Ausdruck sich

[273]) ibidem S. 496.
[274]) ibidem.
[275]) S. 497.

unter der Bedingung des ökonomischen Gleichgewichtes verhält"[276]). Wir aber müssen dem nach den voraufgegangenen Erörterungen entschieden widersprechen. Wenn überhaupt der (gleich Null gesetzten) linken Seite der Paretoschen Gleichung (76) in diesem Zusammenhange eine besondere Bedeutung als „base di tutta la teoria del commercio internazionale"[277]) zukommt, so ist es lediglich deswegen, weil sie die Grundlage für die Berechnung der Ein- und Ausfuhrmengen ϱ für den Fall liefert, daß sich die durch den Austausch dieser Mengen der Gesellschaft erwachsenden Kosten(-schäden) auf ein Minimum reduzieren. Nur in dieser Hinsicht, kann man sagen, hätte sie „qualch' cosa alle nostre conscienze"[278]) zu bringen vermögen, wenn Pareto sie eben richtig behandelt hätte. —

Die hiermit entwickelte Theorie des internationalen Handels wird selbstverständlich nicht ohne weiteres auf die komplizierten Vorgänge der Praxis des Außenhandelsverkehrs anzuwenden sein, zumal manche für die tatsächliche Gestaltung der Handelsbeziehungen ausschlaggebende Faktoren (wie die auf die Waren gelegten Zölle, Steuern Prämien usw.) in ihr noch unberücksichtigt geblieben sind. Doch lassen sich derartige natürliche Mängel der Darstellung durch das Anbringen entsprechender, der beobachteten Wirklichkeit entnommener Korrekturen verhältnismäßig leicht beheben, wie wir dies an einigen Beispielen (cf. S. 161 ff.) bereits gezeigt haben. Eine vollkommenere mathematische Theorie des internationalen Handels zu geben, wird natürlich auf Grund des bisher verwendeten Materials allein nicht möglich sein, da dies eine harmonische Einordnung ihrer hier gesondert betrachteten Stellung in den Rahmen der gesamten Reinen Politischen Ökonomie überhaupt bedingen würde. Ein zweckmäßiges Regulativ hierfür wird aber offenbar am besten erst dann gefunden werden, wenn wenigstens eine systematische Übersicht über die bisher zu verzeichnenden Anwendungen der Mathematik der wichtigsten Länder auf die Behandlung ökonomischer Probleme überhaupt vorliegt. Hieraus darf natürlich nicht das Recht hergeleitet werden, das vorliegende Substrat der internationalen Handelstheorie Paretos in Bausch und Bogen zu verdammen, im Gegenteil in der vorläufigen Abstraktion gerade liegt der Fortschritt jeder Wissenschaft begründet, der ohne jene gar nicht denkbar ist. Sollen dazu mit der Behandlung einer Theorie gleichzeitig didaktische Zwecke verknüpft werden, so ist ein Heraus-

[276]) ibidem.
[277]) ibidem.
[278]) ibidem.

schälen des in ihr schlummernden Kernes von vornherein unerläßlich. Nur dürfen eben — ein bei Vertretern jeder Theorie leider häufig zu beobachtender Fehler, der dann fast regelmäßig unbilligerweise der Theorie selber zum Verhängnis wird — die dabei gemachten Abstraktionen bei der Feststellung und Beurteilung der m i t der Theorie erhaltenen Ergebnisse niemals aus den Augen verloren werden.

Die wichtigste Grundlage, auf der alle diese handelstheoretischen Untersuchungen fußen, wird offenbar von den allbekannten Gleichungen (1) des wirtschaftlichen Gleichgewichts gebildet, die wir Walras zu verdanken haben und deren allgemeine Nützlichkeit für die Analyse wirtschaftlicher Zusammenhänge überhaupt sich hier wieder κατἐξοχήν erwiesen hat.

§ 4.

Die Theorie des Handelsmonopols von Amoroso.

Nachdem wir bisher das Verhalten der Preise und der nachgefragten bzw. angebotenen Mengen immer nur gegenüber dem Walten der freien Konkurrenzkräfte analytisch betrachtet haben, suchen wir dasselbe jetzt unter dem Einflusse einer Monopolherrschaft näher kennen zu lernen. Wir lehnen uns hierbei an die Darstellung Amorosos an, der seine „Teoria matematica del monopolio trattata geometricamente"[279]) der eingehenden Behandlung dieses Problems widmet.

Der Begründer der mathematischen Theorie des Monopols ist bekanntlich Cournot[280]). So unumstößlich die von ihm gegebene Formeln in formaler mathematischer Hinsicht auch sind, so wenig entsprechen doch die ihrer Aufstellung zugrunde liegenden Prinzipien der a l l g e m e i n e n Wirklichkeit; denn Cournot geht von dem einfachen Grundsatze aus, daß der Monopolinhaber so handle, wie wenn er von der übrigen wirtschaftlichen Welt vollkommen abgeschnitten wäre. Er abstrahiert insbesondere von den Schwankungen, denen der Monopolpreis infolge der Preisverschiebungen der sonstigen dem Marktverkehr unterworfenen Waren ausgesetzt ist, die keine Monopolgüter sind, wie er umgekehrt die Preise der letzteren von dem des Monopolgutes völlig unabhängig sein läßt. Die einzige Bedingung, an deren Vorhandensein er die Stabilisierung des wirtschaftlichen Gleichgewichts knüpft, ist die, daß der Monopolist, der als vollkommener Hedonist gedacht ist, nach dem in Geld ausgedrückten

---

[279]) G. d. E., Serie III, 1911, II, S. 207 ff.

[280]) cf. seine „Recherches sur les principes mathématiques de la théorie des richesses, 1838.

P r o f i t maximum strebt. Sie läßt sich ziemlich leicht formulieren, wenn man die auf das betreffende Monopolgut bezügliche Angebots- (oder Kosten-) und Nachfrage k u r v e kennt.

Wie aber Amoroso demgegenüber richtig betont, „zeigt uns die Erfahrung — besonders ist es das Verdienst der Theorie des wirtschaftlichen Gleichgewichts, die Aufmerksamkeit beständig auf diesen Punkt gelenkt zu haben —, daß die verschiedenen Teile, die die Weltwirtschaft zusammenfügen, miteinander eng verbunden sind, in der Weise, daß die Veränderungen einiger von ihnen mit Notwendigkeit auch größere oder kleinere Veränderungen der übrigen nach sich ziehen. Daher kann der Monopolinhaber bei der Bestimmung seines Verkaufspreises nicht (wenigstens streng genommen nicht. d. Verf.) von dem Einfluß absehen, den eine Preisschwankung des Monopolgutes auf alle übrigen Marktpreise hat, und infolgedessen auch nicht von den durch ihn bedingten Modifikationen in der Gestalt der Nachfragekurven der Konsumenten und der Kostenkurven [281])." Man darf somit im Grunde genommen gar nicht von solchen „K u r v e n", d. h. Beziehungen zwischen zwei Variabeln (der Verkaufsmenge und deren Verkaufspreis) sprechen (cf. S. 55 ff. und S. 133 ff), da es sich in Wirklichkeit um Beziehungen zwischen weit mehr Variabeln, nämlich zwischen der Verkaufsmenge des betreffenden Gutes und s ä m t - l i c h e n Marktpreisen, handelt. Wollte man aber dieser Tatsache in Strenge Rechnung tragen, so würde das Monopolproblem in dem allgemeinen Problem der Bestimmung des wirtschaftlichen Gleichgewichts aufgehen, also der Monopolpreis nur im Zusammenhange mit den sonstigen Marktpreisen zu bestimmen sein. Dann würde also auch die Cournotsche Theorie für diese Zwecke uns keinerlei Dienste zu leisten vermögen. Dagegen wird sie in allen Fällen, wo hinreichend Grund zu der Annahme vorliegt, daß die Einwirkungen der Schwankungen des Monopolpreises auf die Gestaltung der übrigen Marktpreise geringfügig und unbedenklich zu vernachlässigen sind, ein sogar wertvolles Hilfsmittel für die bequeme Lösung der fraglichen Gleichungen des wirtschaftlichen Gleichgewichtes bieten, in Sonderheit also, wenn wir fürs folgende unterstellen, daß der Monopolpreis s e l b s t nur in mäßigen Grenzen variiert.

Betrachten wir unter dieser Voraussetzung ein Monopolgut X und bezeichnen mit x die von ihm ge- bzw. verkauften Mengen und mit y seinen Verkaufspreis, so können wir inner-

[281]) ibidem S. 208.

halb eines hinreichend beschränkten Schwankungsbereiches von y, unbedenklich x als Funktion von y a l l e i n auffassen. Dann haben in ihm also die übrigen Marktpreise keinen merklichen Einfluß auf die Gestaltung von x, und die Existenz einer Nachfrage k u r v e für den Artikel X erscheint hinreichend gesichert. Diese Kurve möge nun durch eine Beziehung der Form

$$x = \varphi(y) \tag{1}$$

gegeben sein, wobei wir unter φ eine endliche kontinuierliche Funktion von y mit endlichen und kontinuierlichen Ableitungen verstehen wollen, deren Kurvenbild (1) von jeder zu den rechtwinkligen Koordinatenachsen gezogenen Parallelen in einem und nur in einem Punkte geschnitten werden möge. Durch die letztere Bedingung schließen wir von vornherein den Fall aus, daß ein Punkt von (1) existiert, in dem die Tangente einer der Koordinatenachsen parallel ist, oder anders ausgedrückt, wir hypostasieren damit — eine andere Kombination kommt im allgemeinen nicht in Frage —, daß (dem Gossenschen Gesetz entsprechend) die Kaufmenge x mit wachsendem Verkaufspreise y abnimmt und umgekehrt der Preis y mit zunehmenden Mengen x fällt. Ein solches Abhängigkeitsverhältnis dürfte in erster Linie auf die Luxusgegenstände zutreffen.

Stellt dann

$$\vartheta(\xi)d\,\xi$$

die Produktionskosten der unendlich kleinen Zuwachsmenge $d\xi$ dar zu der Zeit, wo die Gesamtmenge ξ produziert ist, so haben wir in

$$\eta = \vartheta(\xi) \tag{2}$$

die in der (ξ,η)-Ebene verlaufende Kurve der Grenzkosten (curva dei costi marginali) für die Herstellung des Artikels X zu erblicken. Bezeichnen wir ferner mit E bzw. G den aus dem Verkaufe von x erzielten Rohertrag bzw. Reingewinn, so ergibt sich

$$E = xy \tag{3}$$

$$G = xy - \int_0^x \vartheta(\xi)d\xi \tag{4}$$

Findet nun der Verkauf ausschließlich im Monopolbereiche statt und trachtet der Monopolist nach dem denkbar größten Reingewinn, so wird er einen solchen Verkaufspreis y ansetzen müssen, daß G zu einem Maximum wird. Er wird also, unter λ einen Lagrange'schen Multiplikator verstanden, darauf sehen, daß

$$dG = xdy + ydx - \vartheta(x)dx + \lambda dx - \varphi'(y)dy] = 0$$

oder

$$dG = [y + \lambda - \vartheta(x)]dx + [x - \lambda\,\varphi'(y)]dy = 0$$

wird. Hieraus folgen aber die Beziehungen

$$y + \lambda - \vartheta(x) = 0$$

und

$$x - \lambda\varphi'(y) = 0,$$

so daß durch Elimination von λ

$$[y - \vartheta(x)]\varphi'(y) + x = 0$$

hervorgeht. Diese Gleichung bildet zusammen mit der Gleichung (1) ein System von zwei Gleichungen zwischen x und y:

$$\begin{aligned}[y - \vartheta(x)]\,\varphi'(y) + x &= 0\\ x &= \varphi(y)\end{aligned} \qquad (5)$$

deren Lösung die Werte von x und y liefert, die G unter Berücksichtigung von (1) zu einem Maximum machen. Unter diesen Werten sind aber auch diejenigen enthalten, die G ein Minimum werden lassen. Um daher die Lösungen noch näher zu charakterisieren, die lediglich einem Maximum von G in bezug auf y entsprechen, ist den Gleichungen (5) noch die Bedingung

$$\frac{\delta^2 G}{\delta y^2} < 0$$

hinzuzufügen. Nun ist aber:

$$\frac{\delta G}{\delta y} = x + [y - \vartheta(x)]\frac{dx}{dy} = x + [y - \vartheta(x)]\,\varphi'(y),$$

mithin

$$\frac{\delta^2 G}{\delta y^2} = 2\varphi'(y) - \vartheta'(x)[\varphi'(y)]^2 + [y - \vartheta(x)]\,\varphi''(y)$$

Die dem System (5) noch einzuverleibende Bedingung lautet demnach:

$$2\,\varphi'(y) - \vartheta'(x)[\varphi'(y)]^2 + [y - \vartheta(x)]\varphi''(y) < 0 \qquad (6)$$

Damit haben wir die Cournotsche Theorie in etwas abgeänderter Form kurz wiedergegeben. Ihr Ergebnis kann man mit Amoroso folgendermaßen formulieren: „Machen x_0, y_0 eine Lösung des Gleichungssystems (5) aus und erfüllen sie die Bedingung (6), so stellen sie für einen Monopolisten, der gezwungen ist, in einer hinreichend kleinen Umgebung sich von x_0, y_0 aufzuhalten, die Koordinaten der Gleichgewichtslage dar, wenn (1) die Nachfragekurve und (2) die Grenzkostenkurve in bezug auf das fragliche Monopolgut bedeuten [282])."

Das Monopolproblem ist damit auf die a n a l y t i s c h e Lösung des Gleichungsystems (5) zurückgeführt worden. Nun aber bietet die heutige Analytik noch kein brauchbares Mittel für eine a l l g e m e i n e Lösung dieses Systems, wenn die Funktionen ϑ und φ, wenn auch nur im e n g e r e n Rahmen ihres generell vorgeschriebenen Charakters, unbestimmt gelassen werden. Vielmehr bliebe es dann immer nur von Fall zu Fall verstattet, die oft sehr umständlichen Methoden einer numerischen Lösung anzuwenden. Um also eine möglichst a l l g e m e i n e Vorstellung von den Bedingungen der gesuchten wirtschaftlichen Gleichgewichtslage zu gewinnen, steht uns zurzeit kein anderes geeignetes Lösungsverfahren zu Gebote als das der g r a p h i s c h e n Methode, die hier „eine Einfachheit und Eleganz zeigt, wie man sie vergebens in den meisten entsprechenden (konkreten) analytischen Lösungen suchen würde [283])". Auch ist es hier ohne besondere mathematische Kenntnisse — mit Ausnahme der Theorie der ähnlichen Dreiecke — leicht anwendbar und vor allem der mühevollen algebraischen Operationen, die für eine Interpolation der Nachfrage- und Kostenkurven unvermeidlich sind, überhoben.

Wir legen demgemäß der folgenden graphischen Konstruktion der fraglichen Gleichgewichtslage ein rechtwinkliges ebenes Koordinatensystem mit dem Ursprung 0 und den Achsen X, Y zugrunde. Tragen wir auf der X-Achse vom Nullpunkte aus in negativer Richtung die Strecke $\overline{OH}$ gleich der Maßeinheit und auf der positiven Seite der X-Achse die Verkaufsmengen x, auf der positiven Y-Achse dagegen die Verkaufspreise y auf, und beschränken wir uns dabei auf die Betrachtung einer so kleinen Fläche der Ebene (x, y), daß wir in ihr ohne merklichen Fehler von einer auf das Monopolgut bezüglichen Nachfrage k u r v e $x = \varphi(y)$ (in Fig. 18 mit n bezeichnet) sprechen können, so wird die Beobachtung uns sofort mehrere Punkte dieser Kurve liefern. Diese verbinden wir dann durch einen kontinuierlichen Zug untereinander, an dem wir durch die Berücksichtigung weiterer Beobachtungsergebnisse entsprechende Korrekturen anbringen können, und unterstellen, daß in dem jeweilig betrachteten Bereiche keine der zu den Koordinatenachsen gezogenen Parallelen die Kurve in mehr als einem Punkte schneidet. Das gleiche Verfahren wenden wir auch auf die

---

[282]) ibidem S. 212.
[283]) ibidem.

Konstruktion der Grenzkostenkurve y $= \vartheta$ (x) (in Fig. 18 mit g bezeichnet) an, die sich ebenfalls aus der Erfahrung ergibt. Auf Grund dieser beiden Kurven sind wir dann instand gesetzt, den Punkt bzw. die Punkte graphisch zu bestimmen, die der gesuchten Gleichgewichtslage entsprechen.

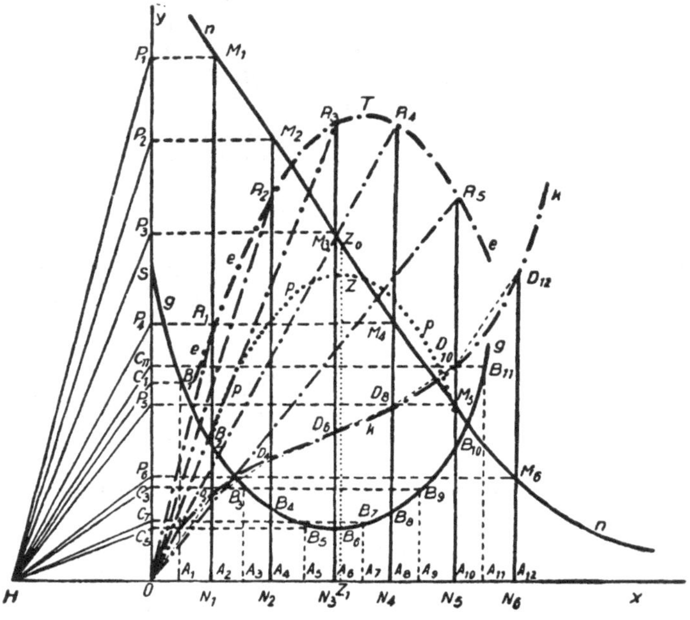

Fig. 18

n Nachfragekurve.
e Rohertragskurve.
g Grenzproduktionskostenkurve.
k Gesamtproduktionskostenkurve.
p Profitkurve.

Wir konstruieren zu diesem Zwecke zunächst die *Rohertragskurve* (curva degl'incassi lordi, in Fig. 18 mit e bezeichnet), die dadurch definiert ist, daß die Ordinaten irgendeines ihrer Punkte den Rohertrag E darstellt, der aus dem Verkaufe der durch die Abszisse dieses Punktes angegebenen Menge erzielt worden ist. Der dabei zugrunde gelegte Verkaufspreis wird dann durch die dieser Abszisse entsprechende Ordinate der Nachfragekurve ausgedrückt. Liegt die letztere gezeichnet vor uns, so ergibt sich folgende graphische Konstruktion der Rohertragskurve, bei der wir uns auf die Fig. 18 beziehen:

Haben wir in M_1, M_2, M_3, M_4, M_5, ... eine gewisse Anzahl von Punkten der Nachfragekurve, deren orthogonale Projektionen auf die X- bzw. Y-Achse die Punkte

N_1, N_2, N_3, N_4, N_5, ... bzw. P_1, P_2, P_3, P_4, P_5, ...

seien, so ziehen wir die Geraden $\overline{HP_1}$, $\overline{HP_2}$, $\overline{HP_3}$, $\overline{HP_4}$, $\overline{HP_5}$, ... und durch 0 die Parallelen zu ihnen, die die Geraden

$$\overline{M_1N_1},\ \overline{M_2N_2},\ \overline{M_3N_3},\ \overline{M_4N_4},\ \overline{M_5N_5},\ \ldots$$

beziehentlich in den Punkten R_1, R_2, R_3, R_4, R_5, ... schneiden mögen. Verbinden wir dann die letzteren durch einen kontinuierlichen Zug miteinander, so erhalten wir angenähert die gesuchte Rohertragskurve. Die Annäherung wird naturgemäß um so größer sein, je benachbarter die Punkte M_1, M_2, M_3, M_4, M_5, ... zueinander liegen.

Um die angegebene Konstruktion der Ertragskurve zu rechtfertigen, genügt es, den Nachweis zu führen, daß z. B. die Ordinate N_1R_1 des Punktes R_1 den Rohertrag mißt, der sich beim Verkauf der Menge $\overline{ON_1}$ zum Preise $\overline{N_1M_1}$ ergibt. In der Tat entnehmen wir den ähnlichen Dreiecken HOP_1 und ON_1R_1 die Beziehung

$$\frac{\overline{HO}}{\overline{ON_1}} = \frac{\overline{OP_1}}{\overline{N_1R_1}},$$

aus der sofort

$$\overline{HO} \cdot \overline{N_1R_1} = \overline{ON_1} \cdot \overline{OP_1}$$

oder, da $\overline{HO} = 1$ zu setzen ist,

$$\overline{N_1R_1} = \overline{ON_1} \cdot \overline{OP_1}$$

hervorgeht. $\overline{N_1R_1}$ mißt somit den Inhalt des Rechtecks $O\,P_1\,M_1\,N_1$, der aber gerade den fraglichen Rohertrag vorstellt.

Läßt man die Punkte M_1, M_2, M_3, ... unendlich nahe aneinanderrücken und ihre Zahl über alle Grenzen wachsen, so läßt sich mit Hilfe der Integralrechnung leicht zeigen, daß alle verschiedenen Kurven, die man so durch Verbindung der zugehörigen Punkte R_1, R_2, R_3 ... erhält, gegen eine bestimmte Grenzkurve konvergieren, die die gesuchte (exakte) Rohertragskurve darstellt. Ein entsprechender Beweis wäre auch für alle folgenden von uns noch aufgeführten Kurvenkonstruktionen sofort zu liefern. Wir kommen jedoch der Kürze halber nicht immer wieder besonders auf ihn zurück.

Die Punkte der Kurve e, deren Ordinate ein Maximum in bezug auf die benachbarten Punkte bedeutet, entsprechen natürlich Gleichgewichtslagen, die ein Rohertragsmaximum sichern.

Die Kurve der Gesamtproduktionskosten (curva dei costi totali, in Fig. 18 mit k bezeichnet) ist dadurch definiert, daß die Ordinate eines ihrer Produkte die Gesamtkosten ausdrückt, die die Herstellung der durch die Abszisse dieses Punktes angegebenen Menge verursacht. Wir konstruieren diese Kurve aus der gegeben gedachten Grenzkostenkurve g, zu der sie die zugehörige Integralkurve bildet, in bekannter Weise:

Hat man auf der X-Achse vom Ursprung aus in positiver Richtung nacheinander die äquidistanten Punkte A_1, A_2, A_3, A_4, A_5, A_6, ... abgetragen, durch A_1, A_3, A_5, ... die Parallelen zur Y-Achse gezogen, die die Grenzkostenkurve e beziehentlich in den Punkten B_1, B_3, B_5, ... getroffen haben mögen, und als orthogonale Projektionen dieser Punkte auf die Y-Achse die Punkte C_1, C_3, C_5, ...erhalten, die mit H verbunden sein mögen, so ziehe man durch 0 die Parallele zu $\overline{HC_1}$, bis sie die durch A_2 gezogene Parallele zur Y-Achse im Punkte D_2 schneidet, dann nacheinander durch D_2 die Parallele zu $\overline{HC_3}$, bis sie die durch A_4 gezogene Parallele zur Y-Achse in D_4 trifft und so fort durch D_4 die Parallele zu $\overline{HC_5}$ bis zu ihrem Schnittpunkte mit der durch A_6 gezogenen Y-Parallelen in D_6 usw.

Werden dann die Punkte O, D_2, D_4, D_6, ... miteinander durch einen kontinuierlichen Zug verbunden, so erhalten wir angenähert die gesuchte Gesamtkostenkurve. Auch hier ist die Annäherung natürlich um so größer, je benachbarter die Punkte O, A_1, A_2, ... zueinander liegen. Auf den Beweis der Richtigkeit dieser Konstruktion glauben wir hier verzichten zu können, weil wir dieselbe als bekannt voraussetzen dürfen.

Die Profit- oder Gewinnkurve endlich (curva dei profitti, in Fig. 18 mit p bezeichnet) wird durch die Eigenschaft definiert, daß die Ordinate eines ihrer Punkte den Gewinn G mißt, der sich aus dem Verkauf der durch die Abszisse dieses Punktes angezeigten Menge hat erzielen lassen.

Sie ergibt sich, falls die Kurve e (des Rohertrags) und die Kurve k (der Gesamtkosten) gezeichnet vorliegen, Gl. (4) entsprechend durch bloße Subtraktion der Ordinaten jener beiden Kurven. Ist Z der Punkt eines Maximums dieser Kurve p, so stellt er die Gleichgewichtslage für einen Monopolisten vor, der auf eine hinreichend kleine Umgebung des Punktes Z angewiesen ist. Bezeichnen wir die orthogonale Projektion von Z auf die X-Achse mit Z_1 und den Schnittpunkt von $\overline{ZZ_1}$ mit der Nachfragekurve n mit Z_0, so ergibt

$\overline{Z_1Z_0}$ den Gleichgewichtspreis und $\overline{OZ_1}$ die zu ihm verkaufte Menge an. Der Monopolist wird, wenn er auch nicht immer den Punkt Z_1 erreichen kann, in jedem Falle doch — seiner unterstellten hedonistischen Veranlagung entsprechend — auf den Absatz einer solchen Menge bedacht sein, die ihm einen möglichst hohen Profit abwirft, m. a. W., die einem möglichst hohen Punkte der Kurve p entspricht. Weist diese mehr als e i n Maximum auf, so wird er also dem maximum maximorum zustreben.

Amoroso gibt noch eine zweite graphische Lösung des im Sinne Cournots behandelten Monopolproblems, die von der Gesamtkostenkurve k und der Nachfragekurve n als gegebenen Größen ausgeht, und den Vorzug hat, noch einfacher als die vorige zu sein und die gleichzeitige Behandlung mehrerer Fälle zuzulassen, vorausgesetzt, daß die Gesamtkostenkurve stets dieselbe bleibt und nur die Nachfragekurve von Fall zu Fall verschieden ist.

Zu diesem Zwecke konstruiert er aus der Kurve k eine „curva delle trasformazioni complete", die durch die Eigenschaft definiert ist, daß die Ordinate eines ihrer Punkte den Preis ausdrückt, dessen Zugrundelegung als Verkaufspreis für die durch die Abszisse dieses Punktes angegebene Menge dem Monopolinhaber weder einen Verlust noch Gewinn bringen, sondern lediglich eine D e c k u n g seiner Einnahmen mit den Produktionsausgaben bedeuten würde. Wir können daher diese Kurve (in Fig. 19 mit c_0 bezeichnet) als Indifferenz-k o s t e n kurve ansprechen.

Ihre Konstruktion ergibt sich, indem wir uns auf Fig. 19 beziehen, in folgender Weise: Betrachtet man auf der X-Achse in positiver Richtung vom Ursprung aus die äquidistanten Punkte 0, A_1, A_2, A_3, ... und legt durch sie die Parallelen zur Y-Achse, so mögen diese die Kurve k in den Punkten 0, B_1, B_2, B_3, ... schneiden. Zieht man dann die Geraden $\overline{OB_1}$, $\overline{OB_2}$, $\overline{OB_3}$, ... und durch H die Parallele zu ihnen bis zum Schnittpunkte mit der Y-Achse beziehentlich in C_1, C_2, C_3, ..., so mögen die durch diese Punkte zur Y-Achse gezogenen Parallelen die Geraden $\overline{A_1B_1}$, $\overline{A_2B_2}$, $\overline{A_3B_3}$, ... in den Punkten D_1, D_2, D_3, ... treffen. Letztere stellen dann Punkte der gesuchten Indifferenzkostenkurve dar, die sich angenähert durch deren Verbindung in einem kontinuierlichen Zuge ergeben wird.

Um die Richtigkeit dieser Konstruktion zu erweisen, beschränken wir uns darauf, die Bedeutung der Ordinate A_1D_1 des Punktes D_1 ersichtlich zu machen.

Aus den ähnlichen Dreiecken HOC_1 und OA_1B_1 geht sofort hervor

$$\frac{\overline{HO}}{\overline{OC_1}} = \frac{\overline{OA_1}}{\overline{A_1B_1}},$$

so daß mit Rücksicht auf $HO = 1$

$$\overline{A_1B_1} = \overline{OC_1} \cdot \overline{OA_1} \tag{7}$$

kommt. $\overline{A_1B_1}$ stellt nun aber die Produktionskosten der Menge $\overline{OA_1}$ dar, während $\overline{OC_1} \cdot \overline{OA_1}$ den Inhalt des Rechtecks

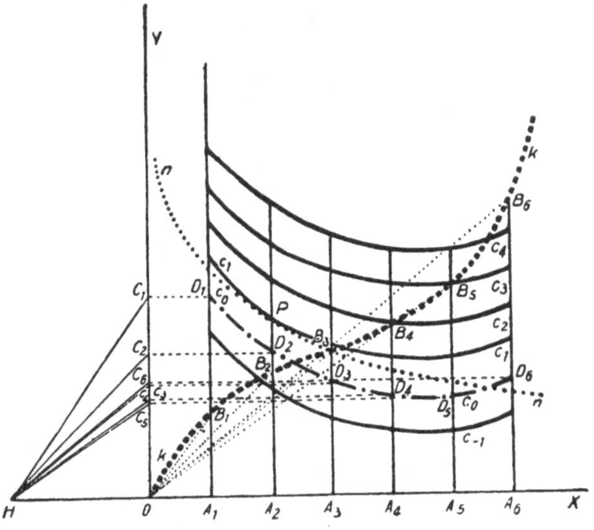

Fig. 19

k Gesamtproduktionskostenkurve
n Nachfragekurve
c_0 Jndifferenzkostenkurve
c_{-1} Jndifferenzverlustkurve (Index < 0)
c_1, c_2, c_3, c_4 Jndifferenzgewinnkurven (Index > 0)

$OC_1D_1A_1$, d. h. den Rohertrag mißt, den der Verkauf der Menge $\overline{OA_1}$ zum Preise $\overline{A_1D_1}$ liefert. Aus Gleichung (7) folgt dann, daß, wenn zu diesem Preise ein Umsatz stattfindet, sich die Einnahmen des Monopolinhabers mit seinen Ausgaben decken werden, der Ordinate des Punktes D_1 der Kurve c_0 kommt somit tatsächlich die ihr definitionsgemäß beigelegte Bedeutung zu. Das gleiche läßt sich für die übrigen Punkte dieser Kurve zeigen.

Tragen wir auf jeder Parallelen zur Y-Achse von ihrem Schnittpunkte mit c_0 aus in positiver bzw. negativer Richtung eine Strecke von konstanter Länge γ ab, so erhalten wir eine neue Indifferenzkurve c, die zu c_0 parallel und dadurch charakterisiert ist, daß in jedem ihrer Punkte die durch dessen Ordinate ausgedrückten Einnahmen bzw. Ausgaben die Ausgaben bzw. Einnahmen um den Betrag γ übersteigen. Gibt man γ nacheinander die Werte $\gamma_1 < \gamma_2 < \gamma_3 < \ldots$, so erhält man (cf. Fig. 19) solche Indifferenzlinien mit je positivem Index $c_1, c_2, c_3, c_4, \ldots$, die sämtlich je zu c_0, also auch unter sich, parallel sind. In jedem Punkte derselben Kurve c_i ($i = 1, 2, 3, \ldots$) hat der Monopolinhaber stets denselben Gewinn γ_i zu gewärtigen, welche Mengen er auch verkaufen mag; wir können die Kurven mit positivem Index i daher als Indifferenz g e w i n n kurven bezeichnen. Entsprechend ergeben sich die Infiffernz v e r l u s t kurven mit negativem Index i. Die Gesamtheit der so definierten Indifferenzkurven erfüllt offenbar die ganze Ebene, und wir können uns durch jeden Punkt der Ebene eine und nur eine solche Indifferenzkurve gelegt denken. Jede Indifferenzlinie teilt die Ebene in zwei Gebiete: innerhalb des einen sind die durch den Verkauf erzielten Gewinne bzw. Verluste beständig größer, innerhalb des anderen beständig kleiner als auf der Kurve selbst.

Diese Eigentümlichkeit benutzt Amoroso, nach dem Vorbilde Paretos (cf. oben S. 105 ff.) jedem Punkte der Ebene einen Indifferenzindex zuzuordnen, und zwar den Index der Indifferenzkurve, die durch ihn läuft. Dann weisen alle Punkte derselben Indifferenzlinie denselben Index auf, während die Kurve selbst die Ebene in zwei Bereiche zerlegt: die Punkte des einen besitzen sämtlich einen höheren, die Punkte des anderen einen niedrigeren Indifferenzindex als die Punkte der Indifferenzkurven selbst.

Liegt z. B. der Punkt P in dem von den Indifferenzlinien C_i und C_j eingeschlossenen Bereiche, wobei $i < j$ sein möge, so kommt P ein Indifferenzindex zu, der ebenfalls zwischen i und j einzuordnen ist. Sind also in der Ebene eine gewisse Anzahl von Indifferenzlinien mit ihren Indizes gezeichnet, so kann man annähernd den Indifferenzindex jedes Punktes, der zwischen den beiden Extremalen dieser Linien eingeschlossen liegt, bestimmen.

Ist C_k die Indifferenzlinie, die dem Punkte P (cf. Fig. 20) entspricht, und λ irgend eine andere durch P laufende Kurve, die nicht Tangente von C_k, ist, so wird λ die Indifferenzkurven C_i und C_j ($i > j$) in einer hinlänglich begrenzten Umgebung von P in zwei Punkten R und S schneiden. Bewegt sich nun ein Punkt auf λ von R nach S, so wird sein Index von i auf j anwachsen. Dieser Index wird von irgend einem Punkte auf $\overline{RS}$, z. B. von P aus, um so schneller in der Zunahme

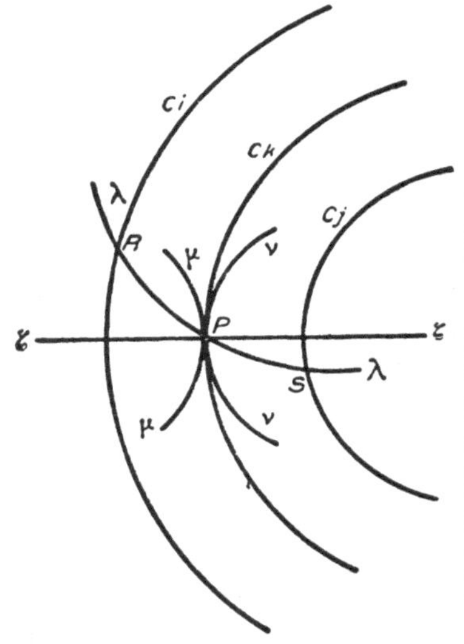

Fig. 20

bzw. in entgegengesetzter Richtung in der Abnahme begriffen sein, je kürzer die Strecke $\overline{RS}$ ist. Die kürzeste Entfernung zwischen zwei parallelen Kurven wird aber durch deren orthogonalen Trajektorien gemessen. Daher wird auf der durch P zu den Kurven C_i und C_j gelegten orthogonalen Trajektion [283a]) (in Fig. 20 mit ζ bezeichnet), der Indifferenzindex stärker und rascher variieren als auf allen sonstigen Kurven, die sich etwa durch P legen lassen. Bewegt sich also der Monopolist auf solchen Trajektorien, so wird sein aus dem Verkauf des Monopolgutes erzielter Gewinn bzw. Verlust den stärksten Schwankungen unterworfen sein. Wir können daher diese Kurven treffend als Vorzugs- bzw. Mängel-(-gewinn- oder -verlust-) kurven für den Monopolisten deuten.

Berührt nun die durch den Punkt P laufende Kurve λ die Indifferenzkurve C_k in diesem Punkte, so wird sie in einer hinreichend nahen Umgebung von P entweder C_i oder C_j schneiden. Im ersten Falle haben dann die Punkte dieser Berührungskurven (in Fig. 20 mit μ bezeichnet) in einer gewissen Umgebung von P einen Indifferenzindex, der kleiner als k ist, so daß derselbe in P selbst ein Maximum erreicht, während im zweiten Falle (in Fig. 20 der Fall der Kurve ν) gerade das Gegenteil statthat, der Indifferenzindex also in P zu einem Minimum wird.

Wir formulieren daher folgenden Satz Amorosos: Wenn eine Kurve α Tangente in P an die Indifferenzkurve C_k ist, so ist P der Punkt von α, der unter allen (sc. hinreichend!) benachbarten Punkten ein (Indifferenz-)Indexmaximum oder -minimum hat. Und zwar hat er ein Indexmaximum (-minimum), wenn in der Umgebung von P

[283a]) Die in Fig. 20 nur eine Gerade sein kann, da dort C_i, C_k, C_j, wie bei Amoroso, als konzentrische Kreise angenommen worden sind. Amoroso begeht also einen Fehler, wenn er als durch P laufende orthogonale Trajektorie dieser Kreise ebenfalls einen Kreis zeichnet.

die Kurve α auf jener Seite der Kurve C_k liegt, auf der die Indifferenzindizes kleiner (größer) als k sind [283b]."

Hierin ist die Lösung des Cournotschen Monopolproblems vollständig enthalten. Ziehen wir in der Ebene die Indifferenzkurven c des Monopolisten und die Nachfragekurve n, so ist, wie aus unseren einleitenden Betrachtungen dieses Paragraphen hervorgeht, der Monopolist gehalten, sich auf der Nachfragekurve innerhalb eines gewissen Spielraumes zu bewegen, um sich der jeweiligen Nachfrage hinreichend anpassen zu können. Er wird offenbar unter allen Punkten dieser Kurve diejenigen bevorzugen, die ein Indifferenzindexmaximum haben. Ist daher in dem fraglichen Intervall bloß e i n Punkt P vorhanden, in dem die Nachfragekurve die durch P laufende Indifferenzlinie berührt, und hält sich der Monopolist auf der Seite dieser Linie auf, auf der die Indifferenzindizes kleiner sind als in P (ist z. B. in Fig. 20 $\mu = n$), so werden wir in P den Punkt der Gleichgewichtslage zu erblicken haben. Sobald es aber deren Punkte P mehrere gibt, so wird dieser Gleichgewichtspunkt dort zu suchen sein, wo der Indifferenzindex das maximum maximorum erreicht. Liegt endlich in dem betreffenden Intervall überhaupt kein solcher Berührungspunkt, so wird der Gleichgewichtspunkt immer den höchsten Index unter allen Punkten dieses Intervalles aufweisen und beispielsweise — auf die Fig. 20 bezogen — den Punkt darstellen, in dem die Nachfragekurve mit einer Indifferenzlinie den kleinsten Winkel bildet.

Die Fig. 19 veranschaulicht den Fall, in dem der Punkt P den Gleichgewichtspunkt bildet als Berührungspunkt der Nachfragekurve n mit der Indifferenzlinie C_1 des Punktes P.

Die Indifferenzkurven c lassen sich, wie wir gesehen haben, unabhängig von der Nachfragekurve n lediglich aus der Gesamtkostenkurve k konstruieren; legt man die letztere ein für allemal in der Zeichnung fest — was innerhalb eines hinreichend beschränkten Zeitraumes wohl erlaubt ist — und läßt nur die Nachfragekurve von Fall zu Fall variieren, so wird sich der jeweilige, vom Monopolisten erstrebte Gleichgewichtszustand schon aus der A n s c h a u u n g der entsprechenden graphischen Konstruktionsgebilde heraus mit großer Annäherung ergeben.

Eine besondere Betrachtung über das Verhalten der Indifferenzlinien widmet Amoroso dem Spezialfalle, in dem die Gleichung der Grenzkostenkurve g eine G e r a d e darstellt. Wir sahen bereits, daß ϑ (x) dx die Produktionskosten

---

[283b]) ibidem S. 222.

der Menge dx angibt zu der Zeit, wo die Gesamtmenge x produziert ist. Die Gleichung der Grenzkostenkurve ist dann gegeben durch $y = \vartheta(x)$, so daß sich die der Gesamtkosten auf

$$y = \int_0^x \vartheta(x) d\xi$$

stellt, während die Gleichung der Indifferenzkurven dann offenbar anzusetzen ist in der Form

$$xy - \int_0^x \vartheta(x)\, d\xi = \text{const.}$$

Ist nun speziell

$$\vartheta(x) = \mu x + \nu,$$

wo μ und ν Konstante bedeuten, so gehen die soeben erwähnten drei Gleichungen beziehentlich über in:

$$y = \mu x + \nu \tag{8}$$

$$y = \frac{1}{2}\mu x^2 + \nu x \tag{9}$$

$$xy - \frac{1}{2}\mu x^2 - \nu x = \text{const.} \tag{10}$$

Sie stellen der Reihe nach eine Gerade, Parabel und Hyperbel dar. Ist $x = 0$, so kommt $y = \nu$. Die Konstante ν gibt dann die Anfangskosten der Produktion an und wird somit im allgemeinen positiv sein. Dagegen kann μ Null, positiv oder negativ sein, je nachdem die Herstellungskosten mit zunehmender Produktionsmenge konstant bleiben, wachsen oder abnehmen. Die Gesamtkostenparabel wird im ersten Falle in eine Gerade degenerieren, im zweiten Falle ihre konkave, im dritten dagegen ihre konvexe Seite der X-Achse zukehren.

Die Indifferenzlinien (10) bilden offenbar eine Hyperbelschar, die die Asymptoten

$$x = 0,\ y = \frac{1}{2}\mu x + \nu \tag{11}$$

gemeinsam hat. Die Gerade $x = 0$ ist aber die Y-Achse, d. h. die der Preise, während die andere durch den der Hyperbelschar (10) gemeinsamen Mittelpunkt geht und, vom Ursprunge aus gerechnet, auf der X-Achse eine halb [283c]) so große Strecke abschneidet wie die Grenzkostengerade (8).

Für die Konstruktion des besprochenen Systems der Indifferenzkurven erweisen sich hier die bekannten Methoden der analytischen und projektiven Geometrie als besonders zweckmäßig. —

Die bisherige geometrische Behandlungsweise des Problems eines einzigen Monopolisten, der nur e i n e Ware vertreibt, läßt sich nicht auch ohne weiteres auf den Fall mehrerer Monopolisten ausdehnen, die mehrere Monopole ausüben; denn dann pflegt die Zahl der unabhängigen Variabeln größer als drei zu sein, so daß man auf die Betrachtung von mehr als dreidimensionalen Gebilden angewiesen wäre, die jedoch nicht mehr physisch-anschaulich, sondern nur eine nach dem Henkelschen Prinzip formal verallgemeinerte Übersetzung der analytischen Formulierung in die Sprache der Geometrie zu nennen ist.

Selbst in dem Falle, wo es sich nur um drei unabhängige Variable handelt, bietet die geometrische Darstellung im gewöhnlichen Raume nicht „die Eleganz und Einfachheit der geometrischen Darstellungen in der Ebene [283d])“. Immerhin, meint Amoroso, lassen auch hier wesentlich geometrische Gedanken zu, leicht auf den Grund der Lösung zu kommen. Als Beispiel hierfür dient ihm die Untersuchung der von Edgeworth[284]) bereits angeschnittenen und von Pareto in seinem „Manual“ gelösten Frage der Monopolisierung z w e i e r Individuen (1) und (2) durch den Absatz e i n u n d d e r s e l b e n Ware. Pareto hat gezeigt, daß das Problem sich nicht a n a l y t i s c h lösen läßt, da eben die A u s ü b u n g eines Monopols (im strengen Sinne des Wortes genommen) d e r s e l b e n Ware durch z w e i Individuen (die die Fähigkeit haben sollen, dabei mehr oder weniger u n a b h ä n g i g voneinander zu handeln), d e f a c t o unmöglich ist. Auch geometrisch läßt sich die Unlösbarkeit des gestellten Problems leicht vor Augen führen.

Hat (1) die Mengen x und (2) die Mengen y je zu demselben Preise z verkauft, so zeigt, wie wir wissen, $\vartheta(\xi)\, d\xi$ die Produktionskosten von $d\xi$ in dem Zeitpunkte an, wo die Menge ξ produziert ist.

$$\omega(x + y, z) = 0 \qquad (12)$$

möge die Gleichung der Nachfragefläche [285]) innerhalb eines

---

[283c]) Amoroso schreibt versehentlich „doppio“.

[283d]) ibidem S. 229.

[284]) cf. G. d. E. 1897.

[285]) Dabei ist also unterstellt, daß das betrachtete Gebiet so klein ist, daß von einer solchen Fläche überhaupt gesprochen werden kann.

hinreichend begrenzten Bereiches des Raumes (x, y, z) vorstellen. Das Problem besteht nun darin, nach drei Werten y, x, z zu suchen, die die Gleichung (12) erfüllen und gleichzeitig die Ausdrücke

$$x z - \int_0^x \vartheta(\xi)\, d\xi, \quad y z - \int_0^y \vartheta(\xi)\, d\xi$$

zu einem Maximum machen. Dies ist aber, geometrisch gesprochen, gleichbedeutend damit, die Existenz eines Punktes der Fläche (12) nachzuweisen, in dem dieselbe gleichzeitig eine Fläche der Schar

$$x z - \int_0^x \vartheta(\xi)\, d\xi = \text{const.}$$

und eine Fläche der Schar

$$y z - \int_0^y \vartheta(\xi)\, d\xi = \text{const.}$$

berührt. Die Elemente der Flächentheorie lehren jedoch, daß ein solcher Punkt nur in Ausnahmefällen existieren kann, die hier gar nicht in Betracht kommen. Die Hypothese, daß jedes der beiden Individuen ein Monopol derselben Ware innehat, ist somit unhaltbar; jedenfalls kann die Frage, was geschehen *wird*, wenn zwei Individuen *tatsächlich* die *Fähigkeit* besitzen sollten, das Monopol ein und derselben Ware zu betreiben, wie schon von Pareto richtig bemerkt worden ist, von der mathematischen Nationalökonomie nicht entschieden werden. Dieselbe „studiert wie alle abstrakten Wissenschaften, nicht die Erscheinungen, die eintreten *werden*, sondern sie sucht, unter der Voraussetzung, *daß* bestimmte Erscheinungen mit bestimmten Merkmalen eintreten, diese Merkmale zu charakterisieren. In dem gegenwärtigen Falle hat die mathematische Nationalökonomie — mit dem Beweise, daß es nicht möglich ist, daß zwei Individuen de facto ihr Monopol ausüben (sc. das einem Gleichgewichtszustande entsprechen würde. d. Verf.) — alles beantwortet, was sie nur beantworten konnte. Es ist Sache der Erfahrung zu beachten, was wirklich geschieht [286])". —

Werfen wir noch einmal einen kurzen Rückblick auf die dargelegte graphische Methode Amorosos, so können wir

[286]) ibidem S. 230.

nicht umhin, sie als ein durchaus zweckmäßiges und bequemes Hilfsmittel für die Behandlung des Cournotschen Monopolproblems — unabhängig von der spezifischen Gestalt der verwendeten Einzelkurven — anzuerkennen. Dies macht in erster Linie, daß sie — im Gegensatze zu so vielen anderen graphischen Darstellungen — auf einer hinreichend breiten und exakten analytischen Grundlage beruht, von deren Gediegenheit letzten Endes der Wert jeder graphischen Methode abhängt. Wird dieselbe dazu noch von einem oder mehreren, mehr oder weniger der Beobachtung der Wirklichkeit entnehmbaren konkreten deduktiven Leitmotiven, wie hier von dem hedonistischen Prinzip und den typischen Gestalten der Nachfrage- und Kostenkurven beherrscht, so nähert sie sich sehr der sogenannten konkreten deduktiven Methode, die, wie wir bereits öfters zu betonen Gelegenheit hatten, die für die praktische Behandlung wirtschaftlicher Einzelphänomene einzig mögliche und brauchbare ist. Hier ist die graphische Methode außerdem als mindestens gleichwertiger Ersatz jedes etwaigen konkreten analytischen Verfahrens zu betrachten. Der Leser wird somit auch von ihrer Verwendungsmöglichkeit und dem Nutzen, den sie der mathematischen Nationalökonomie zu bringen vermag, bei dieser Gelegenheit eine hinreichende Vorstellung erhalten haben.

§ 5.

Die Theorie der Einkommensverteilung von Amoroso.

Wenn wir speziell von den Handelstheorien absehen, so haben die Lehren von der Verteilung überhaupt in der Economia Politica Pura Italiens im allgemeinen noch keine gründlichere mathematische Behandlungsweise erfahren, obwohl doch „l'argomento della Distribuzione è il più complesso ed il più tormentoso che vi sia nella nostra scienza: è l'argomento per eccellenza della scienza economica [287])".

Diese empfindliche Lücke glaubt Barone in seinen „Studi sulla Distribuzione [287])" dadurch ein wenig auszufüllen, daß er in bezug auf einen geschlossenen, von der freien Konkurrenz beherrschten Markt „den Wert der verschiedenen (verteilten) Produkte, die Löhne, den Zinsendienst und die Einnahmen [288])" in dem „bene numerario"

---

[287]) G. d. E. 1896, Serie II, 12, S. 107 ff.
[288]) ibidem S. 107.

auszudrücken und in erster Annäherung zu bestimmen sucht. Er bedient sich dabei jedoch nur in geringem Umfange der mathematischen Methode, nämlich nur insoweit, als dies für die Bestimmung der genannten Größen unvermeidlich ist, im übrigen verwendet er sie höchstens zur bloßen Erläuterung seiner ohne ihre unmittelbare Hilfe gewonnenen Schlüsse. Barone nennt seine Darstellung selbst „nichts weiter als die bloße Übersetzung dessen, was auf wenigen Seiten (anhangsweise) an den Schluß gesetzter mathematischer Anmerkungen symbolisch ausgedrückt ist, die an sich genügen, alles das, was in der gegenwärtigen Schrift auseinandergesetzt ist, verstehen zu lassen, in die gewöhnliche Sprache [289])". Da in Barones Untersuchungen somit der von uns programmgemäß (cf. Vorrede) vorwiegend zu berücksichtigende Charakter der Mathematik als strenges, aus Zweckmäßigkeitsgründen gebotenes, nicht leicht zu entbehrendes Beweismittel gegenüber didaktischen Rücksichten von vornherein zurücktritt, und es sich dazu, wie Barone selbst zugibt, „in una forma più semplice" nur um die Darstellung der entsprechenden Walras schen Theorien handelt, so haben wir uns hier nicht weiter mit ihnen zu befassen.

Von größerer Bedeutung für die grundsätzliche (mathematische) Behandlung des Verteilungsproblems ist ein die dritte Entwicklungsperiode der mathematischen Natioökonomie (cf. unten Schluß S. 292) einleitender Beitrag von Luigi Amoroso [290]), der von diesem gelegentlich der Abhaltung des 5. internationalen Mathematikerkongresses zu Cambridge im Jahre 1912 geliefert wurde.

Amoroso setzt sich in der genannten Arbeit das Ziel, die Grundgesetze der Zirkulation des Einkommens von N Mitgliedern eines geschlossenen sozialen Gebildes zu erforschen, wobei N mit der Zeit variieren kann. An die Spitze seiner Untersuchungen stellt er zwei grundlegende Postulate, die er für die betrachtete Gesellschaft (bzw. Gesellschaftsgruppe) als erfüllt ansieht.

Das erste Postulat (der Kontinuität) besagt: Es soll eine endliche und kontinuierliche Funktion $z(x,t)$ mit endlichen und kontinuierlichen Ableitungen geben derart, daß $z(x, t)\,dx\,dt$ für jeden Wert von x und t die Zahl der Individuen darstellt, die in dem Zeitraum t, $t+dt$ je ein sich zwischen x,

[289]) ibidem S. 112.

[290]) La distribuzione della richezza come fenomeno di diffusione G. d. E. 1912, II. Serie III, 45, S. 216 ff.

x + dx bewegendes Einkommen zu verzeichnen haben.

Da z (x, t) als kontinuierlich mit endlichen, kontinuierlichen Ableitungen unterstellt ist, so wird man die Zahl M der Personen, die in einem bestimmten Augenblick t je das Einkommen x aufweisen, annähernd der Zahl M′ der Personen gleichsetzen dürfen, die in dem voraufgegangenen wie nachfolgenden Augenblicke über einen von x nicht sehr verschiedenen Einnahmeposten x′ verfügten. Auch wird dann die Größe δM, um die M schwankt, bei gegebenen sehr kleinen Schwankungen von x und t nahezu der Variation δM′ gleichkommen für dieselben Schwankungen von x und t. Hierin liegt beschlossen, daß für jeden Augenblick t und für jeden Wert x die Zahl der Personen, die Ereignissen zufolge, die (wie z. B. Gewinne, Verluste, Zerstörungen, Erbschaften, Umwälzungen und Erfindungen aller Art) Diskontinuitäten bedeuten, sich je in einer Einkommenslage x befinden, vernachlässigt werden kann gegenüber der Gesamtzahl der Personen, die ungeachtet dieser Diskontinuitäten in dem gleichen Augenblicke das Einkommen x besitzen.

Das so gekennzeichnete Postulat kann man mit hinreichender Annäherung an die Wirklichkeit unbedenklich auf der Tendenz nach ruhig und gleichmäßig verlaufende Wirtschaftsperioden anwenden, die von einschneidenden Krisenbildungen frei sind. Nur auf solche Zeitläufe beziehen sich also die folgenden Ausführungen. Kraft dieses Postulats kommt man dazu, „an die Stelle einer sozialen Bewegung, die Diskontinuitäten enthält, eine ideelle kontinuierliche Bewegung zu setzen, die, im ganzen genommen, dieselben Wirkungen der tatsächlichen diskontinuierlichen Bewegung anzeigt[291]).

Das zweite Postulat Amorosos der Verteilung (Diffusion) des Einkommens drückt sich folgendermaßen aus: Sind x_0 und x_1 zwei benachbarte Werte von x, so ist die Zahl der Personen, deren Einkommen in dem Augenblick t von x_0 auf x_1 übergeht — die Unveränderlichkeit aller sonstigen Umstände vorausgesetzt — proportional der Differenz zwischen der Zahl der Personen, die in dem betrachteten Augenblick t das Einkommen x_1 haben, und der Zahl derer, die in diesem Augenblicke das Einkommen x_0 besitzen.

291) ibidem S. 220.

Mit der Parenthese „die Unveränderlichkeit aller sonstigen Umstände vorausgesetzt“ will Amoroso andeuten, daß sich das Postulat auf zwei kurz aufeinanderfolgende Gesellschaftszustände erstrecken soll, die, von der Verteilung der Einkünfte abgesehen, sonst (d. h. in bezug auf die Zusammensetzung der Bevölkerung, die wirtschaftlichen Bedürfnisse, den technischen Produktionszustand, die Mengen und Eigenschaften der Produktionsfaktoren, die soziale und politische Lage überhaupt usw.) vollkommen miteinander identisch sind. Aus dem lezten Postulat folgt somit, daß die Einkommensbewegung um so beschleunigter vor sich geht, je größer die Differenz der Ungleichheit der Einnahmen in beiden Zuständen der Gesellschaft ist, und in dem Zustande stärker hervortritt, in dem diese Ungleichheit eine größere ist, oder allgemeiner ausgedrückt: eine soziale Bewegung wird dann um so eher und in um so stärkerem Maße ausgelöst werden, je größer die soziale Ungleichheit ist.

Das zweite Postulat reguliert somit die Intensität der betrachteten Diffusionserscheinung, es sagt aber nichts aus über die besonderen Umstände, von denen dieselbe abhängt und über die besondere Richtung, in der sie sich äußert. Es gilt also ganz allgemein ebenso sehr für eine auf zunehmende wie für eine auf abnehmende Konzentration des Kapitals gerichtete soziale Bewegung. Man kann dieses generelle Merkmal durch Vergleich mit den gewöhnlichen Diffusionserscheinungen der Physik auch dahin deuten, daß der ökonomische Vorgang der Einkommensdiffusion umkehrbar (irreversibel) ist, was für die Diffusionsphänomene der Physik bekanntlich im allgemeinen nicht zutrifft. (Die Wärme geht beispielsweise stets vom wärmeren zum kälteren Körper über, nicht auch umgekehrt.)

Wie Amoroso ausdrücklich hervorhebt, beruht das zweite Postulat keineswegs auf einer unmittelbaren experimentellen (statistischen) Forschung, sondern es hat den Charakter einer erfahrungsmäßigen Intuition, den viele Postulate der Mechanik, z. B. das Trägheitsprinzip, ebenfalls aufweisen. Es wird natürlich auf direktem Wege auch niemals exakt nachweisbar sein, da es eben keine zwei Gesellschaftszustände gibt, die bis auf die Einkommensverteilung vollkommen miteinander übereinstimmen; eine Verschiebung der Einkommensverhältnisse bedingt stets auch eine (wenn auch oft geringfügige) Änderung vieler anderer wichtiger ökonomischer Faktoren. Deswegen wird man aber nicht etwa das genannte Postulat als bloß imaginär verwerfen dürfen, ebensowenig wie man in der Mechanik die Gültigkeit des Trägheitsgesetzes in Zweifel zu ziehen wagt, weil es in der Natur keine vollkommen reibungslosen Flächen gibt. Hier wie dort hat man sich vielmehr schon mit einer erfahrungsmäßigen Überprüfung aller aus dem fraglichen Prinzip logisch (insbesondere mathematisch-analytisch) zu deduzierenden Folgerungen und einer bloß annähernden Verifikation des Prinzips selbst zu begnügen. Das letztere wird für Amorosos zweites Postulat, wenn man sich, wie gesagt, auf möglichst naheliegende einer verhältnismäßig ruhigen wirtschaftlichen Entwicklungsperiode angehörende Erhebungszeiträume beschränkt, mit Hilfe der statistischen Beobachtung, wenn auch wohl technisch schwierig, so doch an sich durchaus möglich sein. Dabei hätte man vornehmlich zu betrachten, daß dieses Postulat nur eines der zahlreichen Gesetze enthält, deren Interferenz erst die sich uns lediglich darbietende Gesamtwirkung der sozialen Bewegungsvorgänge ausmacht, und dementsprechend diejenigen Tatsachen, die auf die Prävalenz dieses Gesetzes zurückzuführen sind, sorgfältig von denen zu trennen, die nur in Interferenz mit ihnen auftreten.

Nach diesen kurz vorbereitenden Betrachtungen wenden wir uns nunmehr der eigentlichen Aufgabe der analytischen Bestimmung des Phänomens der Einkommensverteilung zu.

Dem ersten Postulat zufolge bedeutet

$$z\,(x, t)\, dx\, dt$$

die Zahl der Personen, die in dem Augenblick dt je ein (festes!) sich in den Grenzen x, x + d x bewegendes Einkommen aufweisen. Dann wird.

$$\int_{x_0}^{x_1} z\,(x, t)\, dx\, dt$$

die Zahl der Personen angeben, deren (festes) Einkommen in dem Augenblick dt je zwischen x_0 und x_1 einzuordnen ist. Sie schwankt im Augenblick dt offenbar um

$$\int_{x_0}^{x_1} \frac{dz\,(x, t)}{dt}\, dx\, dt.$$

Diese Variation kann sich aber im Hinblick auf die im ersten Postulat unterstellte Kontinuität der Bewegungserscheinung nur aus denjenigen Personen zusammensetzen, deren Einkommen in demselben Augenblick von x_0 auf x_1

oder umgekehrt von x_1 auf x_0 übergeht. Dem zweiten Postulat zufolge ist sie also proportional

$$+ \text{(bzw. } -) \left[\left(\frac{dz}{dx}\right) dt_{x=x_1} - \left(\frac{dz}{dx}\right) dt_{x=x_0} \right]$$

so daß sich ergibt:

$$\int_{x_0}^{x_1} \frac{dz(x,t)}{dt} dx = + \text{(bzw. } -) \, \varrho \left[\left(\frac{dz(x,t)}{dx}\right)_{x=x_1} - \left(\frac{dz(x,t)}{dx}\right)_{x=x_0} \right]$$

wo ϱ eine positive oder negative Konstante bedeutet. Da diese Beziehung aber unabhängig von den Einzelwerten x_0 und x_1 bestehen soll, so wird

$$\frac{dz(x,t)}{dt} = \varrho \frac{d^2z(x,t)}{dx^2} \tag{1}$$

sein müssen.

Hiermit haben wir also die gesuchte Differentialgleichung der Einkommensverteilung gefunden, deren Gesetz sie ausdrückt; die Größe ϱ in ihr wird man als die Verteilungs- (Diffusions-) konstante bezeichnen können; ist sie sehr klein, z. B. Null, so hat man

$$\frac{dz(x,t)}{dt} = 0,$$

d. h. z (x, t) ist eine Funktion von x allein. Die Zahl der Personen, die eine Einnahme x haben, variiert dann also nicht von einem Augenblick zum anderen. Das hindert natürlich nicht, daß das Einkommen des e i n z e l n e n Schwankungen unterworfen sein kann, nur müssen sich diese — was Amoroso nicht scharf genug heraushebt — derart ausgleichen, daß die Verlust- bzw. Gewinnbeträge und zwar nur diejenigen die auf eine bestimmte Anzahl einiger Mitglieder der Gesellschaft entfallen, jedesmal einer gleichen Anzahl anderer Mitglieder zugute kommen bzw. verloren gehen, die vordem gerade dieselben Beträge weniger bzw. mehr an Einkommen zu buchen hatten. Eine solche Kompensation wird offenbar, wenn auch nur annäherungsweise, lediglich von einer stationären Bewegung hervorgerufen und sich im allgemeinen nur auf den Kreis derjenigen Personen erstrecken können, die in engerem Austauschverkehr untereinander stehen und deren Einkommenslage nicht wesentlich voneinander verschieden ist.

Wir haben bisher das Einkommen an einem Gute X gemessen, es möge sich nunmehr in n verschiedenen Gütern $X_1, X_2, \ldots$ unmittelbar ausdrücken. Dann werden wir die beiden vorigen Postulate auch auf diesen allgemeineren Fall ohne weiters übertragen, also unterstellen können, daß es eine endliche und kontinuierliche Funktion $z(x_1, x_2, \ldots x_n, t)$ mit endlichen und kontinuierlichen Ableitungen gibt, derart, daß $z dx_1 dx_2 \ldots dx_n dt$ die Zahl der Personen angibt, die in dem Augenblick dt von jedem der Güter X_i je ein sich zwischen x_i und $x_i + dx_i$ bewegendes Einkommen beziehen ($i = 1, 2 \ldots n$), während das zweite Postulat jetzt fordern wird, daß, wenn $x_i^{(0)}$, $x_i^{(1)}$ für alle Werte i hinreichend nahe beieinanderliegen, die Zahl der Personen, deren Einkommen in jedem Augenblicke von je $x_1^{(0)}, x_2^{(0)}, \ldots x_n^{(0)}$ auf je $x_1^{(1)}, x_2^{(1)}, \ldots x_n^{(1)}$ übergeht — die Unveränderlichkeit aller sonstigen Umstände vorausgesetzt — der Differenz zwischen der Zahl der Personen proportional ist, die in dem betrachteten Augenblick je das Einkommen $x_1^{(1)}, x_2^{(1)}, \ldots x_n^{(1)}$ besitzen, und der Zahl derer, die in demselben Augenblick je über das Einkommen $x_1^{(0)}, x_2^{(0)}, \ldots x_n^{(0)}$ verfügen. Die Differentialgleichung (1) wird dann die Gestalt annehmen:

$$\frac{dz}{dt} = \varrho \triangle^2 z, \; \triangle^2 = \frac{d^2}{dx_1^2} + \ldots + \frac{d^2}{dx_n^2} \tag{2}$$

(wo ϱ wieder die Verteilungs- [Diffusions]- konstante bedeutet); sie ist in (2) als Spezialfall enthalten. —

Stellt nun $z(x, t)\, dx dt$ für jeden Augenblick dt die Zahl der Personen vor, deren Einkommen sich je zwischen x und $x + dx$ einordnet, so muß die Funktion $z(x, t)$ der Natur der Sache nach offenbar so beschaffen sein, daß sie bei hinreichend großem x zu Null wird. Es wird also eine positive Zahl b geben müssen derart, daß man hat:

$$z(x, t) = 0, \frac{dz(x, t)}{dx} = 0 \; (x \geqq b). \tag{3}$$

Führen wir dann die Paretosche Funktion

$$u(x, t) = \int_x^b z(\xi, t)\, d\xi \tag{4}$$

ein, so haben wir in u die Zahl der Personen zu erblicken, die in jedem Augenblick t ein Einkommen in der Zeiteinheit beziehen, das höher als x (und natürlicher, niedriger als b) ist.

Bildet a die niedrigste Einkommensgrenze (Existenzminimum!) der betrachteten Gesellschaftsgruppe überhaupt, so zeigt

$$u(a, t) = \int_a^b z(\xi, t)\, d\xi \tag{5}$$

für jeden Wert von t die Gesamtziffer aller Einkommensempfänger d. h. die Einkommensbevölkerung, bei Besteuerung des Existenzminimums also die Zahl aller Zensiten dieser Gruppe an. Entsprechend liefert

$$v(x, t) = \int_x^b \xi\, z(\xi, t)\, d\xi \tag{6}$$

für jeden Augenblick t den Gesamteinkommensbetrag aller Mitglieder mit einem x übersteigenden Einzeleinkommen, während

$$v(a, t) = \int_a^b \xi\, z(\xi, t)\, d\xi \tag{7}$$

das Gesamteinkommen der fraglichen Gruppe überhaupt darstellt. Dasselbe erweist sich somit als zweites Moment oder Moment ersten Grades der Funktion z (x, t), während die Gesamtzahl der Einkommensempfänger (die Einkommensbevölkerung) als erstes Moment oder Moment nullten Grades dieser Funktion auszulegen ist.

Bisweilen wird es sogar nützlich sein, auch noch das dritte Moment oder Moment zweiten Grades

$$\int_a^b \xi^2 z(x, t)\, d\xi$$

zu berücksichtigen.

Wir setzen dann allgemein

$$\varepsilon_i(t) = \int_a^b \xi^i\, z(x, t)\, d\xi \quad (i = 0, 1, 2) \tag{8}$$

Aus dem Integral

$$\varepsilon(t) = \int_a^b (\xi - a)\, u(\xi, t)\, d\xi \tag{9}$$

folgt nun, wenn wir beachten, daß (4) zufolge u (b, t) = 0 ist,

$$\varepsilon(t) = \frac{1}{2}\varepsilon_2(t) - a\,\varepsilon_1(t) + \frac{1}{2}a^2\varepsilon_0(t). \tag{10}$$

Wir werden auf das Integral (9) später noch zurückkommen; vorläufig entnehmen wir nur der Gleichung (4) im Hinblick auf (1) und (3), daß

$$\frac{du(x, t)}{dt} = \varrho\,\frac{d^2u(x, t)}{dx^2} \tag{11}$$

ist.

Die Funktion u (x, t) genügt somit derselben Differentialgleichung wie die Funktion z (x, t). Die Gleichung (11), die somit für die Gleichung (1) gesetzt werden kann, läßt sich nun Gleichung (3) zufolge schreiben

$$\frac{du\,(x,t)}{dt} = -\varrho\,\frac{dz\,(x,t)}{dx}. \tag{12}$$

Diese Form ist besonders geeignet, die Bedeutung des Vorzeichens von ϱ erkennen zu lassen:

$$\frac{dz(x,t)}{dx}$$

ist für ein bestimmtes Wertepaar (x, t) positiv oder negativ, je nachdem in einem gegebenen Augenblicke die Zahl der Personen, deren Einkommen sich je auf x stellt, mit wachsendem x in der Zu- oder Abnahme begriffen ist. Im ersten Falle wird bei positivem ϱ in einem folgenden Augenblicke die Zahl der Personen, deren Einkommen je den Betrag x überschreitet, eine fallende, im zweiten Falle dagegen eine steigende Tendenz aufweisen und somit, wenn wir fürs folgende ein für allemal unterstellen, daß das Gesamteinkommen (7) der Gesellschaft niemals eine Einbuße erfährt, einen Ausgleich für den Zuwachs bzw. Rückgang der Zahl derer herbeiführen können, denen in dem vorhin betrachteten Augenblick mehr bzw. weniger an Einnahmen zufloß. Gegebenenfalls wird sogar eine Verminderung der Konzentration des Kapitals in der Gesellschaft festzustellen sein.

Ist $\frac{dz}{dx} > 0$, $\varrho < 0$, so wird sich eine solche Konzentration auf die höheren Einkommensstufen beschränken, falls nicht gleichzeitig auch das Einkommen der unteren Schichten (mit weniger als x) derselben Entwicklungstendenz in gleichem Maße folgt.

Der Fall $\frac{dz}{dx} < 0$, $\varrho < 0$, bedeutet dagegen eine Schwächung, evtl. sogar Verarmung der oberen Einkommensklassen, die aber der gemachten Voraussetzung zufolge eine Stärkung der mittleren und unteren, im allgemeinen also einen gewissen sozialen Ausgleich zur Folge haben muß. Wenn Amoroso daher schlechthin resümiert: „Bleibt das Gesamteinkommen der Gesellschaft unvermindert, so zielt die Diffusionsbewegung des Reichtums auf eine geringere oder größere Konzentration desselben ab, je nachdem ϱ

positiv oder negativ ist [292])", so urteilt er zum mindesten einseitig, da in dem Falle $\frac{dz}{dx} < 0$, $\varrho < 0$, von einer Konzentration des Kapitals offenbar nur dann gesprochen werden kann, wenn der Einkommensausfall der höheren Stufen ausschließlich vereinzelten mittleren oder unteren Stufen zugute kommt, was offenbar nur geeignet wäre, in absehbarer Zeit eine soziale Krisis herbeizuführen und sich so mit mit den Amorososchen Grundsätzen (besonders dem Kontinuitätspostulat) nicht mehr vereinbaren ließe.

Die Differentialgleichung (1) oder (11) ist augenscheinlich vom parabolischen Typus. Um ein bestimmtes Integral derselben zu finden, betrachten wir in der Ebene (x, t) ein Rechteck A B C D (cf. Fig. 21), dessen Seiten bezüglich den Koordinatenachsen parallel sind. Dann wird ein reguläres Integral der Differentialgleichung (1) infolge ihres parabolischen Charakters innerhalb eines bestimmten Bereiches der Ebene (x, t) durch die Funktion u (x, t) definiert, wenn sie in diesem Bereiche endlich und kontinuierlich ist sowie endliche und kontinuierliche Ableitungen erster Ordnung in bezug auf t, erster und zweiter Ordnung in bezug auf x aufweist.

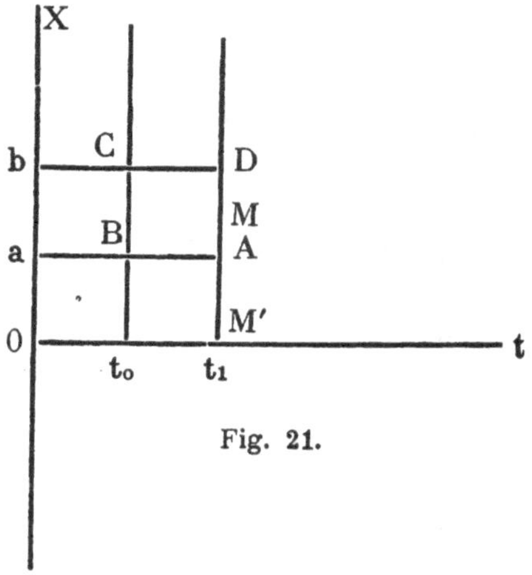

Fig. 21.

Es seien dann a, t_0 die Koordinaten des Punktes B und b, t_1 ($>t_0$) die des Punktes D, wobei a und b die vorhin angegebene Bedeutung haben (also unter a das Mindesteinkommen der betreffenden Gesellschaftsgruppe und unter b eine solche Zahl zu verstehen ist, die größer als das Höchsteinkommen dieser Gruppe ist), während t_0 und t_1 die Grenzen des betrachteten Zeitintervalles bilden. Nehmen wir nun an, daß auf dieses Intervall die beiden Amorososchen Postulate anzuwenden seien, so können wir behaupten, daß die Funktion u (x, t) innerhalb des gesamten von dem Rechteck ABCD umschlossenen Berei-

[292]) ibidem S. 225.

ches $a \leqq x \leqq b$, $t_0 \; t \leqq t_1$ ein reguläres Integral von (12) darstellt.

Es handelt sich nun darum, ein solches Integral eindeutig zu bestimmen. Je nachdem ϱ positiv oder negativ ist, wird man aber wesentlich verschiedene Lösungen erhalten. „Eine solche Unterscheidung entspricht," wie Amoroso richtig bemerkt, „in der Physik der Unterscheidung der Art und Weise, in der das Diffusionsphänomen in die Erscheinung tritt [293])." Wir beschränken uns aber mit Amoroso auf den Fall $\varrho > 0$, der, wie wir gesehen haben, im allgemeinen einen sozialen Ausgleich oder sogar eine Abschwächung der Kapitalkonzentration bedeutet.

Nun wissen wir, daß, wenn man die Werte kennt, die die Funktion u (x, t) auf $\overline{AB}$, $\overline{BC}$ und $\overline{CD}$ annimmt, auch ihre Werte auf $\overline{AD}$ bestimmt sind.

Die Werte der Funktion u (x, t) auf $\overline{AB}$ werden aber durch die Funktion u(a, t) gegeben, die Gleichung (5) zufolge die in jedem Augenblick vorhandene Einkommensbevölkerung anzeigt, während die Werte von u (x,t) auf $\overline{BC}$ von der Funktion u (x, t_0) geliefert werden, die auf Grund von Gleichung (4) für den Anfangszeitpunkt t_0 die Verteilung aller Einkommen (von mehr als a) angibt. Auf $\overline{CD}$ schließlich muß unter Berücksichtigung von Gleichung (3) stets u (x, t) $= 0$ sein.

Wir können daher das fragliche Integrationstheorem mit Amoroso folgendermaßen formulieren: „Vorausgesetzt, daß das Zeitintervall t_0, t_1 hinreichend begrenzt ist in der Weise, daß in ihm keine bedeutende Umgestaltung der Einkommensverhältnisse wahrzunehmen ist, ferner vorausgesetzt, daß in dem Zeitraum t_0, t_1 das Gesamteinkommen (sc. der Gesellschaft) nicht zurückgeht, dagegen (da $\varrho > 0$) die Konzentration des Kapitals abnimmt (oder wenigstens ein sozialer Ausgleich stattfindet, d. Verf.), kann man, wenn die Einkommensverteilung [294]) in dem Anfangszeitpunkte t_0 und der Zuwachs der Einkommensbevölkerung in dem Zeitraum t_0, t_1 bekannt, sowie die Verteilungs(Diffusions-)konstante ϱ bestimmt ist, die Einkommensverteilung für jeden zwischen t_0 und t_1 gelegenen Zeitpunkt berechnen [295])."

[293]) ibidem S. 226.

[294]) cf. die Paretosche Kurve der Einkommensverteilung (Cours d'Économie politique, Lausanne 1896) mit der Näherungsgleichung $y = \frac{A}{x^\beta}$ (wo y die Zahl der Personen angibt, die je ein den Betrag x übersteigendes Einkommen aufzuweisen haben), deren Studium, wie man mit Amoroso sagen darf, „eines der schönsten Resultate der mathematischen Statistik" gezeitigt hat. [295]) ibidem S. 227.

Der Gang dieser Rechnung gestaltet sich nun folgendermaßen: Multiplizieren wir in Gleichung (12) zunächst beide Seiten mit dx und integrieren über ξ bis b, dann mit $d\xi$ und integrieren jetzt über a bis b, so ergibt die Inversionsformel von Dirichlet unter Berücksichtigung von Gleichung (3):

$$\frac{d}{dt}\int_a^b (x - a)\; u(x, t)\, dx = \varrho\, u(a, t) \tag{13}$$

oder, wenn wir

$$u(a, t) = \vartheta_1(t) \tag{14}$$

setzen, im Hinblick auf Gleichung (5) und (9):

$$\frac{d\varepsilon}{dt} = \varrho\vartheta_1(t), \tag{15}$$

so daß

$$\varrho = \frac{\varepsilon(t_1) - \varepsilon(t_0)}{\int_{t_0}^{t_1} \vartheta_1(\tau)\, d\tau} \tag{16}$$

kommt.

Nun läßt sich mit Hilfe der statistischen Erfahrung die Differenz $\varepsilon(t_1) - \varepsilon(t_0)$ und der Einkommensbevölkerungszuwachs in dem Intervall t_0, t_1 aus der Beobachtung näherungsweise bestimmen, und damit ϱ aus Gleichung (16) errechnen.

Sehen wir nun die Funktionen $\vartheta_1(t)$ $[t_0 \leqq t \leqq t_1]$ und

$$u(x, t_0) = \vartheta_0(x), \tag{17}$$

d. h. die Einkommensbevölkerung in dem sich von t_0 bis t erstreckenden Zeitraume sowie die Einkommensverteilung in dem Anfangszeitpunkte t_0 dieses Zeitraumes als gegeben an, so können wir auf den Bereich A B C D (cf. Fig. 21) zur Bestimmung eines Integrals u (x, t) von Gleichung (11) für die Werte dieses Integrals und seiner Ableitung $\frac{du\,(x,t)}{dx}$ auf der durch die Charakteristiken $x = a$, $x = b$ begrenzten Geraden $\overline{AD}$ die aus der Theorie der Randwertbedingungen partieller Differentialgleichungen [296]) bekannte Formel von Green-Volterra anwenden. Dieselbe liefert uns, wenn wir berücksichtigen, daß auf $\overline{CD}$ nicht nur $u = 0$, sondern auch $\frac{du}{dx} = 0$ ist, und wenn wir unter x_1, t_1 die Koordinaten

[296]) cf. Enzyklopädie der mathem. Wissenschaften II A 7 b und II A 7 c.

irgendeines Punktes M des Abschnittes $\overline{AD}$ verstehen, den Ausdruck:

$$u(x_1, t_1) = \frac{1}{2\pi \sqrt{t_1 - t_0}} \int_a^b e^{-\varrho \frac{(x_1 - x)^2}{4(t_1 - t_0)}} \vartheta_0(x)\, dx +$$

$$-\frac{1}{2\sqrt{\pi}} \int_{t_0}^{t_1} e \frac{-\varrho \frac{(x_1 - a)^2}{4(t_1 - t_0)}}{\sqrt{t_1 - t}} \left[\left(\frac{du(x, t)}{dx} \right)_{x=a} - \vartheta_1(t) \frac{x_1 - a}{2(t_1 - t)} \right] \vartheta_1(t) dt \tag{18}$$

Um nun die Werte von $\frac{du}{dx}$ zu eliminieren, bedienen wir uns der bekannten Methode der elektrischen Bilder von Thomson (Lord Kelvin) [297]. Nennen wir also M' (cf. Fig. 21) das Bild von M in bezug auf A B, d. h. den Punkt mit den Koordinaten $x_1' = 2a - x_1$, $t'_1 = t_1$, so erhalten wir:

$$\frac{1}{2\sqrt{\pi}\ \sqrt{t_1 - t_0}} \int_a^b e^{\frac{-\varrho (x_1' - x)^2}{4(t_1 - t_0)}} \vartheta_0(x)\, dx +$$

$$-\frac{1}{2\sqrt{\pi}} \int_{t_0}^{t_1} \frac{e^{-\varrho \frac{(x_1' - a)^2}{4(t_1 - t_0)}}}{\sqrt{t_1 - t}} \left[\left(\frac{du(x,t)}{dx} \right)_{x=a} - \vartheta_1(t) \frac{x_1' - a}{2(t_1 - t)} \right] \vartheta_1(t) dt = O \tag{19}$$

Die Subtraktion der Gleichungen (18) und (19) ergibt aber mit Rücksicht darauf, daß $(x_1' - a)^2 = (x_1 - a)^2$ ist,

$$u(x_1, t_1) =$$

$$\frac{1}{2\sqrt{\pi}\sqrt{t_1 - t_0}} \int_a^b \left[e^{-\varrho \frac{(x_1 - x)^2}{(4t_1 - t_0)}} - e^{-\varrho \frac{(2a - x_1 - x)^2}{4(t_1 - t_0)}} \right] \vartheta_0(\xi)\, d\xi +$$

$$-\frac{a - x}{2\sqrt{\pi}} \int_a^b \frac{e^{-\varrho \frac{(x_1 - a)^2}{4(t_1 - t)}}}{\sqrt{(t_1 - t)^3}} \left[\vartheta_1(t) \right]^2 dt. \tag{20}$$

---

[297]) ibidem II A 7 b, Nr. 16 S. 485 ff.

Diese Formel (20) setzt uns dann unmittelbar instand, $u(x_1, t_1)$ eindeutig zu bestimmen, sobald die Funktionen $\vartheta_0(x)$, $\vartheta_1(t)$ und die Konstante ϱ bekannt sind.

In praxi wird jedoch eine numerische Berechnung von u aus Gleichung (20), infolge der dabei auftretenden Integrationsschwierigkeiten im allgemeinen mit erheblichen Umständen verknüpft sein.

Wir ziehen es daher mit Amoroso vor, uns nach einer geeigneten Näherungslösung umzusehen, die dem praktischen Bedürfnis nach Einfachheit mehr Rechnung trägt.

Die unbekannte Funktion u (x, t) läßt sich offenbar, bis auf eine beliebig kleine positive Größe innerhalb des Rechtecks $a \leqq x \leqq b$, $t_0 \leqq t \leqq t_1$ durch einen Ausdruck der Form

$$u(x,t) = P(t) + x\,Q(t) + \sum_{\mu=1}^{n} R_\mu(t) \sin\left(\mu\pi\frac{x-a}{b-a}\right) \quad (21)$$

darstellen, in dem n eine hinreichend große positive ganze Zahl bedeutet. Wir suchen dann die Funktionen P (t), Q (t) und $R_\mu(t)$ in der Weise zu bestimmen, daß für die Funktion u (x, t) gleichzeitig die Bedingungen erfüllt sind,

1. daß sie für $x = b$, $t \geqq t_0$ Null wird
2. daß sie für $x = a$, $t \geqq t_0$ die Werte von $\vartheta_1(t)$ und
3. für $a \leqq x \leqq b$, $t = t_0$ die Werte von $\vartheta_0(x)$ annimmt und
4. der Gleichung (11) genügt.

Die ersten beiden Bedingungen liefern

$$P(t) + b\,Q(t) = 0$$
$$P(t) + a\,Q(t) = \vartheta_1(t), \quad \text{so daß}$$

$$P(t) = \frac{b}{b-a}\,\vartheta_1(t), \quad Q(t) = -\frac{\vartheta_1(t)}{b-a}$$

hervorgeht. Setzen wir diese Werte in Gleichung (21) ein, so erhalten wir:

$$u(x,t) = \frac{b-x}{b-a}\,\vartheta_1(t) + \sum_{\mu=1}^{n} R_\mu(t) \sin\left(\mu\pi\frac{x-a}{b-a}\right) \quad (22)$$

Für $t = t_0$ folgt hieraus unter Berücksichtigung der dritten Bedingung

$$\vartheta_0(x) = \frac{b-x}{b-a}\,\vartheta_1(t_0) + \sum_{\mu=1}^{n} R_\mu(t) \sin\left(\mu\pi\frac{x-a}{b-a}\right)$$

und damit

$$\left.\begin{aligned} R_\mu(t_0) &= \frac{2}{b-a}\int_a^b\left[\vartheta_0(x) - \frac{b-x}{b-a}\vartheta_1(t_0)\right]\sin\left(\mu\pi\frac{x-a}{b-a}\right)dx = \\ &= \frac{2}{b-a}\int_a^b \vartheta_0(x)\sin\left(\mu\pi\frac{x-a}{b-a}\right)dx - \frac{2\vartheta_1(t_0)}{\mu\pi} \end{aligned}\right\} \quad (23)$$

Unterstellen wir, daß $\vartheta_1(t)$ und $R_\mu(t)$ endliche und kontinuierliche Ableitungen haben, so tragen wir schließlich auch der vierten Bedingung Rechnung, indem wir Gleichung (22) zufolge

$$\frac{du(x,t)}{dt} = \frac{b-x}{b-a}\vartheta'_1(t) + \sum_{\mu=1}^{n} R_\mu'(t)\sin\left(\mu\pi\frac{x-a}{b-a}\right)$$

und

$$\frac{d^2u(x,t)}{dx^2} = -\sum_{\mu=1}^{n}\frac{\mu^2\pi^2}{(b-a)^2}R_\mu(t)\sin\left(\mu\pi\frac{x-a}{b-a}\right)$$

setzen. Damit also Gleichung (11) erfüllt sei, muß die Beziehung

$$\frac{b-x}{b-a}\vartheta_1'(t) + \sum_{\mu=1}^{n}\left[R_\mu'(t) + \varrho\frac{\mu^2\pi^2}{(b-a)^2}R_\mu(t)\right]\sin\left(\mu\pi\frac{x-a}{b-a}\right) = 0$$

bestehen.

Aus ihr folgt:

$$R_\mu'(t) + \varrho\frac{\mu^2\pi^2}{(b-a)^2}R_\mu(t) =$$

$$-\frac{2\vartheta_1'(t)}{(b-a)^2}\int_a^b(b-x)\sin\left(\mu\pi\frac{x-a}{b-a}\right)dx = -\frac{2\vartheta_1'(t)}{\mu\pi}$$

Die Integration der letzten Gleichung gibt dann:

$$R_\mu(t) = C_\mu e^{-\varrho\frac{\mu^2\pi^2}{(b-a)^2}t} - \frac{2}{\mu\pi}\int_{t_0}^{t_1} e^{-\varrho\frac{\mu^2\pi^2}{(b-a)^2}(t-\tau)}\vartheta_1'(\tau)\,d\tau \quad (24)$$

Die Konstante C_μ bestimmt sich hieraus, wenn wir $t = t_0$ setzen, mit

$$C_\mu = R_\mu (t_0) e^{\varrho \frac{\mu^2 \pi^2}{(b-a)^2} t_0} \quad {}^{298)} \quad \text{oder}$$

Gleichung (23) zufolge mit

$$C_\mu = \frac{2}{b-a}\left[\int_a^b \vartheta_0(x) \sin\left(\mu\pi \frac{x-a}{b-a}\right) dx - \frac{2\,\vartheta_1(t_0)}{\mu\pi}\right] e^{\varrho \frac{\mu^2 \pi^2}{(b-a)^2} t_0} \tag{25}$$

so daß sich schließlich durch Substitution von Gleichung (24) in (22) die gesuchten Werte der Funktion u(x, t) aus:

$$u(x,t) = \frac{b-x}{b-a} \vartheta_1(t) +$$

$$\sum_{\mu=1}^{n} \left[C_\mu e^{-\varrho \frac{\mu^2 \pi^2}{(b-a)^2} t} - \frac{2}{\mu\pi} \int_{t_0}^{t} e^{-\varrho \frac{\mu^2 \pi^2}{(b-a)^2} (t-\tau)} \vartheta'_1(\tau) d\tau\right] \sin\left(\mu\pi \frac{x-a}{b-a}\right) \tag{26}$$

leicht ermitteln lassen.

Die durch Gleichung (26) definierte Funktion u (x, t) erfüllt offenbar für jeden Wert u streng die erste, zweite und vierte der gestellten Bedingungen, aber auch annähernd die dritte Bedingung, insofern als man bei Vorgabe einer beliebig kleinen positiven Größe ε n offenbar so groß wählen kann, daß die von Gleichung (26) gelieferten Werte von u (x, t) sich für jedes $a \leqq x \leqq b$ von den entsprechenden Werten der Funktion $\vartheta_0(x)$ lediglich um eine Größe unterscheiden, die kleiner als ε ist.

Amoroso knüpft an die Struktur der Formel (26) eine wichtige Bemerkung, die sich auf das bekannte Paretosche Theorem bezieht, daß innerhalb eines hinlänglich beschränkten Zeitraumes die Parameter, die die Kurve der Einkommensverteilung charakterisieren, nahezu als konstant betrachtet werden können, falls sich innerhalb dieses Zeitraumes keine starken Verschiebungen in der Zusammensetzung der Einkommensbevölkerung bemerkbar machen. Dieses Theorem erweist sich nämlich jetzt auf Grund der Gleichung (26) als wohl begründet, da der Wert des in ihr vorkommenden Integrals unter den gestellten Bedingungen verhältnismäßig klein ausfallen muß und $\vartheta_1(t)$ sowie der außerhalb des genann-

---

298) Amoroso vergißt hier versehentlich den Faktor $e^{\varrho \frac{\mu^2 \pi^2}{(b-a)^2} t_0}$.

ten Integrals auftretende negative Exponent mit veränder lichem t nur geringen Schwankungen unterworfen sein können.

Da wir die Differentialgleichung (1) oder (11) vom physikalischen Standpunkte aus als Wärmeleitungsgleichung auffassen können, in der ϱ die sogenannte Fouriersche Konstante vorstellt, so ergibt sich uns auch noch eine physikalisch-experimentelle Lösungsmethode für die Bestimmung eines Integrals u (x, t) nach dem Vorbilde Volterras, der dieselbe für die Ermittlung der Temperaturen im Erdinnern verwendet hat.

Nehmen wir nämlich eine der Fourierschen Konstanten ϱ entsprechende homogene wärmeleitfähige Platte, die selbst keine Wärmequellen enthält, von der Gestalt des Rechtecks A B C D in Fig. 21 und setzen die Temperatureinheit so fest, daß die Gleichung der variabeln Temperaturen für diese Platte gerade die Differentialgleichung (11) wird, die Längen- bzw. Zeiteinheit aber so, daß $\overline{BC}$ bzw. $\overline{AB}$ gleich der Differenz b — a bzw. $t_1 - t_0$ wird, so möge eine in geeigneter Entfernung von der Platte gewählte Wärmequelle auf der Randseite $\overline{AB}$ bzw. $\overline{BC}$ bzw. $\overline{CD}$ dieser Platte Temperaturen hervorrufen, die gleich $\vartheta_1(t)$ bzw. $\vartheta_0(x)$ bzw. Null sind. Gelingt es dann, die von der Wärmequelle ausgesandten Strahlen von den übrigen Teilen der Platte abzuhalten, so wir die in jedem Punkte (x, t) derselben gemessene Temperatur den entsprechenden Wert des gesuchten Integrals u (x, t) angeben. Die auf diese Weise erhältlichen Isothermen liefern dann die Integralkurven der Differentialgleichung (11).

Damit haben wir eine wichtige und vorbildliche spezielle Anwendung der Mathematik auf dem Gebiete der wirtschaftlichen Dynamik behandelt, die sich besonders dadurch auszeichnet, daß sie als eine der ersten Theorien unabhängig ist von jedem statischen Einschlag, also rein dynamisches Gepräge trägt.

F. Produktionstheorien.

§ 1.

Die Produktivitäts- und Rentabilitätslehre Barones.

Eine recht stiefmütterliche Behandlung hat die Lehre von der Produktion in der Reinen Politischen Ökonomie Italiens erfahren[298a]). Barone entwickelt in seinen „Studi sulla Distri-

[298a]) Eine mehr physiologisch technisch-orientierte Anwendung agronomischer Lehren auf die Bodenrententheorie, die lediglich nach dem Vorbilde Gustav Liebigs auf die landwirtschaftlichen Produktions-

buzione"[298b]) kurz die Grundzüge einer Produktivitäts- und Rentabilitätstheorie, die er zum Fundament seiner Verteilungslehre macht.

Jeder Unternehmer bedient sich für die Produktion irgend eines Gutes bestimmter Produktionsmittel, wie Grund und Boden, Arbeit, Betriebskapital usw. Wir können daher in jedem Zustande der technischen Produktivität die jeweilig produzierte Menge P eines Gutes A als eine bestimmte Funktion Φ der Mengen der in die Produktion eingegangenen Produktionsfaktoren auffassen. Läßt man unter diesen die Menge eines bestimmten Faktors L_1 variieren, die übrigen aber unveränderlich, so wird im allgemeinen auch die gesamte Produktionsmenge P des Fabrikats A eine entsprechende Änderung erfahren. Wird L_1 überhaupt nicht zur Herstellung von A benutzt, so werden wir von einer bestimmten Anfangsproduktionsmenge P ausgehen können, die durch die Verwendung einer Mengeneinheit von L_1 eine gewisse (in Fig. 22 schraffierte) Zunahme bedingt. Durch die Investierung einer weiteren Einheit wird P einen erneuten Zuwachs erhalten u. s. f. Diese Inkremente von P werden aber offenbar von einer bestimmten Stelle ab (meist fortlaufend) abnehmen müssen, da es sonst möglich wäre, durch erhöhten Aufwand bloß eines Produktionsmittels die Herstellungsmenge eines Gutes bis ins Unendliche zu steigern, was aber jeder gemachten Erfahrung widerspricht. Eine solche Abnahme kann schon gleich vom Anbeginn der Heranziehung von L_1 zur Produktion von A einsetzen. Den Punkt, von dem aus jede weitere Vermehrung von L_1 zum ersten Male einen Rückgang der Produktionszuwachsmenge δP zur Folge hat, wird man mit Barone treffend als den Sättigungspunkt (punto di saturazione) der Produktion von A in bezug auf das Produktionsmittel L_1 bezeichnen können. Ein solcher Punkt wird also für jeden Produktionsfaktor vorhanden sein müssen.

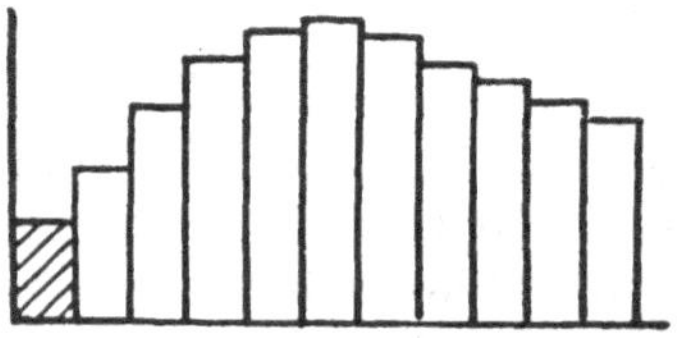

Fig. 22.

Sind die nach und nach verwerteten Einheiten von L_1

---

bedingungen wie chemikalische Bodenbeschaffenheit, Kultivierung der Bebauungsflächen, Klima usw. Bezug nimmt, gibt A. Cabiati im G. d. E. 1897, Serie II, 15, S. 129 ff. — Allgemeine Betrachtungen ohne analytische Fundierung im Zusammenhange des wirtschaftlichen Prinzips stellt Ulisse Gobbi (Sul principio della convenienza economica, Memori del R. Istituto Lombardo di Scienze e Lettere, Vol. XXI, Milano 1900) an.

298b) G. d. E. 1896, Serie II, 12. S. 126 ff.

ziemlich klein, so wird man an Stelle des gebrochenen Linienzuges in Fig. 22 die kontinuierliche sogenannte Kurve der *End*produktivität des Produktionsfaktors L_1 in Fig. 23 erhalten.

Unter Endproduktivität (produttività marginale) eines Produktionsmittels verstehen wir dabei mit Barone diejenige unendlich kleine Zuwachsmenge eines Produktes, die auf die letzte verwendete unendlich kleine Menge dieses Produktionsmittels zurückzuführen ist, wenn die Mengen der übrigen Produktionsmittel des Produktes gleichzeitig unverändert geblieben sind. Die Fig. 23[298c]) bringt beispielsweise zum Aus-

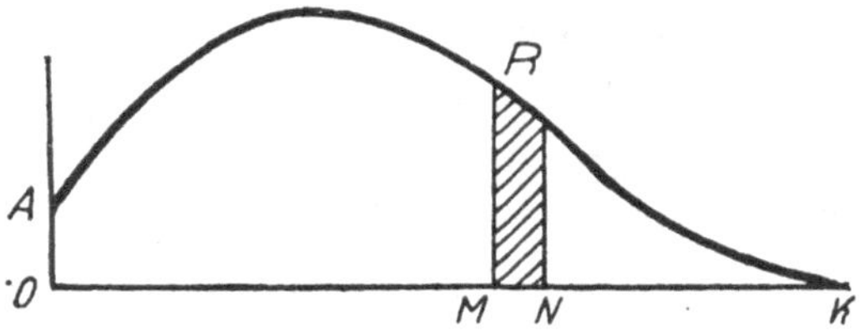

Fig. 23.

druck, daß die Verarbeitung der Menge OM des Faktors L_1 eine Vermehrung der Produktionsmenge P um die Fläche OARM zur Folge hat, während die Hinzunahme einer weiteren Menge MN das Produktionsquantum um das schraffierte Flächenstück anwachsen läßt. Wir können dann offenbar die Ordinate RM als *die* Endproduktivität betrachten, die der Menge OM von L_1 als zugehöriger Abszisse entspricht.

Wir wollen nun diese Betrachtungen in analytischer Ausdrucksweise kurz zu präzisieren versuchen.

Sind die für die *Herstellung* der Menge P von A verwendeten Produktionsfaktoren $L_1, L_2, \ldots$, so haben wir zunächst

$$P = \Phi\,(L_1, L_2, \ldots).$$

Die Endproduktivität von L_1 bzw. $L_2, \ldots$, die wir stets auf die produzierte Mengen*einheit* beziehen wollen, stellt sich dann durch die partiellen Ableitungen

$$\frac{\delta\Phi}{\delta L_1}, \text{bzw.} \frac{\delta\Phi}{\delta L_2}, \ldots \text{ dar,}$$

die also vom Sättigungspunkte aus in der Abnahme begriffen sind.

[298c]) Die in ihr zugrunde gelegte Kurvengestalt soll natürlich nur ein allgemeines Bild von dem *typischen* Verhalten einer Produktivitätskurve geben.

Damit haben wir aber erst die technische Seite der Produktion berührt. In Fig. 23 gibt OK diejenige Menge des Produktionsmittels L_1 an, deren Verwendung (in Verbindung mit den konstant bleibenden Mengen der übrigen Produktionsmittel L_2, L_3, ...), vom rein technischen Standpunkt aus betrachtet, die höchste durch die Fläche AOK veranschaulichte, Ertragssteigerung der Produktionsmenge P von A sichert. Damit ist jedoch nicht gesagt, daß die Wahl der Menge OK auch in wirtschaftlicher Hinsicht, d. h. vom Rentabilitätsstandpunkte aus für den Produzenten am vorteilhaftesten wäre. Dies wird vielmehr nur dann der Fall sein, wenn sie einem Produktionskosten minimum entspricht, das ein gleichzeitiges Gewinn maximum in sich schließt. Jenes wird aber durch die Markt preise der für die Herstellung des Fabrikats verwendeten Produktionsmittel bestimmt, so daß also ein gleichzeitiges Gewinnmaximum nur dann vorhanden sein wird, wenn die Produktivität der verbrauchten Produktionsmittel wert menge sich mit dem Kosten wert dieser Menge deckt.

Sind also die dem Unternehmer abverlangten Preise der Produktionsfaktoren L_1, L_2, ... beziehentlich p_{l_1}, p_{l_2}, ..., der von ihm geforderte Preis des mit ihrer Hilfe fabrizierten Produktes aber π, so wird sich die Bedingung des Rentabilitäts maximums ausdrücken durch:

$$\pi L_1 \frac{\delta \Phi}{\delta L_1} = p_{l_1} L_1, \pi L_2 \frac{\delta \Phi}{\delta L_2} = p_{l_2} L_2, \ldots$$

woraus durch Division

$$\frac{1}{p_{l_1}} \frac{\delta \Phi}{\delta L_1} = \frac{1}{p_{l_2}} \frac{\delta \Phi}{\delta L_2} = \ldots \qquad (1)$$

hervorgeht.

Die Gleichungen (1) entsprechen offenbar den Bedingungsgleichungen (4) auf S. 34 für den Eintritt des wirtschaftlichen Gleichgewichtes bei Erlangung eines Ophelimitätsoptimums. Bei ihrer Aufstellung ist natürlich von etwaigen vor Abschluß des Produktionsprozesses vom Unternehmer zu leistenden Vorauszahlungen (anticipazioni) für irgend welche ausgenutzten (Produktionsmittel-)Dienste und von der Dauer des Prozesses selbst abgesehen worden.

Auch wird in vielen Fällen ein isolierter Gebrauch eines bestimmten Produktionsfaktors gar nicht möglich oder auch nur zweckmäßig erscheinen, vielmehr an die gleichzeitige Verwendung anderer Faktoren geknüpft sein, so daß die Variation einer gewissen Gebrauchsmenge des ersteren, auch eine solche der übrigen nach sich zieht. Demzufolge wird dann auch die Produktivität eines bestimmten Produktionsmittels schon in technischer Hinsicht nicht mehr bloß von der Menge dieses Mittels, sondern auch von der der übrigen mit ihm liierten Mittel abhängen, m. a. W., man wird dann nicht mehr von einer ebenen Produktivitätskurve sprechen können, sondern eine entsprechende Darstellung der Produktivität im Raume wählen müssen. Sind z. B. die fraglichen Produktionsfaktoren je mit einem und nur einem anderen Faktor verbunden, so wird an die Stelle der Produktivitäts kurve eine Produktivitäts fläche zu treten haben. An der Struktur der Gleichung (1) wird aber dadurch natürlich nichts geändert.

Hiermit sind die Umrisse der Baroneschen Produktivitäts- und Rentabilitätstheorie bereits gezeichnet. Sie steckt naturgemäß noch tief in den Anfangsgründen, zumal sie auf bestimmt umschriebene Charaktereigenschaften der in Betracht kommenden Produktivitätsfunktionen und auf deren analytische Formulierung überhaupt noch nicht eingeht. Dieses Manko dürfte Barone selbst kaum entgangen sein, will er doch seine Theorie nur als eine „rudimentale"[298d]) gelten lassen und sie eben nur als Ausgangspunkt für die Entwicklung seiner Verteilungslehre benutzen. Immerhin sei sie hier erwähnt, da sie eine brauchbare analytische Grundlage für den Ausbau einer Produktivitätstheorie überhaupt bietet und dazu die Anerkennung der Priorität vor den umfassenderen und gründlicheren Werken von Clark und Wicksteed sowie den einschlägigen Schriften von Wood und Carver zu verdienen scheint, lange Zeit vor deren Veröffentlichung Barone sie bereits Pantaleoni und Walras mitgeteilt haben will[298e]).

§ 2.

Die Produktion in der Kollektivwirtschaft nach Barone.

Ursprünglich war es nicht unsere Absicht, die Arbeit von Enrico Barone „Il ministro della produzione nello Stato colletivista"[299]) hier näher zu behandeln, da sich einerseits die analytischen Ansätze des Autors für die mathematische Behandlung des Problems vollständig auf die entsprechenden Ausführungen Paretos im (individualistischen) Wirtschaftszustande freier Konkurrenz gründen und andererseits, soweit sie im übrigen von Barone fortentwickelt und durch graphische Illustrationen ergänzt sind, keinen so unentbehrlichen Beitrag für die Lösung der hier gestellten Fragen liefern. Da jedoch ungeachtet der von Barone bei Darstellung der

298d) G. d. E. 1896, Serie II, 12, S. 151.
298e) cf. ibidem S. 110.
299) G. d. E. Vol. 37, Serie 2a, Sept. 1908 ff.

Produktionsverhältnisse des kollektivistischen Wirtschaftssystems verwendeten weniger originellen und erfolgreichen mathematischen Untersuchungsmethoden das von dem Verfasser bei dieser Gelegenheit behandelte grundlegende Problem an sich von hervorragender Bedeutung ist, so haben wir, besonders mit Rücksicht auf die wichtigen Ergebnisse, zu denen Barone in seinem modus procedendi (auch in bezug auf die Bedeutung der (Grenz-)Nutzentheorie in diesem Zusammenhange) gelangt ist, nicht umhin gekonnt, seine Arbeit in ihren Grundzügen wenigstens im folgenden kurz zu kennzeichnen.

An die Spitze seiner Untersuchungen stellt Barone zwei Fragen, die er streng unabhängig und getrennt voneinander behandelt wissen will. Die erste lautet: Wird es zweckmäßig sein, einige individuelle Kapitalgüter in Kollektiveigentum zu überführen und die Produktion zu sozialisieren, während die andere sich darauf zu beschränken hat: wie wird die Produktion im kollektivistischen Wirtschaftsregime zu ordnen sein? Barone will nun seine Ausführungen lediglich auf die Behandlung der zu zweit formulierten Frage eingeengt sehen, offenbar in der richtigen Annahme, daß durch die Lösung der zweiten diejenige der ersten Frage zur Genüge vorbereitet werde. Ferner will er bei dieser Gelegenheit den Beweis führen, „daß, um das wirtschaftliche Gleichgewicht — sei es im Zustande freier Konkurrenz, sei es in dem eines Monopols oder in einem kollektivistischen Zustande — zu bestimmen, man zu diesem Zwecke nicht auf Nutzen-Grenznutzen- oder ähnliche Vorstellungen zurückzugreifen braucht;“ ja es sei nicht einmal nötig, „auf den Gedanken der Indexfunktion Paretos zurückzukommen, so sehr diese auch einen bemerkenswerten Schritt darstellten, die mathematische Schule von allem, was metaphysisch erscheinen kann, zu befreien“. „Es genügt vielmehr“, wie er meint, „die alte und einfache Vorstellung von Angebot und Nachfrage sowie von Produktionskosten, um in ein System von Gleichungen nicht nur die wichtigsten Beziehungen einzureihen, die zwischen den wirtschaftlichen Größen obwalten, sondern um auch die verschiedenen dynamischen Fragen zu behandeln, die sich auf das größere oder geringere Wohlergehen der Individuen und der Gesellschaft beziehen“[300]).

Im übrigen zergliedert Barone seine Abhandlung in zwei Hauptteile. In dem ersten behandelt er die Produktionsbedingungen im „regime individualista“, d. h. in

---

[300]) a. a. O. S. 4.

einem „Gemisch von freien Konkurrenz-, Monopol- und Assoziationsverhältnissen“[301]) (sc. Kartell, Trust usw.), dem er im zweiten Teile die veränderten Produktionsverhältnisse im kollektivistischen Wirtschaftssystem gegenüberstellt. Da Barone sich dabei, wie er selbst zugibt, „zum großen Teile das Werk seiner Vorgänger (sc. Walras und Pareto), besonders Paretos zunutze gemacht hat, so werden wir uns im folgenden, soweit derartige Bezugnahmen in Frage kommen, unter entsprechendem Hinweis auf die schon besprochenen Ausführungen jener Autoren, kurz zu fassen vermögen.

Indem Barone zunächst die Bedingungen für das wirtschaftliche Gleichgewicht im individualistischen Wirtschaftszustande freier Konkurrenz auszudrücken sucht, betrachtet er als gegebene Größen zunächst die gesamten Kapitalmengen q_s, q_t, ... (einschl. der Ersparnis e, die für die Gesamtheit E ausmacht) die jedes Individuum an den n verschiedenen Kapitalarten (Produktionsmitteln) S, T, ... und damit auch die gesamte Gesellschaft besitzt, wobei in diesen Kapitalien auch das Ersparniskapital und die neu produzierten Kapitalien H, K, ..., deren Zahl n′ betrage, einbegriffen sein sollen; ferner werden die Beziehungen f_θ als bekannt vorausgesetzt, die in einem bestimmten Zustande der Technik zwischen den für die Herstellung jedes der m Fertigprodukte A, B, C ... innerhalb der Gesellschaft insgesamt benötigten Produktionsmengen (also einschl. der Kapitalmengen) Q_a, Q_b, Q_c ... und seinen sogenannten Produktionskoeffizienten a_s, a_t, ..., b_s, b_t, ..., c_s, c_t, ... bestehen. Von den Fertigprodukten A, B, ... selbst bzw. von den Produktionsmitteln S, T, ... entfallen dabei auf jedes Individuum die Mengen r_a, r_b, ... bzw. r_s, r_t, ..., auf die Summe aller Individuen, d. h. die gesamte Gesellschaft aber die Mengen R_a, R_b, ... bzw. R_s, R_t, ...

Schließlich sieht Barone noch die Bedürfnisse (gusti) der verschiedenen Individuen als gegeben an. Über Art und Umfang dieser Bedürfnisse, sagt er, will er „keine Voraussetzungen machen, keine voreingenommenen Untersuchungen anstellen, sondern sich einfach auf die Tatsache beschränken, daß bei einer gegebenen Reihe von Produktions- und Produktionsmittelpreisen jedes einzelne Individuum den Ertrag seiner Dienstleistungen zwischen Verbrauch und Ersparnis nach einem gewissen modus (ohne die Beweggründe für dessen Befolgung erforschen zu wollen) verteilt, hinsichtlich dessen es auf eine gegebene Reihe von Preisen hin in seiner

---

301) a. a. O. S. 5.

Nachfrage und seinem Angebot in gewisser Weise reagiert derart, daß, wenn die betreffende Reihe der Preise sich verändert auch diese (sc. Nachfrage- und Angebotsgrößen) sich verändern werden“ [302]); m. a. W. Barone setzt also das Verhältnis, in dem sich die angebotenen bzw. nachgefragten Mengen den schwankenden Preisen gegenüber ändern im folgenden als bekannt voraus. Es fragt sich nun, welche Bedeutung diese letztere Voraussetzung Barones in diesem Zusammenhange hat. Wie Barone später selber ausdrücklich zugibt, müssen also jene individuellen „r und e... Funktionen aller(!) Preise sein.... Ist daher, um einen Fall zu setzen, eine Reihe von Preisen gegeben, so sind jene r und e bestimmt und infolgedessen sind auch die R und E in Funktion der Preise bestimmt“ [303]). Hiernach steht also auf jeden Fall fest, daß die in der Wirtschaft vorkommenden Gütermengen stets als Funktion der Güterpreise zu betrachten sind. Es fragt sich nur, ob die so definierten Preisfunktionen — was Barone energisch abstreitet — irgendwelche notwendige logische oder gar funktionelle Beziehungen zu etwaigen Nutzenfunktionen aufweisen. Wir wollen, um dies besser beurteilen zu können, zu diesem Zwecke auf die eine Reihe (Gl. [4] S. 34) der sog. Walrasschen Grundgleichungen des wirtschaftlichen Gleichgewichts zurückgreifen, deren Zurechtbestehen als notwendige Bedingung für die Erzielung eines Ophelimitätsoptimums von Barone an sich ja nicht in Zweifel gezogen wird, die er vielmehr in seiner Studie nur zu umgehen oder durch eine andere gleichwertige Bedingung ersetzen zu können glaubt. Jene im Verlaufe unserer bisherigen Untersuchungen von uns hinreichend gekennzeichneten Gl. (4) stellen offenbar die (Grenz-)Nutzenfunktionen φ als Funktionen der Gütermengen r dar. Da wir nun aber soeben diese Mengen ihrer Eigenschaft als Preisfunktionen analysiert haben, so müssen folgerichtig auch die (Grenz-)Nutzenfunktionen als Funktionen gewisser Preisfunktionen, d. h. schließlich selbst als Preisfunktionen und damit die letzteren als inverse Nutzenfunktionen aufgefaßt werden können. Barone kann somit nur dann behaupten, sich bei Aufstellung seiner das wirtschaftliche Gleichgewicht bestimmenden Gleichungen „von jeder metaphysischen oder auch nur schwachen Vorstellung vom Nutzen oder von Indifferenzfunktionen befreit zu haben“ [304]), wenn ihm diese Aufstellung, unabhängig von der Verwendung jener Reihe (4) der Walrasschen Grundbedingungen — also etwa durch Zugrundelegung bloßer und zwar ebener Ange-

[302]) a. a. O. S. 5. [303]) a. a. O. S. 8. [304]) a. a. O. S. 6.

bots- und Nachfragekurven[305]) — gelungen ist. (Dabei soll natürlich stets vorausgesetzt werden, daß es Barone auch darauf ankommt, wirkliche Bedingungsgleichungen für den Eintritt des gesuchten Gleichgewichtszustandes aufzufinden, d. h. solche Gleichungen, die eine ausreichende Erklärung für die in einem solchen Zustande zwischen den in Frage stehenden Preis- und Mengengrößen obwaltenden Beziehungen zu liefern vermögen). Von vornherein kann daher auf alle Fälle behauptet werden, daß, sofern Barone auf seiner Suche nach gewissen Bedingungs-Gleichungen, die (abgesehen von der zweiten Reihe der Walrasschen Gleichungen, nämlich Gleichung [11] S. 51) die Beziehungen zwischen den von uns auch als Preisfunktionen oder inverse Nutzenfunktionen zu betrachtenden Mengen r (einschl. e) und deren Preisen p für einen Zustand wirtschaftlichen Gleichgewichtes festlegen sollen, diese Gleichungen nicht in bestimmter, die völlige Emanzipation von jeglichem Nutzenbegriff aufweisender Form anzugeben vermag, so sind wir immer noch auf jene Reihe (4) der ursprünglichen Walrasschen (Grenznutzen-) Grundgleichungen als einzig verbleibender Lösungsmethode angewiesen. Bevor wir aber in eine nähere Untersuchung dieser Frage eintreten, wollen wir in der umstehenden Tabelle zunächst die bisherigen unbekannten Größen — jedoch jetzt nicht auf die einzelnen Individuen, sondern auf ihre Summe, d. h. auf die gesamte Gesellschaft bezogen — zusammenstellen, die für die Bestimmung jenes Gleichgewichtszustandes in Frage kommen.

Wir haben es also insgesamt mit $3_m + 2_n + 2_n'$ Unbekannten zu tun. Um dieselben eindeutig bestimmen zu können, handelt es sich für uns nun darum, eine gleiche Anzahl von unabhängigen Gleichungen aufzufinden.

Barone führt zu diesem Zwecke an erster Stelle „die Gleichungen an, die die R und E in Funktion der Preise ausdrücken“ [306]). Dabei legt er für die folgenden Betrachtungen die im allgemeinen (abgesehen von dem Falle des Monopols und der Assoziationsverhältnisse [Kartelle, Truste usw.]) durchaus brauchbare Hypothese zugrunde, daß jedes Individuum die in seinem Besitze befindlichen Kapitalmengen stets verkauft, um dafür unmittelbare Gebrauchsgüter kaufen zu können, so daß wir also, wenn das

---

[305]) Was schon mit Rücksicht darauf nur unvollkommen gelingen kann, daß der Nutzen und damit schließlich auch der Preis eines Gutes nicht nur von der Menge dieses Gutes, sondern auch von den Mengen aller anderen im Augenblicke der Nachfrage für die Bedarfsdeckung in Frage kommenden Güter abhängt.

[306]) a. a. O. S. 7

betreffende Individuum die gesamten in seinem Besitze befindlichen Kapitalmengen q_s, q_t, ... zu den Preisen p_s, p_t, ... verkauft und dafür die Mengen r_a, r_b, ... gewisser Fertigfabrikate sowie die Mengen r_s, r_t, ... gewisser Produktionsmittel für den unmittelbaren Verbrauch bzw. als Ersparnisrücklage e ersteht, die Beziehung haben:

$$\varphi = r_a + p_b r_b + \ldots + p_s r_s + p_t r_t + \ldots + e = p_s q_s + p_t q_t + \ldots \quad (1)$$

bzw. für die Gesellschaft:

$$\Phi = R_a + p_b R_b + \ldots + p_s R_s + p_t R_t + \ldots + E = p_s Q_s + p_t Q_t + \ldots \quad (2)$$

Diese Gleichungen stellen offenbar nichts anderes als die zweite Reihe der für die Bestimmung des stabilen Gleichgewichts maßgebenden Walras'schen Gleichungen (11) auf S. 51 in erweiterter Form dar. Während Walras und Pareto sich aber nicht scheuen, in der Gleichung (4) auf S. 34 zugleich auch die weiteren Abhängigkeitsbeziehungen anzugeben, die zwischen den R (einschl. E) und p obwalten müssen, um eine vollständige und eindeutige Festlegung jenes Gleichgewichts zu ermöglichen, glaubt Barone dieser unerläßlichen Konsequenz dadurch entgehen zu können, daß er „gar nicht nach

Fertigprodukte	Mengen	Unbek.
Nachgefragte u. produzierte Mengen. .	R_a, R_b, ...	m
mit den Produktionskosten	π_a, π_b, ...	m
und den Preisen	1, p_b, ...	m—1
In einem bestimmten Zeitpunkt vorhandene Kapitalien (Produktionsmittel).		
Ihre unmittelbar verbrauchten (d. h. nicht in Fertigprodukte eingegangenen) Mengen	R_s, R_t ...	n
deren Preise	p_s, p_t ...	n
Seit einem bestimmten Zeitpunkt neu produzierte Kapitalien.		
Produzierte Mengen.	R_h, R_k ...	n'
mit den Produktionskosten	Π_h, Π_k ...	n'
In Geldwert ausgedrückter Gesamtüberschuß der Einnahmen über die (Verbrauchs-)Ausgaben, d. h. Ersparnis . .	E	1

den Kriterien forscht, auf Grund deren jene (sc. in den Gleichungen [1] bzw. [2] zum Ausdruck kommende) Verteilung vor sich geht"[307]), sich vielmehr damit begnügt, die letztere lediglich als „eine Tatsache" hinzunehmen und sich darauf zu beschränken, dieselbe zu konstatieren[308]). Er will lediglich zugeben, daß $m + n + 1$ Größen R (einschl. E) und damit Gleichungen bestehen, die sich als Funktionen sämtlicher Produktions- und Produktionsmittelpreise p ausdrücken. Dabei rechnet er die Gl. (2) in diese Gleichungen ein; m. a. W.: Barone verzichtet freiwillig auf das Suchen nach dem Charakter jener fraglichen Funktionen, die die R (einschl. E) zueinander in Beziehung setzen. Ihm mag freilich dieser Verzicht, der eine der schwächsten Stellen in seiner Studie verdecken soll, nicht leicht geworden sein, auf alle Fälle hat er sich innerlich nicht mit ihm abfinden können, was schon daraus hervorgeht, daß er später nach einem gleichwertigen Ersatz sucht, um jenen prätendierten Gleichgewichtszustand unabhängig von den Walrasschen Fundamentalgleichungen (4) (S. 34) näher kennzeichnen zu können. Inwieweit ihm das Auffinden eines solchen Ersatzes geglückt ist, wird sogleich noch näher von uns zu erörtern sein. Solange diese Frage nicht geklärt ist, werden wir nach dem Voraufgegangenen immer wieder auf die ursprüngliche Walrassche Gleichung (4) (S. 34) als bislang einzig verbleibender Grundlage zurückgehen müssen.

Außer jenen undefiniert gelassenen $m + n + 1$-Gleichungen führt Barone dann weiter das von den entsprechenden Paretoschen Untersuchungen (cf. S. 155 ff.) her bereits bekannte Gleichungssystem an, das die „physischen Notwendigkeiten" der Produktion ausdrückt:

$$\left.\begin{array}{l} Q_s = R_s + a_s R_a + b_s R_b + \ldots + h_s R_h + k_s R_k + \ldots \\ Q_t = R_t + a_t R_a + b_t R_b + \ldots h_t R_h + k_t R_k + \ldots \\ \ldots\ldots\ldots\ldots\ldots\ldots\ldots\ldots\ldots\ldots \\ \ldots\ldots\ldots\ldots\ldots\ldots\ldots\ldots\ldots\ldots \end{array}\right\} \quad (I)$$

womit weitere n Gleichungen gewonnen sind. Eine weitere Gleichung ergibt sich dann aus der Bedingung, daß der Überschuß der Einnahmen über die (Verbrauchs-)Ausgaben für die Herstellung neuer Kapitalien Verwendung finden soll, so daß wir haben:

$$E = \Pi_h R_h + \Pi_k R_k + \ldots \qquad (II)$$

[307]) ibidem.
[308]) ibidem.

Da sich ferner die Produktionskosten der Fertigprodukte und Neukapitalien aus den Preisen der Produktionsmittel zusammensetzen, so erhält man weitere m + n' Gleichungen in:

$$\left.\begin{array}{llll} (a) & \pi_a = a_s p_s + a_t p_t + \ldots & (b) & \Pi_h = h_s p_s + h_t p_t + \ldots \\ & \pi_b = b_s p_s + b_t p_t + \ldots & & \Pi_k = k_s p_s + k_t p_t + \ldots \\ & \ldots\ldots\ldots\ldots & & \ldots\ldots\ldots\ldots \\ & \ldots\ldots\ldots\ldots & & \ldots\ldots\ldots\ldots \end{array}\right\} \quad (III)$$

Da endlich der Preis der Fertigfabrikate ebenso wie der der neuen Kapitalien stets dem Produktionskostenpreise gleichen soll, so ergeben sich, wenn man den Preis des (unter den neuen Kapitalien auch figurierenden) neuen Ersparniskapitals mit p_e bezeichnet, die weiteren m + n' — 1 Gleichungen:

$$\left.\begin{array}{ll} 1 = \pi_a & p_h = \Pi_h \cdot p_e \\ p_b = \pi_b & p_k = \Pi_k \cdot p_e \\ \ldots\ldots & \ldots\ldots\ldots \\ \ldots\ldots & \ldots\ldots\ldots \end{array}\right\} \quad (IV)$$

Wir verfügen damit also insgesamt über $3_m + 2_n + 2_{n'} + 1$ Gleichungen, so daß deren Zahl die der Unbekannten um eine übertrifft. Nun läßt sich aber sofort ersehen, daß eine von diesen Gleichungen, nämlich die Gleichung (2), nur eine Folge der übrigen ist; denn sie ergibt sich sofort, wenn wir die Gleichungen des Systems (I) der Reihe nach mit p_s, p_t, ... multiplizieren und sie dann unter Berücksichtigung der weiteren Systeme (II) bis (IV) summieren. Die Zahl unserer unabhängigen Gleichungen vermindert sich also um eine, so daß sie gleich der Zahl der Unbekannten wird. Der durch jene Gleichungen ausgedrückte Gleichgewichtszustand wäre damit als eindeutig bestimmt anzusehen. Es fragt sich nur, durch welche charakteristischen Merkmale sich jener Zustand näher kennzeichnet und besonders, wie er sich in den Augen Barones darstellt.

Um dies im einzelnen besser beurteilen zu können, erinnern wir uns zunächst, daß wir die sog. Produktionskoeffizienten a_s, a_t, ... b_s, b_t, ... bisher als bekannt vorausgesetzt haben. In Wirklichkeit müssen wir sie aber erst vorher bestimmen; denn nicht alle von ihnen lassen sich ohne weiteres als unveränderliche Konstante betrachten, vielmehr werden wenigstens einzelne von ihnen durchaus variieren und dabei sowohl von ihren g e g e n s e i t i g e n Schwankungen wie von denen der produzierten Mengen abhängen. Die damit berührte „ö k o n o m i s c h e Variabilität der Produktionsfaktoren (im Gegensatz zur rein „t e c h n i s c h e n", die im Gleichungssystem [I] zum Ausdruck kommt), der Pareto, wie wir sahen, wenn auch leider ohne Erfolg, besondere

Aufmerksamkeit zugewendet hatte (cf. S. 170 ff), bildet — was offenbar den meisten Nationalökonomen noch gar nicht recht zum Bewußtsein gekommen ist — die wichtigste Grundlage für die Beurteilung jeder ökonomischen Theorie. Wenn wir ihrer hier besonders Rechnung tragen, so wollen wir jedoch der Einfachheit halber, wie wir dies bisher schon immer getan haben, auch für das folgende, wenn nichts anderes ausdrücklich bestimmt wird, stets unterstellen, daß alle Unternehmen ihre Waren regelmäßig zu dem Kostenpreise absetzen, also keinerlei Gewinn abwerfen, was offenbar eine gegenseitige Anpassung des Produktionsapparates dieser Unternehmen bedingen wird.

Wir können dann also etwa für die Bestimmung der n Produktionskoeffizienten des Produktes B zunächst folgende voraussetzungsgemäß als bekannt anzusehende, aber offenbar nur auf empirischem Wege aufzufindende k $(k < n)$ Beziehungen zugrunde legen:

$$f_\Theta(b_s, b_t, \dots Q_b) = 0, \dots \Theta = 1, \dots k \qquad (2_a)$$

Um nun hieraus die Koeffizienten b sowie die Kapitalmenge Q_b ermitteln zu können, benötigen wir weitere $n - k + 1$ Gleichungen. Diese ergeben sich für Barone aus der weiterhin von ihm gestellten Bedingung, daß der Kostenpreis $\pi_b = b_s p_s + b_t p_t + \dots$, in dem die Produktionsmittelpreise p als konstant anzusehen sind, ein Minimum wird. Die weitere Komplikation, die entstehen würde, wenn man die bezüglich des Nichtvorhandenseins irgendwelchen Gewinnes soeben gemachte Voraussetzung fallen ließe, würde die bisher behandelten Gleichungssysteme, wie Barone richtig bemerkt[309]), nur unwesentlich modifizieren.

Bevor wir nun jenen auf Grund der bisherigen Gleichungen definierten bzw. (was nämlich jene mystischen $m + n$ Gleichungen anlangt, die die Beziehungen zwischen den R [einschl. E] und p ausdrücken sollen) noch undefiniert gebliebenen Gleichgewichtszustand selber näher charakterisieren, wollen wir Barones Auffassung in dieser Hinsicht kennen lernen. Derselbe vertritt den Standpunkt, daß das bisher von ihm aufgestellte Gleichungssystem des wirtschaftlichen Gleichgewichts „charakteristisch für die freie Konkurrenz" [310]) sei. Und zwar sei es das Gleichungssystem (III) unter Berücksichtigung von (IV) (Verkaufspreis = Kostenpreis) sowie die Bestimmung der Produktionskoeffizienten unter der Bedingung eines Produktionskostenminimums, was zu dieser Auffassung Veranlassung geben

[309]) a. a.g. S. 11. — [310]) ibidem.

müsse. Ferner sei es eine „bemerkenswerte Eigentümlichkeit“ [311]) dieses Gleichgewichts, daß das partielle Differential von

$$\Phi = R_a + p_b R_b + \ldots + p_s R_s + p_t R_t + \ldots + E \qquad (2)$$

gleich Null, d. h. Φ ein Maximum sei, wenn in ihm die Preise als Konstante betrachtet würden; denn hielte man beispielsweise „alle übrigen Mengen R fest, vermehrte nur die Menge eines ihrer Produkte, wie etwa B, um $\triangle R_b$ und ließe demgegenüber die entsprechend verbrauchte Produktionsmittelmenge (!) abnehmen“, so erhielte man „für Φ auf der einen Seite den Zuwachs $p_b \triangle R_b$ und auf der anderen Seite die Abnahme $(p_s b_s + p_t b_t + \ldots) \triangle R_b$. $\triangle\Phi$ sei somit Null, da $p_b = p_s b_s + p_t b_t + \ldots$ [312]) sei. Barone bemerkt aber offenbar gar nicht, daß ihm in diesem „Beweise“ zunächst rein logisch ein grober Irrtum unterlaufen ist; denn seine Argumentation enthält die paradoxe Behauptung, daß, wenn die Menge des Fertigproduktes B zu dem Verkaufspreise p_b einen Zuwachs ΔR_b erfahre, die Menge dieses selben Fertigproduktes gleichzeitig zu dem Kostenpreise $p_b = p_s b_s + p_t b_t + \ldots$ um denselben Betrag $\triangle R_b$ abnehmen werde. Barone wollte doch aber offenbar zum Ausdruck bringen, daß bei einer Steigerung der Produktion des Fertigfabrikats B, wie er selbst sagt, gewisse Produktionsmittelmengen R_s, R_t, ..., eben solche, die bei der Mehrproduktion dieses Fertiggutes Verwendung gefunden haben, gleichzeitig abnehmen müssen. Wie groß aber diese Abnahme ist und auf welche Produktionsmittelkategorien sie sich erstreckt und damit auch die Frage, ob ihr Wert den jener Zunahme gerade ausgleichen und so das ursprüngliche Φ als ein Maximum garantieren wird, läßt sich offenbar nicht allgemein und a priori, sondern immer nur empirisch von Fall zu Fall feststellen. Ist somit diese Art der „Beweisführung“ Barones schon sachlich-logisch nicht zu halten, so ist sie auch — und das gilt ebenso für seine übrigen diesbezüglichen hier nicht weiter zu berücksichtigenden Beweisversuche — vom methodischen Standpunkte aus kaum als einwandfrei anzusehen: Während wir schon sahen, daß es unangängig ist, bei Vermehrung der Produktionsmenge eines Fertigfabrikats sämtliche Produktionsmittelmengen R_s, R_t, ... als konstant zu betrachten, so muß dies im allgemeinen in gleichem Maße für die Preise p_s, p_t, ... dieser Mengen gelten. Alle bei dieser Gelegenheit auftauchenden

[311]) a. a. O. S. 12. [312]) ibidem.

Fragen werden sich natürlich im einzelnen und damit exakt erst beantworten lassen, wenn der Charakter und insbesondere die Abhängigkeitsmerkmale jener von Barone unzulässigerweise nicht näher gekennzeichneten m + n Funktionen R (einschl. E) von p sowie die Abhängigkeitsverhältnisse dieser p sowohl untereinander als auch gegenüber den sie bestimmenden Produktionskoeffizienten näher bekannt sind. Barone begeht eben den für einen ernsten Wissenschafter unverzeihlichen Fehler, alle diese hier im einzelnen in Frage stehenden Konstanz-, Variabilitäts- und Abhängigkeitsverhältnisse in der Weise hypostasiert zu haben, wie sie ihm für seine verschiedenen Maximumsbeweise von Φ, auf die wir hier somit nicht näher einzugehen brauchen, jeweilig am vorteilhaftesten erscheinen. Wie jene Beweise aber auch immer beschaffen sein mögen, Barone ist der festen Ansicht, daß sich das besagte Maximum von Φ schon von selbst „vermöge (!) der Bedingungen ergebe, welche charakteristisch für die freie Konkurrenz seien (nämlich Verkaufspreise = Kostenpreise und Kostenpreise = Minimalpreise)“ [313]). Dieses Maximum der „Summe der für den Verbrauch bestimmten Fertigprodukte und Produktionsmittel“ [314]) würde schon durch „die freie Konkurrenz herbeigeführt auf Grund der Tatsache, daß innerhalb der Grenzen der Bindung

$$r_a + p_b r_b + \ldots + p_s r_s + p_t r_t + \ldots + e = q_s p_s + q_t p_t + \ldots$$

jedes Individuum frei sei“[315]), d. h. es wird ihm „jene Wahl frei gelassen, die ihm zwischen dem fraglichen Verbrauch der Fertigprodukte und der Produktionsmittel sowie der anzulegenden Ersparnis am vorteilhaftesten erscheine“[316]). Wenn man in diesem Zusammenhange von einem Maximum spreche, so meine man damit eben, daß, wenn man eine oder mehrere jener für die freie Konkurrenz charakteristischen (?) Bedingungen (Preise gleich Produktionskosten, Produktionskosten ein Minimum) durch andere ersetze, man niemals in die wirtschaftliche Lage aller (sc. jedes einzelnen) verbessern könne.

Barone glaubt die Richtigkeit dieses von ihm für das Vorhandensein jenes Maximums Φ aufgestellten Kriteriums durch einen besonderen Beweis aufgezeigt zu haben, auf den wir sogleich noch näher einzugehen haben werden. Vorläufig soll uns nur interessieren, daß Barone in seinen weiteren Ausführungen jenes Kriterium als das „des maximalen Wohlergehens der Gesamtheit (massimo be-

313) a. a. O. S. 13. 314) a. a. O. S. 16. 315) ibidem. 316) ibidem.

nessere collettivo)“ [317]) bezeichnet. Dabei wird sich der Leser zunächst fragen, was versteht Barone unter „Wohlergehen“ (benessere), das er gelegentlich auch durch den Ausdruck „benefizio“ (Wohltat, Vorteil) [318]) ersetzt? Offenbar kann in diesem Zusammenhange — wenigstens dem Sinne nach — nichts anderes darunter verstanden werden als was wir sonst mit „Nutzen“-Vorstellungen zu verbinden, d. h. mit Ophelimität oder allgemeiner mit Ophelimitätsindex zum Ausdruck zu bringen pflegen. Wenn Barone also der Meinung ist, sich von diesem Begriff oder auch nur einer „dunklen Vorstellung“ [319]) von ihm in dieser seiner Studie gänzlich „befreit“ zu haben, so ist er eben damit einem schweren Irrtum zum Opfer gefallen. Bei dem Versuch der Lösung einer so prinzipiellen Frage ist Barone offenbar in rein terminologischen Spiegelfechtereien stecken geblieben. Wir können jedenfalls im folgenden sans gêne unter dem hier in Rede stehenden Maximum Φ das Ophelimitätsoptimum verstehen. Damit nimmt aber die Baronesche These formal die Gestalt der uns bereits geläufigen Paretoschen Hypothese (Ophelimitätsoptimum schon durch Produktionskostenminimum gewährleistet [cf. S. 170 ff.]) an, von der sie sich jedoch inhaltlich insofern unterscheidet als jenes Ophelimitätsmaximum bei Pareto sowohl an den Fundamentalgleichungen (4) S. 34 wie an Gl. (11) S. 51 des wirtschaftlichen Gleichgewichts orientiert ist, während es sich bei Barone lediglich auf die Gleichung (11) bezieht.

Zunächst handelt es sich aber für uns darum, festzustellen, ob dieses angebliche Baronesche Maximum, ganz unabhängig von seiner sachlichen Bedeutung den von dem Verfasser für seine Existenz aufgestellten Bedingungen gerecht wird oder nicht. Für diesen Zweck genügt aber schon ein flüchtiger Blick auf die Gleichung (2), um zu dem sofortigen Ergebnis zu kommen, daß, selbst wenn wir — was im allgemeinen nicht erlaubt sein wird — von einem gewissen Gleichgewichtszustande ausgehend während eines hinreichend begrenzten Zeitabschnittes die Produktionsmittelpreise p_s, p_t, ... als unveränderlich betrachten, Φ um so größer ausfallen muß, je größer die Verkaufspreise p_b, ... sind. Es zeigt sich also, daß gerade das Gegenteil von dem der Fall ist, was Barone unter diesen Umständen behauptet. Derselbe glaubt aber noch einen speziellen Beweis seines fundamentalen Satzes geliefert zu haben.

[317]) a. a. O. S. 25 ff. passim
[318]) a. a. O. S. 20.
[319]) a. a. O. S. 6.

Zu diesem Zwecke geht Barone von einem individuellen φ in Gleichung (1) aus, das einem wirtschaftlichen Gleichgewichtszustande entspricht. Er argumentiert dann weiter: „In dieser Gleichung, welche die einzige (!) Bindung für das Individuum ausdrückt, setzt sich die totale Variation des ersten Gliedes (sc. der ersten Seite der Gleichung [1]) aus zwei Teilen zusammen: der erste ist unser $\triangle\varphi$, wobei die Preise als Konstante betrachtet werden, den zweiten erhält man durch Differentiation, wobei umgekehrt die Preise als variabel und die r als Konstante angesehen werden. Somit ist:

$$\triangle\varphi = q_s\triangle p_s + q_t\triangle p_t + \dots - (r_b\triangle p_b + \dots + r_s\triangle p_s + r_t\triangle p_t + \dots) \quad (3)$$

Wenn dieses $\triangle\varphi$ positiv ist, so bedeutet dies, daß, wenn das Individuum bei den neuen Preisen seinen Verbrauch in dem früheren Umfange aufrecht erhält, es einen Überschuß der Einnahmen über die Ausgaben erzielen und damit, wie es auch immer diesen Überschuß in neuen Verbrauchsgegenständen anlegen mag, unabhängig also von irgendwelchem Kriterium, mit dem es diese Verteilung vornimmt, seine (wirtschaftliche) Lage verbessern wird...." Aus diesen Überlegungen gehe eine sehr wichtige Folgerung hervor. Man schließe nämlich daraus, daß, wie auch immer sich die Bedingungen, die die Produktionskosten zu Minima und die Preise gleich den Kosten machen, ändern mögen, man doch stets ein negatives $\triangle\Phi$ erhalten werde, was eine Verschlechterung der wirtschaftlichen Lage für alle Individuen d. h. für die Gesellschaft bedeute und besage: „entweder werden die einzelnen $\triangle\varphi$ alle negativ sein, d. h. alle einzelnen Individuen werden geschädigt sein oder, wenn einige positiv und andere negativ sind, so wird die Summe der letzteren (in absolutem Werte) größer sein als die Summe der ersteren, d. h. einige Individuen werden dadurch Vorteile erhalten, andere dagegen nur Schaden davontragen, und der Schaden dieser wird, insgesamt genommen, größer sein als der Gewinn jener in dem Sinne, daß, selbst wenn man allen den Gewinn, den sie bei der Umstellung erzielt haben, fortnähme und ihn denen gebe, die dabei Verluste erlitten haben, so würden diese letzteren trotz dieser Zuteilung noch benachteiligt bleiben gegenüber der wirtschaftlichen Lage, in der sie sich vordem befunden haben" [320]). Damit sei also unzweideutig erwiesen, daß

[320]) a. a. O. S. 14/15.

nur das Produktionskostenminimum das Ophelimitätsoptimum für die Gesellschaft gewährleiste.

Bei dieser Argumentation ist offenbar Barone zunächst der (wahrscheinlich aber nur durch falsche Ausdrucksweise hervorgerufene) Irrtum unterlaufen, daß er die Variation $\triangle\varphi$ in Gleichung (3) auf konstante Preise und variable Mengen anstatt umgekehrt auf variierende Preise und konstante Mengen bezieht; dies geht einerseits sofort aus der Struktur der Gleichung (3) selbst hervor, die eben die Variationen $\triangle p$ aufweist, andererseits aus der Tatsache, daß Barone selbst von den neuen Preisen spricht, denen das Individuum nach Umstellung der bisherigen Produktionsverhältnisse gegenübersteht. Aber auch an sich ist die von ihm aufgestellte Gleichung (3) falsch, da, wie aus Gleichung (1) bei deren partieller Differenzierung nach den p ohne weiteres hervorgeht, an Stelle des minus-Zeichens ein Gleichheitszeichen treten muß, so daß sie in ihrer richtigen Gestalt lautet:

$$\triangle\varphi = \triangle_1\varphi = q_s\triangle p_s + q_t\triangle p_t + \dots = r_b\triangle p_b + r_c\triangle p_c + \dots + r_s\triangle p_s + r_t\triangle p_t + \dots \qquad (4)$$

Der andere Teil der totalen Variation von φ (bei dem also umgekehrt die Preise festzuhalten und die Mengen zu variieren sind) ergibt sich dann offenbar mit:

$$\triangle_2\varphi = p_s dq_s + p_t dq_t + \dots = dr_a + p_b dr_b + p_c dr_c + \dots + p_s dr_s + p_t dr_t + \dots + de \qquad (5)$$

Aus diesen beiden Gleichungen geht nun aber mit aller Deutlichkeit hervor, daß das Kriterium für das Positiv-, Null- oder Negativsein von $\triangle_1\varphi$ sowohl wie von $\triangle_2\varphi$ und damit das Kriterium für den Eintritt eines sowohl vom Standpunkte einer Preis- wie auch Mengenvariation betrachteten Maximums von φ (Ophelimitätsoptimums), lediglich davon abhängt, ob die Summe aller hierbei in Frage kommenden Preis- bzw. Mengenzunahmen der von dem betreffenden Individuum insgesamt besessenen Kapitalien (also nicht bloß der Fertigprodukte!) die der Preis- bzw. Mengenabnahmen dieser Kapitalgüter übertrifft, ihr gleichkommt oder umgekehrt von ihr übertroffen wird. Wann das eine oder andere der Fall ist, läßt sich aber offenbar nicht generell, sondern immer nur in concreto sagen, d. h. lediglich unter spezieller Berücksichtigung des im Einzelfalle von dem betreffenden Individuum gerade befolgten Verteilungsmodus, von dessen Beschaffenheit Barone unberechtigterweise ganz abstrahieren zu können glaubt. Da aber ein solches in individueller Weise sich auswirkendes Verteilungsgesetz offenbar in erster Linie von den fraglichen Nutzkomputationen des betreffenden Individuums abhängt, die ursprünglich nur in den von ihm zwecks Erlangung des erstrebten Ophelimitäts optimums zugrunde gelegten Gleichungen des wirtschaftlichen Gleichgewichts und zwar in dem Charakter der in ihnen figurierenden Ophelimitäts- bzw. Indexfunktionen zum Ausdruck kommen, so geht schon aus dieser Tatsache zur Genüge hervor, wie sehr sich die bewußte Vernachlässigung jeder näheren Definition dieser Ophelimitätsgleichungen und -funktionen durch Barone an der Unvollkommenheit seiner Untersuchungsergebnisse rächen mußte. Die von Barone dem Eintritte des Ophelimitätsoptimumsfalles $\triangle_1 \varphi = O$ vindizierte Produktionskostenminimumbedingung $\triangle p_b = \triangle p_c = \ldots = O$ ist jedenfalls in diesem Zusammenhange gänzlich irrelevant; sie ist durchaus nicht notwendig, geschweige denn hinreichend zu nennen, sondern stellt nur eine, doch erst als Resultante anderer ursprünglicher Kombinationsfaktoren sich ergebende Möglichkeit unter so vielen anderen möglichen, zum mindesten nicht weniger wahrscheinlichen, weil eben mehr in ihrer ursprünglichen Verursachungsform in Erscheinung tretenden Kombinationselementen dar.

Es steht jedenfalls nunmehr außer jedem Zweifel, daß es Barone nicht gelungen ist, für jene fragwürdige Hypothese, daß schon und ausschließlich (!) ein Niederhalten der Produktionskostenpreise auf ein Minimum und deren Zugrundelegung als Verkaufspreise im Zustande freier Konkurrenz ein Ophelimitätsoptimum für die Gesellschaft bedinge, eine beweiskräftige Unterlage zu liefern. Damit sind natürlich auch alle weiteren Folgerungen, die Barone an diese Hypothese knüpft, als hinfällig zu bezeichnen. Die wichtigsten und weittragendsten solcher Schlußfolgerungen sind offenbar die folgenden beiden: „1. Jede Änderung, die man an einer oder mehreren der für die freie Konkurrenz charakteristischen(?) Bedingungen (Verkaufspreis = Kostenpreis, Kostenpreis = Minimum) vornimmt, bedeutet eine Zerstörung von Reichtum (sc. Vermögen) im Sinne von Reichtum, den man vermittels der verfügbaren Kapitalien wohl hätte erwerben können, aber nicht erworben hat.

2. Wenn man schon die einen auf Kosten der anderen bevorteilen will, so ist es, anstatt jene Bedingungen (?) der freien Konkurrenz zu ändern, um vielleicht dadurch indirekt zu einem solchen Resultate zu gelangen, viel besser, den letzteren unmittelbar zu nehmen, um es den ersteren

zu geben; denn auf diese Weise wird (sc. dieselben Produktionsbedingungen vorausgesetzt) der Schaden, der den letzteren infolge des den ersteren zugekommenen Vorteils erwächst, geringer..." [322]).

Brauchen wir uns also bei diesen Sätzen, die sich als unmittelbare Folge jener von Pareto übernommenen Baroneschen Maximum-Minimum-Hypothese ergeben, und von denen der erste ganz an die Paretosche Formulierung gelegentlich der von ihm behandelten „Internationalen Handelstheorie" (cf. S. 195 ff.) erinnert, hier nicht weiter aufzuhalten, so fragt es sich doch, ob jene Hypothese nicht an sich, d. h. unabhängig von ihrer mathematischen Verifizierung Anspruch auf Wahrheit erheben kann. Da unter Φ in Gleichung (2) offenbar das Nationalvermögen oder allgemeiner der nationale Wohlstand zu verstehen ist, so besagt sie nichts weiter, als daß dieser Wohlstand am größten sei, wenn ausschließlich die freie Konkurrenz ihn bei niedrigsten Kosten herbeiführe. Nun braucht man sich aber in der nationalen oder internationalen Wirtschaftsgeschichte gar nicht lange umzusehen, um zu dem selbstverständlichen Ergebnis zu kommen, daß es nicht nur das sog. freie Spiel der Konkurrenzkräfte, sondern auch andere, oft sogar (cf. die Vereinigten Staaten) vorwiegend monopolistisch geartete Faktoren (riesige Kartelle, Truste usw.) im Wirtschaftsleben eines Volkes waren, die dessen Wohlstand auf die höchste Blüte brachten.

Aber ganz unabhängig von irgendwelchen speziellen Produktions- (d. h. Preis- und Mengenveränderungs-) Bedingungen, von denen jenes Maximum des Nationalvermögens abhängen mag, das für alle Gesellschaftsmitglieder angeblich ein Ophelimitätsoptimum (massimo benessere dei consociati) bedeutet, ergibt sich schon prima facie aus den Gleichungen (4) bzw. (5), daß dieses Optimum von dem doch allein ausschlaggebenden sozialwirtschaftlichen Gesichtspunkte betrachtet, für alle Gesellschaftsmitglieder am günstigsten ausfallen muß, wenn jene durch die fraglichen Preis- bzw. Mengenveränderungen hervorgerufenen und — bei einer geschlossenen Wirtschaft — in summa sich gegenseitig ausgleichenden Vermögenswertzu- und -abnahmen sich auf alle in Betracht kommenden Gesellschaftsschichten (bes. Einkommensklassen) der Bevölkerung möglichst gleichmäßig verteilen, d. h. keinerlei einseitige Kapitalanhäufungen oder -entziehungen zur Folge haben. M. a. W.: Bei Beurteilung jenes fragwürdigen Optimums kommt es eben nicht nur auf

[322]) a. a. O. S. 17.

die Berücksichtigung der gesamten S u m m e der betreffenden Preis- bzw. Mengenvariationen [ΣRdp bzw. ΣpdR in Gl. (2)], sondern auf das Verhalten der einzelnen i n d i v i d u e l l e n Faktoren rdp bzw. pdr an, die jene Summe bilden, d. h. auf den Charakter des fraglichen V e r t e i l u n g s prozesses in der Gesellschaft, a u f G r u n d dessen die einzelnen positiven und negativen Zuwachswerte der Individuen sich gegenseitig ausgleichen [323]). Barone konnte somit keinen größeren Fehler in seiner ganzen Argumentation begehen, als von vornherein von der Berücksichtigung jedes Verteilungsgesetzes ausdrücklich abzusehen. Das oberste Regulativ für jedes, sei es auf ein einzelnes Individuum oder auf die gesamte Gesellschaft sich beziehendes, Verteilungsprinzip bildet aber offenbar stets der N u t z e n (die Ophelimität), den sich jedes der betreffenden Individuen bzw. deren Gesamtheit v o n der Verteilung des fraglichen Gutes verspricht. Es kommt daher für die Beurteilung des „massimo benessere" der Gesellschaft nicht schlechthin auf die Bedingungen an, unter denen Φ in Gleichung (2) für die Gesellschaft ein Maximum wird, sondern auf diejenigen Umstände, unter denen der N u t z e n (die Ophelimität), der mit Φ verbunden ist, für den einzelnen und damit für die Gesellschaft ein möglichst hoher wird. Nicht schon diejenige Nation ist wie Barone meint, auf dem höchsten Blütestande in der Entfaltung der ihrer wirtschaftlichen Wohlfahrt dienenden Kräfte angelangt, die ein möglichst hohes Einnahme- und Ausgabebudget (selbst bei minimalen Selbstkosten), also einen möglichst hohen U m s a t z in der Bilanz ihrer Wirtschaft aufweist, sondern nur diejenige Nation, die sich die höchste Anzahl von Mitgliedern zu sichern weiß, für die der mit jenen Einnahme- und Ausgabebeträgen (Umsatzwerten) verbundene N u t z e n (Ophelimität) je ein möglichst großer ist.

Doch wie auch immer die Auffassung Barones bezüglich des Inhaltes jenes für die Gesellschaft in Frage stehenden Ophelimitätsoptimums sowie hinsichtlich der Mittel, die zu ihm führen, beschaffen sei, de facto, d. h. in ihrem logisch-formalen Ergebnisse läuft sie immer nur auf eine Bestätigung der von uns bereits (cf. S. 170 ff.) hinreichend gekennzeichneten Paretoschen Hypothese hinaus. Und gerade eine der wichtigsten, von Barone aber sicherlich nicht von vornherein gewollten Wirkungen seiner diesbezüglichen Argumentationen besteht darin, daß sie, obwohl sie sich zwecks geflissentlicher Vermeidung jedes selbständigen Nutzenbegriffes von der Verwendung der grundlegenden Walrasschen Gleichungen (4)

[323]) cf. z. B. L. Amorosos behandelte Studie S. 211 ff.

auf S. 51 freizuhalten versucht haben, auch in ihrem schließlichen inhaltlich-sachlichen (also nicht bloß in ihrem formalen) Ergebnis dem Leser, nachdem sie es nicht vermocht haben, ihm einen glaubwürdigen Ersatz für jene Walrasschen Fundamentalgleichungen zu bieten, nur einen neuen Beweisversuch der ursprünglichen Paretoschen, auf dem (Grenz-)Nutzenbegriff aufgebauten These liefern. Diese These setzte sich, wie wir uns erinnern, bei Pareto aus zwei Untersätzen zusammen:

1. die freie Konkurrenz bewirkt für die Gesellschaft ein Produktionskostenminimum.
2. Dieses Produktionskostenminimum ist stets mit einem Ophelimitätsoptimum verbunden (cf. S. 181 ff.),

die beide von Pareto unbewiesen gelassen waren. Die methodische Eigenart des Baroneschen Beweisverfahrens liegt nun offenbar lediglich darin begründet, daß es gerade auf umgekehrtem Wege zu demselben Ziele zu gelangen sucht, indem es an die erste Stelle den Satz setzt:

1. Die freie Konkurrenz bedingt für die Gesellschaft ein Ophelimitätsoptimum,

dem er den Satz:

2. Die freie Konkurrenz bewirkt stets ein Produktionskostenminimum,

folgen läßt.

Barones größeres Verdienst gegenüber Pareto besteht nun darin, daß er wenigstens den ersten dieser beiden Untersätze zu beweisen versucht, wenn er auch den zweiten durch die selbstverständliche Annahme, daß das Produktionskostenminimum „charakteristisch" für die freie Konkurrenz sei, von Pareto her unbewiesen übernimmt.

Im übrigen ist er hinsichtlich der Bedeutung seiner Hypothese der Meinung, daß schon die „alten" Ökonomisten eine „vage Vorstellung" von all dem gehabt hätten und fährt dann fort: „Diesen (sc. in der Hypothese liegenden) fundamentalen Gedanken, auf den wir im folgenden noch des öfteren zurückzugehen haben werden, präzisiert und ihm einen strengen Beweis (?) gegeben zu haben, ist ganz das Verdienst der auf die Politische Ökonomie angewandten mathematischen Analyse [324])." Was der Leser aber von jenem „strengen Beweis" zu halten hat, kann seiner Beurteilung wohl nunmehr selbst überlassen bleiben. Nach den bisherigen Ausführungen wird er wohl nicht mehr daran zweifeln, daß die Mathematik Barone in diesem Falle durch den durchaus unvollkommenen und falschen Gebrauch der von ihr

---

[324]) a. a. O. S. 17.

gelieferten wertvollen Werkzeuge, deren er sich dabei bedient hat, in der Tat einen recht schlechten Dienst erwiesen hat, der nur dazu beitragen kann, diese exakteste aller Wissenschaften sowohl in den Augen ihrer nichtfachkundigen nationalökonomischen Gönner wie insbesondere Nichtgönner in unverdienter Weise zu diskreditieren. Barone scheint es im übrigen bei seiner ganzen Beweisführung gar nicht zum Bewußtsein gekommen zu sein, daß derartige allgemeine lehrsatzmäßige Thesen wie die hier in Frage stehenden exakt überhaupt nicht a cathedra und a priori, sondern immer nur auf hinreichend breiter empirischer Grundlage „bewiesen“ werden können, bei der die Statistik die wertvollsten und zugleich unentbehrlichsten Hilfsmittel zu liefern haben wird. Man wird bei jedem solchen empirischen Verifikationsversuch offenbar zu dem Ergebnis kommen, daß solche apodiktisch gefaßten Doktrinen in ihrer allgemeinsten Form sich gar nicht unmittelbar, d. h. immer nur auf dem unerläßlichen Umwege der vorläufigen Reduzierung ihres praktischen Geltungsbereiches beweisen lassen werden, der erst nach und nach durch Einbeziehung generellerer Faktoren zu erweitern sein wird. M. a. W.: Die erstrebte Entwicklung der sog. Allgemeinen exakten Nationalökonomie wird ohne eine vorherige gründliche Ausbildung der ihr als empirische Verifikationsgrundlage dienenden sog. Speziellen exakten Nationalökonomie als notwendiger Vorstufe nicht zu erreichen sein.

Barone behandelt im Anschluß an die hier gestreiften Ophelimitätsoptimumsbedingungen, wie sie die freie Konkurrenzwirtschaft der Gesellschaft auferlegt, diejenigen, die sich für einen Monopolisten oder eine monopolartige Gruppenbildung von Wirtschaftssubjekten (Kartelle, Truste usw.) ergeben. Den Hauptunterschied zwischen dem in diesem Falle zu erstrebenden Gleichgewicht und demjenigen, zu dem die freie Konkurrenz führt, erblickt er in dem Umstande, daß hier die Fabrikanten eines Produktes oder die Verkäufer eines Produktionsmittels nicht in der Lage seien, durch Vermehrung oder Verminderung ihres Angebots die Marktpreise, d. h. Fertigprodukts- wie Produktionsmittelpreise in merklicher Weise zum Schwanken zu bringen, so daß es nur recht sei, hier diese Preise als Konstante zu behandeln, während im Falle eines Monopols der Monopolinhaber durch entsprechende Veränderung der Angebotsmengen auf die Höhe ihres Preises durchaus Einfluß zu nehmen vermöge. Diese hier von Barone herausgestellten Unterschiede in der Preisbildung auf offenem und gebundenem Markte kann man cum grano salis noch gelten lassen, wenn sie sich beidesmal auf die Lage eines einzelnen Individuums und nur auf geringe, in sehr begrenzten Zeitabschnitten sich zutragende Mengen- und Preisveränderungen beschränken. Da Barone sie aber auf die gesamte Gesellschaft bezieht, so müssen sie offenbar, wie das schon von uns bezüglich der freien Konkurrenzwirtschaft gelegentlich geschehen ist (cf. S. 245), als einseitig zurückgewiesen werden. Die Summe der von allen Gesellschaftsmitgliedern im Zustande freier Konkurrenz angebotenen bzw. der von ihr nachgefragten Mengen wird durchaus in der Regel auf die Preisbildung des Marktes in empfindlicher Weise einwirken wie sie umgekehrt zugleich den reflektierenden Einflüssen jener Preisgestaltung selbst in hohem Maße unterworfen sein wird. Diese wechselseitigen Abhängigkeitsverhältnisse der Gütermengen und -preise treten eben in einer Monopolwirtschaft lediglich in dem Ausmaße ihrer gegenseitig bedingten Veränderungen weit krasser in Erscheinung, an sich begründen sie somit in Beurteilung derselben sowie in ihrer Bedeutung für die Behandlung der mit ihnen verknüpften einschlägigen Probleme keinen prinzipiellen, sondern nur einen graduellen Unterschied. Im übrigen verdienen die Betrachtungen Barones in diesem Zusammenhange keine besondere Beachtung, zumal sie sich (cf. demgegenüber Pareto im „Manuel") nur auf das Verhalten eines einzigen Monopolisten oder höchstens auf dasjenige mehrerer, aber mit gleich gerichteten Interessen als geschlossene Einheit nach außen hin in Erscheinung tretender Monopolisten (monopolartiger Interessenverbände wie Kartelle, Truste usw.) beschränken. Nur der von Barone bei dieser Gelegenheit gegebene „andere Beweis" soll hier noch von uns kurz gewürdigt werden, daß „die Monopole und Kartelle zu einer Änderung des Gleichgewichts der freien Konkurrenz führen, die eine Zerstörung von Reichtum (Vermögen) in dem Sinne bedeutet, daß, wenn die einen durch sie einen Vorteil erzielen, die anderen dadurch mehr verlieren (sc. als jene gewinnen); d. h. die letzteren würden weniger verlieren, wenn man, ohne die Produktionsbedingungen der freien Konkurrenz zu ändern, ihnen direkt den Vermögenszuwachs fortnähme, den ihnen die Einrichtung des Monopols oder Interessenverbandes verschafft, um ihn unentgeltlich den anderen zukommen zu lassen [325])".

Wir haben bereits festgestellt, daß die von Barone versuchte analytische Fundierung dieses Beweises ohne jeden Erfolg geblieben ist. Wir wollen nun sehen, ob derselbe auf

[325]) a. a. O. S. 22.

dem jetzt eingeschlagenen graphischen Wege zu fruchtbareren Ergebnissen gelangt ist. Barone argumentiert hier mit Bezugnahme auf Fig. 24 folgendermaßen: „Beim Übergang von Punkt N (freie Konkurrenz, Preis gleich Kosten) zu Punkt M (Monopol mit der Bedingung des Maximums von BMRH) ist der Verlust der einen BMNH und der Gewinn des Monopolisten BMRH; der Verlust der einen übertrifft daher den Gewinn des Monopolisten um MRN. Es würde weniger Schaden verursacht worden sein, wenn man — die Produktionsbedingungen wie früher lassend — allen direkt BMRH fortgenommen und unentgeltlich dem Monopolisten gegeben hätte; denn dann hätte man die Zerstörung von MRN vermieden[323]).“

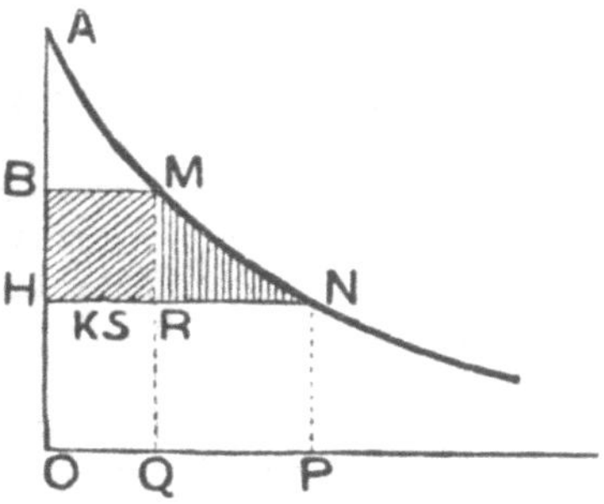

Fig. 24.

Zu dieser Beweisführung Barones ist nun zunächst zu bemerken, daß derselbe unter BMNH fälschlich den Verlust „der einen“ versteht, wobei er also denjenigen des Monopolisten ausgeschlossen sehen will, obwohl dieser doch ebenso wie die übrigen einen Anspruch auf seinen in der Gesamtproduktion der Gesellschaft investierten Anteil hat, um den infolgedessen der erwartete Gewinn „der übrigen“ von vornherein zu kürzen ist. Es ist somit von vornherein auch klar, daß dieser dem Monopolisten zufallende Reingewinn um so geringer sein wird, je größer der ihm an sich zustehende Anteil an der Gesamtmenge des Produktionsertrages beträgt. Soweit dieser Anteil sich für den Monopolisten aus dem ursprünglichen Zustande der freien Konkurrenz mit dem Preise OH $= \pi$ ergibt, in dem von den übrigen insgesamt die Produktionsmenge OP $=$ HN $= R_n$ auf den Markt gebracht war, wollen wir ihn im folgenden mit HS $=$ r bezeichnen, bezieht er sich dagegen auf den nachfolgenden Monopolzustand mit dem erhöhten Preise OB $= \pi + \delta\pi$, in dem sich jene Menge OP auf OQ $=$ HR $= R_n'$ einschränkt, so wollen wir ihn HK $= r'$ nennen, so daß sich die auf die übrigen Gesellschaftsmitglieder entfallenden Mengenanteile für die beiden aufeinanderfolgenden Wirtschaftszustände mit NS $= R_n - r$ bzw. NK $= R_n' - r'$ ergeben. Von Barone wird jedoch der angebliche Verlust BMNH nicht nur auf eine falsche Anzahl von Gesellschaftsmitgliedern bezogen, sondern

[326]) a. a. O. S. 23.

auch an sich in seiner Größe falsch angegeben. Jener Verlust (eingeschlossen der des Monopolisten) beträgt offenbar nur HRMB = $\delta\pi \cdot R_n'$, nicht aber, wie Barone vorgibt, BMNH = $\delta\pi \cdot R_n$; denn es kann doch offenbar nur die Gesamteinnahme die alle Mitglieder der Gesellschaft (einschl. des Monopolisten) im ersten Zustande (freier Konkurrenz) gehabt haben, derjenigen gegenübergestellt werden, die sie hätten erzielen können, wenn der bisherige Zustand bei auftretenden Preiserhöhungen nicht (!) zugleich auch dem darauffolgenden Monopolzustande gewichen wäre. Die aus jenem ersten Zustande resultierende Einnahme beträgt aber offenbar HNPO, d. h. sie ist mit einer bloßen Vergütung der Produktionskosten gleichbedeutend; im Monopolzustande reduziert sie sich indes auf BMQO. Alle Mitglieder der Gesellschaft (einschl. des Monopolisten!) würden also in diesem zweiten nur vergleichsweise zu hypostasierenden (imaginären) Falle, falls sie nur den Kostenpreis π ersetzt bekommen würden, HRMB verlieren, d. h. nur dasselbe, was der Monopolist jetzt (einschließlich des ihm an sich zustehenden Anteils) gewinnt. Ein dauernder Mehrverlust MRN für die übrigen, d. h. eine unnütze „Zerstörung" von Kapitalwerten kommt somit gar nicht in Frage. Das πρῶτον ψεῦδος Barones liegt offenbar darin begründet, daß er ganz übersieht, daß die anfängliche Nachfragemenge HN = R_n im Falle einer Zunahme des Verkaufspreises um $\delta\pi$ bei einer Fortdauer desselben freien Konkurrenzzustandes in der Regel (nämlich auf HR = R_n') zurückgehen wird. Ein gleiches, wenn im allgemeinen auch wohl nicht in demselben Ausmaße in Erscheinung tretendes Nachlassen der Nachfrage wird offenbar auch in dem Monopolzustande zu verzeichnen sein, es sei denn, daß man die ausdrückliche Voraussetzung macht, daß auch in ihm die Nachfrage die alte bleibt. Aber selbst dann hätten alle (einschl. des Monopolisten) bei freier Konkurrenz BMNH = $\delta\pi \cdot R_n$ an Mehreinnahme zu verzeichnen gehabt, die eben nun allein dem Monopolisten zufällt. Auch in diesem sich weniger leicht realisierenden Falle wie in jedem anderen — wie auch immer die Nachfrage sich ändern möge — stellt sich somit heraus, daß der Verlust der übrigen immer nur gleich dem Gewinn des Monopolisten ist. Die angebliche Mehrverlustgröße RNM scheidet somit für die Beurteilung der bei diesen Vorgängen in Erscheinung tretenden Gewinnschwankungen von vornherein gänzlich aus. Barone hat offenbar — abgesehen davon, daß er den dem Monopolisten an sich zustehenden Gewinnanteil stets unberücksichtigt gelassen hat — beide Fälle (den zurückgehender und den unveränderter Nachfrage bei anziehendem Verkaufspreise) unerlaubterweise miteinander vermengt und sich (wenn auch nur unbewußt) aus jedem von ihnen diejenigen Größen ausgesucht, die ihm für seine Beweisführung gerade am besten zu passen scheinen. Dieses Verfahren ist offenbar zum mindesten als sehr gefährlich, sicherlich aber als ganz unmathematisch zu bezeichnen und dürfte dem Ziel, das die nationalökonomische Wissenschaft wie jede andere Disziplin sich als das höchste von allen setzen sollte, nämlich rücksichtsloser Erforschung der W a h r h e i t zu dienen, am wenigsten nahekommen. Im übrigen geht aus den bisherigen Betrachtungen ohne weiteres hervor, daß der Profit des Monopolisten $\delta\pi(R_n'-r')$ bzw. (weniger wahrscheinlich) $\delta\pi(R_n-r)$ um so größer ausfallen wird, je größer einerseits die Preiszunahme und je geringer der damit verbundene Rückgang der Nachfrage sowie je kleiner andererseits sein eigener in der Produktion investierter Anteil (r bzw. r') ist. Dieser fragliche Anteil r' bestimmt sich offenbar, wenn man von der generellen Voraussetzung ausgeht, daß im Falle einer Preissteigerung die Gesamtnachfrage der Gesellschaft beim Übergange von einem freien Konkurrenzzustande zu einem Monopolzustande in d e m s e l b e n (in Wirklichkeit meist in vermindertem) Maße abnehmen wird wie beim Übergang von jenem zu einem anderen freien Konkurrenzzustande, aus der Gleichung $r' = \frac{r \cdot R_n'}{R_n}$.

Damit wären wir auf die wichtigsten Fragen der „economia matematica" oder „economia sintetica" eingegangen, die Barone im Gebiete des „regime individualista" behandelt hat. Barone ist offenbar stolz darauf, daß es ihm gelungen ist, diese Theorien dargestellt zu haben, „o h n e (?) daß es n ö t i g w a r, auf irgendeine Vorstellung von Nutzen, Grenznutzen, Kostenschaden oder dergleichen zurückzugehen [327])". Ja, er meint sogar, „die synthetische Ökonomie kann getrost den Schwamm auf alles das (sc. die Nutzentheorien) tun, ohne daß auch nur eine ihrer Theorien erschüttert würde. Sie braucht sich eben nicht anderer Vorstellungen zu bedienen als jener alten wohlbekannten und klaren von Angebot und Nachfrage und von Produktionskosten, die jedoch in Geldeinheiten, nicht in unfaßbaren Unlustvorstellungen (penosità) auszudrücken sind. Dies ist der b e s t e B e w e i s (?), um klarzustellen, daß zwischen den Theorien der synthetischen Ökonomie und denen des Grenznutzens k e i n e n o t w e n d i g e (?) Verbindung besteht [328])". Der Leser wird aber nach all dem, was voraufgegangen ist, wohl kaum noch im

[327]) a. a. O. S. 24. [328]) ibidem.

Zweifel darüber sein, daß Barone für die von ihm bezweckten Absichten in der Tat einen schlechteren Beweis als diesen nicht führen konnte. Nicht, wie er meint, der Vorzug, sondern gerade der unwiederbringliche Nachteil seiner sämtlichen Argumentationen bestand darin, daß sie sich von jenen angeblich überflüssigen Nutzenvorstellungen und ihrer möglichst exakten mathematischen Formulierung freizumachen versucht haben, ohne es doch der Mühe für wert zu halten, sich nach einem brauchbaren Ersatze umzusehen. Schon aus der Beschaffenheit des von Barone insgesamt verwendeten Gleichungssystems ergibt sich sofort, daß derselbe jenen Ersatz in den von ihm herbeigezogenen mystischen m + n Gleichungen, die „die R und E in Funktion (!) der Preise ausdrücken [329])“ sollen, gar nicht entbehren konnte, um überhaupt die in jenem System dominierenden unbekannten mathematischen Größen (bes. die Preise und Mengen) eindeutig bestimmen zu können, und die unverzeihlichste Unterlassungssünde Barones bestand eben darin, daß er gar nicht daran dachte, den Charakter jener die Abhängigkeitsverhältnisse zwischen den zu ermittelnden Preisen und Mengen begründenden m + n Funktionen näher zu prüfen. Anderenfalls hätte er sich der unvermeidlichen logischen Konsequenz nicht entziehen können, daß, solange es ihm nicht gelingt, in seinem Gleichungssystem andere gleichwertige Funktionen an Stelle jener von Walras in seinen berühmten Fundamentalgleichungen (4) S. 51 des wirtschaftlichen Gleichgewichts verwendeten zu setzen, die von ihm zugrunde gelegten m + n Funktionen mit den letzteren als identisch aufzufassen sind. Im übrigen ergibt es sich aber schon a priori, daß man die im wirtschaftlichen Cyklus vorkommenden objektiven Wirtschaftskategorien wie Gütermengen und Güterpreise nicht wiederum nur durch dieselben Kategorien, d. h. aus sich heraus bestimmen kann, sondern nur unter gebührender Berücksichtigung der jeweiligen Bedingungen, unter denen sich jene beiden Kategorien gegenseitig verändern. Diese Bedingungen werden aber durch eine andere, nicht objektive, sondern subjektive Kategorie, d. h. den jenen Preisen und Mengen gegenüberstehenden und ihren eigentlichen Existenzzweck durch seine auf sie eingestellten Bedürfnisse (!) erst eigentlich erfüllenden Menschen geliefert. Die einzig logische und damit auch mathematisch notwendige Verknüpfung, die sich in der Wirtschaft zwischen den fraglichen objektiven Größen jener

[329]) a. a. O. S. 7.

Gütermengen und -preise herstellen läßt, ist somit diejenige, die sich auf die Stellungnahme des seine wirtschaftlichen Bedürfnisse durch sie deckenden Wirtschafts subjektes zu ihnen gründet, d. h. sie ergibt sich lediglich (!) aus den Nutzen- und Wert vorstellungen, die das betreffende Subjekt aus der Befriedigung jener Bedürfnisse erwartet. Barone liefert somit in dem ersten Teile seiner Studie zugleich den besten Beweis für die Unhaltbarkeit der von ihm vertretenen extremen objektivistischen Wirtschaftsauffassung. —

Wir gehen nun mit Barone dazu über, den „kollektivistischen" Wirtschaftszustand (regime collettivista) zu betrachten. Da wir uns dabei auf die grundlegenden Ausführungen, die das individualistische System betrafen, zu stützen haben werden, so können wir uns in diesem Abschnitte bedeutend kürzer fassen. In der Kollektivwirtschaft verbleiben zunächst einige Kapitalien (es seien M, N, ... n an der Zahl), wie z. B. die persönlichen Dienstleistungen (Arbeitskraft usw.) Eigentum der Individuen. Dagegen mögen die restlichen Kapitalgüter (z. B. Mobilien und Grundeigentumsgüter) S, T, ..., n—l an der Zahl, Kollektiveigentum des Staates geworden sein. Ein absolut gültiges Kriterium für die gegenseitige strenge Abgrenzung jener beiden Eigentumskategorien — bei der es von besonderer Wichtigkeit ist, zu wissen, ob und in welchem Umfange die Produktion der individuellen Kategorien von der der kollektiven abhängt — läßt sich offenbar a priori, d. h. ohne Berücksichtigung jeweiliger empirischer Zweckmäßigkeitsumstände nicht angeben, so daß — was Barone gar nicht bemerkt — schon in diesem Umstande ein wichtiges primäres konjunkturhaftes und spekulatives Element zu erblicken ist, das nolens volens von dem individualistischen System her für die folgenden Untersuchungen übernommen werden muß. „Der Minister der Produktion hat nun das Problem zu lösen, diese individuellen und kollektiven Güter in der Weise zu kombinieren, daß sie den von ihm Verwalteten den größten Vorteil (Wohlfahrt) verschaffen [330]." Zu diesem Zwecke wird er eine bestimmte Verteilungsformel finden müssen, auf Grund deren es ihm gelingt, möglichst vorteilhaft „zwischen den Mitgliedern der Gruppe sowohl die Einnahmen, die im alten Regime aus den nunmehr vom Staate angeeigneten Kapitalgütern herrühren als auch die Gewinne der verschiedenen Unternehmungen, die jetzt unmittelbar vom Staate geleitet werden, d. h. sozialisiert sind, zu

[330]) a. a. O. S. 25.

verteilen[331])". Wir werden nun zunächst die Bedingungen aufzählen, unter denen der Produktionsminister nach Barone an die ihm gestellten Aufgaben herantritt, sowie das Verfahren kennzeichnen, auf Grund dessen es ihm gelingt, unter diesen Bedingungen und dem Kriterium des Ophelimitätsoptimums für die Gesellschaft (massimo benessere collettivo) durch Aufstellung eines Systems von Gleichungen mit ebensoviel Unbekannten das wirtschaftliche Gleichgewicht zu bestimmen. Erst daraufhin werden wir uns mit dem Charakter jener von ihm dabei zugrunde gelegten Bedingungen etwas näher befassen.

Die spezielle Lage, von der der Wirtschaftsminister bei seinen Produktionsregelungen im kollektivistischen Wirtschaftssystem gegenüber dem individualistischen auszugehen hat, ist offenbar durch einen Wirtschaftszustand gekennzeichnet, in dem an die Stelle des Geldes gewisse Gutscheine (Bons) für entsprechende (nach bestimmten Kategorien gegliederte) individuelle Arbeits- und staatliche Kapitalleistungen und an Stelle der (Markt-) Preise gewisse vom Minister festzusetzende $m + n - 1$ Tauschwertrelationen (Äquivalente) $\lambda_a, \lambda_b, \ldots \lambda_m, \lambda_n, \ldots \lambda_s, \lambda_t, \ldots$ getreten sind, die sowohl zwischen den Produktionsmitteln untereinander als auch zwischen den Fertigprodukten und den Produktionsmitteln bestehen. Auf Grund dieser Äquivalente begeben sich die Individuen dann mit ihren Gutscheinen zu den vom Staate eingerichteten Magazinen, um die begehrten Gebrauchsgegenstände sowie die dem unmittelbaren Gebrauche dienenden Produktionsmittel dafür einzutauschen. An der von der Gesellschaft insgesamt (als Kollektiveigentum) besessenen Kapitalmenge (Nationalvermögen) $X = Q_s\lambda_s + Q_t\lambda_t + \ldots$ (Q_s, Q_t, ... sind die Mengen der in Staatsbesitz übergegangenen [„sozialisierten"] Kapitalgüter) können nun die einzelnen Glieder der Gesellschaft entweder durch indirekte Verteilung, d. h. durch eine entsprechende Herabsetzung der für die Tauschwerte der Produkte festgesetzten Äquivalenzindizes λ oder durch direkte Verteilung, d. h. durch Zuerteilung einer gewissen Ergänzungsquote γX an jedes Individuum beteiligt werden. Soweit eine solche direkte Verteilung sich nicht auf vom Abnehmer unmittelbar zu verbrauchende oder zu verarbeitende Produktionsmittel erstreckt, wird sie offenbar in Form von Kapital-(Produktionsmittel-)Gutscheinen vor sich zu gehen haben. (Diese staatlichen Kapitalscheine bezeichnet Barone fälschlich als „buoni

[331]) ibidem.

di lavoro" [332]) [Arbeitsbons], obwohl sie doch nicht nur auf den Tauschwert der in ihnen steckenden individuellen Arbeitsleistung, sondern auch auf denjenigen der in ihnen staatlicherseits investierten Kapitalmenge ausgestellt sein sollten.) Dabei können — womit wir einem anderen unvermeidlichen, von Barone jedoch ebensowenig gewürdigten „individualistischen" Faktor des „alten" Regimes begegnen — die γ, die wir im folgenden vorläufig als bekannt voraussetzen wollen, entweder für alle Individuen oder nur für bestimmte Gruppen von Individuen verschieden oder sonstwie kombiniert sein. In jedem Fall muß dabei stets $\Sigma\gamma = 1$ sein. Wunder nehmen muß es offenbar, daß Barone schon hier die Überzeugung ausspricht, der Wirtschaftsminister werde — von den Größen abgesehen, die dem Profit im alten System entsprechen — im allgemeinen im Interesse eines massimo benessere collettivo die direkte Verteilung vor der indirekten bevorzugen; denn der einzelne kann doch, wo ihm die Eigenproduktion in der Hauptsache entzogen ist, nur insofern ein Interesse an der direkten Verteilung haben als sie ihm die Produktionsmittel liefert, die ihm für den unmittelbaren Verbrauch oder zur Herstellung der wenigen ihm als persönliches Eigentum vorbehaltenen Verbrauchsgüter dienen können. Schließlich hat der Minister noch dafür Sorge zu tragen, daß nicht alle Produktionsmittel unmittelbar verbraucht oder für die Herstellung von Verbrauchsgütern verwendet werden, sondern daß mit Rücksicht auf die zunehmende Abnutzung der bisherigen Produktionsmittel eine hinlängliche Ersparnis seitens aller Mitglieder sichergestellt wird, die einen ausreichenden Ersatz der verbrauchten Produktionsmittel durch die Herstellung neuer gestattet. Dabei macht Barone jedoch die wichtige einschränkende Voraussetzung, daß sowohl der Umfang des Verbrauches wie derjenige der Ersparnis nicht die Grenzen überschreiten darf, die für ihn in der individualistischen Wirtschaftsordnung maßgebend gewesen sind [333]). Es fragt sich nun, in welcher Weise der Staat sich am besten in den Besitz jener notwendigen Ersparnis, die seine Angehörigen ihm unentgeltlich als Darlehn zur Verfügung zu stellen haben, setzt. Etwa dadurch, daß er von vornherein die auf die einzelnen Individuen entfallenden Kapitalquoten γX vor ihrer Ausschüttung um den von ihm für die Fabrikation neuer Kapitalien angemessen erachteten Ersparnisbetrag zwangsweise kürzt oder dadurch, daß er eine Verbrauchsersparnisprämie auf

[332]) a. a. O. S. 29. [333]) a. a. O. S. 45.

die *freiwillige* Ablieferung der erforderlichen Mengen aussetzt, deren endgültige Höhe aber erst auf Grund des am meisten zufriedenstellenden Ergebnisses mehrerer *experimenteller* Beobachtungsversuche festzusetzen sein wird. Mit welchen Methoden der Staat aber auch immer die erforderliche Ersparnis gewinnen mag, dieselbe erfüllt hier im kollektivistischen Wirtschaftssystem offenbar nur dieselbe Funktion wie der Kapitalzins im individualistischen Wirtschaftsbetriebe. In beiden von den oben angeführten Hauptmethoden seiner staatlichen Erfassung — besonders in der Prämienmethode — tritt uns der Sparzins als ein drittes wichtiges, in hohem Maße der spekulativen Konjunktur unterworfenes Moment entgegen, das vom „alten“ Regime her noch hereinspielt. Dabei wollen wir ganz davon absehen, ob und mit welchem Erfolge etwaiger Kontrolle der Staat es wirklich in seiner *Macht* hat, seinen Mitgliedern, wie Barone meint, einfach „zu verbieten“, ihre Ersparnis anderen Interessenten wie dem Staat zu leihen. Im übrigen soll der Staat Barone zufolge dem einzelnen vollkommene Freiheit lassen in der Wahl der Anlage der von ihm erworbenen Kapital- bzw. Arbeitsgutscheine und Produkte in Konsumgegenständen oder in Ersparnis. Damit sind die wichtigsten Bedingungen gekennzeichnet, von deren Beobachtung der Wirtschaftsminister nach Barone bei der Erreichung seines an die Spitze seines Organisationsprogrammes gesetzten Zieles, jenes für die Gesellschaft zu erstrebenden Ophelimitätsoptimums, abhängt. Die dem einzelnen durch den Staat auferlegte Bindung wird somit in der Gleichung:

$$\Theta = r_a + \lambda_b r_b + \ldots + \lambda_m r_m + \lambda_n r_n + \ldots + \lambda_s r_s + \lambda_t r_t + \ldots + e = \lambda_m q_m + \lambda_n q_n + \ldots + \gamma X \qquad (6)$$

zum Ausdruck kommen.

Es bleibt nur noch die Frage zu beantworten übrig, *wie* der Minister auf Grund der soeben aufgeführten Bedingungen jenes Ophelimitätsoptimum, das einen stabilen wirtschaftlichen Gleichgewichtszustand für die Gesellschaft herbeiführt, bestimmt. Die beste Lösungsmethode dieses Problems wird ihm offenbar durch die Aufstellung eines die bisher erwähnten Größen enthaltenden mathematischen Gleichungssystems an die Hand gegeben, das ebensoviel Gleichungen wie Unbekannte aufweist. Im Sinne dieser Methode gehen wir nun zunächst von einem gewissen durch die Gleichung (6) gekennzeichneten Anfangsgleichgewichtszustand aus, der infolge einer Veränderung der Produktionsverhältnisse entsprechenden Störungen ausgesetzt sei. Unter solchen Veränderungen wollen wir aber *vorläufig* nur diejenigen berücksichtigen, die auf einer rein technischen (nicht auch ökonomischen) Variation der Produktionskoeffizienten a, b, ... beruhen, d. h. solche, die in dem Gleichungssystem (I) entsprechende Reaktionen der R und E hervorrufen. Für ein einzelnes Individuum wird sich die damit verbundene Änderung in seiner Nachfrage ausdrücken durch:

$$\Delta\,\Theta = \Delta r_a + \lambda_b \Delta r_b + \ldots + \lambda_s \Delta r_s + \lambda_t \Delta\, r_t + \ldots + \Delta e \qquad (7)$$

Dieselbe kann offenbar, wie Barone richtig unterscheidet (selbst bei einer gleichzeitigen Variation der λ), „positiv oder (!) negativ sein, je nachdem ... das Individuum gestiegen oder gefallen ist“ [334]). Wenn Barone sich hier übrigens der Ausdrücke „steigen“ und „fallen“ bedient, so geht er offenbar — denn sonst wüßte er ihnen wohl kaum einen inneren Sinn überhaupt beizulegen — bewußt auf den Paretoschen Vorstellungskreis von den Veränderungen der Ophelimitäten oder Ophelimitätsindizes zurück (cf. S. 85 ff.) und liefert damit den besten Beweis, daß es ihm nicht gelungen ist, sich von jenen grundlegenden Nutzen (Ophelimitäts-)vorstellungen frei zu machen.

Soll also der von uns zum Ausgang genommene Gleichgewichtszustand einem Ophelimitätsoptimum im Baroneschen Sinne (massimo benessere collettivo) entsprechen, so wäre, soweit nur ein einzelnes Individuum in Betracht kommt, die Bedingung hierfür $\Delta\,\Theta = 0$, für die gesamte Gesellschaft aber, auf die die Gleichung (7) sich in der Form:

$$\Sigma \Delta\,\Theta = \Delta R_a + \lambda_b \Delta R_b + \ldots + \lambda_s \Delta R_s + \lambda_t \Delta R_t + \ldots + \Delta E \qquad (8)$$

überträgt, würde sie lauten müssen $\Sigma \Delta\,\Theta = 0$. Diese Summe $\Sigma \Delta\,\Theta$ kann offenbar ebenso wie das einzelne $\Delta\,\Theta$ an sich sowohl negativ wie positiv ausfallen, so daß Barones Bemerkung, daß „jede andere Reihe von Äquivalenten (sc. λ), die verschieden von derjenigen ist, zu der man mit dieser Bedingung (sc. $\Sigma \Delta\,\Theta = 0$) gelangt, jene Summe (sc. $\Sigma \Delta \Theta$) negativ“ [335]) macht, gänzlich hinfällig ist. Sie läßt sich offenbar nur aus einer rein mechanisch herbeigezogenen, an sich gänzlich unüberlegten Analogie Barones mit den von ihm, wie wir gesehen haben, vollkommen falsch beurteilten Existenzbedingungen der Gleichungen (4) und (5) (bzw. der Baroneschen Gleichung [3]) aus dem individualistischen Wirtschaftssystem erklären. Im übrigen leuchtet es ohne weiteres ein,

[334]) a. a. O. S. 30. [335]) a. a. O. S. 31.

daß die Baronesche Ophelimitätsbedingung $\sum \Delta \Theta = 0$ offenbar dem Wohlergehen der Gesellschaft am meisten entspricht, wenn sämtliche $\Delta \Theta$ zu gleicher Zeit je gleich Null sind. Wie sich aber später leicht zeigen lassen wird, gibt es unter den möglichen Kombinationen γ, die die Summe $\sum \gamma = 1$ zu bilden vermögen, keine, die einen derartigen wünschenswerten Zustand zu realisieren vermöchte, so daß uns als einziges Kriterium für das Baronesche Ophelimitätsoptimum der Gesellschaft die Bedingung $\sum \Delta \Theta = 0$ verbleibt.

Wenn wir nun für das folgende stets voraussetzen, daß jedes Mitglied der Gesellschaft alle Güter, die von ihm unverbraucht gelassen werden, gegen eine Sparprämie R_e, im übrigen aber unentgeltlich an den Staat als zur Herstellung neuer Kapitalien dienende Ersparnis abzuliefern hat, so läßt sich die $\sum \Delta \Theta$ in der Form schreiben:

$$\Delta R_a + \lambda_b \Delta R_b + \ldots + \lambda_s \Delta R_s + \lambda_t \Delta R_t + \ldots + \Lambda_h \Delta R_h + \Lambda_k \Delta R_k + \ldots + \Delta R_e,$$

wo $\Lambda_h, \Lambda_k, \ldots$ — entsprechend den $\Pi_h, \Pi_k, \ldots$ im individualistischen System — die Mengen (Produktionskosten) vorstellen sollen, die für die Produktion einer Einheit der neuen Kapitalien H, K, ... notwendig sind. Barone vergißt im obigen Summenausdruck die Größe ΔR_e mitaufzuführen, wo R_e die soeben erwähnte auf die Einheit als Prämiensatz bezogene, im folgenden als bekannt vorausgesetzte Ersparnisprämie bedeutet. Im übrigen argumentiert er, indem er von einem hypostasierten Gleichgewichtszustand ausgeht und dabei zunächst nur eine technische (nicht auch ökonomische, d. h. die $\lambda_b, \lambda_c, \ldots$ affizierende) Variation der Produktionskoeffizienten in Betracht zieht, die jedoch die Gültigkeit des bisherigen Gleichungssystems (I) unverändert lassen soll, bezüglich der Bedingungen, an die das zu erstrebende Maximum jenes Summenausdruckes geknüpft ist, folgendermaßen: „Man vermehre (sc. lediglich) R_b um ΔR_b und lasse dafür die Produktionsmittel (!), die hierzu nötig sind, entsprechend abnehmen. Man wird dann, um die $\sum \Delta \Theta$ zu bilden, auf der einen Seite, was die Fertigprodukte angeht, die Zunahme $\lambda_b \Delta R_b$, und auf der anderen Seite, was die zu verbrauchenden Produktionsmittel betrifft, die Abnahme $(\lambda_s b_s + \lambda_t b_t + \ldots) \Delta R_b$ haben; daher wird der Minister diese Transformationen solange vornehmen müssen, bis der gesamte Zuwachs Null wird, was aber nur der Fall sein kann, wenn

$$\lambda_b = \lambda_s b_s + \lambda_t b_t + \ldots \quad \text{wird``}^{336}). \qquad (9)$$

[336]) a. a. O. S. 32.

Barone verfällt hier offenbar nur wieder in denselben Fehler, den wir an seiner Beweisführung schon im individualistischen System bloßgestellt haben (cf. S. 243 ff.), indem er hier wie dort auf der Abnahmeseite in Wirklichkeit die Mengen des Fertigprodukte s B zurückgehen läßt an Stelle der Mengen derjenigen Produktionsmittel S, T, ..., die zu seiner Mehrproduktion benötigt worden sind. Die Gleichung (9) ergibt sich offenbar a priori sofort aus der zweiten der gegebenen Gleichung (III_a) unter Berücksichtigung von (IV) und der Tatsache, daß an Stelle der Preise p die Tauschwertrelationen λ zu treten haben und die Produktionskoeffizienten b_s, b_t, ... auf den Endzustand der Produktionsveränderungen zu beziehen sind. Das gleiche ist mutatis mutandis von Barones Argumentation bezüglich der Mehrproduktion eines der Neukapitalien H, K, ... zu sagen, die ihn auf die ebenfalls schon von vornherein gegebene Gleichung:

$$\Lambda_h = \lambda_s h_s + \lambda_t h_t + \ldots \quad \text{führt.} \tag{10}$$

Die ihm zur Verfügung gestellte Ersparnis:

$$E = \Lambda_h R_h + \Lambda_k R_k + \ldots + R_e \tag{11}$$

wird der Minister für die Herstellung von neuen Kapitalgütern in dem Umfange verwenden, der ihm möglichst einen Maximalwert zu gewährleisten vermag, d. h. er wird, wenn wir die für diesen zu erstrebenden Wert sich ergebenden Tauschindizes (Äquivalente) jener neuen Kapitalgüter mit $\lambda_h, \lambda_k, \ldots \lambda_e$ (wo λ_e den als gegeben zu betrachtenden Prämiensatz pro Konsumtions- und Zeiteinheit bedeutet) bezeichnen, darauf sehen müssen, daß die Bedingung:

$$\frac{\lambda_h}{\Lambda_h} = \frac{\lambda_k}{\Lambda_k} = \ldots = \lambda_e \quad \text{erfüllt ist.} \tag{12}$$

Barone glaubt schließlich noch die ökonomische Variabilität der Produktionskoeffizienten, für die natürlich hier eine ähnliche, nur auf Grund der Erfahrung zu ermittelnde gegenseitige Abhängigkeit wie die im individualistischen System unter Gleichung (2_a) bezeichnete als bekannt vorausgesetzt werden muß, durch folgende Überlegung berücksichtigt zu haben:

„Es seien S und T die Produktionsmittel, für die in der Herstellung von B derartige Variationen in Frage kommen. Man investiere daher in der Einheit von B mehr von T und weniger von S [337]), solange wie es vom Standpunkte des kollektiven M a x i m u m s zweckmäßig ist. Die $\sum\Delta\,\Theta$ wird dann, was die zu verbrauchenden Produktionsmittel betrifft, durch einen Zuwachs $\lambda_t R_b \Delta b_t$ und eine Abnahme $\lambda_s R_b \Delta b_s$ dargestellt sein. Da nun diese Variation Null sein muß, so muß offenbar

$$\lambda_s \Delta b_s + \lambda_t \Delta b_t = 0 \qquad (13)$$

sein, was eine der Bedingungen für ein m i n i m a l e s λ_b ausdrückt, wenn man die ökonomische Veränderlichkeit der Produktionskoeffizienten in Betracht zieht [338])." Barone übersieht aber offenbar ganz, daß die so aufgestellte Gleichung (13) wohl die Bedingung eines minimalen λ_b, dagegen nicht, was doch eigentlich der Zweck seiner ganzen Beweisführung war, z u g l e i c h die Bedingung dafür vorstellt, daß die gesamte Kapitalsumme der Gesellschaft

$$\sum\Theta = R_a + \lambda_b R_b + \ldots + \lambda_m R_m + \lambda_n R_n + \ldots + \lambda_s R_s + \lambda_t R_t + \ldots + E = Q_m \lambda_m + Q_n \lambda_n + \ldots + Q_s \lambda_s + Q_t \lambda_t + \ldots \qquad (14)$$

ein M a x i m u m wird; denn dieses Maximum würde offenbar am größten sein, wenn die λ_b, λ_c, ... sowohl wie a l l e übrigen λ je zu einem M a x i m u m (nicht aber zu einem Minimum!) werden. Die Baronesche Bedingung (13) eines Produktionskosten m i n i m u m s hat somit hier ebensowenig wie in der individualistischen Wirtschaft irgendetwas zu tun mit dem von Barone so verstandenen Ophelimitätsoptimum der Gesellschaft. Aber auch unabhängig von der Baroneschen Auffassung dieses Optimums wird sich die Bedeutung einer etwaigen gleichzeitigen Produktionskostenminimumbedingung immer nur in concreto auf Grund der den jeweiligen Wirtschaftsverhältnissen entsprechenden Erfahrungstatsachen beurteilen lassen.

Wir kommen somit auf Grund der bisherigen Feststellungen im ganzen zu dem Ergebnis, daß das gesamte von uns für die kollektivistische Wirtschaft zugrunde gelegte Gleichungssystem mit der bloßen Ausnahme der das maximale Äquivalent (Preis) der E r s p a r n i s zum Ausdruck bringenden Gleichung (12) sowie der staatlichen Kapital-(Produktionsmittel-)Verteilungsquote γX in Gleichung (6) sich im übrigen vollkommen an das für die freie individualistische Verkehrswirtschaft aufgestellte System anlehnt; es weist

---

337) Barone sagt irrtümlicherweise: „mehr von S und weniger von T", was aber offenbar im Hinblick auf den Sinn der sich hieran anschließenden Ausführungen auf einem flüchtigen Versehen beruhen muß.

338) a. a. O. S. 34.

ebensoviel Gleichungen wie Unbekannte auf und setzt damit den Wirtschaftsminister instand, die letzteren (λ, R und E) zum Zwecke der von ihm zu ergreifenden Produktionsmaßnahmen aus jenen zu bestimmen. Wenn Barone dagegen resümiert, der Minister sei zu dem Schluß gekommen, die Produktion müsse so organisiert werden, daß „die Produktionskosten ein Minimum[339]" werden, so brauchen wir uns mit dieser falschen, von uns hinreichend gekennzeichneten Schlußfolgerung hier nicht nochmals zu befassen.

Wir gehen nunmehr dazu über, die bisherigen Voraussetzungen und Bedingungen kurz zu besprechen, von denen Barone bei seinen Untersuchungen im kollektivistischen Wirtschaftssystem ausgegangen ist. Sie betreffen offenbar, wie die bisherigen Ausführungen ergeben haben, in der Hauptsache die Verteilung der Produktionsmittel durch den Staat einerseits und die Ersparnis sowie die damit verbundene Bildung von Neukapital andererseits. Was das erste Problem der Verteilung angeht, so meint Barone, dieselbe könne entweder direkt sein, dadurch, daß man jedem Individuum eine Quote γX zuerteile oder sie könne indirekt erfolgen. Das letztere bedeute aber, die Preisäquivalenzindizes (equivalenza) λ_s, λ_t, ... der n—l mobilen und immobilen Kapitalien S, T, ..., die nun Eigentum des Staates sind, bei den zu veranschlagenden Produktionskosten gänzlich zu annullieren (annullare) und als Äquivalenzwerte (Preise) λ_a, λ_b, ... jedes Fertigproduktes A, B, ... eine aus den Kosten λ_m, λ_n, ... der den Individuen als persönliches Eigentum allein noch verbliebenen und zur Herstellung des betreffenden Produktes dienenden Kapitalien M, N, ... zu bildende Resultante (evtl. Mittelwert) anzunehmen. Diese indirekte Verteilung mit einer Annullierung (annullamento) der Tauschwertrelationen λ_s, λ_t, ... der staatlichen Kapitalien (Produktionsmittel) entspreche im wesentlichen nur der Marxschen Werttheorie; denn diese baue sich auf dem grundlegenden Gedanken auf: „Jedem das integrierende (!) Produkt seiner Arbeit"[340]). Die Unhaltbarkeit dieser Theorie ergebe sich aber schon aus der einfachen Überlegung, daß, wenn man die n—l Größen λ_s, λ_t, ... je gleich Null mache („equali a zero"!), man — vorausgesetzt natürlich, daß man keine neuen Unbekannten einführen will — vor die Wahl gestellt sei, entweder dem bisherigen Gleichungssystem, das sich doch vollständig eindeutig habe bestimmen lassen, n—l neue Gleichungen hinzuzufügen oder aber n—l von den in jenem System bisher verwendeten Glei-

[339]) a. a. O. S. 34. [340]) a. a. O. S. 35.

chungen auszuschließen. Da das erstere aber ein unmögliches Problem in sich schließen würde — denn die Zahl der Bedingungen (Gleichungen) würde dann größer werden als die der Unbekannten —, so bliebe nur die letztere Möglichkeit übrig. Aber auch diese beschränke sich lediglich auf die Elimination derjenigen Gleichungen, die die Bedingung zum Ausdruck bringen, daß die Verkaufspreise den minimalen Kostenpreisen gleichkommen sollen. Da aber mit dem Wegfall dieser wichtigen Gleichungen, an deren Existenz die Erreichung jenes von der Gesellschaft zu erstrebenden Maximums geknüpft sei, das mit diesem zugleich verbundene Ophelimitätsoptimum nicht mehr gewährleistet sei, so könne offenbar nur eine direkte Verteilung (γX) der kollektiven Kapitalien (Produktionsmittel) seitens des Staates an seine Angehörigen in Frage kommen.

Dieser von Barone hier angestrengte Beweis ist offenbar in dreifacher Hinsicht als gänzlich verfehlt zu betrachten. Zunächst geht aus unseren bisherigen Erörterungen ohne weiteres hervor, daß, selbst wenn wir die Marxsche Arbeitswerttheorie in der von Barone hier wiedergegebenen Fassung gelten lassen wollten, ein Fortfallen der Produktionskosten- oder Kostenminimumsgleichungen noch nicht mit einer dadurch etwa gleichzeitig bedingten Herabminderung des Ophelimitätsoptimums gleichbedeutend ist, gleichgültig, ob dieses in dem Baroneschen oder dem von uns bezeichneten Sinne aufgefaßt wird. Im übrigen stützt sich die Baronesche Version der Marxschen Arbeitswerttheorie offenbar auf eine falsche Auslegung des von ihm angeführten Schlagwortes „Jedem das integrierende Produkt seiner Arbeit" („a ciascun il prodotto integrale del suo lavoro"), in dem Barone fälschlich den Ton auf das falsch interpretierte „integrierend" (integrale) anstatt auf „**seiner** Arbeit" (del suo lavoro) legt. Es liegt Marx völlig fern, dem Arbeiter etwa das „vollständige" (integrale), d. h. das aus dem ganzen Produktionsprozeß schließlich hervorgehende Gesamtprodukt zuzusprechen, das doch nicht nur mit Hilfe seiner Arbeitskraft, sondern auch durch Investierungen aller möglichen staatlichen Kapitalkräfte gewonnen worden ist, sondern eben nur den Teil dieses Gesamtproduktes, der von ihm faktisch (auf Grund seiner Arbeitskraft) verarbeitet worden und damit, wie Marx sich ausdrückt, als „immanente Arbeitskraft" „integrierender" Bestandteil des Gesamtproduktes geworden ist [341]). Das Beiwort „integrierend" bezieht sich

[341]) Barone scheint übrigens der Marx hier untergeschobenen Auffassung sehr nahe zu stehen, da er, wie gelegentlich schon hervor-

also seiner inhaltlichen Bestimmung nach nicht auf das „Produkt" als solches, sondern auf die vom Arbeiter geleistete „Arbeit" (genit. objectivus!) bei der Herstellung dieses Produktes. Diese Arbeit (!), doch nur diese soll eben dem Arbeiter in gerechter Weise, d. h. durch Messung der dabei von ihm aufgewendeten Arbeitsmühe an der verarbeiteten Produktenmenge vollständig vergütet werden [342]). Eine wohlwollende Nichtberechnung, d. h. Schenkung der in jener Menge sonst noch enthaltenen (staatlichen) Kapitalwerte seitens des Staates zum Besten des Arbeiters, die allerdings einer Nullifizierung ihrer Äquivalenzwerte λ_s, λ_t, ... gleichkommen würde, kommt somit gar nicht in Frage.

Aber auch schließlich unabhängig von der Marxschen oder jeder sonstigen Arbeitswert- oder Verteilungstheorie dürfen jene Werte λ der staatlichen Kapitalgüter (Produktionsmittel) niemals gleich Null gesetzt werden, da die letzteren wohl ihren unmittelbaren, nicht aber auch ihren mittelbaren, d. h. durch ihre Investierung in dem betreffenden Fertigprodukte, an das sie gebunden sind, dargestellten Tausch- (evtl. auch Gebrauchs-)Wert verlieren können. Jeder Preis eines wirtschaftlichen Gutes — sei es Markt- oder Monopolpreis — bestimmt sich aber offenbar nach seinem mittelbaren Tauschwert, d. h. nach dem Nutzen, den er dem Nachfragenden im Endzweck seiner Verwendung schließlich gewähren kann. Eine indirekte Verteilung jener staatlichen Kapitalgüter S, T, ... an den einzelnen kann also immer nur in der Weise vorgenommen werden, daß deren Preise λ_s, λ_t, ... und damit zugleich bei unveränderten technischen Produktionsbedingungen — die Preise λ_a, λ_b, ... bzw. λ_m, λ_n, ... der mit ihrer Hilfe hergestellten staatlichen bzw. individuellen Fertigprodukte A, B, ... bzw. M, N, ... entsprechend herabgesetzt werden. Würden jene Produktionsmittelpreise λ_s, λ_t, ..., wie Barone vorgibt, schlechtweg Null werden, so würde das — was Barone ganz übersieht — auf Grund der Gleichung (9) und der ihr analogen Gleichungen offenbar bedeuten, daß auch die Preise der Fertigprodukte A, B, ... je zu Null werden, d. h. der Staat würde dann seine Produkte unentgeltlich an seine Angehörigen verteilen. Den Gedanken an einen derartig „paradiesischen" Zustand, bei

---

gehoben, die staatlichen Kapital- (Produktionsmittel-) Gutscheine schlechtweg als „buoni di lavoro" (a. a. O. S. 17) bezeichnet.

[342]) cf. hierzu meine „Untersuchungen über die Wert- und Preisrechnung des Marxschen Systems", Verlag L.Bamberg, Greifswald 1922.

dem der Staat bald „ausverkauft" sein würde, dürfte Barone aber wohl kaum ernstlich ins Auge gefaßt haben, geschweige denn von ihm behaupten wollen, daß er im Sinne der Marxschen Theorie gelegen sei.

Aus unseren bisherigen Betrachtungen geht soweit hervor, daß Barone es nicht vermocht hat, positive Beweisunterlagen für die Beurteilung der Zweckmäßigkeit einer direkten oder indirekten Verteilung der in den Händen des Staates befindlichen Kapitalgüter an seine Angehörigen zu erbringen. An sich liegt jedenfalls kein zwingender Grund vor, die direkte Verteilung etwa aus ethischen oder sozialen Rücksichten a limine der indirekten gegenüber zu bevorzugen, da die letztere offenbar vom Staate vermittels seiner Preis- und Sparprämienpolitik auch so gehandhabt werden kann, daß bei ihr „ethische und soziale Kriterien" (Barone, a. a. O. S. 37) gebührend in Rechnung gestellt werden können. Im übrigen hängt es offenbar ganz von einer ordnungsmäßig und erfolgreich geleiteten Verwaltungsorganisation des Wirtschaftsministers ab, „enorme Verwüstungen" staatlicher Kapitalgüter, die Barone befürchtet, sowie ihre Verwendung für einen „unproduktiven" oder weniger in „sozialem" Sinne gelegenen Zweck zu verhüten.

Barone glaubt auf Grund seiner Untersuchungsergebnisse diejenigen sozialistischen Anhänger eines indirekten Verteilungssystems tadeln zu müssen, die sich mit „faden und umständlichen" Argumenten begnügen, anstatt der Sache „auf den Grund zu gehen". Aus ihrer „nebelhaften" Vorstellung von den wirklichen Phänomenen seien ihre groben Irrtümer zu erklären, während doch erst eine mathematische Darstellung der Abhängigkeit der fraglichen wirtschaftlichen Mengen „Klarheit und Präzision" in das Problem hineinzubringen vermöge [343]). Wir können aber offenbar auf Grund unserer bisherigen Erörterungen demgegenüber nur die Feststellung machen, daß Barones Untersuchungen nicht im geringsten dazu beigetragen haben, eine solche wünschenswerte Klarheit, besonders bezüglich der fraglichen Vorzüge einer direkten oder indirekten Verteilung der staatlichen Produktionsmittel, zu schaffen.

Was nun die direkte Verteilung der letzteren angeht, so kann, wie bereits erwähnt, der Staat sie in der Weise in die Wege leiten, daß er den einzelnen Individuen oder gewissen Gruppen von Individuen je gleiche oder verschiedene Anteile γX gewährt. Man könnte nun an den Wirtschaftsminister die Forderung stellen, jene Quoten $\gamma_1, \gamma_2, \ldots$ so

---

[343]) a. a. O. S. 37.

festzusetzen, daß die von ihnen abhängigen Tauschwerte λ und Produktionskoeffizienten a, b, ... nicht nur die $\Sigma \Delta \Theta$, der gesamten Gesellschaft, sondern jedes einzelne $\Delta \Theta$, d. h. die Gesamteinnahme und -ausgabe jedes Individuums zu einem Maximum (Baroneschen Ophelimitätsoptimum) machen. In diesem Falle wäre jedes individuelle γ offenbar als Funktion sämtlicher λ zu betrachten, die im Hinblick auf Gleichung (6) (wenn wir — was an dem Gesamtergebnis nichts ändert — die Mengen r für einen hinreichend begrenzten Zeitraum als konstant betrachten) offenbar den Bedingungen

$$-r_b + X\frac{\delta\gamma}{\delta\lambda_b} = 0, \dots q_m - r_m + X\frac{\delta\gamma}{\delta\lambda_m} = 0, \dots \gamma Q_s - r_s + X\frac{\delta\gamma}{\delta\lambda_s} = 0, \dots$$

d. h., wenn wir die partiellen Ableitungen von γ nach $\lambda_b, \dots \lambda_m, \dots \lambda_s, \dots$ mit $\gamma_b, \dots \gamma_m, \dots \gamma_s, \dots$ bezeichnen, den Bedingungen

$$\gamma_b = \frac{1}{X} r_b, \dots \gamma_m = \frac{1}{X}(r_m - q_m), \dots \gamma_s = \frac{1}{X}(r_s - \gamma\, Q_s), \dots$$

zu genügen haben würde. Da nun aber die für die Integrabilität dieser Gleichungen notwendigen Bedingungen:

$$\frac{\delta\gamma_b}{\delta\lambda_m} = \frac{\delta\gamma_m}{\delta\lambda_s}, \dots \frac{\delta\gamma_b}{\delta\lambda_s} = \frac{\delta\gamma_s}{\delta\lambda_b}, \dots \frac{\delta\gamma_m}{\delta\lambda_s} = \frac{\delta\gamma_s}{\delta\lambda_m}, \dots$$

nicht ebenfalls zur gleichen Zeit erfüllt sind, so kann es eine derartige Funktion γ, die jedes individuelle Θ zu einem Maximum macht, offenbar nicht geben.

Im übrigen ist natürlich der vom Staate befolgte Verteilungsmodus jener γ von erheblichem Einflusse auf die Gestaltung der Markt- (bes. Produktions-) Verhältnisse, nicht zum mindesten auch auf die Höhe der Sparprämie.

Das zweite wichtige Problem, das in der Kollektivwirtschaft unsere besondere Aufmerksamkeit gegenüber seiner Stellung in der freien Verkehrswirtschaft verdient, ist das der Ersparnis. Der Minister hat offenbar dafür Sorge zu tragen, daß die Gesellschafts-Mitglieder ihm genügend Ersparniskapital als Ersatz für die zunehmende Amortisation des alten Kapitals zwecks Herstellung von Neukapital zur Verfügung stellen. Dies kann er, wie wir sahen, entweder auf direktem oder indirektem Wege erreichen. Der erstere würde in der Gewährung einer besonderen und direkt zahlbaren Verbrauchsersparnisprämie bestehen, die sich z. B. für jede gegenwärtig konsumierte Einheit des Gutes B aus der Formel $\frac{R_b'' - (R_b + R_b')}{R_b'}$ ergibt. Hierin bedeutet $R_b + R_b'$ **bzw.** R_b' die für die gegenwärtige Produktionsperiode erwartete Gesamtproduktions- bzw. Verbrauchsmenge des Gutes B, während unter R_b'' die für die folgende Produktionsperiode veranschlagte Produktionsmenge dieses Gutes zu verstehen ist, wobei jedoch von den Produktionsmitteln, die zu seiner Herstellung zur Verfügung stehen, diejenigen von vornherein in Abzug gebracht sind, die als Rücklage zur Herstellung von hinreichendem Neukapital für erforderlich erachtet sind. Die Höhe einer solchen Prämie ist offenbar von maßgebendem Einfluß auf die Entwicklung der Preis- und Produktionsverhältnisse, insbesondere auf die Gestaltung der Produktivität. Der indirekte Weg verfolgt dagegen die Methode, von der zur Verteilung an jedes Mitglied bestimmten Kapitalmenge γX von vornherein soviel zurückzubehalten wie für die Beschaffung von Neukapital erforderlich erscheint. Es entsteht nun die Frage, welche von beiden Methoden in erhöhtem Maße die Sicherstellung des Ophelimitätsoptimus der Gesellschaft gewährleistet. Barone glaubt diese Frage unter Zugrundelegung seines bekannten Ophelimitätskriteriums in folgender Weise entscheiden zu müssen: Der Wirtschaftsminister bringe von der an jedes Mitglied der Gesellschaft (z. T. in Form von Kapitalgutscheinen) zur Verteilung gelangenden Produktionsmittelsumme γX von vornherein die von ihm für die Produktion von Neukapital unentbehrlich gehaltene Ersparnismenge e in Abzug. Trotz dieses Abzuges soll jedoch jedes Individuum auch weiterhin in der Lage sein, von dem ihm verbleibenden Kapitalbestande eine Ersparnisrücklage e_i zu machen, die für die Gesellschaft insgesamt E_i betrage. Dann hätte man also für den einzelnen die Beziehung:

$$r_a + \lambda_b r_b + \ldots + \lambda_s r_s + \lambda_t r_t + \ldots + e_i = q_m \lambda_m + q_n \lambda_n + \ldots + \gamma (X - E) \qquad (15)$$

und für die Gesellschaft:

$$R_a + \lambda_b R_b + \ldots + \lambda_s R_s + \lambda_t R_t + \ldots + E_i + E = Q_m \lambda_m + Q_n \lambda_n + \ldots + Q_s \lambda_s + Q_t \lambda_t + \ldots \qquad (16)$$

Aus dieser letzten Gleichung gehe somit klar hervor, daß „die Gesamtheit der Individuen dann gezwungen sei, die Summe der verbrauchten Produkte und Produktionsmittel einzuschränken“ [344]) gegenüber dem bisherigen direkten Verteilungssystem, so daß dieses unstreitig den Vor-

[344]) a. a. O. S. 40.

zug vor dem indirekten verdiene. Barone stützt seine Argumentation also auf einen Vergleich der Gleichung (15) bzw. (16) mit der sich auf den früheren (direkten) Verteilungszustand beziehenden Gleichung (6) bzw. (14). Schon diese Tatsache mußte Barone von vornherein darauf hinweisen, daß seine an jene Gleichungen geknüpften Schlußfolgerungen nur zurechtbestehen können, wenn — was besonders bei einer unzureichenden direkten Ersparnisprämie als wahrscheinlich anzunehmen ist — die Mitglieder der Gesellschaft nicht auch schon vor Eintritt jenes neuen (indirekten) Verteilungszustandes außer der ihnen staatlicherseits zukommenden Ersparnisvergütung, d. h. unabhängig von dieser, aus eigener Initiative heraus, Sparkapital angesammelt haben, m. a. W., wenn nicht schon von vornherein in dem E des ursprünglichen Zustandes die Größe E_i einbegriffen war und somit die Summe $E_i + E$ des jetzigen Zustandes nur der Größe E des früheren Zustandes gleichkommt. Doch selbst bei stillschweigender Ausschließung dieser Möglichkeit hält die Baronesche Argumentation einer näheren Prüfung nicht stand; denn zunächst ist das von Barone in den Gleichungen (15) und (16) verwendete E nicht identisch mit dem in Gleichung (14) vorkommenden, da dieses, wie aus Gleichung (11) ersichtlich, noch die staatliche (direkte) Ersparnisprämie R_e enthält, die doch nunmehr fortfällt und, wie wir schon von Barone früher richtig gehört haben, durch eine entsprechende Herabsetzung der Äquivalenzwerte der Produkte („distribuzione indiretta diminuendo le equivalenze dei prodotti"[345]) ersetzt werden soll. Wir benennen also das nunmehrige E zum Unterschiede von dem früheren mit E' ($< E$). Da nun durch den Fortfall der bisherigen aus den unbeschränkt verteilten staatlichen Produktionsmittelgüter gewonnenen Ersparnis die den Mitgliedern zu Verbrauchszwecken verbleibende Einnahmequelle ebenfalls eine Reduktion erfahren hat, so kann die letztere offenbar nicht ohne Einfluß auf die bisherigen Markt- (bes. Nachfrage-) Verhältnisse bleiben. Sie hat eben, wie Barone an früherer Stelle richtig erkannt hat, schon mit Rücksicht auf die von den Mitgliedern erwartete Entschädigung (indirekte Ersparnisprämie) für die dem Staate von vornherein zur Verfügung gestellte Ersparnis zunächst einen — wenigstens teilweisen — Rückgang des bisherigen Preisspiegels (der bisherigen λ) zur Folge. Damit werden aber auch die bisherigen Verbrauchsmengen R und Q (meist positiven) Schwankungen unterworfen werden, so daß,

[345]) a. a. O. S. 27.

wenn wir die nunmehrigen λ, R und Q mit λ' R' und Q' bezeichnen, die Baronesche Gleichung (14) in die richtige Schreibform

$$R_a' + \lambda_b' R_b' + \ldots + \lambda_s' R_s' + \lambda_t' R_t' + \ldots + E_i + E' = \\ Q'_m \lambda_m' + Q_n' \lambda_n' + \ldots + Q_s' \lambda_s' + Q_t' \lambda'_t + \ldots \quad (17)$$

überzuführen ist. Da nun offenbar nicht a priori vorausgesagt werden kann, in welchem Verhältnis jene bisherigen λ, R und Q sich zueinander ändern werden, dieses vielmehr ganz von den jeweiligen Erfahrungsumständen abhängt, die in der spezifischen Gestalt der fraglichen die gegenseitigen Abhängigkeitsverhältnisse jener Größen begründenden (von Barone ganz vernachlässigten) Ophelimitäts-(index-)funktionen zum Ausdruck kommen, so läßt sich über die Veränderungen der bisherigen Gesamtverbrauchssumme der Gesellschaft nichts Positives aussagen. Die einseitigen Baroneschen Schlußfolgerungen erweisen sich damit also als nicht gerechtfertigt. Dabei haben wir ganz außer Betracht gelassen, daß die bisherigen Ausführungen überhaupt nur unter Zugrundelegung des einseitigen Baroneschen Umsatzmaximumkriteriums Gültigkeit haben. Die völlige Einseitigkeit dieses Ophelimitätskriteriums mußte Barone gerade im Zusammenhange der hier behandelten Spar- und Kapitalamortisationsprobleme schon aus der einfachen Überlegung hervorgehen, daß der Staat (z. B. wenn die von ihm bis zu einem noch erträglichen Maximum bereits gesteigerte (sei es direkte oder indirekte) Ersparnisprämie nicht hinreichend zur Spar- und damit Neukapitalbildung anregt), in die Zwangslage versetzt wird, die bisher etwa den minimalen Kostenpreisen angeglichenen Konsumtionspreise entsprechend zu erhöhen. Wie verwickelt muß sich die Beurteilung aller in diesem Zusammenhange auftauchenden Fragen erst gestalten, wenn wir nicht wie Barone unberücksichtigt) lassen, ob das betreffende Individuum „ein heutiges größeres γX einen künftigen geringeren Zuwachs bevorzugt [346]"; d. h. wenn wir die individuellen Ophelimitäts-(index-)funktionen und das auf diese in erster Linie sich gründende Verteilungsgesetz der Gesellschaft hierbei gebührend in Rechnung stellen.

Die von Barone in diesem Zusammenhange ebenfalls kurz gestreiften Fragen der direkten oder indirekten Verteilung etwaiger Unternehmergewinne sowie der Handhabung von kombinierten Produktions- und Verkaufspreisen brauchen von uns hier nicht weiter behandelt zu werden, da sie im wesentlichen keine besonderen Gesichts-

[346]) a. a. O. S. 39.

punkte bieten sowie an sich schon gegenüber ihrer weit überragenden Bedeutung im individualistischen System hier mehr zurücktreten. Sie werden aber stets dann akut, wenn die von Barone gesetzte Produktionskostenminimumsbedingung nicht mehr erfüllt ist, d. h. wenn die Herstellung ein und desselben Produktes an die Verwendung verschiedener Produktionsfaktoren geknüpft ist, so daß die mit niedrigeren Kosten produzierenden Unternehmungen einen Gewinn abwerfen. Dessen indirekte Verteilung, die in einer Herabsetzung der Produktionskosten (besonders in den bisher teurer arbeitenden Betrieben) besteht, wird gegenüber der direkten, die sich in einer Zunahme der Quote γX äußert, im allgemeinen dann zu bevorzugen sein, wenn jene Preisreduktion einen hinlänglichen und zugleich wünschenswerten, d. h. etwaige staatliche Sparinteressen nicht beeinträchtigenden Mehr verbrauch nach sich zieht. Die Zugrundelegung von im kollektivistischen Wirtschaftssystem im allgemeinen sich leichter durchsetzenden kombinierten Preisen überhaupt (gegenüber Einheitspreisen) wird immer nur nach Lage der jeweiligen Produktions- und Konsumtionsumstände zu beurteilen sein.

Bevor Barone nun dazu übergeht, das Fazit aus seiner bisherigen Gegenüberstellung der bei individualistischen und kollektivistischen Wirtschaftszuständen auftauchenden Produktionsprobleme zu ziehen, fällt ihm noch ein, daß es nicht nur darauf ankommt, die jenen Zuständen entsprechenden Gleichungssysteme nur aufzustellen, sondern dieselben auch zu lösen. Wenn in diesem Zusammenhange von Gegnern des Kollektivismus geltend gemacht worden sei, daß es doch unmöglich sei ‚jene Gleichungen vom grünen Tische aus (a tavolino), also ohne jegliche Erfahrungsunterlagen, aufzulösen, so sei dieser Einwand nur in beschränktem Maße zulässig; an sich wäre es „durchaus nicht unmöglich, jene Gleichgewichtsgleichungen vom grünen Tische aus zu lösen [347])“, wenn man von der ökonomischen Variabilität der Produktionskoeffizienten absehe. Betrachte man diese als bekannt und unveränderlich und gehe von einer gegebenen Reihe von Herstellungspreisen für alle Güter aus, so könne man auf Grund dieser Daten die von jedem Individuum angestellte Nachfrage- und Ersparniskalkulation „einsammeln“ und auf diese Weise a tavolino zu den gesuchten Größen gelangen, die den Gleichungssystemen (I) bis (III) in gleichem Maße genügten. Es scheint aber Barone dabei gar nicht zum Bewußtsein zu kommen, daß

[347]) a. a. O. S. 48.

er jene als bekannt vorausgesetzten Produktionskoeffizienten sowie die Preisdaten und darauf sich einstellenden Nachfrageerwägungen der Individuen immer nur auf Grund konkreter statistischer Erfahrungstatsachen, also eben nicht schlechtweg vom „grünen Tische" aus „einsammeln" kann.

Barone will jedoch dieses unerläßliche Postulat merkwürdigerweise — ohne jede logische Motivierung — nur bei einer gleichzeitigen Berücksichtigung der ökonomischen Variabilität der Produktionskoeffizienten zugeben. Nur dann hätten sich die Untersuchungen auf eine „sehr weite Skala" von Experimenten zu stützen, da nur auf diesem „empirischen" Wege eine Bestimmung der Produktionskoeffizienten gewährleistet werden könne, die die Ophelimitätsbedingung des Produktionskosten minimums erfülle. Und so müsse man zu dem Ergebnis kommen, daß die bisherigen Gleichgewichtsgleichungen, die jene Bedingung als Grundlage ihrer Struktur enthielten, „nicht a priori lösbar" [348]) seien. Die unvermeidliche Folge dieser Erkenntnis sei aber, daß man die Produktionsverhältnisse in der kollektivistischen Wirtschaft gegenüber denjenigen in der gemeinhin als „anarchisch" gekennzeichneten individualistischen Wirtschaft nicht von vornherein notwendigerweise als stabiler, geordneter und besser „organisiert" betrachten dürfe. Infolge der unumgänglichen empirischen Feststellung der in wirtschaftlicher Hinsicht vorteilhaftesten Produktionskoeffizienten seien sie eben denselben konjunkturhaften und spekulativen Faktoren ausgesetzt, die wie dort gelegentliche „Verwüstungen und Zerstörungen von Kapitalmengen" nicht vermeiden ließen.

Danach verbleibt Barone also als einziger a priori hinnehmbarer Lösungsanhaltspunkt für die von ihm für das kollektivistische Wirtschaftssystem aufgestellten Gleichungen jene von ihm als zuverlässiges Kriterium für das zu erstrebende Ophelimitätsoptimum betrachtete (Paretosche) Produktionskostenminimumbedingung, die er aber, wie wir gesehen haben, in gleichem Maße für die individualistische Wirtschaftsordnung gelten lassen will, so daß sie dieser gegenüber kein spezifisches Charakteristikum darstellt. Wir müssen uns aber hiernach verwundert fragen: warum ist Barone erst jetzt ganz zuletzt und lediglich bezüglich der Produktionskoeffizienten, nicht aber schon während seiner gesamten bisherigen für beide Systeme angestellten mathematischen Untersuchungen, soweit diese empirische Größen enthielten,

---

[348]) a. a. O. S. 49.

besonders also bezüglich der in ihnen in gleichem Maße als dominierende Grundlage verwendeten (Paretoschen) Maximum-Minimumhypothese zu dieser uns nur selbstverständlich erscheinenden Erkenntnis eines „a priori non ignorabimus" vorgedrungen? Mit der Beantwortung dieser Frage steht und fällt offenbar zugleich das Urteil über den Wert der gesamten Baroneschen Untersuchungen überhaupt.

Deren wichtigstes Ergebnis erblickt Barone selbst offenbar in der für erwiesen erhaltenen Tatsache, daß, wenn man in beiden Wirtschaftsordnungen jenes (sc. von ihm als Ophelimitätsoptimum gedeutete) kollektive Maximum für die Gesellschaft im Auge habe, man als unerläßliche Bedingungen für dessen Verwirklichung in beiden Systemen „dieselben beiden fundamentalen Gesetze wiedererscheinen sehe, die die freie Konkurrenz kennzeichneten (?) und die um so besser realisiert seien, je mehr die letztere vollkommen sei (?): nämlich Produktionspreis ein Minimum und Verkaufspreis gleich Produktionspreis [349]" Man hätte daher bei vorheriger Kenntnis dieser auf analytischem Wege gewonnenen Tatsachen die in beiden Wirtschaftssystemen auftauchenden Produktionsprobleme in mehr synthetischer Einfachheit folgendermaßen charakterisieren und das Auffinden ihres korrekten analytischen Ausdrucks, d. h. die Bestimmung des gesamten, das fragliche Gleichgewicht ausdrückenden Gleichungssystems, besonders die der Produktionskoeffizienten (!) von folgenden Umständen abhängig machen können: die Übereignung einiger Kapitalien an den Staat und die Verteilung ihres Ertrages auf Grund irgendeines Verteilungsgesetzes an die Individuen laufe auf dasselbe hinaus wie von einem Zustande im individualistischen Regime auszugehen, in dem die Individuen außer den ihnen als persönliches Eigentum gehörenden Kapitalien zugleich anteiliger Besitzer von ebensoviel Kapitalgütern sind wie sie der Staat nunmehr eignet, wobei sich ihr Anteil aus demselben Verteilungsgesetz ergebe, das bereits im individualistischen System geherrscht habe [350]).

Auf die völlige Haltlosigkeit dieser Baroneschen Schlußfolgerung braucht, zumal sie vorwiegend auf der berüchtigten Maximum-Minimumhypothese beruht, kaum noch hingewiesen zu werden. Barone begeht hier nur noch den weiteren Fehler, daß er ohne jede empirische Berechtigung ohne weiteres dasselbe Verteilungsgesetz für beide Wirtschaftsordnungen unterstellt. Wenn er ferner ein wichtiges Ergebnis

[349]) a. a. O. S. 50. [350]) ibidem.

seiner Untersuchungen in der Tatsache erblickt, daß, wenn eine ausreichende Bildung von Neukapital gesichert sein solle, die Verteilung der staatlichen Kapitalgüter den Individuen n i c h t — wie von Verfechtern sozialistischer Ideen im allgemeinen erwartet werde — ein größeres zu Verbrauchszwecken zur Verfügung stehendes Einkommen liefert als im System der individuellen Verkehrswirtschaft, so wird er offenbar gar nicht gewahr, daß dies nur eine selbstverständliche Folge der von ihm (ohne die notwendige Berücksichtigung irgendwelcher konkreter Produktions-, Verteilungs- und Nachfrageumstände) selbst gemachten Voraussetzung darstellt, daß Konsumtion sowohl wie Ersparnis in beiden Systemen dieselben Grenzen innehalten sollen (a. a. O. S. 45). Deswegen entbehrt auch die Behauptung, daß eine Vermehrung des Verbrauches im sozialistischen System nur auf Kosten der unerläßlichen Bildung von Neukapital — zu denen er übrigens auch den Menschenersatz, d. h. die Geburten zählt — ermöglicht werden könne, jeder Begründung; die daran weitergeknüpfte Deduktion Barones, daß die „freie Liebe" im sozialistischen Staat nicht durchführbar sei, brauchen wir wohl nicht weiter ernst zu nehmen.

In Summa müssen wir also aus den sämtlichen Baroneschen mathematischen Untersuchungen über die fraglichen Produktionsbedingungen, unter denen ein kollektives Wirtschaftssystem gegenüber einem individualistischen bestehen kann, das Fazit ziehen, daß ihr erkenntnistheoretischer Wert ziemlich belanglos ist; denn sie zeigen nur auf, daß, wenn wir für beide Systeme die gleiche (Paretosche) Ophelimitätsoptimumhypothese des Produktionskostenminimums zugrunde legen, in der Kollektivwirtschaft die g l e i c h e n ökonomischen Kategorien der alten individualistischen Wirtschaftsordnung wie Preise, Löhne, Zins, Einkommen, Ersparnis, Unternehmergewinn usw. wiedererscheinen, also dieselben zum mindesten gleichschwierigen wirtschaftlichen Probleme (bes. für die Produktion) auftauchen, deren analytische Formulierung für analoge Gleichgewichtslagen auch zu analogen Gleichungssystemen führt. Die weitere Frage aber, inwieweit auf die L ö s u n g dieser Probleme die Unterstellung weiterer a l l g e m e i n e r Voraussetzungen, wie z. B. betreffend die freie Konkurrenz, den Verbrauchs- und Ersparnisumfang, den Verteilungsmodus usw. von bestimmendem (sei es positivem oder negativem) Einfluß ist, hat, weil ohne die besondere Berücksichtigung k o n k r e t e r statistischer Erfahrungsdaten gar nicht festzustellen, aus den diesbezüglichen Betrachtungen von vornherein auszuscheiden. Damit ist aber zugleich erwiesen, daß, wenn jenes von Barone als tertium comparationis für beide Wirtschaftssysteme verwendete Ophelimitätsoptimumkriterium als völlig einseitig und unzulänglich fortfällt, auch die für beide Systeme charakteristischen Gleichungen in sich zusammenfallen müssen, da dann die Zahl der in ihnen vorkommenden Unbekannten die der die fraglichen Abhängigkeitsbeziehungen dieser Unbekannten ausdrückenden *Bedingungs*gleichungen um ein erhebliches übertrifft: m. a. W. die von Barone für beide Wirtschaftsordnungen aufgestellten Gleichungssysteme verlieren dann jeglichen erkenntnistheoretischen Wert, da die Lösung der in ihnen zum Ausdruck kommenden Probleme gänzlich *unbestimmt* wird. Dies ist von um so größerer Bedeutung, insofern als Barone die eindeutige Bestimmung der in der Kollektivwirtschaft vorkommenden Unbekannten an sich nur dadurch gelungen ist, daß er in dem von ihm zugrunde gelegten Gleichungssystem *beide* das kollektivistische Wirtschaftssystem in seiner charakteristischen Eigenart doch erst eigentlich kennzeichnenden Merkmale, nämlich die *Verteilungs*quoten γ sowie die *Ersparnis*prämie $\lambda_e R_e$ als *bekannt* vorausgesetzt hat. Auf der anderen Seite werden wir auf Grund unserer eingehenden Nachprüfung der Baroneschen Argumentationen zu der weiteren Frage geführt: Wie werden, wenn wir Barone sogar schon bei (vorübergehender) Hinnahme seiner ungerechtfertigten Ophelimitätsoptimums-, Verbrauchs-, Ersparnis-, Verteilungs- und sonstigen Hypothesen, in seinem Vergleich beider Wirtschaftssysteme eine Reihe *anderer* schwerer *Irrtümer* haben nachweisen können, sich die *wahren* Ergebnisse solcher analytischer Untersuchungen nach Berichtigung oder Fortfall jener Hypothesen erst gestalten müssen? Schon aus dieser Erwägung geht zur Genüge hervor, wie wenig der Baronesche Versuch in seiner Unvollkommenheit dazu dienen kann, dem Leser etwa die Beantwortung der von Barone zu Beginn seiner Untersuchungen aufgeworfenen Frage zu erleichtern: Wird die kollektivistische Produktionswirtschaft vor der individualistischen zu bevorzugen sein?

Die von Barone verwendete Paretosche Maximum-Minimum-Hypothese kann offenbar nur auf gewisse, sicherlich nicht einmal die Mehrzahl oder auch nur den Durchschnitt aller Produktionsverhältnisse in dem vorsichtigen, nur empirisch verifizierbaren Sinne übertragen werden, daß für das individualistische System der *freien* Konkurrenz die *Wahrscheinlichkeit* besteht, daß das wahre Ophelimitätsoptimum für die Gesellschaft am *häufigsten* erreicht sein wird, wenn die Produktionskosten zu einem Minimum hin tendieren. Diese Wahrscheinlichkeit ist aber a priori viel geringer in der Kollektivwirtschaft, da in dieser infolge Fortfallens der meisten (individualistischen) Konkurrenzumstände um so weniger Grund vorhanden sein wird, ein Kostenminimum innezuhalten, vielmehr eher Veranlassung dafür vorliegen wird, die vom Staate nunmehr zwecks hinreichenden Kapital(Produktionsmittel-)ersatzes zu überwachende Bildung von Sparkapital durch angemessene Erhöhung der Verkaufspreise sicherzustellen. Eine solche Erhöhung wird offenbar von den Mitgliedern der Gesellschaft um so eher hingenommen werden können, je mehr sie auf der anderen Seite durch die indirekte (also durch Preisnachlaß sich äußernde) Verteilung hoher Ersparnisprämien und staatlicher Unternehmergewinne ausgeglichen wird. Barone konnte offenbar zu dieser Erkenntnis nicht vordringen, da er in jeder durch Wahrnehmung einer monopolartigen Stellung bedingten Abweichung von seiner einseitigen Ophelimitätsoptimumhypothese meistens eine damit verbundene „Zerstörung" von Kapitalgütern erblickt.

Im ganzen geht aber aus unseren bisherigen Ausführungen die äußerste Wichtigkeit der Produktionskoeffiziententheorie überhaupt hervor, die offenbar den grundlegenden objektiven Bestandteil für jede ökonomische Theorie, besonders Wert- oder Preistheorie liefert und deren gehöriger Ausbildung und Einreihung in die gesamte ökonomische Theorie alle (nicht nur die mathematisch geschulten) Nationalökonomen viel mehr Aufmerksamkeit zuwenden sollten. Auf der anderen Seite bestand aber Barones Hauptfehler gerade darin, die Produktionsprobleme der individualistischen sowohl wie kollektivistischen Wirtschaft lediglich mit Hilfe einer solchen Produktionskoeffiziententheorie erklären zu wollen, ohne dabei den anderen unentbehrlichen Bestandteil jeder ökonomischen, also auch Produktionstheorie, nämlich den subjektiven der die eigentliche Zweckbestimmung jeder Produktion überhaupt erst begründenden Bedürfnisse und Nutzempfindungen des Menschen überhaupt in Betracht zu ziehen. Barone glaubte in seinem Gleichungssystem mit bloßen Gütermengen und -wertgrößen, d. h. den Wirtschaftsobjekten operieren zu können, ohne sich irgendwelche Gedanken darüber zu machen, in welchen gegenseitigen Abhängigkeitsbeziehungen diese objektiven Größen zueinanderstehen. Beziehungen, die eben nur durch Vermittlung der auf jene Größen sich einstellenden bedürfnisempfindenden Menschen in deren subjektiven (Grenz-)Nutz- bzw. Nutzenindexfunktionen gefunden werden können. Jeder

Versuch, die letzteren von der Betrachtung ganz auszuschalten, muß somit schon von vornherein zum Scheitern verurteilt sein. Es kommt eben in der (bes. exakten) Nationalökonomie nicht nur darauf an, die wirtschaftlichen Phänomene, vornehmlich also die der Gütermengen und -preise als „bloße Tatsachen ... hinzunehmen und sich darauf zu beschränken, dieselben lediglich zu konstatieren ..." [351]), sondern diese Tatsachen in ihrer gegenseitigen Bedingtheit mit möglichster Genauigkeit (daher exakte Nationalökonomie!) zu beschreiben und damit hinreichend zu erklären. Die Produktionskoeffiziententheorie wird also nur in engster Verbindung mit der (Grenz-)Nutzentheorie die Grundpfeiler für die Ausbildung sowohl der Allgemeinen wie der Speziellen exakten Nationalökonomie zu liefern vermögen.

Barone rühmt den Vorzug der mathematischen Behandlungsweise der hier erörterten Probleme in dem Umstande, daß solche mathematischen Darstellungen gestatten, „ziemlich komplizierte und verwickelte Probleme in präzise Ausdrücke zu kleiden und in geradem und schnellem Fortschreiten aus den so gesetzten Prämissen die entsprechenden Schlußfolgerungen abzuleiten" [352]). Sie dienten dazu, den Geist zu zwingen, die Vorstellungen, auf die er sich einstellt, zu begrenzen, ihren einmal gefaßten Sinn während des eingeschlagenen Gedankenweges nicht zu wechseln und die beim Ausgange gemachten Prämissen nicht unterwegs zu vergessen oder abzuändern" [353]). In der Tat entwickelt Barone hier die richtigen Grundsätze und Richtlinien für eine einwandfreie Anwendung der mathematischen Methode. Nur um so unverzeihlicher wird aber damit der von ihm begangene Fehler erscheinen müssen, dieselben in seiner eigenen Darstellung selbst am wenigsten berücksichtigt zu haben. Und wenn er schließlich meint, „der größte Teil aller Fehlschüsse" sei auf die Nichtbefolgung dieser Leitsätze zurückzuführen, so hat er sich damit in ungeahnter bitterer Ironie zugleich selbst das Urteil über seine eigene Arbeit gesprochen, an der seine Leser offenbar weniger den gewünschten produktiven (erkenntnistheoretischen) als ihren ungewollten didaktischen Wert zu schätzen wissen werden.

---

[351]) Barone a. a. O. S. 9.
[352]) a. a. O. S. 52.
[353]) ibidem.

G. Steuertheorien.

§ 1.

Der Einfluß steuerlicher Lasten auf den Gang der Produktion nach Barone.

Die Theorien der Finanzwissenschaft sind in der Reinen Politischen Ökonomie Italiens bis jetzt noch keiner strengen analytischen Betrachtungsweise zugänglich gemacht worden, vielmehr finden sich unter den beachtenswerteren finanztheoretischen Schriften in der Hauptsache nur graphische Darstellungen, die mit Kurven (insbesondere Grenznutzennachfrage- und Angebotskurven) operieren, deren Gestalt sowohl wie Lage mehr oder weniger willkürlich angenommen werden. Der meist wenig mathematische Charakter dieser graphischen Untersuchungen, die fast durchweg bloß illustrativer Natur sind und gegebenenfalls höchstens gewisse didaktische Anhaltspunkte zu geben vermögen, verbietet uns programmgemäß (cf. Vorrede), hier näher bei ihnen zu verweilen, zumal sie für die Beurteilung der Leistungen der mathematischen Schule Italiens völlig belanglos sind.

Besonderes Interesse unter den graphisch orientierten Steuertheorien verdienen eigentlich nur die „Teoremi fondamentali per la teoria matematica dell' imposta" Barones [354]) und die „Teoria matematica del monopolio" Amorosos, welch letztere wir gelegentlich der Behandlung des Handelsmonopolproblems (cf. S. 199 ff.) bereits kennen gelernt haben. Barone legt zwar seinen Untersuchungen ebenfalls ganz bestimmte Kurvengestalten zugrunde, immerhin ist seine Argumentation im Rahmen des typischen Charakters dieser Kurven von ihrem Verlaufe im einzelnen durchaus unabhängig zu nennen. So geht er von einem „perfetto edonista" aus, der ein bestimmtes Gut produziert, dessen Mengen er auf die X-Achse eines rechtwinkligen ebenen Koordinatensystems als Abszissen aufträgt, zu denen er die entsprechenden Grenznutzen- (gradi finali di utilità) bzw.

---

[354]) G. d. E., 1894, Serie II, 8. S. 201 ff. — Eine gründlichere Behandlung hat die Finanzwissenschaft Italiens überhaupt später von Barone in seinen „Studi di economia finanziaria" im G. d. E. 1912, I, Serie III, 44. S. 309 ff. erfahren. Doch tritt in ihm die mathematische Methode als wesentliches Hilfsmittel für die Darstellung und Lösung der aufgeworfenen Probleme vollkommen zurück. Barone beschränkt sich in ihnen vielmehr sogar vorsätzlich auf „sehr wenige und mäßige mathematische Anmerkungen" (S. 309) und auf einfache, bloß anhangsweise beigefügte, graphische Erläuterungen seiner eingestandenermaßen auf „wesentlich induktiver" Grundlage" (S. 309) gewonnenen Schlüsse.

Grenzkostenwerte [354a]) (gradi finali di costo) als zugehörige Ordinaten konstruiert, so daß er auf diese Weise eine Grenznutzenkurve A B bzw. eine Grenzkostenkurve C D erhält. Die Fläche, die zwischen zwei Punkten einer solchen Kurve von deren Ordinaten, der Differenz ihrer Abszissen und dem zugehörigen Kurvenbogen eingeschlossen wird, m. a. W. das Integral der durch die Kurve dargestellten Grenznutzenfunktion u (x) bzw. Grenzkostenfunktion c (x), stellt dann den von dem betreffenden Individuum empfundenen Gesamtnutzen U(x) bzw. die Gesamtkosten C(x) der von der Abszissendifferenz angegebenen produzierten Menge dar.

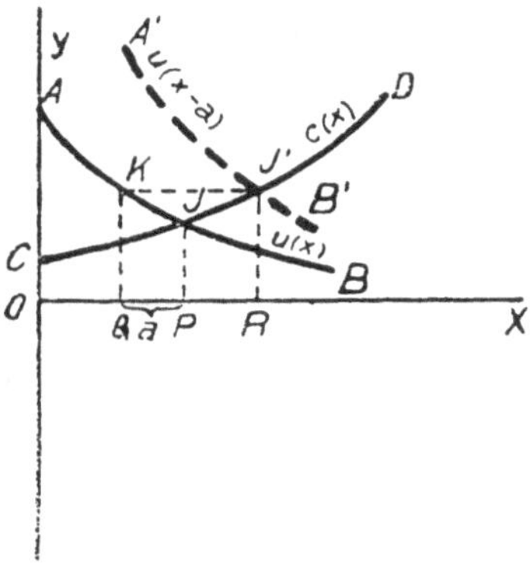

Fig. 25

Das Bestreben des Individuums N wird es nun stets sein, seine Produktion so einzurichten, daß die Differenz U (x) — C (x) zwischen dem Nutzen der produzierten Menge und ihren Kosten zu einem Maximum, also u (x) = c (x) wird. Kann es also vollkommen über den Ertrag seiner Produktion verfügen, so wird es diese so weit auszudehnen versuchen, bis der Grenz n u t z e n der produzierten Menge gleich ihren Grenzk o s t e n, oder anders, bis der Schnittpunkt J der beiden Kurven u (x) und c (x) erreicht ist. Zwingt aber nun der Staat den Unternehmer, einen Teil seines Erzeugnisses an ihn als Steuer, Auflage, Abgabe o. dgl. unentgeltlich abzutreten, so fragt es sich, wie unter einem solchen gewaltsamen Eingriff die Fortführung der Produktion zu leiden hat. Wir unterscheiden dabei mit Barone die beiden Fälle, in denen die Steuer unabhängig von der produzierten Menge x (z. B. in der konstanten Höhe a) oder in einem bestimmten Verhältnis (t x) zu ihr (wo $t < 1$) erhoben wird. Außerdem unterstellen wir, daß der belastete Produzent sich in der Unmöglichkeit befindet, diese Schuld einem anderen aufzuladen, was gleichbedeutend mit der Annahme ist, „daß die Abwälzung der Abgabe schon vollzogen sei“[354b]).

Ist also die Auflage a zunächst unabhängig von der Produktionsmenge x, d. h. eine Kopfsteuer, so wird der Unternehmer darauf bedacht sein, daß nicht mehr U(x) — C(x), sondern U(x—a) — C(x) ein Maximum wird. Betrug also vor

[354a]) Die auch als Grenznutzenkosten- oder sogar als Grenzkostennutzwerte aufgefaßt werden können. [354b]) Barone, a. a. O. S. 202.

Erhebung der Abgabe die produzierte Menge x_1, so wird er jetzt seine Produktion auf die Menge x_2 einzustellen suchen, die sich aus $u(x_1 - a) = c(x_2)$ ergibt. (1)

Um nun gleichzeitig beurteilen zu können, ob $x_2 \gtreqless x_1$ ist, ist es natürlich unerläßlich, zuvor über den Charakter der verwendeten Funktionen u(x) und c(x) bestimmte Voraussetzungen zu machen.

In Fig. 25 ist der Verlauf der Funktion u(x) von Barone in der Form angenommen worden, der wir bereits bei Pareto begegnet sind. Wie wir aber schon damals ausdrücklich feststellen mußten, lassen sich über die wirkliche Gestalt der Grenznutzenfunktionen erst nach dem Vorliegen praktischer, auf die statistische Erfahrung gegründeter Untersuchungsergebnisse nähere Angaben machen. Der in obiger Zeichnung von Barone gewählte Verlauf der Grenznutzkurve A B kann also, wenn er auch wohl infolge der kaum zu bestreitenden Geltung des Grenznutzen g e s e t z e s großen Wahrscheinlichkeitsgehalt besitzt, bis dahin eben nur als rein hypothetisch gelten. Dies trifft offenbar für den von Barone in obiger Figur zugrunde gelegten Typ der Grenzkostenkurve C D *Κατ' ἐξοχήν* zu. Die Entwicklung der Produktionskosten ist naturgemäß nicht in jedem Produktionszweig dieselbe. Sie hängt von den verschiedenartigsten Produktionsbedingungen (dem Bezug der Rohstoffe, der Kapitalsanlage, der Betriebsform, den Arbeitskräften, den Transportkosten usw.), besonders aber von dem Verhältnis der konstanten, d. h. von der Produktions m e n g e unabhängigen, zu den variabeln, also mit zunehmender Menge veränderlichen Produktionskosten ab. Diese werden sich in den meisten Produktionsgebieten zu Beginn der Produktion in stärkerem Maße als die produzierte Menge vermehren, bis ein Punkt erreicht sein wird, von dem aus eine erhöhte Entfaltung der Produktionskräfte, wenn es sich um einen Großbetrieb mit genügendem Absatz handelt, innerhalb der Leistungsfähigkeit der gegebenen Anlage zunächst mit s i n k e n d e n Mehrkosten für jede produzierte Zuwachsmenge verbunden zu sein pflegt. Erst, wenn diese Anlage vollkommen ausgenutzt ist, beginnt im allgemeinen der Kosten- den Produktionszuwachs in immer steigendem Maße zu übertreffen, bis schließlich eine weitere Ausdehnung der Produktion unvorteilhaft sein wird, da sie in gar keinem Verhältnis mehr zu den dadurch hervorgerufenen Mehrausgaben steht [354c]).

[354c]) cf. dazu das Büchersche Gesetz der Massenproduktion in der Zeitschr. f. d. ges. Staatsw. 1910.

Einer solchen, in der Wirklichkeit sehr häufig anzutreffenden Entwicklungstendenz der Produktionskosten entspricht jedoch das Verhalten der von Barone verwendeten Kurve C D keineswegs. Man wird in demselben offenbar keine allgemeingültige charakteristische Norm zu erblicken haben, sondern höchstens bestimmte Kurvenabschnitte zu entsprechenden Produktionsvorgängen der Wirklichkeit in Beziehung setzen dürfen. Dies alles läßt Barone unberechtigterweise gänzlich unerwähnt, obwohl er doch später beiläufig wenigstens „verschiedenartig kombinierte Unterstellungen" zugibt, die man in betreff des Verlaufes der Nützlichkeits- und Kostenkurve machen könne (!) [354d)]". Seine Darstellung der Wirkungen einer Steuerabgabe auf den Fortgang des Produktionsprozesses mußte infolgedessen auch, soweit sie sich lediglich auf die spezifische Gestalt der Grenznutzen- und -kostenkurven A B und C D in Fig. 25 gründete, ein zum mindesten einseitiges Bild von der Wirklichkeit ergeben. Wenn wir ihr daher auch weiterhin Beachtung schenken wollen, so kann dies nur unter dem ausdrücklichen Vorbehalt der Realisierbarkeit der den einzelnen Kurvenformen jeweilig unterstellten Produktionssphären geschehen. Jedenfalls verlieren damit alle jetzt von uns noch zu behandelnde Theoreme Barones den absoluten Charakter, den ihnen ihr Autor beizulegen scheint.

Wir wählen also mit Barone die Grenznutzen- bzw. -kostenfunktionen u(x) und c(x) in der Gestalt, wie sie in Fig. 25 zum Ausdruck kommt. Dann wird sich das Kriterium für einen Produktionsfortschritt oder -rückgang schon mit der Feststellung ergeben, ob x_2 größer oder kleiner als x_1 ausfällt. Da nun die zur Abszisse x—a gehörige Ordinate KQ der Funktion u(x) stets größer als JP ausfallen muß, so wird auch die dieser selben Ordinate seitens der Funktion c (x) entsprechende Abszisse x_2 unbedingt größer als x_1 sein, m. a. W. es wird eine Erhöhung der Produktion eintreten. Der x_2 zugehörige Punkt J' der Kurve C D wird dann den Schnittpunkt dieser Kurve mit dem Bild der Funktion $y = u(x-a)$ darstellen, die in derselben Weise verläuft wie u (x), nur daß ihre Ordinaten gegenüber denen dieser Funktion um den Abstand $x_2 - (x_1 - a)$, nicht aber a, wie Barone meint [354e)], verschoben erscheinen.

Beträgt nun die Abgabe tx, wo $t < 1$, so wird der Unter-

[354d)] a. a. O. S. 207.

[354e)] a. a. O. S. 204, ein Irrtum, der ihm offenbar dadurch unterlaufen ist, daß er in Gl. (1) unkorrekterweise u (x—a) statt u (x_1—a) und c (x) statt c (x_2) schreibt.

nehmer darauf sehen, daß U (x—tx) — C(x) ein Maximum, also

$$(1-t)\,u\,(x_1-tx_1) = c\,(x_2) \qquad (2)$$

wird. Dann werden also „die Grenzkosten der gesamten Produktionsmenge gleich dem auf den Reingewinn reduzierten Grenznutzen der davon insgesamt verbrauchbaren Menge“ sein [354f]). Die Funktion $y = (1-t)\,u\,(x-tx)$ hat, wie leicht nachzuweisen ist (immer den in Fig. 23a angegebenen Verlauf der Funktion u(x) unterstellt!), denselben Chrarakter wie die Funktion u (x), nämlich stetig abnehmende Ordinaten bei stetig zunehmenden Abszissen. Um nun wieder das Größenverhältnis von x_1 und x_2 ermitteln zu können, brauchen wir nicht den gesamten Verlauf der neuen Funktion y zu konstruieren; es genügt vielmehr die Feststellung, ob ihre Ordinate $(1-t)\,u(x_1-tx_1)$ größer oder kleiner als $c\,(x_1)$ ausfällt.

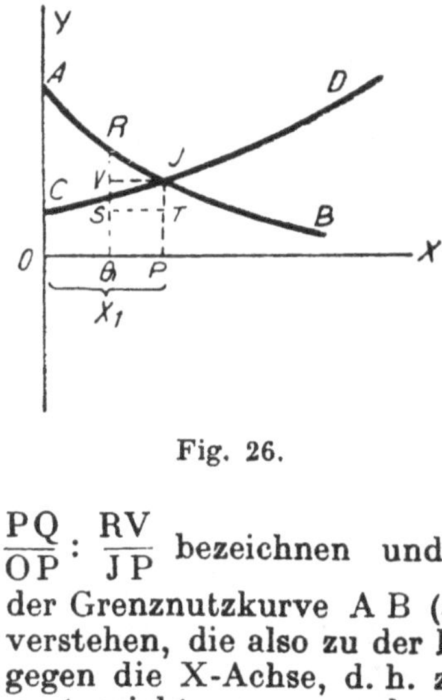

Fig. 26.

Nehmen wir also in nebenstehender Figur $PQ = tx_1 = tOP$ und $RS = t\,u\,(x_1-tx_1) = t\,RQ$, so wird es darauf ankommen, die Länge der Strecke TP = $(1-t)\,(RV+JP)$ mit JP in Vergleich zu setzen. Zu diesem Zwecke wollen wir mit Barone nach dem Vorbilde von Marshal, der dieses treffende Merkmal der Behandlung seiner Nachfragekurven zugrunde gelegt hat (es hat jedoch für verschiedene Kurventypen auch verschiedene praktische Bedeutungen) mit e das Verhältnis $\frac{PQ}{OP} : \frac{RV}{JP}$ bezeichnen und darunter die E l a s t i z i t ä t der Grenznutzkurve A B (also der Nachfrage) im Punkte J verstehen, die also zu der betreffenden Neigung dieser Kurve gegen die X-Achse, d. h. zu den Abweichungen ihrer Tangentenrichtungen von der Richtung der X-Achse umgekehrt proportional ist. Das gleiche gilt von der sich entsprechend ergebenden Elastizität der Grenzkostenkurve C D, die als Angebotskurve aufgefaßt werden kann. Dann hat man also: $RV = \frac{t}{e}\,JP$, und somit

$$TP = \frac{(1-t)\,(e+t)}{e}\,JP. \qquad (3)$$

[354f]) ibidem.

Da nun $\frac{(1-t)\ (e+t)}{e}$ größer, gleich oder kleiner als 1 ist, je nachdem 1—t größer, gleich oder kleiner als e, so wird der *Unternehmer seine Produktion steigern, auf der gleichen Höhe halten oder herabsetzen, je nachdem die steuerlich nicht belastete Quote einer Produktionsmengeneinheit größer, gleich oder kleiner als die Elastizität der Grenznutzkurve in dem Schnittpunkt J derselben mit der Grenzkostenkurve ist.*

Aus diesem Theorem lassen sich offenbar viele andere herleiten, je nach der besonderen Gestalt, die man den Kurven AB und CD unterlegt. Wir wollen aber mit Barone nur noch den Fall betrachten, in dem die Grenznutzkurve ihre konkave Seite der X-Achse zukehrt, nachdem wir zuvor den Hilfssatz bewiesen haben, daß, wie auch immer die Form der Nutzen- oder Kostenkurven beschaffen sein mag, die Elastizität in irgendeinem ihrer Punkte gleich dem Verhältnis der zugehörigen Subtangente zu seiner Abszisse genommen werden kann.

Ist nämlich, wie in nebenstehender Figur, MT die Tangente an eine solche Kurve im Punkte M, so wird unbedenklich NM als die gleiche Tangente angesehen werden können, wenn die Punkte N und M nur hinreichend nahe beieinander liegen. Dann hat man aber:

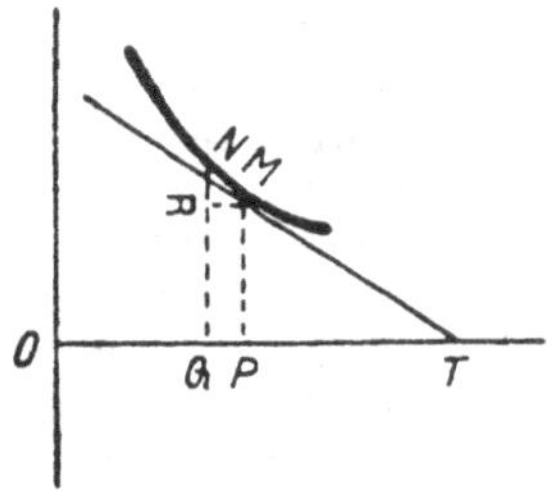

Fig. 27

$$\frac{NR}{RM} = \frac{MP}{PT}, \text{ so daß } PT = \frac{Rm \cdot MP}{NR}$$

$$\text{und somit } \frac{PT}{OP} = \frac{RM}{OP} \cdot \frac{MP}{NR} = \frac{RM}{OP} : \frac{NR}{MP} = e \text{ kommt.}$$

Nehmen wir nun die Grenznutzenkurve A B in der nebenstehend gekennzeichneten, die Grenzkostenkurven dagegen in der bisherigen Form an, so läßt sich leicht zeigen, daß die Elastizität e im Punkte A der Kurve A B unendlich ist und mit zunehmender Abszisse kontinuierlich bis zu dem Punkte B abnimmt, wo sie gleich Null wird. Unter allen Punkten der Kurve gibt es einen (C), in dem die Subtangente gleich seiner Abszisse, also die Elastizität der Kurve gleich 1 ist. Barone schlägt für ihn die Bezeichnung „Cournotscher Punkt“ vor, da er in der mathematischen Theorie des Monopols bei

Cournot eine hervorragende Rolle spielt [354g]). In ihm wird also, dem letzten Theorem zufolge, da $1-t < e = 1$ ist, die Produktion unbedingt sinken müssen. Dies wird a fortiori links von ihm zu gelten haben, da dann e sogar größer als 1 wird. Rechts von ihm, wo stets $e < 1$, z. B im Punkte J', kann dagegen die Sache zweifelhaft werden. Ist die Elastizität dort etwa $1-h$ (wo $h < 1$) und $t = O$, so wird sich die Produktion heben; dies wird auch noch für $t < h$, also für einen verhältnismäßig niedrigen Steuersatz, zutreffen. Erst, wenn $t = h$, kommt die Produktion zum Stillstand; nimmt der Steuerdruck sogar noch weiter zu, so daß $t > h$ wird, so ist ein Zurückgehen der Produktion natürlich unvermeidlich. Hieraus geht also mit aller Deutlichkeit hervor, daß jede Steuer dort bald produktionshemmend wirken muß, wo sie auf Waren gelegt ist, die nur in verhältnismäßig beschränkten Mengen bei schnell im Wachsen begriffenen Mehrkosten vermehrt werden können, was im allgemeinen auf den Kleinbetrieb (Handwerk usw.) zutreffen wird. Handelt es sich dagegen um die Fabrikation von Massenartikeln, deren erhöhte Produktionskosten erst bei der Ausdehnung der von vornherein auf einen ziemlich umfangreichen Absatz eingestellten Produktion über gewisse Grenzen ins Gewicht fallen, wie beim Großbetrieb (cf. Gesetz der Massenproduktion von Bücher [354c])!), so wird die Steuer nur solange den Produktionsfortschritt nicht aufzuhalten vermögen, als sie sich in mäßigen Sätzen bewegt.

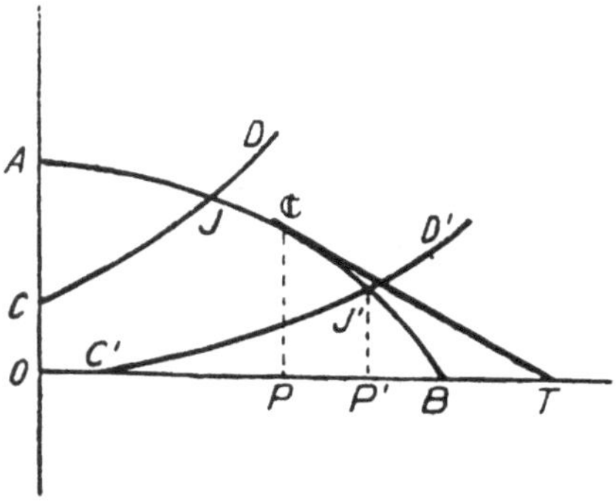

Fig. 28

Dies sind offenbar die wichtigsten Folgerungen, die man den Untersuchungen Barones entnehmen kann; sie gelten jedoch — das muß immer wieder betont werden — nur im engen Rahmen der unterstellten Eigentümlichkeiten der Grenznutz- und -kostenfunktion und stützen sich somit zunächst auf die bloße Anschauung spezifischer geometrischer Gebilde, die als didaktisches Hilfsmittel allerdings nicht ohne weiteres von der Hand zu weisen ist. Immerhin durfte Barone, wenn er sich nicht mindestens den Vorwurf einsei-

[354g]) In ihm ist offenbar x u (x) ein Maximum.

tiger Methodik zuziehen wollte, es nicht unterlassen, den Leser auf die nur relative Gültigkeit seiner Theoreme gebührend hinzuweisen.

§ 2.

Die Wirkung einer Steuer bzw. Prämie auf die wirtschaftliche Lage eines Monopolisten nach Amoroso.

In seiner schon mehrmals erwähnten „Teoria matematica del monopolio" untersucht Amoroso auch den Einfluß, den eine Steuer auf den Preis und die Verkaufsmenge eines Monopolgutes auszuüben in der Lage ist. Für diesen Zweck läßt sich, wie wir gleich sehen werden, die graphische Methode sogar als sehr wertvolles Beweismittel einwandfrei handhaben und ist aus denselben Gründen, die ihre Anwendung bereits im Zusammenhange der voraufgegangenen handelstheoretischen Betrachtungen haben vorteilhaft erscheinen lassen, als mindestens gleichwertiger Ersatz jedes etwaigen konkreten analytischen Lösungsverfahrens anzusehen.

Macht die Steuer, um die es sich handelt, einen fixen Betrag aus (der also nicht mit der verkauften Menge variiert), oder ist sie proportional dem Reingewinn des Monopolisten, so ändert sie offenbar an der Lage des Gleichgewichtes (d. h. an dem Verkaufspreis und an der Verkaufsmenge) nichts. Sie wird dann eben vollständig, d. h. in der hinsichtlich der entsprechenden (vom hedonistischen Prinzip beherrschten) Einstellung des Gleichgewichts vorgesehenen Höhe vom Monopolisten verauslagt. Dann gibt es also kein besonderes Problem zu lösen; dasselbe entsteht erst, wenn die Auflage mit variabler Verkaufsmenge ebenfalls variiert.

Amoroso untersucht dann nur den wichtigsten Fall, in dem die Steuer der jeweiligen Verkaufsmenge des Monopolisten proportional ist.

Stellt s den Steuersatz vor, mit dem die Maßeinheit der verkauften Menge belastet wird, und ziehen wir in der Ebene (x, y) (cf. Fig. 29) die Gerade (a)

$$y = sx, \tag{1}$$

so drückt die Ordinate irgendeines Punktes dieser Geraden den steuerpflichtigen Gesamtbetrag aus, der auf die Verkaufsmenge entfällt, die von der Abszisse dieses Punktes angegeben wird.

Denken wir uns nun die von früher her (cf. S. 206) bereits bekannte Gewinn- oder Profitkurve p vor dem Bestehen der fraglichen Steuer gezeichnet, so wird ihre durch die Wirkung der Auflage bedingte Gestalt p' sich sofort dadurch ergeben, daß man auf jeder Ordinaten von p von den

Punkten dieser Kurve aus in negativer Richtung die Strecke y abträgt, die der dieser Ordinate zugehörigen Abszisse der Geraden (1) als Ordinate entspricht. Da y in Gleichung (1) mit zunehmendem x beständig wächst, so wird natürlich

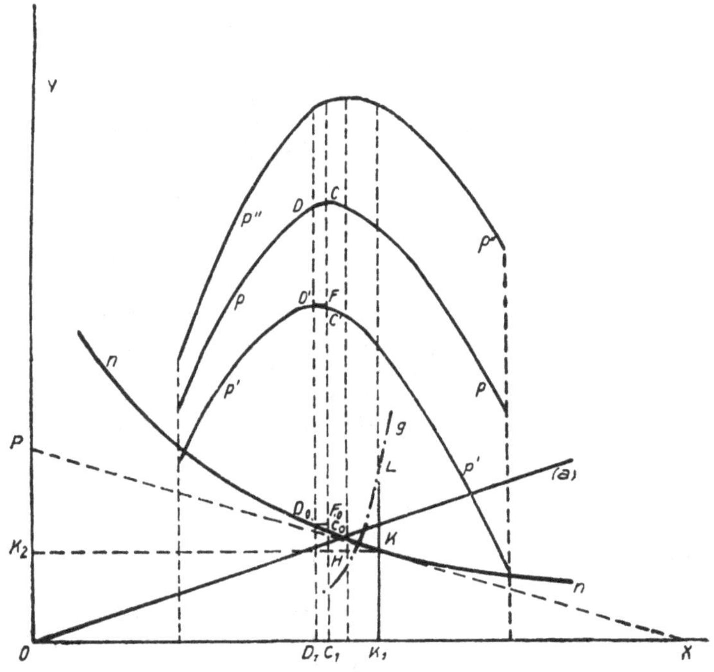

p Profitkurven vor der steuerlichen Belastung oder vor Einführung der Prämie
p' " " nach der steuerlichen Belastung
p'' " " nach Einführung der Prämie
g Grenzkostenkurve
n Nachfragekurve.

auch die Differenz der Ordinaten der Kurven p und p', d. h. ihr gegenseitiger Abstand, mit zunehmender Entfernung vom Ursprung unaufhörlich im Wachsen begriffen sein.

Hieraus folgt, daß die Abszissen des jeweilig höchsten Punktes der Kurve p' in jedem Streifen, der von zwei zur Y-Achse gezogenen Parallelen eingeschlossen wird, nur k l e i n e r o d e r (m e i s t) g l e i c h der Abszisse des jeweilig höchsten Punktes der Kurve p sein kann. Wie leicht ersichtlich, wird der gewöhnliche Fall der Gleichheit eintreten, solange in den Streifen, den man betrachtet, keine Maxima von p und p' fallen, oder aber — sollten solche doch vorkommen und ist C das maximum maximorum von p (cf. Fig. 29) — solange außerhalb einer gewissen Umgebung von C die trigonometrische Tangente in dem betreffenden Punkte von p größer ist als der Steuersatz s. In diesem Falle bleibt die Gleichgewichtslage (Verkaufspreis und -menge) des Monopolisten unverändert und die Steuer fällt ihm in der vorgesehenen Höhe ganz zur Last.

Der Fall der Ungleichheit wird aber akut, sobald in den fraglichen Streifen nur ein Maximum von p oder p' entfällt oder aber, sofern es deren mehrere gibt, in einer hinreichend nahen Umgebung des gekennzeichneten C die trigonometrische Tangente in dem betreffenden Punkte von p kleiner ist als der Steuersatz s.

Wir befassen uns mit dieser Modalität etwas näher, indem wir uns dabei auf die Fig. 29 beziehen. .

Unterstellen wir der Einfachheit halber, daß — wie auch in der Fig. 29 zum Ausdruck kommt — sowohl p wie p' nur je ein Maximum C bzw. D' aufweisen, so mögen deren orthogonale Projektionen auf die X-Achse die Punkte C_1 bzw. D_1 sein. Ist dann außerdem die Nachfragekurve n gegeben, und verstehen wir unter C_0 bzw. C' den Schnittpunkt der Geraden $\overline{CC_1}$ mit dieser Kurve bzw. der Kurve p', unter D_0 bzw. D den Schnittpunkt der Geraden D'D mit n bzw. p und schließlich unter F_0 bzw. F die orthogonalen Projektionen von D_0 bew. D' auf die Gerade $\overline{C_1C}$, so wird die dem hedonistischen Grundsatze des Ophelimitätsoptimums entsprechende Lage des Gleichgewichts für den Monopolisten vor dem Einsetzen der steuerlichen Belastung durch den Punkt C, nach diesem Zeitpunkte durch den Punkt D' bestimmt sein.

Die fraglichen Daten dieser beiden Gleichgewichtszustände lassen sich in umstehender Tabelle übersichtlich zusammenstellen.

Die Wirkungen der Steuer kennzeichnen sich somit darin, daß der Verkaufspreis steigt, die Verkaufsmenge abnimmt, und der Staat weniger gewinnt als der Monopolist verliert.

Das bisherige Ergebnis unserer Untersuchung läßt sich somit in folgendem Satze Amorosos zusammenfassen:

„Wird ein Bedarfsartikel in dem Gebiete der Monopolherrschaft verkauft und legt man ihm eine Steuer auf, die der verkauften Menge proportional ist, so werden sich die eine oder die andere der folgenden Eventualitäten verifizieren:

	(1) Vor der steuerlichen Belastung	(2) Nach der steuerlichen Belastung	Differenz von (1) und (2)
Verkaufspreis	$\overline{C_1 C_0}$	$\overline{D_1 D_0}$	$\overline{D_1D_0}-\overline{C_1C_0}=\overline{C_0F_0}$
Verkaufsmenge	$\overline{OC_1}$	$\overline{OD_1}$	$\overline{OD_1}-\overline{OC_1}=-\overline{D_1C_1}$
Gewinn (Profit) des Monopolisten	$\overline{C_1 C}$	$\overline{D_1 D'}$	$\overline{D_1D'}-\overline{C_1C}=-\overline{FC}$
Gewinn des Steuerfiskus	—	$\overline{D' D}$	$\overline{D'D}<\overline{FC}$

1. Die Steuer hat keine Wirkung auf den Verkaufspreis und auf die verkaufte Menge. Dann wird sie ganz vom Monopolisten getragen, (d. h.) der Fiskus gewinnt ebensoviel wie der Monopolist verliert.

2. Die Steuer zeigt als Wirkung eine Erhöhung des Verkaufspreises mit folgendem Rückgange der Verkaufsmenge. Der Fiskus gewinnt dann weniger als der Monopolist verliert [355])."

Der Eintritt des einen oder anderen Falles hängt natürlich ganz von der spezifischen Gestalt und Lage der Nachfrage- und Kostenkurve (denn die Profitkurve setzt sich, wie wir sahen [cf. S. 206], letzten Endes aus diesen beiden Kurven zusammen) sowie von der Höhe des Steuersatzes s ab. Je höher derselbe ist, um so mehr wird er eine Ausdehnung des Wirkungsbereiches 2 zur Folge haben.

Die graphische Darstellung bietet somit hier ein wertvolles Auskunftsmittel für die Beurteilung des Einflusses, den eine Steuer auf die Gestaltung des Verhältnisses von Angebot und Nachfrage in bezug auf ein Monopolgut ausübt, und des fiskalischen wie privat- und damit auch volkswirtschaftlichen Nutzens bzw. Schadens für den Monopolisten, der mit ihrer Einführung verbunden ist. In entsprechender Weise ließen sich natürlich auch alle sonstigen Modalitäten einer steuerlichen Auflage behandeln, insbesondere auch der von Cournot untersuchte Fall, in dem die Steuer dem Zuwachs (den Inkrementen) der jeweilig verkauften Mengen proportional ist.

In diesem Zusammenhange erscheint nur noch ein kurzes Eingehen auf den ebenfalls von Amoroso betrachteten Fall zweckmäßig, in dem die Steuer negativ ist, d. h. für den

---

355) S. 226 ibidem.

Monopolisten eine Prämie bedeutet. Auch hier erhellt zunächst wieder ohne weiters, daß, wenn die Prämie eine fixe Summe darstellt oder dem Reingewinn des Monopolisten proportional ist, sie auf die Entwicklung des Verkaufspreises und der Verkaufsmenge ohne Einfluß ist. Der ganze Prämiengewinn fließt dann stets in der vorgesehenen Höhe dem Monopolisten zu. Anders gestaltet sich dagegen dessen Gleichgewichtslage, wenn die Prämie der verkauften Menge proportional ist.

Wir können ihre dann zu gewärtigenden Verschiebungen im Hinblick auf die vorausgegangenen Betrachtungen sofort feststellen: Bezeichnen wir den Prämieneinheitssatz mit s, so wird die Gleichung (1) wieder erfüllt sein. Die neue Profitkurve p'' wird man demnach jetzt erhalten, indem man auf jeder Ordinate von p von den Punkten dieser Kurve aus in positiver Richtung die Strecke y abträgt, die der dieser Ordinaten zugehörigen Abszisse der Geraden (1) als Ordinate entspricht.

Der obigen Argumentation entsprechend wird sich dann wieder die Unterscheidung der beiden typischen Fälle ergeben: in dem ersten wird die Prämie ohne jede Wirkung auf Verkaufspreis und -menge bleiben, so daß sie dem Monopolisten ungeschmälert zugute kommt; im zweiten Falle dagegen wird sie einen Preisrückgang bei gleichzeitiger Zunahme der Verkaufsmengen auslösen, und der Fiskus einen höheren Prämienfonds aussetzen, als der Monopolist tatsächlich durch diesen gewinnt. Auch hier wird für die Verwirklichung der einen oder der anderen Möglichkeit die besondere Form der Angebots- (Kosten-) und Nachfragekurve und die Höhe des Prämiensatzes ausschlaggebend sein. Je höher derselbe ist, um so mehr wird er zur Verifikation des zweiten Falles beitragen.

Amoroso stellt in diesem Zusammenhange das folgende „elegante Problem“: Ein Artikel wird im Bereiche der Monopolherrschaft verkauft und sein Preis ist (auf die Fig. 29 bezogen) die Gerade $\overline{C_1 C_0}$. Mittels einer Prämie, die der verkauften Menge proportional ist, will man den Preis auf $\overline{C_1 H}$ herabdrücken. Es fragt sich, ob diese Wirkung möglich, und welches die Prämie s ist, die sie zu erzielen vermag.

Um diese Aufgabe zu lösen, ziehen wir (immer auf die Fig. 29 bezogen) durch H die Parallele zur X-Achse, die die Nachfragekurve n im Punkte K treffen möge, nennen wir seine Projektion auf die X-Achse K_1, so stellen $\overline{OK_1}$ und $\overline{KK_1}$ die Verkaufsmenge und den Verkaufspreis in der Gleichgewichtslage vor, die man durch die Gewährung der betreffenden Prämie zu erreichen sucht. Setzen wir nun $\overline{OK_1} = x_1$ und $\overline{K_1 K} = y_1$, so erfüllen offenbar x_1, y_1 mit Rücksicht auf die bekannte Beziehung (5) auf S. 202 die Gleichung

$$[y_1 - \vartheta(x_1) + s]\, \varphi'(y_1) + x_1 = 0. \qquad (2)$$

Zeichnen wir nun noch die Grenzkostenkurve g in Fig. 29 ein, so wird $\vartheta(x_1)$ in ihr durch die Strecke $\overline{K_1 L}$ dargestellt, wo L den Schnittpunkt der Geraden $\overline{KK_1}$ mit der genannten Kurve vorstellt, während $\varphi'(y_1)$ die trigonometrische Tangente im Punkte K der Nachfragekurve in bezug auf die Y-Achse ausdrückt. Wird die letztere von der Tangente in K im Punkte P geschnitten, und ist K_2 die orthogonale Projektion des Punktes K auf jene Achse, so wird $\varphi'(y_1)$ durch das Verhältnis

$-\dfrac{\overline{K_2K}}{\overline{K_2P}}$ wiedergegeben. Auf der anderen Seite hat man:

$$y_1 - \vartheta(x_1) = \overline{K_1 K} - \overline{K_1 L} = \overline{L\, K},$$

so daß sich die Gleichung (2) in der Form

$$\frac{(\overline{LK} + s)\, \overline{K_2K}}{\overline{K_2P}} = x_1 \qquad \text{ergibt, woraus}$$

$\dfrac{s + \overline{L\,K}}{\overline{K_2P}} = \dfrac{\overline{O\,K_1}}{\overline{K_2\,K}} = 1$, also $\overline{KL} + \overline{K_2P}$ hervorgeht. Damit ist die gesuchte Prämie gefunden. Die gewünschte Wirkung wird sich offenbar — von allen sonstigen Einflüssen natürlich abgesehen — stets erzielen lassen.

Die verwendete graphische Methode liefert somit in der Monopoltheorie auch für die Analyse des Prämienproblems recht wertvolle Anhaltspunkte; sie wird in vielen Fällen, besonders von didaktischem Gesichtspunkte aus, sogar mancher speziellen analytischen Behandlungsweise dank ihres allgemeineren Charakters vorzuziehen sein. —

Hiermit stehen wir am Ende unserer Betrachtungen der wichtigsten mathematischen Anwendungen der italienischen Schule auf die Darstellung und Lösung k o n k r e t e r Probleme einzelner Gebiete der Volkswirtschaftslehre. Wir glauben demzufolge das Thema, das wir uns ü b e r h a u p t gestellt haben, im großen und ganzen wenigstens, als erschöpft ansehen zu dürfen. Es wird daher zweckmäßig sein, am Schlusse noch einmal einen kurzen Rückblick auf die wichtigsten Ergebnisse unserer gesamten Darstellung zu werfen.

H. Rückblick und Schluß.

Wollen wir über den Wert und die Bedeutung der von der italienischen Schule für die Behandlung ökonomischer Probleme ausgebildeten mathematischen Analyse ein summarisches Urteil fällen — eine Prüfung im einzelnen ist gelegentlich der Besprechung der behandelten konkreten Phänomene erfolgt —, so können wir nicht umhin, ihr in methodischer bereits wie in didaktischer Hinsicht unerreichbare Vorzüge zuzubilligen, soweit sie sich auf die Beschreibung und Erklärung vorwiegend quantitativer oder wenigstens quantitativ auswertbarer ökonomischer Zustände und Vorgänge beschränkt. Allerdings war, wie nicht zu vergessen, bei ihrer Anwendung stets Vorsicht geboten, insofern, als die Postulate, Prinzipien oder etwaige besondere Voraussetzungen, von denen diese Anwendungen ihren Ausgangspunkt nahmen, stets einer vorherigen, möglichst strengen Formulierung bedurften, um nicht zu falschen oder mindestens einseitigen Ergebnissen zu gelangen, insbesondere nicht das an die Beurteilung der Bedeutung der letzteren anzulegenden gerechte Maß zu verfehlen. Auf die Nichtbeachtung dieser einfachen Regel waren, wie wir deutlich feststellen konnten, die meisten der den italienischen Nationalökonomen unterlaufenen Trugschlüsse und Sophismen zurückzuführen. Ein anderer nicht minder vorherrschender Fehler war darin zu erblicken, daß — wenn sich nicht gerade in die betreffenden analytischen Entwicklungen selbst ein sachlicher Irrtum eingeschlichen hatte — den in die mathematische Argumentation eingehenden symbolischen Ausdrücken nicht die ihnen in dem fraglichen Zusammenhange zukommende präzise Bedeutung (bedeutungerfüllender Akt!) beigelegt bzw. beibehalten wurde, so daß die auf sie gegründete Auslegung der analytischen Resultate nicht, oder wenigstens nicht schlechtweg zu rechtfertigen war.

Doch sehen wir von diesen — im wahrsten Sinne des Wortes — nur s u b j e k t i v e n Mängeln der mathematischen Darstellungen der italienischen Volkswirte ab, so werden wir nicht leugnen können, daß diese uns im allgemeinen eine durchaus wertvolle erkenntnistheoretische Grundlage für die Analyse der fraglichen wirtschaftlichen Zusammenhänge geliefert haben. Das in den Dienst dieser nicht immer leichten Aufgabe gestellte Untersuchungsverfahren war, wie dies nur der Natur der mathematischen Behandlungsweise jedes Problems entspricht — vorzugsweise die d e d u k t i v e Methode, die, soweit sie sich den Vorteil der ihr zu Gebote stehenden Freiheit der generalisierenden oder isolierenden Abstraktion (homo oeconomicus!) zu eigen zu machen wußte, zu typischen Merkmalen für die Auffassung und Bewertung des jeweiligen Ursachenkomplexes des wirtschaftlichen Kreislaufes führte. Handelte es sich aber darum gleichzeitig der selbstverständlichen Forderung einer gebührenden Berücksichtigung der Wirklichkeit Rechnung zu tragen, so war die (natürlich immer nur hypothetische) Einbeziehung der diese Wirklichkeit charakterisierenden induktiven Beobachtungselemente unerläßlich. Erst die auf diese Weise sich geltend machende gegenseitige Befruchtung von deduktiven und induktiven Faktoren bot die Gewähr für ein hinreichend zuverlässiges Bild von der wahren Natur der wirtschaftlichen Zusammenhänge. Wenn somit für die Verwendung der im Grunde genommen allein zuständigen konkreten deduktiven Methode auch wertvolle Anregungen gegeben wurden, so blieb doch deren praktische (auf statistischen Unterlagen beruhende) Verwirklichung leider noch vollkommen aus. In dieser Hinsicht wird von seiten der mathematischen Nationalökonomen in enger Fühlungnahme mit den Statistikern noch ein weiter Aufgabenkreis zu erfüllen sein.

Überblicken wir die in groben Umrissen gezeichnete Entwicklung der mathematischen Schule der Politischen Ökonomie in Italien im ganzen, so werden wir einen allmählichen Übergang von einem prämathematischen zu einem mathematischen Stadium feststellen können, den wir mit V. Volterra für jede Wissenschaft, die einen derartigen Weg nimmt, dahin charakterisieren können, „daß die Elemente, die die betreffende Wissenschaft studiert, eher auf quantitative als auf qualitative Weise geprüft werden; daher weichen in diesem Übergang die Definitionen, die nur die Vorstellung von den Elementen selbst mit einem mehr oder weniger verschwommenen Bilde ins Gedächtnis zurückrufen, nach und nach denjenigen Definitionen oder Prinzipien, die sie (die Elemente) bestimmen, indem sie sich nunmehr erbieten, sie zu messen“[356]).

So ist die allmähliche Ausbildung der noch unklaren algebraischen Vorstellungen vom Nexus der wirtschaftlichen Zirkulation eines Giovanni Ceva auf dem Wege über die von Cournot, Walras u. a. immer mehr vervollkommneten Untersuchungsmethoden bis zu den sich weiter beständig ausreifenden und gehörig analytisch fundierenden Theorien des „Archimedes“ der italienischen Schule, Pareto, deutlich zu verfolgen. Als charakteristisches Symptom für die zu-

---

[356]) G. d. E. 1901, Serie II, 23. S. 441.

nehmende Mathematisierung der Reinen Politischen Ökonomie kann gerade die mit Vorliebe aufgesuchte Anlehnung an die rationelle Mechanik (Statik und Dynamik) erblickt werden.

Interessant ist es, zu beobachten, wie die mathematische Nationalökonomie sich im Laufe der Zeit immer mehr derselben analytischen Hilfsmittel und derselben Prinzipien und Methoden bemächtigt hat wie die analytische Mechanik[356a]). So hat jener sowohl wie dieser vor allem erst die Verwendung der Infinitesimalrechnung und ihrer Methoden, jener unerreichten Schöpfung eines Leibniz und Newton, zu ihrem vollen Erfolge verholfen. „Wenn der Kenner der Mechanik seine Wissenschaft durchschreitet, so bemerkt er, daß ebensosehr in ihr wie in der Ökonomie sich alles reduziert auf ein Spiel von Tendenzen und Bindungen (vincoli), indem diese die Wirkung der ersteren einengen, die durch Reaktion der Spannungen entstehen. Aus diesem Zusammenwirken entsteht bisweilen das Gleichgewicht, bisweilen die Bewegung und damit eine Statik und Dynamik sowohl in der einen Wissenschaft wie in der anderen“[357]).

Ähnliches, was der aus der Metaphysik entnommene Begriff der Kraft in der Mechanik geleistet hat, hat in der Verwertung der Idee der Elementarophelimität Paretos, auf der dieser sein erstes imposantes Lehrgebäude des „Cours“ als einzigem Grundstein errichtet, sein ebenbürtiges Gegenstück. Allerdings mußte diese Ophelimitätsvorstellung Paretos schließlich dem vollkommneren Edgeworthschen Begriffe der „Indifferenz“ weichen, so daß die nunmehr den Ausgangspunkt der Betrachtung bildenden Indifferenzkurven und -flächen in ein verblüffendes Korrelat zu den äquipotentiellen Höhenkurven und Flächen der Mechanik treten.

Die Molekular- und Atomtheorien verleiteten anfänglich dazu — in ihrer modernsten Ausgestaltung kehren sie allerdings wieder dazu zurück — die innere Konstitution der physikalischen Körper als diskontinuierlich anzunehmen.

[356a]) cf. auch O. Spann, Die mechanisch-mathematische Analogie in der Volkswirtschaftslehre, Archiv f. Sozialw. u. Sozialpol. Bd. XXX, 1910, S. 786 ff. Derselbe faßte jedoch dort die fraglichen Analogien zu materiell-ontologisch und legt im übrigen eine durchaus unzulängliche Vorstellung vom Wesen und von der Leistungsfähigkeit des mathematischen Funktionsbegriffes an den Tag. Wir haben es eben in der Nationalökonomie nicht mit ontologischen, sondern mit phänomenologischen Kategorien zu tun (cf. dazu meine „Prolegomena zur Begründung der nationalökonomischen Kategorienlehre“ in der Zeitschr. f. d. ges. Staatswiss., 80. Jahrg. 1925/26, Heft 4).

[357]) ibidem S. 446.

Die hervorragenden Begründer der so fruchtbar gewordenen mathematischen Theorie der Elastizität, wie Lamé, Cauchy usw. sowie Fourier in seiner bekannten Wärmetheorie konnten aber ihr Ziel nur „durch einen wahrhaft genialen Zug vom Diskontinuierlichen ins Kontinuierliche“[358]) erreichen. Demgemäß „unterstellen auch die Ökonomisten, daß die Mengen von Gütern, über die jemand verfügen kann und die von Natur aus diskontinuierlich sein würden, nur um kontinuierliche Schwankungen variieren“[359]).

Schließlich weist die Argumentation, die zur Aufstellung der Bedingungen des wirtschaftlichen Gleichgewichts führte, im Grunde genommen dieselben Indizien auf wie der Gedankengang, der auf eine Begründung des Prinzips der virtuellen Geschwindigkeiten — die Grundgleichung (4) auf S. 34 stellt bekanntlich nichts weiter als die Gleichung der virtuellen Geschwindigkeiten vor — abzielt.

Die Entwicklung der mathematischen Volkswirtschaftslehre läßt sich sogar auf die der Mechanik, allgemeiner auf die der mathematischen Physik überhaupt, gleichsam abbilden. Dieselben sind in gleicher Weise an die Zeit gebunden sogenannte e x p e r i m e n t a l e und r a t i o n a l e Wissenschaften, d. h. sie gewinnen ihre wichtigsten Prinzipien und Postulate sowie die numerischen Daten, die das betreffende Problem individualisieren, aus der Beobachtung und Erfahrung. Kraft der mathematischen Analyse folgert man aus den Fundamentaltheoremen eine Gleichung oder ein System von Gleichungen, die sozusagen die „Gesetze“ der behandelten ökonomischen bzw. physikalischen Erscheinungen zum Ausdruck bringen. „Die Kenntnis der Gesetze und der vollständigen numerischen Daten bestimmt Problem für Problem, das Phänomen, das man betrachtet“[360]).

Um an Hand eines von Amoroso[360]) treffend gewählten Analogons anschaulicher zu werden: Handelt es sich um die Bestimmung der Temperatur im Inneren einer erhitzten (massiven) Metallkugel, so bietet die Erfahrung die allgemeinen Prinzipien (die der Wärmekapazität, der Leitfähigkeit, der Erhaltung der Energie). Die fraglichen numerischen Daten ergeben sich in der Anfangstemperatur jedes Punktes der Kugel vor der Erwärmung und in der Temperatur ihrer äußeren Oberfläche während der Erwärmung durch bloßes Messen. Aus den genannten drei Prinzipien liefert dann die mathematische Analyse die Differentialgleichung der veränderlichen Temperaturen, die in Verbindung mit den er-

[358]) ibidem. [359]) ibidem.
[360]) L. Amoroso, G. d. E. 1912, II, Serie III, 45. S. 217.

wähnten gegebenen Anfangswerten tatsächlich eine Bestimmung der Temperatur in jedem Punktinnern der Kugel für jeden durch die Erwärmung herbeigeführten Temperaturzustand ermöglicht. Ähnlich verfährt auch die mathematische Nationalökonomie.

Man kann mit Amoroso[361]) die Natur der bisher von den Nationalökonomen angewandten und die der im gegenwärtigen und zukünftigen Zustande der Reinen Politischen Ökonomie noch anwendbaren mathematischen Analyse am besten durch einen Vergleich mit den mathematisch-physikalischen Wissenschaften kennzeichnen. Es lassen sich in der Geschichte der letzteren vier hervorstechende Etappen unterscheiden.

1. Die Entwicklung der Statik (Archimedes),
2. die analytische Mechanik (Galilei, Newton, Lagrange, Jacobi),
3. die klassische mathematische Physik (D'Alembert, Laplace, Gauss, Fourier, Cauchy, Poisson, Green, Maxwell, Lord Kelvin, Kirchhoff, Betti usw.).
4. die jetzige mathematische Physik (Volterra usw.),

Jede dieser vier Epochen ist durch die Art des spezifischen analytischen Hilfsmittels charakterisiert, dessen sie sich (nämlich bzw. der endlichen algebraischen Gleichungen, der gewöhnlichen Differentialgleichungen, der partiellen Differentialgleichungen und der Integral- oder Integro-Differentialgleichungen) zur Darstellung und Lösung der in ihren Bereich fallenden Probleme bedient.

Die Entwicklungsperiode der Statik beschränkt sich im Zusammenhange der untersuchten Bewegungsvorgänge auf die Analyse der besonderen Konfigurationen des fraglichen Systems, die entweder Konfigurationen des Gleichgewichtszustandes sind, wobei noch von der Variabilität der Zeit abgesehen wird, oder durch eine begrenzte Anzahl von Parametern bestimmt sind.

In der zweiten Phase schreitet man von den Betrachtungen der verschiedenen Gleichgewichtsstellungen (Diskontinuität der Zeit!) zur Analyse der Bewegung selbst (Kontinuität der Zeit), in ihr vollzieht sich demnach der Übergang von der Statik zur Dynamik. Auch bilden sich jetzt die Ansätze für das charakteristische, noch heute angewendete Beweisverfahren der Mechanik und mathematischen Physik überhaupt heraus. An die Namen Galilei, Newton und Lagrange knüpft sich die rühmliche Entdeckung

[361]) ibidem.

des Trägheitsprinzips, des universellen Gravitationsgesetzes und der allgemeinen Gleichungen der Dynamik.

Die letzteren enthalten die Gesetze sämtlicher Bewegungserscheinungen überhaupt, doch gerade wegen ihres allgemeingültigen Charakters erweisen sie sich, wenigstens bei dem augenblicklichen Entwicklungszustande der mathematischen Analyse, nicht immer für die Ergründung aller konkreten Einzelerscheinungen geeignet.

„Aus dem großen Baume der Mechanik sprießen dann ...die verschiedenen Zweige der mathematischen Physik hervor“[362]). Sie beschäftigen sich als Theorien der Elastizität, Wärme, Optik, Elektrodynamik usw. mit den konkreten Fragen des allumfassenden Gebietes der analytischen Mechanik und nehmen dank der gleichzeitigen Vervollkommnung des verwendeten analytischen Apparates (Verwertung der Limes-Vorstellung, Einführung der Differential- und Integralrechnung) einen ungeahnten Aufschwung, der den dritten Abschnitt der klassischen mathematischen Physik oder der partiellen Differentialgleichungen kennzeichnet.

Das letzte entscheidende Entwicklungsstadium der mathematischen Physik (in der Zeit bis etwa 1913), das auch den Zeitfaktor gebührend in Rechnung stellt, wird schließlich durch die großartigen Entdeckungen Volterras[362b]) eingeleitet, die der Forschung das analytische Hilfsmittel der Integro-Differentialrechnung bescherten. Die bisherigen Anwendungen seiner (wenn auch zum Teil schon verbesserten) Lösungsmethode derselben haben bereits herrliche Resultate gezeitigt.

Die mathematische Nationalökonomie, die, wie gesagt, sich auf die Mechanik gewissermaßen abbilden läßt, befand sich bis etwa 1910 noch im Anfangszustande der ökonomischen Statik[362c]), die durch Cournots schöpferische Kraft geboren, von Jevons, Walras, Marshal, Edgeworth, Barone fortentwickelt wurde und in Pareto ihren Archimedes gefunden hat. Aber, wozu Amoroso begeistert aufmuntert, bei ihr dürfen wir nicht stehen bleiben, sondern müssen uns bemühen, weiter fortzuschreiten und auch hier allmählich der Schwierigkeiten Herr zu werden versuchen, die von der analytischen Mechanik und mathematischen Physik überhaupt bereits überwunden

---

[362]) ibidem S. 218.

[362b]) cf. L'évolution des idées fondamentales du Calcul infinitesimal, Revue du Mois, Mars 1912.

[362c]) Die sich etwa in dem Oppenheimerschen Sinne einer „komparativen Statik“ (cf. seine „Soziologie“, Bd. I, 1, S. 76 ff. passim) näher kennzeichnen läßt.

worden sind. „Nicht das Gefühl der Großartigkeit des Werkes und der Schwierigkeiten des Unternehmens darf dabei den Glauben an die eigenen Kräfte nehmen. . . Die Wissenschaft ist eine Gesamtkonstruktion aller Menschen und die gesamte Kraft vieler kann dorthin führen, wo sonst vielleicht niemand je würde hoffen können [363])." Und in der Tat scheint ja die von uns behandelte, für eine rein dynamische Behandlung ökonomischer Probleme als vorbildlich zu bezeichnende Einkommensverteilungstheorie Amorosos, mit der derselbe einen rühmlichen Vorstoß in das der dritten Epoche der mathematischen Physik entsprechende Gebiet der mathematischen Volkswirtschaftslehre unternommen hat, zu den besten Hoffnungen auf eine gedeihliche Entwicklung dieser noch wenig erforschten Disziplin zu berechtigen.

Die Analogien zwischen der mathematischen Volkswirtschaftslehre und den exakten Naturwissenschaften sind so überraschend zahlreiche und tiefgreifende, daß es fast den Anschein erweckt, als ob die mathematische Nationalökonomie auf der Spur nach einem fundamentalen allumfassenden Theorem wäre, das ähnlich dem d'Alembertschen Prinzip in der Lage ist, das wirtschaftliche Geschehen überhaupt restlos in sich zu begreifen. Vor solchen überspannten Erwartungen mag jedoch ernstlich gewarnt werden, da sie eine gänzliche Verkennung des vielseitigen Charakters der wirtschaftlichen Erscheinungen bedeuten würden, die, wenn sie kein unvollkommenes Bild der Wirklichkeit geben sollen, eben nicht nur quantitativer, sondern auch qualitativer Wertung bedürfen. Ein weiterer Fortschritt der mathematischen Nationalökonomie kann sich somit immer nur auf die quantitative Seite der wirtschaftlichen Fragenkomplexe beziehen; allerdings wird die Mathematik dort so reife Früchte bringen, wie sie von einer anderen Hilfsdisziplin der Politischen Ökonomie wohl kaum zu erwarten sein werden. Die zwischen den Begriffen und den Begriffsvorstellungen der reinen Mechanik und der Nationalökonomie auftauchenden Analogien sind somit, wenn auch nicht zufällige, so doch nur einseitig (eben bloß in quantitativer Hinsicht) begründete. Man wird zwischen ihnen natürlich niemals das mysteriöse Band einer unmittelbaren, folgerichtigen logischen Verknüpfung herstellen dürfen; vielmehr sind und bleiben sie stets bloße, und zwar mehr oder weniger ungenaue, d. h. unvollständige, weil niemals alle Seiten des Wesens der miteinander verglichenen Phänomene restlos umfassende Analogien. Nur das gelegentliche Hervortreten einer entgegen-

---

[363]) ibidem S. 219.

gesetzten Anschauung[363a]) vermag den Widerstand zu erklären, dem die Aufnahme der der Mechanik nachgebildeten mathematischen Theorien der Volkswirtschaftslehre überhaupt eine Zeitlang — hauptsächlich von unberufener Seite — ausgesetzt sein konnte.

Volterra hält den Prozeß zunehmender Mathematisierung der Reinen Nationalökonomie bereits für so weit vorgeschritten, „daß Cartesius und Lagrange nicht Bedenken tragen würden, schon jetzt von einer a n a l y t i s c h e n Nationalökonomie zu sprechen[364])“. Doch scheint mir Volterra die Bedeutung des Infinitesimalkalküls für die Vervollkommnung der mathematischen Wirtschaftstheorien nicht richtig erfaßt zu haben, wenn er der Meinung ist, daß „dieses mächtige und wunderbare Instrument“ auch in der Volkwirtschaftslehre nur dazu gedient habe, „den Blick für die Ergänzung des U n e n d l i c h k l e i n e n zu schärfen[365])“ und wenn er der Verwendung der Methoden der „g r o ß e n Zahlen“ und der Wahrscheinlichkeitsrechnung in erster Linie nur auf die Fortbildung der biologischen Theorien einen richtunggebenden Einfluß zugesteht. Volterra vergißt dabei offenbar, daß die Mathematik im Rahmen der Volkswirtschaftslehre ebenso wie in dem der Physik immer nur Mittel zum Zweck, niemals Endzweck sein kann. Nicht die Vorteile der Infinitesimalrechnung an sich sind es, die hier zu ihrem Gebrauche Anlaß geben; denn der der Volkswirtschaft (übrigens auch der Physik) eigentümliche Charakter bedingt gerade, daß ihre Theorien sich lediglich mit „g r o ß e n Zahlen“ und endlichen Variationen befassen, so daß sie an sich auch mit endlichen Differenzen für ihre Zwecke vollständig ausreichen würden; man wird ihnen daher mindestens ebensosehr wie der Biologie eine geeignete Verwertung der Wahrscheinlichkeitsrechnung und Kollektivmaßlehre unter Zugrundelegung der statistischen Beobachtungsergebnisse in ausgiebigerem Maße zu wünschen haben, als dies bisher geschehen ist. Nein, vornehmlich die Theorie des wirtschaftlichen Gleichgewichtes ist es, die, jedenfalls in der wirtschaftlichen Statik, infolge ihrer — wenn auch nur noch

---

[363a]) der z. B. O. Spann nahesteht. Cf. Anmerk. 356a und C. Menger, der die extrem-ontologische Auffassung von der unbedingten Berechtigung der Analogieschlüsse und ihrer vollinhaltlich-materiellen, nicht bloß äußerlich formalen, d. h. phänomenologischen Geltung in aller Strenge bloßstellt („Untersuchungen über d. Methode der Sozialwissenschaften; a. a. O. S. 143 ff.), soweit sie sich gegenüber der exakten Forschungsrichtung in der Nationalökonomie überhaupt Geltung zu verschaffen versucht hat.

[364]) G. d. E. 1901, Serie II, 23, S. 456.

[365]) ibidem.

mittelbaren — Basierung auf der Grenznutzenvorstellung vorläufig noch zur Anwendung der Differentialrechnung zwingt. Eine Emanzipation von dieser Rechnung für alle Theorien, die unter dem Banne des letzthin die Bewegungen aller wirtschaftlichen Erscheinungen beherrschenden fundamentalen Gesetzes von Angebot und Nachfrage stehen, wird offenbar nicht eher möglich sein, als es gelingt, jene für die Entwicklung der mathematischen Schule überhaupt ausschlaggebend gewordene grundlegende (Gleichgewichts-) Theorie auch ohne Hilfe der Infinitesimalrechnung [was offenbar bedeuten würde ohne jede, sei es auch nur (wie beim Indifferenzbegriff) mittelbare Verwendung der Grenznutzen- (Elementarophelimitäts-) Vorstellung (cf. den mißglückten Baroneschen Versuch [366])] mit hinreichender Genauigkeit zu formulieren oder sich gar von ihr vollkommen zu befreien. Das Hauptziel für die mathematische Nationalökonomie muß natürlich die Ausbildung der wirtschaftlichen Dynamik im Sinne ihrer weiteren Befreiung von allen statischen Hilfsmitteln sein. Hierzu wird offenbar in erster Linie die Aufstellung geeigneter, rein dynamischer Differentialgleichungen beizutragen vermögen, etwa wie sie für die Probleme der Einkommensverteilung bereits von Amoroso gefunden worden sind.

Man hat wohl den mathematischen Nationalökonomen — und zwar nicht bloß den Vertretern der italienischen Schule — vorgeworfen, sie hätten ungerechterweise ihren homo oeconomicus mit dem wirklichen Menschen identifiziert. Von einer solchen Amalgamierung kann jedoch gar keine Rede sein. „Die Ökonomisten behaupten nicht, der wirkliche Mensch sei ein homo oeconomicus, ebenso wie es keinem Kenner der Mechanik einfällt, die wirklichen Körper als identisch mit denjenigen zu betrachten, die die rationelle Mechanik behandelt. Beide scheiden einfach durch Abstraktion gewisse Teile der wirklichen Erscheinung aus und studieren sie isoliert [367])“, womit sie offenbar nur einem Verfahren folgen, das in jedem anderen Zweige der Wissenschaft ebenso gebräuchlich, wie unentbehrlich ist.

Ein zweiter Einwand, der der mathematischen Schule überhaupt gemacht worden ist, bemängelt, daß die Ergebnisse, zu denen die bisherigen Anwendungen der Mathematik auf die

---

[366]) Ein analoges Verfahren, wie es von ihm in seiner Produktionstheorie (cf. S. 235 ff.) ohne Erfolg angewandt worden ist, hat Barone auch an anderer Stelle (cf. seine „Principii di economia politica“ I u. II sowie G. d. E. 1911, 1, 42, S. 366) einzuschlagen versucht.

[367]) Enzyklopädie der mathem. Wissenschaften I G 2. S. 1101.

Analyse der wirtschaftlichen Erscheinungen gelangt sind, nicht immer mit den wirklichen Beobachtungstatsachen in Einklang zu bringen sind. Dies soll bis zu einem gewissen Grade durchaus zugegeben werden. Der Grund für eine solche teilweise Unvollkommenheit der mathematischen Theorien ist aber, wie schon des öfteren von uns betont worden ist, lediglich darin zu suchen, daß noch nicht genügend empirische Daten in die Rechnung Eingang gefunden haben. Für die Kenntnis solcher Erfahrungselemente ist gerade eine Heranziehung des statistischen Beobachtungsmaterials, m. a. W., eine gründlichere Ausbildung der konkreten-deduktiven Methode, oder anders gesagt, der Speziellen Reinen Nationalökonomie unerläßlich. Natürlich wird ein solcher Entwicklungsprozeß der mathematischen Wirtschaftslehre nicht übers Knie zu brechen sein, sondern wie jede andere auf Abstraktionen angewiesene Erfahrungswissenschaft (z. B. die Astronomie, die sich die Abstraktionen der reinen Mechanik zunutze macht), eine gewisse Spanne Zeit zu ihrer Ausreife erfordern, was natürlich nicht berechtigt, sie deswegen jetzt zu perhorreszieren. „Gegenwärtig besteht der Hauptwert der mathematischen Theorie darin, daß sie zu einer Auffassung der konkreten wirtschaftlichen Phänomene führt, die der Wirklichkeit erheblich näher kommt als alle bisher bekannten Theorien (sc. soweit sie vorwiegend die Größenverhältnisse dieser Phänomene zum Gegenstande ihrer Betrachtung machen, d. Verf.). Vergleicht man die letzteren mit den konkreten Phänomenen, so liefert die mathematische Theorie die Mittel, um zahlreiche Irrtümer und Sophismen der anderen Theorien aufzudecken [368])" (cf. oben S. 120 ff.).

Die mathematische Analyse braucht man erst, „um einen Begriff vom Nexus der wirtschaftlichen Zirkulation zu gewinnen und deren hauptsächlichsten Merkmale zu bestimmen. Beschränkt man sich auf ein spezielles und numerisches Problem, z. B. auf die Bestimmung der Preise, so ist der Nutzen der Mathematik, schon mit Rücksicht auf den Mangel an ausreichenden numerischen Daten (z. B. für die Kenntnis der Parameter a_1, a_2, . . . in den Gleichungen (76) auf S. 121) nur ein geringer. Der Nutzen wird aber ein beträchtlicher, sobald man sich mit einem allgemeinen und (im weiteren Sinne) qualitativen Probleme beschäftigt, wie es u. a. die Erkenntnis der Bedingungen ist, die das wirtschaftliche Gleichgewicht bestimmen [369])".

Allerdings werden auch die allgemeine Gleichgewichtstheorie, an deren Ausbildung, wie wir sahen, Pareto einen

[368]) ibidem. [369]) ibidem S. 1099.

hervorragenden Anteil hat, sowie alle auf sie gegründeten Spezialtheoreme (einschließlich der Theorien der Dynamik) erst dann in theoretischer wie praktischer Hinsicht hinreichend vollkommen genannt werden können, nachdem die Auffindung der „allgemeinen Gleichungen des (Bedürfnisbefriedigungs-) Widerstandes“, die nur den allgemeinsten Ausdruck des von uns so benannten Bedürfnisdringlichkeitsgesetzes oder der Bedürfniswahlfolge darstellen und bis zu denen wohl noch ein weites Feld intensiver Arbeit zurückzulegen sein wird, gelungen und damit auch eine gewisse Loslösung von der strengen Auffassung des „homo oeconomicus“ erreicht ist. Erst dann wird sich die Mathematik die beherrschende Stellung im Bereiche der Reinen Politischen Ökonomie erobert haben, die ihr zweifellos zukommt. —

Literaturverzeichnis.

(Hierunter sind nur diejenigen wichtigeren Abhandlungen aufgeführt, die unmittelbar, d. h. in erster Linie vermöge ihrer Originalität zur Ausbildung der mathematischen Nationalökonomie Italiens beigetragen haben.) (G. d. E. — Giornale degli Economisti.)

1711 — Giovanni Ceva: De re nummaria, quoad fieri potuit geometrice tractata. — Mantuae 60 p. p. —

1890 — Maffeo Pantaleoni: Principii d'economia pura. — Firenze, Barbera. —

Filippo Virgili: L'applicazione della matematica all'economia politica. — Firenze —.

1892 — Vilfredo Pareto: Di un errore del Cournot. — G. d. E. fascic. Gennaio. —

Vilfredo Pareto: La teoria dei prezzi dei Signori Auspitz e Lieben e le osservazioni del prof. Walras. — G. d. E. Marzo.

Vilfredo Pareto: Considerazioni sui principii fondamentali dell'economia politica pura. — G. d. E. Maggio e Giugno.

1893 — L. Perozzo: Utilità differenziale delle ferrovie. — Roma —.

V. Pareto: Considerazioni sui principii fondamentali del l'economia politica pura (cont. e fine). — G. d. E. Gennaio e Ottobre. —

1894 — Enrico Barone: Di alcuni teoremi fondamentali per la teoria matematica dell'imposta. — G. d. E. Marzo.

— V. Pareto: Teoria matematica dei cambi forestieri —. G. d. E. Febbraio. —

E. Barone: A proposito delle indagini de Fisher. — G. d. E. Maggio. —

V. Pareto: Il massimo di utilità dato dalla libera concorrenza. — G. d. E. Luglio. —

E. Barone: Sul trattamento di questioni dinamiche. — G. d. E. Novembre. —

1895 — V. Pareto: Teoria matematica del commercio internazionale. — G. d. E. Aprile. —

V. Pareto: La legge della domanda. — G. d. E. Gennaio. —

E. Barone: Sopra un libro del Wicksell.— G. d. E. Novembre.

G. Garibaldi: Del metodo matematico in economia politica. —

1896 — V. Pareto: Cours d'économie politique. — Lausanne. —

V. Pareto: Il modo di figurare i fenomeni economici. — G. d. E. Gennaio. —

E. Barone: Studi sulla distribuzione. — La prima approssimazione sintetica. — G. d. E. Febbraio e Marzo. —

V. Pareto: La curva delle entrate e le osservazioni del prof. Edgeworth. — G. d. E. Novembre. —

Zagnoni: Moneta e costi comparati. — G. d. E.

1897 — V. Pareto: Aggiunta allo studio sulla curva delle entrate. — G. d. E. Gennaio. —

V. Pareto: Ultima risposta del prof. Edgeworth. — G. d. E. Marzo. —

1898 — G. Garibaldi: L'opera di Walras. —

V. Pareto: Comment se pose le problème de l'économie pure. — Lausanne (per circolazione privata). —

1899 — Virgili e Garibaldi: Introduzione all'èconomia matematica. — Man. Hoepli. —

1900 — V. Pareto: Excepta del trattato di economia pura del Pareto. — G. d. E. Marzo e Giugno.

1901 — V. Pareto: Le equazioni dell'equilibrio dinamica. — G. d. E. Settembre. —

Vito Volterra: Sui tentativi delle applicazioni delle matematiche alle scienze biologiche e sociali. — Prolusione accademica. — R. Univers. di Roma. — G. d. E. Novembre. —

1902 — P. Boninsegni: I fondamenti dell'econ. pura. — G. d. E. Febbraio. —

G. Scorza: Osservazioni sulla teoria del baratto secondo il prof. Walras. — G. d. E. Aprile. —

G. Scorza: Considerazioni su alcune teorie di economia pura. — G. d. E. Decembre. —

V. Pareto: Enzyklopädie der mathematischen Wissenschaften. I G 2.

1903 — G. Scorza: A proposito del massimo di ofelimità dato dalla libera concorrenza. — G. d. E. Gennaio. —

P. Boninsegni: Un nuovo trattato di economia matematica. — G. d. E. Aprile. —

1904 — U. Ricci: Curve crescenti di ofelimità elementare e di domanda. — G. d. E. Agosto. —

P. Boninsegni: Tentativi di ricerca sulle funzioni di domanda e di offerta nel caso del baratto, supposte le ofelimità elementari lineari. — G. d. E. Settembre. —

1906 — V. Volterra: L'economia matematica e il nuovo manuale del prof. Pareto. — G. d. E. Aprile. —

V. Pareto: Manuale d'economia politica con una introduzione alle scienze sociali. — Soc. Edito. Libraria. Milano. —

V. Pareto: L'ofelimità nei cicli chiusi. — G. d. E. Luglio. —

U. Ricci: Curve piane di offerte dei prodotti. — G. d. E. Settembre. —

1907 — V. Pareto: L'interpolazione per la ricerca delle leggi economiche. — G. d. E. Maggio. —

G. Sensini: Teoria dei cambi esteri. G. d. E. Giugno.

V. Pareto: L'economia e la sociologia al punto di vista scientifico. — Rivista di scienza. —

1908 — V. Pareto: L'interpolazione per la ricerca delle leggi economiche. — G. d. E. Giugno. —

Furlan: Cenni di una generalizzazione del concetto di ofelimità. — G. d. E. Settembre. —

E. Barone: Il ministro della produzione nello Stato collettivista. — G. d. E. Settembre e Ottobre. —

E. Barone: Principii di economia politica. Vol. I Roma. —

1909 — V. Pareto: Manuel d'économie politique, traduit par Alfred Bonnet. — Paris, Giard et Brière. —

Furlan: Note sulle curva paretiana dei redditi. — G. d. E. Giugno. —

L. A m o r o s o: La teoria dell'equilibrio economico secondo il prof. V. Pareto. — G. d. E. Ottobre. —
1910 — E. B a r o n e: Principii di economia politica. — Vol. II, Roma.
V. P a r e t o: L'opera scientifico di Léon Walras. — G. d. E. Gennaio. —
L. A m o r o s o: L'applicazioni della matematica all'economia politica. — G. d. E. Gennaio. —
L. A m o r o s a: Considerazioni analitiche sulla ,,Boule de neige". — G. d. E. Marzo. —
1911 — L. A m o r o s o: Le applicazioni della matematica allo studio dei fenomeni economici e sociali. — G. d. E. Aprile. —
E. B a r o n e: Note sui prezzi economici e politici. — G. d. E. Febbraio. —
L. A m o r o s o: La teoria matematica del monopolio trattata geometricamente. — G. d. E. Agosto. —
R. A. M u r r a y: Economia matematica ed economia statistico-induttiva. — G. d. E. Novembre. —
1912 — E. B a r o n e: Studi di economia finanziaria. — G. d. E. Giugno, Luglio e Agosto. —
L. A m o r o s o: La distribuzione della ricchezza come fenomeno di diffusione. — G. d. E. Settembre. —
1913 — B e r a r d i: Sulla dottrina matematica della dipendenza reciproca dei fatti economci. — G. d. E. Settembre. —
L. A m o r o s o: Sopra la teoria delle variazioni della moneta. — G. d. E. Gennaio. —
1914 — L. A m o r o s o: Sopra il punto di monopolio di Cournot. — G. d. E. Aprile. —

Druck von Julius Beltz in Langensalza

FSC
www.fsc.org
MIX
Papier | Fördert
gute Waldnutzung
FSC® C083411

Kolibri 360 GmbH
Ferdinand-Jühlke-Straße 7
99095 Erfurt, Deutschland
produktsicherheit@kolibri360.de